国家林业和草原局普通高等教育“十三五”规划教材

景观生态学

（第2版）

何东进　主编

中国林業出版社

·北　京·

内容简介

景观生态学是系统学、地理学、生态学等多学科交叉、渗透的一门新兴的综合学科，其特色是研究在多种空间尺度下的各种生态过程、生态系统间的相互作用以及人类在景观演化中的作用与地位，从而为人类面临的全球变化、生物多样性、可持续发展等一系生态环境变化提供新的研究思路和科学支撑。本教材编写紧紧围绕景观生态学的研究特色，注重理论学习与实践应用的有机结合，系统全面地介绍景观生态学概念框架、基本原理和研究方法，融合了国内外最新的研究动态和研究成果，并提供大量丰富、翔实、生动、现实的案例，为景观生态学的学习和应用提供新的读本。

本教材不仅可以作为生态学、地理学、环境科学、农林科学、水土保持、园林与城市规划等专业的本科生和研究生教材，也可作为相关行业的生态工作者、管理人员、工程技术人员和相关科研人员的学习参考书。

图书在版编目(CIP)数据

景观生态学/何东进主编．—2版．-北京：中国林业出版社，2019.11(2025.4重印)
国家林业和草原局普通高等教育“十三五”规划教材
ISBN 978-7-5219-0334-8

Ⅰ.①景… Ⅱ.①何… Ⅲ.①景观学-生态学-高等学校-教材 Ⅳ.①Q149

中国版本图书馆CIP数据核字(2019)第255165号

审图号：GS京(2023)0810号

中国林业出版社教育分社

策划编辑：肖基浒　　责任编辑：肖基浒　洪　蓉
电　　话：(010)83143555　　传　　真：(010)83143516

出版发行：中国林业出版社(100009　北京市西城区刘海胡同7号)
E-mail:jiaocaipublic@163.com　电话:(010)83143500
http://www.cfph.net
经　　销：新华书店
印　　刷：三河市祥达印刷包装有限公司
版　　次：2013年2月第1版
2019年11月第2版
印　　次：2025年4月第4次印刷
开　　本：850mm×1168mm　1/16
印　　张：20.5
字　　数：486千字
定　　价：60.00元

《景观生态学》（第2版）编写人员

主　　编：何东进

副 主 编：郭忠玲　欧阳勋志　闫淑君

编写人员：（以姓氏笔画为序）

伊力塔（浙江农林大学）

闫淑君（福建农林大学）

何东进（福建农林大学）

李明阳（南京林业大学）

周永斌（沈阳农业大学）

欧阳勋志（江西农业大学）

郭　泺（中央民族大学）

郭忠玲（北华大学）

黄义雄（福建师范大学）

覃　林（广西大学）

游巍斌（福建农林大学）

谢双喜（贵州大学）

主　　审：肖笃宁（中国科学院沈阳应用生态研究所）

洪　伟（福建农林大学）

《景观生态学》(第1版)
编写人员

主　　编：何东进

副 主 编：郭忠玲　欧阳勋志

编写人员：(以姓氏笔画为序)

伊力塔（浙江农林大学）

闫淑君（福建农林大学）

李明阳（南京林业大学）

何东进（福建农林大学）

欧阳勋志（江西农业大学）

周永斌（沈阳农业大学）

郭　泺（中央民族大学）

郭忠玲（北华大学）

黄义雄（福建师范大学）

覃　林（广西大学）

谢双喜（贵州大学）

主　　审：肖笃宁（中国科学院沈阳应用生态研究所）

洪　伟（福建农林大学）

前言
第2版

本教材在编写过程中立足理论与实践的有机融合，强调通俗易懂、深入浅出、案例新颖、实用性强，形成独特的特色。第1版自2013年出版以来，从知识结构到内容体系都受到众多专家、同行和广大读者的充分肯定。然而，景观生态学是一门发展十分迅速的学科，其理论与方法在不断创新，应用领域也在不断拓展，成为科学发展中一道十分靓丽的风景线。因此，为了更好地反映这一学科的精髓，本教材第2版在广泛征求专家、同行意见的同时，汇集了广大读者、学生的建议，吸收了景观生态学最新的理论发展和研究成果，补充了最新的研究文献，对部分章节内容做了优化和整合，使书稿更加系统、更加完整、更加科学。主要修改内容如下：

(1)根据理论难度适当、应用尽量广泛和学时有效控制的原则，本次教材修订中在保持框架基本不变的情况下将原版的12章浓缩成10章。

(2)第1章进一步归纳和梳理了景观生态学的最新研究成果，补充了最新文献，修改后的内容将更加充分展现景观生态学的研究魅力和发展潜力，相信能够引起读者更多的共鸣。

(3)第3章修订时考虑到与其他课程的交叉性，删除原版中“景观形成自然因素”内容，同时为凸显干扰在景观生态学中的作用，将该章中“干扰”内容进一步丰富扩充后，独立成章，即第2版中的“第6章　景观干扰过程”。

(4)第4章做了精简，将原版中涉及景观组分生态过程和功能的内容部分调整至第3章中，同时本章结构做了调整。

(5)第6章是新增的一章，也是本次修订中变动较大的部分，将原版中涉及干扰的内容进行整合，并增加“干扰与景观格局”和“干扰与景观稳定性”内容。

(6)将原书稿中“第6章　景观生态分类”与“第7章　景观生态评价”合并成一章，即“第7章　景观生态分类与评价”，适当精简原版中“第7章　景观生态评价”的部分内容，并增加“生态安全评价”内容。

(7)考虑到内容的代表性与学时的紧凑性，本教材第2版修订中保留了“自然保护区规划”“湿地规划”和“城市规划”内容，而删除原版中“森林公园景观生态规划”“农业景观规划”和“乡村景观规划”内容。

(8)第 9 章也是本次教材修订中变化最大的章节，调整修改的目的是希望将景观生态学主要调查方法与研究方法整合成较为完整的“景观生态学研究方法”一章，同时考虑到难度适当，因此，将原书稿中的第 9 章、第 10 章和第 11 章整合成目前第 9 章，同时删除了原书稿中难度较大的内容。

最终呈现给各位读者面前的第 2 版教材内容共分 10 章。前 6 章为景观生态学的基本理论，第 9 章为景观生态学的研究方法，第 7、8、10 章为景观生态学的应用。各章节编写新的分工是：第 1 章(何东进、游巍斌)，第 2 章(周永斌)，第 3 章(谢双喜)，第 4 章(郭忠玲)，第 5 章(覃林)，第 6 章(闫淑君，覃林)，第 7 章(欧阳勋志、伊力塔、游巍斌)，第 8 章(黄义雄)，第 9 章(郭泺、李明阳、闫淑君、游巍斌)，第 10 章由郭忠玲、欧阳勋志、周永斌、谢双喜、黄义雄、李明阳、郭泺、游巍斌等人共同完成。全书仍由何东进负责整编统稿和撰写前言。

本书在第 2 版修订过程中特别学习和借鉴了国内外最新出版的《景观生态学》教材或相关著作，如曾辉的《景观生态学》(2017)、郭晋平的《景观生态学(第 2 版)》、张娜的《景观生态学》(2014、2016)、Rego 等《应用景观生态学》(*Applied Landscape Ecology*)(2019)等，这些最新成果为本教材的修订提供了很好的参考，在此也一并对上述著作的作者表示衷心的感谢！仍要真诚地感谢本教材的审定专家肖笃宁先生和洪伟先生，感谢两位前辈在教材的内容、结构等方面提出的许多宝贵意见，中国林业出版社为本教材第 2 版修订和顺利出版给予了巨大的支持和帮助，在此致以最衷心的感谢！

限于作者才疏学浅，书中肯定还有诸多不妥之处，敬请读者批评指正，并请将您的意见和建议发至：fjhdj1009@ 126. com。

编　者

2019 年 5 月

前　言
第1版

当前，随着人口的迅速膨胀和对资源需求的迅速增加，人类面临着日益严峻的全球变化、生物多样性丧失和可持续发展等生态环境问题，这些全球化的压力给不同时空尺度上环境演变的恢复力和适应性带来严峻挑战，寻求可持续发展与可持续性科学和能够综合解决环境与资源问题新的科学理论和方法成为人类的共同夙愿，景观生态学正是在这种背景下作为一门新兴学科应运而生。

景观生态学从其诞生到现在已有 60 余年的时间，但是直到 20 世纪 80 年代，这门学科才逐渐获得了蓬勃发展，它是系统学、地理学、生态学等多学科交叉、渗透的一门新兴的综合学科，也是一门"桥梁"性学科，其重要优势在于跨学科的综合交叉和集成能力，其特色是研究在多种空间尺度下的各种生态过程，并且高度关注生态系统间的相互作用以及人类在景观演化中的作用与地位，从而为解决当前人类面临的诸多问题提供新的研究思路和理论支撑。尽管当前景观生态学在学科特性和理论体系等方面还不够完善，存在一些争论和疑义，但毋庸置疑，景观生态学的原理和方法已经被广泛应用到农业、林业、城市规划、园林设计、自然保护、环境治理等多个领域，并发挥着越来越重要的作用。

本教材编写紧紧围绕景观生态学的研究特色，注重理论学习与实践应用的有机结合，在深入浅出、系统全面地介绍景观生态学概念框架、基本原理和研究方法的基础上，融合了国内外最新的研究动态和研究成果，并提供大量丰富、翔实、生动且可操作的案例，为景观生态学的学习和应用提供新的读本，希望对景观生态学读者的学习有所裨益。

本教材共分 12 章。前 6 章为景观生态学的基本理论，第 9、10 章为景观生态学的研究方法，第 7、8、11、12 章为景观生态学的应用。各章节编写分工是：第 1 章由何东进编写；第 2 章由周永斌编写；第 3 章由谢双喜编写；第 4 章由郭忠玲编写；第 5 章由覃林编写；第 6 章由伊力塔编写；第 7 章由欧阳勋志编写；第 8 章由黄义雄编写；第 9 章由郭泺编写；第 10 章由闫淑君编写；第 11 章由李明阳编写；第 12 章由郭忠玲、周永斌、谢双喜、欧阳勋志、黄义雄、李明阳、郭泺等共同完成。全书由何东进负责整编统稿。

本书在编写过程中参阅并引用了大量景观生态学文献和著作，如 Forman & Goldron 的 *Landscape Ecology*（1986），Naveh 的 *Landscape Ecology: Theory and Application*（1990）、

Quantitative Method of Landscape Ecology(1991), Zoneveld & Forman 的 *Changing Landscapes: An Ecological Perspective*(1990)、Farina 的 *Principles and Methods in Landscape Ecology*(1998)以及国内近期出版的景观生态学方面的著作，如邬建国的《景观生态学——格局、过程、尺度与等级》(2000、2007)，傅伯杰等的《景观生态学原理及应用》(2001)、赵羿和李月辉的《实用景观生态学》(2001)，肖笃宁的《景观生态学》(2003、2010)，余新晓的《景观生态学》(2005)以及郭晋平和周志翔的《景观生态学》(2006)等，这些著作和文献为本书的编写提供了基础，在本教材出版之际，谨对上述著作作者表示衷心的感谢！此外，本教材中引用和参考了景观生态学和其他相关领域内的研究成果，绝大部分在教材中做了标注或在后面的参考文献中列出，但也不免挂一漏万，在这里向相关的研究工作者表示衷心感谢。特别值得一提的是，本教材在编写过程得到前辈肖笃宁先生和洪伟先生的许多宝贵意见，中国林业出版社为本教材的顺利出版给予了巨大的支持和帮助，在此致以最衷心的感谢！

景观生态学是生态学最活跃的分支学科之一，尚有许多未知领域正等待着研究和探索，研究技术和手段需要不断完善和更新。因此，新成果、新发现和新技术必将不断充实和完善景观生态学的理论体系。在本书的编写过程中，尽管编者力求将景观生态学的基本原理、方法与实践进行有机融合，然而景观生态学正处于不断发展之中，内容不断推陈出新，涉及学科众多；同时由于受编者的水平局限，在诸多方面还不够深入浅出，存在不足与疏漏之处敬请读者批评指正。

编　者

2012 年 10 月

目 录

前言（第2版）

前言（第1版）

第1章 绪 论 ……（1）

1.1 景观与景观生态学 ……（2）

1.1.1 景 观 ……（2）

1.1.2 景观生态学 ……（8）

1.2 景观生态学研究内容、学科特色和应用 ……（10）

1.2.1 景观生态学的研究对象和内容 ……（10）

1.2.2 景观生态学的学科特色 ……（12）

1.3 景观生态学的发展与展望 ……（13）

1.3.1 国际景观生态学的发展 ……（13）

1.3.2 中国景观生态学的发展 ……（19）

1.3.3 景观生态学的未来发展趋势 ……（27）

本章小结 ……（32）

思考题 ……（33）

推荐阅读书目 ……（33）

第2章 景观生态学基本理论和原理 ……（35）

2.1 景观生态学的基本理论 ……（35）

2.1.1 等级理论与尺度 ……（36）

2.1.2 耗散结构与自组织理论 ……（39）

2.1.3 景观连接度与渗透理论 ……（40）

2.1.4 岛屿生物地理学理论 ……（42）

2.1.5 复合种群理论 ……（43）

2.2 景观生态学的基本原理 ……（44）

2.2.1 景观的系统整体性原理 ……（44）

2.2.2 景观研究的尺度性原理 …… (45)
2.2.3 景观生态流与空间再分配原理 …… (45)
2.2.4 景观结构镶嵌性原理 …… (46)
2.2.5 景观的文化性原理 …… (46)
2.2.6 景观演化的人类主导性原理 …… (47)
2.2.7 景观多重价值原理 …… (47)
本章小结 …… (47)
思考题 …… (48)
推荐阅读书目 …… (48)

第3章 景观结构与格局 …… (49)
3.1 景观组分 …… (50)
3.1.1 斑块 …… (50)
3.1.2 廊道 …… (55)
3.1.3 基质 …… (61)
3.1.4 网络 …… (65)
3.2 景观连接度 …… (68)
3.2.1 景观连接度概念 …… (68)
3.2.2 景观连接度与连通性的关系 …… (69)
3.3 景观异质性 …… (70)
3.3.1 景观异质性的概念 …… (70)
3.3.2 景观异质性的形成与分类 …… (70)
3.3.3 景观异质性的生态学意义 …… (72)
3.4 景观格局 …… (73)
3.4.1 景观格局的概念 …… (73)
3.4.2 景观空间格局类型 …… (73)
3.4.3 景观格局的意义 …… (74)
本章小结 …… (74)
思考题 …… (75)
推荐阅读书目 …… (75)

第4章 景观生态过程 …… (76)
4.1 景观中的生态流及其基本观点 …… (76)
4.1.1 景观中的生态流 …… (76)
4.1.2 关于流的基本观点和基本机制 …… (80)
4.2 景观中动植物运动 …… (83)

4.2.1 运动的格局 …… (83)
4.2.2 动物的运动 …… (83)
4.2.3 植物的运动 …… (85)
4.3 几种典型的景观生态过程与功能 …… (88)
4.3.1 森林(山地森林和河岸森林)与河流的相互作用 …… (88)
4.3.2 树篱与毗邻景观要素的相互作用 …… (90)
本章小结 …… (92)
思考题 …… (93)
推荐阅读书目 …… (93)

第5章 景观动态变化 …… (95)
5.1 景观变化的模式 …… (95)
5.1.1 景观变化曲线 …… (95)
5.1.2 景观变化空间模式 …… (96)
5.2 景观稳定性 …… (98)
5.2.1 景观稳定性概念 …… (99)
5.2.2 亚稳定模型 …… (99)
5.2.3 物种共存格局(机制) …… (100)
5.3 景观动态变化与生态环境效应 …… (102)
5.3.1 景观格局变化的驱动力 …… (102)
5.3.2 景观动态变化的生态环境效应 …… (103)
本章小结 …… (105)
思考题 …… (106)
推荐阅读书目 …… (106)

第6章 景观干扰过程 …… (107)
6.1 干 扰 …… (107)
6.1.1 干扰的概念与类型 …… (107)
6.1.2 常见的干扰 …… (108)
6.1.3 干扰的体系与性质 …… (109)
6.2 干扰与景观格局 …… (112)
6.2.1 景观位置对干扰发生的影响 …… (112)
6.2.2 景观格局对干扰扩散的影响 …… (113)
6.2.3 干扰对景观格局的影响 …… (113)
6.3 干扰与景观异质性 …… (114)
6.4 干扰与景观稳定性 …… (115)

6.5 干扰与景观破碎化 …… (116)
6.5.1 景观破碎化过程 …… (116)
6.5.2 景观破碎化的生态意义 …… (117)
6.6 干扰与景观动态 …… (118)
6.6.1 景观动态平衡范式 …… (119)
6.6.2 干扰与景观平衡 …… (120)
6.6.3 人类活动对景观动态的影响 …… (121)
本章小结 …… (122)
思考题 …… (123)
推荐阅读书目 …… (123)

第7章 景观生态分类与评价 …… (124)
7.1 景观生态分类 …… (125)
7.1.1 景观生态分类的概念与原则 …… (125)
7.1.2 景观生态分类体系与方法 …… (127)
7.1.3 景观制图 …… (129)
7.1.4 几种典型的景观类型及其特征 …… (130)
7.2 景观生态评价 …… (135)
7.2.1 景观评价概述 …… (135)
7.2.2 景观美学质量评价 …… (137)
7.2.3 生态系统服务功能评价 …… (145)
7.2.4 生态系统健康评价 …… (152)
7.2.5 生态安全评价 …… (159)
本章小结 …… (164)
思考题 …… (165)
推荐阅读书目 …… (165)

第8章 景观生态规划与设计 …… (167)
8.1 景观生态规划概述 …… (167)
8.1.1 景观生态规划起源与发展 …… (167)
8.1.2 景观生态规划的目的和任务 …… (169)
8.2 景观生态规划的内容和原则 …… (170)
8.2.1 景观生态规划的内容 …… (170)
8.2.2 景观生态规划的原则 …… (170)
8.3 景观生态规划方法 …… (172)
8.3.1 景观生态规划方法的历史演变 …… (172)

8.3.2 国内外常用的景观生态规划方法 …… (172)
8.4 景观生态规划典型案例分析 …… (182)
8.4.1 自然保护区规划 …… (182)
8.4.2 湿地景观规划 …… (185)
8.4.3 城市景观规划 …… (187)
8.5 景观生态设计 …… (190)
8.5.1 景观生态设计原理 …… (190)
8.5.2 景观生态设计的基本程序 …… (191)
8.5.3 景观生态规划与景观生态设计的关系 …… (194)
本章小结 …… (195)
思考题 …… (195)
推荐阅读书目 …… (195)

第9章 景观生态学研究方法 …… (196)
9.1 "3S"技术在景观调查中的应用 …… (196)
9.1.1 全球卫星导航系统(GNSS)及其在景观生态学中的应用 …… (197)
9.1.2 遥感技术(RS)及其在景观生态学中的应用 …… (198)
9.1.3 地理信息系统(GIS)及其在景观生态学中的应用 …… (199)
9.2 景观格局分析方法 …… (200)
9.2.1 景观格局分析概述 …… (200)
9.2.2 景观格局指数及检验 …… (200)
9.2.3 空间统计分析 …… (215)
9.3 景观模型 …… (220)
9.3.1 生态学模型概述 …… (220)
9.3.2 生态学模型一般过程 …… (222)
9.3.3 几种重要的景观模型 …… (223)
9.4 可塑性面积单元问题 …… (232)
本章小结 …… (233)
思考题 …… (233)
推荐阅读书目 …… (234)

第10章 景观生态学的应用 …… (236)
10.1 景观生态学与生物多样性保护 …… (236)
10.1.1 景观生态学与物种保护 …… (236)
10.1.2 生物多样性保护的景观生态安全格局 …… (238)
10.1.3 案例分析——广东丹霞山风景名胜区生物保护规划 …… (240)
10.2 景观生态学与农业景观生态建设 …… (242)
10.2.1 农业景观的类型与特征 …… (242)

10.2.2 农业景观生态建设的理论基础与内容 …………………… (245)
10.2.3 案例分析——基于景观生态学的巢湖六叉河流域农业景观优化研究 …………………… (246)
10.3 景观生态学与森林景观管理 …………………… (248)
10.3.1 森林景观管理历史 …………………… (248)
10.3.2 森林管理的景观生态学原理与原则 …………………… (249)
10.3.3 案例分析——漓江流域森林景观资源保护与可持续经营研究 …………………… (251)
10.4 景观生态学与湿地景观建设 …………………… (254)
10.4.1 湿地景观特征与管理 …………………… (254)
10.4.2 湿地景观管理的理论与方法 …………………… (255)
10.4.3 案例分析——天津滨海新区湿地退化现状及其恢复模式研究 …………………… (258)
10.5 景观生态学与城市景观生态建设 …………………… (260)
10.5.1 城市景观建设的发展历史 …………………… (260)
10.5.2 城市绿地景观建设与城市廊道景观建设 …………………… (261)
10.5.3 案例分析——北京等城市绿地规划与绿地廊道规划研究 …………………… (265)
10.6 景观生态学与生态旅游建设 …………………… (267)
10.6.1 生态旅游的起源与发展 …………………… (267)
10.6.2 生态旅游区的景观格局分析 …………………… (271)
10.6.3 案例分析——长白山自然保护区旅游影响与生态旅游发展潜力分析 …………………… (273)
10.7 景观生态学与景观文化建设 …………………… (277)
10.7.1 景观文化性及文化景观的基本特征 …………………… (277)
10.7.2 景观文化建设的内容与基本原则 …………………… (278)
10.7.3 案例分析——云南哈尼梯田景观文化建设研究 …………………… (279)
10.8 景观生态学与世界遗产保护 …………………… (281)
10.8.1 世界遗产公约与世界遗产名录 …………………… (281)
10.8.2 世界遗产保护中的景观生态学理论与原理 …………………… (282)
10.8.3 案例分析——世界双遗产地武夷山风景名胜区景观演变与情景模拟研究 …………………… (285)
本章小结 …………………… (287)
思考题 …………………… (287)
推荐阅读书目 …………………… (287)

参考文献 …………………… (289)

附录：景观生态学术语 …………………… (303)

第1章 绪论

【本章提要】

景观生态学是现代生态学的一个年轻分支，它是以景观为对象，重点研究其结构、功能、变化及其科学规划和有效管理的一门宏观生态学科。景观生态学具有整体性和系统性、异质性和尺度性、综合性和宏观性、目的性和实践性，以及注重人为活动等特点。本章主要介绍景观的概念、景观生态学的研究内容、学科特色及其在国际和中国的发展状况、未来发展趋势、热点问题和学科增长点，重点介绍中国景观生态学研究特点、发展历程及其面临的挑战和任务。

景观生态学是现代生态学的一个年轻分支(Naveh and Lieberman, 1994; Farina, 1998)，它的产生和发展得益于人们对现实大尺度生态环境问题的逐步重视，也得益于现代生态科学和地理科学的发展以及其他相关学科领域的知识积累。地理学家、生态学家、土地规划设计和管理人员在试图协调人类社会发展过程中的土地和相关资源开发利用(即农业耕作、城市发展和其他建设)与保护自然生态环境和生态过程之间矛盾的多方努力中，建立和发展了景观生态学。当代大尺度生态环境与可持续发展问题，要求阐明比种群、群落及生态系统生态学研究的时空尺度更大范围，包括人类活动影响在内的各种机制与过程，由此为土地利用和资源管理的决策提供更具可操作性的行动指南，这为景观生态学的发展提供了巨大的推动力。现代遥感技术、计算机技术及数学模型技术的发展，为景观生态学的发展提供了有力的技术支持。现代生态学、地理学、系统学、信息论等相关学科领域的发展，为景观生态学的发展奠定了坚实的理论基础，使景观生态学不仅成为分析、理解和把握大尺度生态问题的新范式，而且成为真正具有实用意义和广阔发展前景的应用生态学分支。

景观生态学具有综合性、多学科、多层次的特点，这些特点是景观生态学取得重大成功并得到广泛应用的优势所在，成为指导景观规划与管理、生物多样性保护、生态工程、环境保护以及实现人类可持续发展的重要理论基础，承载了生态学从理论走向应用的重要历史使命，也是自然科学与社会科学相结合的典范。

1.1 景观与景观生态学

1.1.1 景 观

1.1.1.1 景观的概念

景观是景观生态学的研究对象。由于景观生态学的多学科渊源，景观生态学研究者的专业背景多样，加之学科发展处于早期阶段，不同专业背景和不同地区的学者对景观生态学概念的理解也不尽相同(表 1-1)，但无论在西方文化中还是在中华文化中，景观都是一个色彩纷呈的名词，也是一个极其大众化的名词。一般公众、宣传媒体和广告都将景观作为一个意义十分广泛和模糊的名词加以应用，更容易引起人们的混淆和误解，为科学地界定和准确地理解景观概念带来了困难。因此，要准确地理解和掌握景观生态学的概念，必须从不同学科对景观理解的角度进行比较。

表 1-1 景观概念及其研究的发展

景观概念	作为美学意义上的概念	作为地理学意义上的概念	作为生态学意义上的概念
以景观为对象的研究	景观作为审美对象，是风景诗、风景画以及园林风景学科的研究对象	作为地学的研究对象，主要从空间结构和历史演化上研究	景观作为景观生态学及人类生态学的研究对象，不但从空间结构及其历史演替上研究，更重要的是从功能上研究

注：引自俞孔坚，1987。

(1)景观的美学概念

景观最初的含义是指一片或一块乡村土地(俞孔坚，1987；Turner，1987)。16 世纪末，“景观”主要被用作绘画艺术的一个专门术语，泛指陆地上的自然景色。以文字的形式记录景观(landscape)一词最早见于希伯来语《圣经 · 旧约全书》(*Book of Psalms*)，用来描述耶路撒冷包括所罗门王的教堂、城堡和宫殿在内的优美风光。17～18 世纪，景观一词开始被园林设计师们所采用，景观成为描述自然、人文以及两者共同构成的整体景象的一个总称，包括自然和人为作用的任何地表形态，景观的这一视觉美学含义与英语中的风景(scenery)一词相当(Naveh and Lieberman，1994)，与汉语中的“风景”“景色”“景致”的含义一致，园林设计师们基于对美学艺术效果的追求，对人为建筑与自然环境所构成的整体景象进行设计、建造和评价。这种针对美学风景的景观理解是后来学术概念的来源，当时它没有一个明确的空间界限，主要突出的是一种综合的和直观的视觉感受。

在英语中，“景观”一词在荷兰威廉一世时期(1814—1839)与“风景画家”(landschapsschilders)一词一起从荷兰传入英国，并演变成对应的词汇(landscape painters)。直到 20 世纪 60 年代，美国景观评价仍主要从景观的视觉美学角度出发，评价景观的视觉质量或称风景质量。荷兰著名景观生态学家佐讷维尔德(I. S. Zonneveld)将它称作感知的景观(perception landscape)。在汉语中，“景观”属于现代词汇，与“山水”“风景”“风光”等词具有相同或相近的意义。我国的山水画从东晋开始就已经从人物画的背景中脱胎而出，自立成门，并很快成为艺术家们的研究对象和关注的焦点。山水艺术美学理论不仅促进了风景画绘画艺术的发展，也使中国风景园林的规划、设计和建筑体现出独特的魅力，成为举世瞩目的一大流派，这里的“山水画”就是“风景画”，“山水园林”就是“风景园林”（俞孔坚，1987）。目前，大多数风景园林领域的研究人员、规划设计人员和管理人员所理解的景观主要还是这种视觉美学意义上的景观。

美学意义上的景观概念，直接从人类美学观念和身心享受出发来认识客体的特征，进行景观要素的分类和美学评价，并探索协调性的变化和维护（俞孔坚，1987）。风景旅游区、人类居住区美学设计和规划的原理和方法，至今仍然被许多人作为景观生态学的一个重要研究领域（肖笃宁，1991）。随着景观生态学研究的深入，在景观规划设计、景观保护、景观恢复和景观生态建设领域，保持和提高景观的宜人性就包含了对景观风景美学质量的要求。

因此，景观的美学概念就是从景观的外在形态特征方面对景观的认识，着重于从外部形态特征去把握地域客体的整体属性，是人类能够感知和认识，并能从中得到发展所需要的物质、能量、信息的空间实体。优美和谐的景观是人类精神娱乐的源泉，也是诗词、音乐、绘画、舞蹈等艺术领域伟大创造的源泉，是以广义艺术和美学为目的的景观建筑规划设计的对象。美学意义上的景观所具有的经济意义就是景观的娱乐和旅游价值，是景观评价的重要方面（Zonneveld，1995）。

（2）景观的地理学概念

景观的地理学概念起源于德国。早在19世纪中叶，德国著名现代地植物学和自然地理学的伟大先驱洪堡德（Avon Humboldt）第一次将景观（landschaft）作为一个科学概念引入地理学科，用来描述和代表“地球表面一个特定区域的总体特征”，并逐渐被广泛应用于地貌学中，用来表示在形态、大小和成因等方面具有特殊性的一定地段或地域，反映了地理学研究中对整体上把握地理实体综合特征的客观要求。此后，阿培尔（A. Oppel）、威默尔（L. Wimmer）和施吕特尔（O. Schluter）等都对景观学的发展作出了重要贡献，把景观作为地理学研究的对象，阐明了在整体景观上发生的现象和规律，并主要强调了人类对景观的影响。到20世纪二三十年代，帕萨格（S. Parsaarge）的景观学思想和景观研究成果对德国景观学的发展产生了重要影响，他认为，景观是由景观要素组成的地域复合体，并提出一个以斜坡、草地、谷底、池塘和沙丘等景观要素为基本单元的景观等级体系。该理论强调的也是地域空间实体的整体综合特征。但是，从科学发展史的角度来看，新的分支学科不断地从其母学科中分化出来仍然是学科发展的主要途径，从古典地理学（geography）中分化出地质学（geology）、地貌学（geomorphology）、气候学（climatology）、水文学（hydrology）、土壤学（pedology，soil science）和植被科学（vegetation science）等，还原论的思想在科学思想中占主导地位，综合整体的思想在相关学科发展中的作用得不到充分发挥，在相当长的时期内，景观的概念逐渐失去其重要性，直到20世纪50年代，伴随着景观生态学的提出，景观概念才获得新生（Zonneveld，1995）。

欧洲的地理学景观概念具有深刻的历史和环境背景方面的渊源，始终影响着欧洲景观生态学的发展。荷兰著名景观生态学家佐讷维尔德在1995年出版的《景观生态学》（*Land Ecology*）中，把景观（landscape）看作土地（land）的同语，把景观主要看作人类的栖息地，它包括人类、人类制成品以及决定环境的物质和精神功能的主要属性，并倾向于用土地取代景观以避免与风景相混淆(Zonneveld, 1995)。

俄罗斯地理学家道库恰耶夫(V. V. Dokuchaev)也发展了景观的概念，特别是他的学生，苏联著名地理学家、科学院院士贝尔格(Л. С. Веря)更明确了景观的概念，他主要从类型方向和区域方向两方面来理解景观。类型方向把景观抽象为类似地貌、气候、土壤、植被等的一般概念，可用于任何等级的分类单位，如林中旷地景观、科拉半岛景观、大陆架景观、洋底景观等，并基于此将整个地球表面称作景观壳；区域方向则把景观理解为一定分类等级的单位，如区或区的一部分，它在地带性和非地带性两方面都是同质的，并且是由自然地理复杂综合体在其范围内形成有规律的、相互联系的区域组合。他们对景观理解不仅指地形形态，而且包括地表其他对象和现象有规律地重复着的群聚，其中地形、气候、水、土壤、植被和动物的特征，以及一定程度上人类活动的特征，汇合为一个统一和谐的整体，典型地重复出现在地球上的一定地带范围内(马克耶夫, 1965)。这时的景观已不是一个简单地貌单元名词，而是包含一定组分，并有相互影响和作用的地理综合体。

对景观概念的上述理解接近于生态系统或苏卡乔夫(B. H. Cykaqeb)的生物地理群落的概念(徐化成, 1996)。但应当指出，它们之间的差别是明显的。首先，景观是一个具有明确边界的地域，而生态系统如果不特指某一具体对象时，不具有空间客体有形边界的含义，这正反映出生态系统概念强调系统组分的垂直空间结构及功能，而景观概念则从一开始就倾向于水平空间结构。其次，由于当时生态学相关研究成果和知识水平的局限，对景观要素的相互作用和影响，作为整体各组分间内在联系的认识仍很不足(马克耶夫, 1965)。贝尔格早就指出，地理学家的任务应当了解和说明作为复杂综合体的景观的构造和机制。但是，受当时相关学科发展水平的制约，这种观点显然未被当时的地理学家所重视，而且曾被过激地指责为描述性的地质学的变种，这种状况也是由当时相关学科发展水平所决定的。实际上，贝尔格已经意识到地理学与生态学，特别是群落学的联系，并指出景观是比生物群落更高级的单位(组织层次)，就好像是“群落之群落”。20世纪70年代中后期，苏联地理学家索恰瓦(V. Sochava)提出的地理系统学说，试图用生态学的观点解决综合地理学问题，缩小了地理学与生态学之间的距离，他甚至借用德语中的“景观”一词提出了景观学(landschaphtology)的概念，以后用生态学的观点研究和理解地理现象，为苏联景观科学的发展奠定了基础。

(3)景观的生态学概念

目前，人们逐步接受景观的生态学概念，或称之为生态学的景观。随着景观学说和生态学的发展，特别是生态学观点在景观研究中越来越受重视，一大批生态学、植物地理学、林学、动物学、水文学等学科的研究人员，试图借助景观的综合特征，研究解决他们面临的新问题，这一趋势促进了相关学科的交流与综合，为建立一个完整的景观生态学概念构架奠定了基础。

德国著名地植物学家特罗尔(C. Troll)被认为是景观生态学的创始人，他把景观定义为将地圈、生物圈和智慧圈的人类建筑和制造物综合在一起的，供人类生存的总体空间可见实体(Naveh and Lieberman, 1994)。特罗尔最初主要从事生物学研究，后来才转而从事地理学研究，并对著名生态学家坦斯利(A. G. Tansley)提出的生态系统概念情有独钟，这使他能更好地从整体和系统角度建立地理学系统观和整体观的认识论基础。

荷兰景观生态学家普遍认为，景观是由生物、非生物和人类活动的相互作用产生和维持的，作为地球表面可识别的一部分，包括其外部形态与功能关系的综合体。强调人类活动在景观的形成、转化、维持等方面的作用，人类的作用既可能是积极的，也可能是消极的；对景观的影响既有文化方面，也有自然功能方面。景观生态学应当研究人类为获得物质利益而对景观自然属性的破坏，而景观的美学、考古学和历史学价值也应当被给予充分的重视，以避免由于对资源的过度开发而导致景观结构和功能的破坏。

美国景观生态学家福尔曼(R. T. T. Forman)和法国地理学家戈德伦(M. Godron)认为，景观是指由一组以类似方式重复出现的、相互作用的生态系统所组成的异质性陆地区域(Forman and Godron，1986)，其空间尺度在数千米到数十千米范围。从这一概念中，人们可以更清楚地领会到地理学渊源和生态学思想，特别是生态系统和生态学观念的完美结合。

我国景观生态学家肖笃宁综合诸家之长及景观生态学的发展，对景观概念进行了综合性表述。他认为，景观是一个由不同土地单元镶嵌组成，具有明显视觉特征的地理实体；它处于生态系统之上、大地理区域之下的中间尺度；兼具经济、生态和文化的多重价值(肖笃宁，1997)。这一定义清楚地表述了景观具有空间异质性、地域性、可辨识性、可重复性和功能一致性等特征，又特别强调了景观的尺度性和多功能性。在此概念的基础上，对景观可作如下理解：①景观由不同空间单元镶嵌而成，具有异质性；②景观是具有明显形态特征与功能联系的地理实体，其结构与功能具有相关性和地域性；③景观是具有一定自然和文化特征的地域空间实体，具有明确的空间范围和边界，这个地域空间范围是由特定的自然地理条件(主要是地理过程和生态学过程)、地域文化特征(包括土地及相关资源利用方式、生态伦理观念、生活方式等方面)以及它们之间的相互关系共同决定的；④景观既是生物的栖息地，更是人类的生存环境；⑤景观是处于生态系统之上、区域之下的中间尺度，具有尺度性；⑥景观具有经济、生态和文化的多重价值，表现为综合性。

加拿大的景观生态学家Moss(1999)总结了景观特征：①相互作用的生态系统的异质性镶嵌；②地貌、植被、土地利用和人类居住格局的特别结构；③生态系统以上区域以下的组织层次；④综合人类活动与土地的区域系统；⑤一种风景，其美学价值由文化所决定；⑥遥感图像中的像元排列。对于景观的多重含义及其不同学科的理解，角媛梅(2003)做了较详细的总结与对比(表1-2)。

表1-2　景观的多重含义及其研究

含义	风景	地域综合体	异质性镶嵌体	异质性镶嵌体、总人类生态系统、风景等
来源	风景园林设计	地理学	生态学	地理学和生态学
出现年代	1863年，Olmsted提出景观建筑概念	19世纪中叶，Humboldt将“景观”引入地理学	1981年和1982年后，景观生态学在北美出现	1939年，Troll提出；1982年国际景观生态学会成立
学科	景观建筑规划学	(欧洲)景观学	(北美)景观生态学	景观生态学

续表

含义	风景	地域综合体	异质性镶嵌体	异质性镶嵌体、总人类生态系统、风景等
研究内容	土地发展规划、生态规划、景观设计和人居环境研究	水系统、调控功能、景观的多重价值研究	生境斑块格局与动态;格局—过程—尺度之间的相互关系;景观异质性的维持和管理	景观格局与过程的关系;尺度和干扰与景观格局、过程及变化的关系;景观生态学的文化研究
尺度	小区、城市和区域	区域	几十至几百千米	人类尺度
方法		空间分析和综合研究	生态系统分析和数量方法	空间结构、历史演替与功能研究相结合
代表人物	美国的Olmsted、Smyser、Hough	德国的Humboldt、Parsaarge,苏联的Верл、Cykaqeb	美国的Forman、Wiens,加拿大的Moss,澳大利亚的Hobbs等	美国的Forman、Wiens,加拿大的Moss,澳大利亚的Hobbs,荷兰的Zonneveld,以色列的Naveh等

注:引自角媛梅,2003。

在生态学中,景观的定义可概括为狭义和广义两种。狭义景观是指在几十千米至几百千米范围内,由不同类型生态系统所组成的、具有重复性格局的异质性地理单元(Forman and Godron,1986;Forman,1995)。而反映气候、地理、生物、经济、社会和文化综合特征的景观复合体相应地称为区域(Forman,1995)。狭义景观和区域即人们通常所指的宏观景观;广义景观则包括出现在从微观到宏观不同尺度上的,具有异质性或斑块性的空间单元(Wiens and Milne,1989;Wu and Levin,1994;Pickett and Cadenasso,1995)。显然,狭义的景观是景观生态学的主要研究对象,也是景观生态学发展的根据;而广义景观概念强调空间异质性,景观的绝对空间尺度随研究对象、方法和目的而变化,它体现了生态学系统中多尺度和等级结构的特征,有助于多学科、多途径研究。因此,这一概念越来越广泛地为生态学家所关注和采用。此外,就景观地理学和景观生态学的关系而言,二者均为交叉学科,实质接近。

1.1.1.2 景观要素和景观结构成分

(1)景观要素

景观由若干相互作用的生态系统所构成。构成景观的基本的、相对均质的土地生态要素或单元、生态系统即为景观要素(landscape element),有时也称为景观成分(landscape composition)。景观要素是景观中相对均质的空间单元,单元内部存在相对一致性,当然这种相对一致性应该不仅是外貌特征的,也包括其内部的主要生态过程,如物质能量流动、物种的运动等。当所研究的目的发生变化时,研究者所关注的生态过程可能很不相同,而所关注生态过程的生态异质性的发生水平往往成为决定景观要素尺度的重要依据。一般而言,景观要素的宽度往往在10~1 000 m。若一个景观要素不可再细分,则称为景观骰。在具体考虑某一原理时,用均质的景观骰比用更为灵活的景观要素更为适用,不过研究景观时也不是尺度越细越好,选择合适的景观尺度来区别景观要素可能是我们研究景观时首先要面对的问题。

在这里,需要特别注意景观与景观要素之间的区别与联系(表1-3)。首先,景观与景观要素是两个不同层次的概念,不能混淆。景观强调的是异质镶嵌体,而景观要素则强调均质性，即指外貌、结构、功能等方面基本一致的单元。其次，景观和景观要素的地位是相对的，某一景观要素在某种条件下可能成为景观，比如我们可以将武夷山风景名胜区划分为森林景观、茶园、农田、河流、居住地等，这时森林景观是构成风景区的一个景观要素，但如果研究武夷山风景区的森林景观问题，这时森林即为景观，构成森林的马尾松林、杉木林、经济林、竹林、阔叶林等是其景观要素，这种现象并非说明景观与景观要素可以任意互相调换地位，而是说明景观现象具有尺度效应。尺度效应是景观生态学研究中的热点与难点并值得关注的问题。

表1-3 景观与景观要素之间的异同点

	景观	景观要素
相同点	都具有等级结构特征，可在不同的问题或等级尺度上处于不同的地位	
不同点	整体	景观的组成部分
	空间实体的整体性	组成景观的空间单元的均质性
	异质性地域单元	从属性地域单元

不同生态过程与时间尺度和空间尺度密切相关，各种生态过程有其相应的时间、空间尺度。譬如昆虫的传播，可以有爬行、飞行，借助于风、动物及人类活动等多种途径，但在不同的空间尺度上，各种传播机制发挥的作用有非常大的不同。在几米到数百米的尺度上，可能动物的运动是主要的传播机制，而借助于风力、人类活动的传播对于数百公里甚至跨洲的传播可能起到百分之百的媒介作用。同样，在不同的时空尺度上，限制特定生态过程的生态因子也不同，有些生态因子可能只在某些尺度水平上才发生作用。由于生态过程可能在相当广的空间范围与时间范围内发生作用，可能需要在不同的尺度水平上关注同一问题(图1-1)。不同的时空尺度决定了相应的景观要素区分的分辨率，景观要素的甄别不仅要考虑可能性，也要考虑必要性，比如，研究荒漠化时没必要知道每一棵小草的位置。

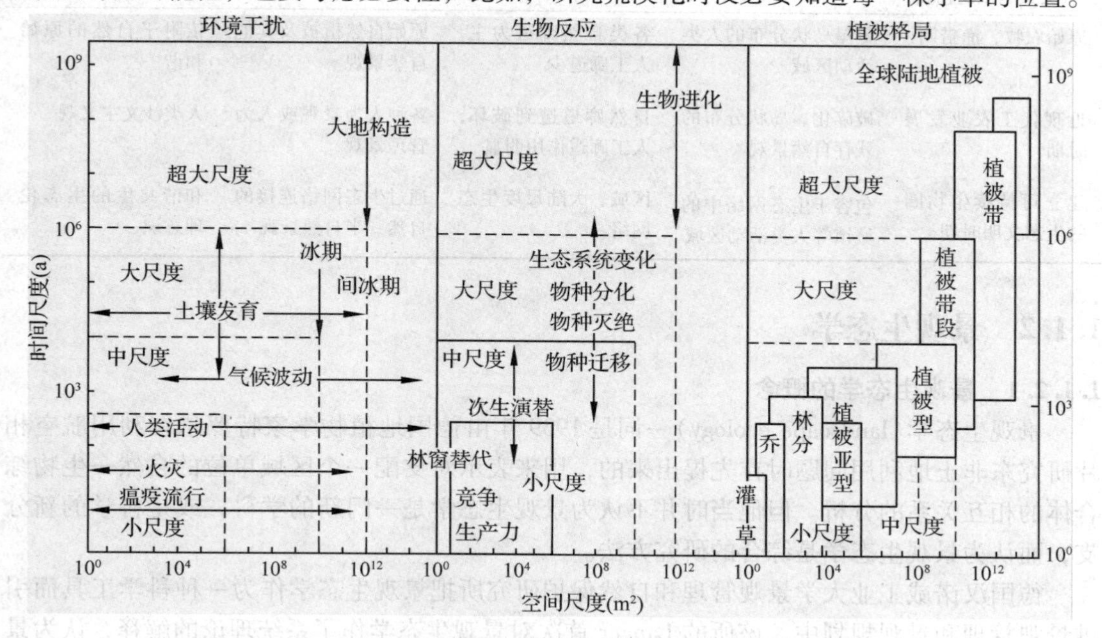

图1-1 不同时空尺度的生态学研究(引自肖笃宁等，1997)

区分景观要素除要决定适宜的尺度水平外，还要对景观要素间的边界进行识别。景观要素的边界，实质上是存在显著梯度变化的条带区域，是景观要素间的边缘过渡带，也称为生态交错区，是景观中各种流发生的重要场所，也是景观生态学研究的重要内容。在自然界，常可以发现被突变边界彼此分割的嵌块体、不同类型的过滤带以及具有连续性的逐渐变化的物种组成。一般而言，逐渐变化是未受人类活动显著影响的自然景观的最大特点，人类活动在某种程度上多是增加景观的异质性，增加突变边界的数量。

(2)景观结构成分

组成景观的生态系统都是具有一定形态特征和分布特征的空间实体，由于生态系统在景观中的空间形态特征和分布特征对它们在景观中的作用有明显影响，与其他景观要素的相互作用也有差异，为了更好地分析、研究和理解景观要素在景观中的地位和作用，福尔曼将它们分为斑块(patch)、廊道(corridor)和基质(matrix)，称其为景观结构成分(Forman，1995)。

景观结构成分是生态学和自然地理学性质各异、而形态特征和空间分布特征相似的景观要素，是对景观要素从空间结构的角度进行分析和考察时的重新划分。其中，斑块是外貌和属性与周围景观要素有明显区别且空间上可分辨的非线性景观要素。在一个林区景观中，斑块可以是一片森林、一片湿地、一个村庄或一片农田。廊道是景观中外貌和属性与周围景观要素有明显区别且空间上可分辨的带状景观要素，也可以说廊道就是带状斑块。基质是景观中分布范围最广、连接度最高、优势度最大，从而对景观结构、功能和动态变化特征起主要作用的景观要素，也就是具有上述特点的较大斑块。景观中斑块、廊道、基质等景观结构成分随着人类文明的演进发生着演变(表1-4)。

表1-4　人类文明演进与景观结构成分演变

人类文明演进阶段	斑块	廊道	基质	人与自然的关系
原始农牧、渔猎期	零星岛状分布的人类活动区域	各类自然廊道为主，人工廊道少	原始自然植被及其他自然景观	依附于自然的原始和谐
近现代工农业发展时期	破碎化、岛状分布的残存自然景观	自然廊道遭到破坏，人工廊道作用明显	各种人为景观或人为管理景观	人类沙文主义观
建立可持续生物圈的生态文明时期	包容于生态网络中的城镇等人类活动区域	区域、大陆尺度生态网络	通过生态网络连接的自然、半自然景观	和谐共生的生态伦理意识

1.1.2　景观生态学

1.1.2.1　景观生态学的概念

景观生态学(landscape ecology)一词是1939年由德国地植物学家特罗尔在利用航空相片研究东非土地利用问题时首先提出来的，用来表示对支配一个区域单位的自然—生物综合体的相互关系的分析。但他当时并不认为景观生态学是一门新的学科，或是科学的新分支，而认为景观生态学是综合的研究方法。

德国汉诺威工业大学景观管理和自然保护研究所把景观生态学作为一种科学工具而引进景观管理和景观规划中，该所的Langer首次对景观生态学作了系统理论的解释，认为景观生态学是“研究相关景观系统的相互作用、空间组织和相互关系的一门科学”。

佐讷维尔德认为，景观生态学是景观科学的决定性的细分，他认为景观生态学把景观作为由相互影响的不同要素组成的有机整体来研究，并认为土地是景观生态学的核心内容。按照佐讷维尔德的观点，景观生态学不像生态学那样属于生物科学，而是地理学的一个分支。他认为凡是对独立的土地要素所进行的任何综合自然地理的或综合的调查研究，事实上都应用了景观生态学方法。

温克(A. P. A. Vink)在讨论景观生态学在农业土地利用中的作用时，认为景观作为生态学系统的载体，是控制系统，因为人类通过土地利用及土地管理可以完全或部分地控制那些关键成分，因此他把景观生态学定义为：“把土地属性作为客体和变量进行包括对人类要控制的关键变量的特殊研究。”

F. B. Galley 认为，景观生态学发展了两个中心问题：一是连接自然地理和生物地球化学，描述和解释尺度为几公里的陆地表面格局；二是连接生物生态学，研究生物与环境间的相互作用，景观生态学要研究的是景观格局对过程的控制与影响机制。

J. Wiens 认为，景观生态学是这样一门学科，它将景观格局及其随时间的变化与景观功能和过程相连接，并研究这种空间关系怎样作用于生态和环境系统的功能，及其怎样受人类活动的影响。同时，它还研究怎样运用景观的知识来预测景观价值的变化。

S. T. A. Picket 对景观生态学下的定义，景观生态学是一门研究空间格局对生态过程影响的学科。

1998 年，国际景观生态学会将景观生态学定义为：“对于不同尺度上景观空间变化的研究，它包括景观异质性的生物、地理和社会的因素，它是一门连接自然科学和相关人类科学的交叉学科。”

1.1.2.2 景观生态学的特点

与其他生态学科相比，景观生态学明确强调空间异质性、等级结构和时空尺度在研究生态学格局和过程及其相互关系中的重要性，强调景观异质性的维持和发展，强调人类活动对景观和其他尺度上生态系统的影响，强调生态系统的空间结构和生态过程在多个时空尺度上的相互作用。景观生态学的特点可以简单地概括为以下几点。

(1)整体性和系统性

景观生态学强调研究对象的整体特征和系统属性，避免单纯采用还原论的研究方法将景观分解为不同的组成部分，然后通过研究其组成部分的性质和特点去推断整体的属性。虽然景观生态学仍然重视对景观要素或景观结构成分的基本属性和动态特点研究，但景观生态学更多地通过景观要素之间的空间关系和功能关系作为景观整体属性加以研究和分析，揭示景观整体对各种影响和控制因素的反映。

(2)异质性和尺度性

景观的空间异质性是指景观系统的空间复杂性和变异性。空间异质(spatial heterogeneity)是 20 世纪 90 年代以来生态学研究的一个重要理论问题。景观生态学是生态学学科群中唯一将时空分异特征作为自身研究重点的分支学科。由于景观异质性对景观稳定性、景观生产力的干扰在景观中的传播速率、方向和方式等都有显著影响，景观生态学对空间异质性更为重视。许多人认为，研究景观异质性的来源、维持和管理是景观生态学的一个重要方面。

尺度(scale)是研究对象的空间维度，一般用空间分辨率和空间范围来描述，表明对细节的把握能力和对整体的概括能力。尺度越小，对细节的把握能力越强，而对整体的概括能力越弱。由于生态学中许多事件和过程都与一定的时间和空间尺度相联系，不同的生态学问题只能在不同尺度上加以研究，其研究结果也只能在相应的尺度上应用。由于对景观异质性和尺度效应的普遍重视，强调研究对象的空间格局、生态过程与时空尺度之间的相互作用和控制关系是景观生态学的重要特点。

(3)综合性和宏观性

景观生态学重点之一是研究宏观尺度问题，其重要特点和优势之一就是高度的空间综合能力。特别是在利用遥感技术(RS)、地理信息系统技术(GIS)、数学模型(mathematical modelling)技术、空间分析(spatial analysis)技术等高新技术，研究和解决宏观综合问题方面具有明显的优势。在景观水平上将资源、环境、经济和社会问题进行综合，以可持续的景观空间格局研究为中心，探讨人地关系及人类活动方式的调整，研究可持续的、宜人的、生态安全的景观格局及其建设途径，为区域可持续发展规划提供理论和技术支持。

(4)目的性和实践性

景观生态学的另一个显著特点是目的性和实践性。由于景观生态学中的问题直接来源于现实景观管理中与人类活动密切相关的实际问题，景观生态学研究成果通过景观规划途径在景观建设和管理实践中得到应用，其应用效果反过来成为进一步深入研究的基础，这种良性互动或反馈促进关系始终是景观生态学发展的动力源泉。

1.2　景观生态学研究内容、学科特色和应用

1.2.1　景观生态学的研究对象和内容

景观生态学的研究对象和内容可概括为 3 个基本方面(图 1-2)。

①景观结构　即景观组成单元的类型、多样性及其空间关系。例如，景观中不同生态系统(或土地利用类型)的面积、形状和丰富度，它们的空间格局以及能量、物质和生物体的空间分布等，均属于景观结构特征。

②景观功能　即景观结构与生态学过程的相互作用，或景观结构单元之间的相互作用。这些作用主要体现在能量、物质和生物有机体在景观镶嵌体中的运动过程中。

③景观动态　即指景观在结构和功能方面随时间的变化。具体地讲，景观动态包括景观结构单元的组成成分、多样性、形状和空间格局的变化，以及由此导致的能量、物质和生物在分布与运动方面的差异。

景观的结构、功能和动态是相互依赖、相互作用的。无论在哪一个生态学组织层次上(如种群、群落、生态系统或景观)，结构与功能都是相辅相成的。结构在一定程度上决定功能，而结构的形成和发展又受到功能的影响。比如，一个由不同森林生态系统和湿地系统所组成的景观，在物种组成、生产力以及物质循环诸方面都会显著不同于另一个以草原群落和农田为主体的景观。即使是组成景观的生态系统类型相同，数量也相当，它们在空

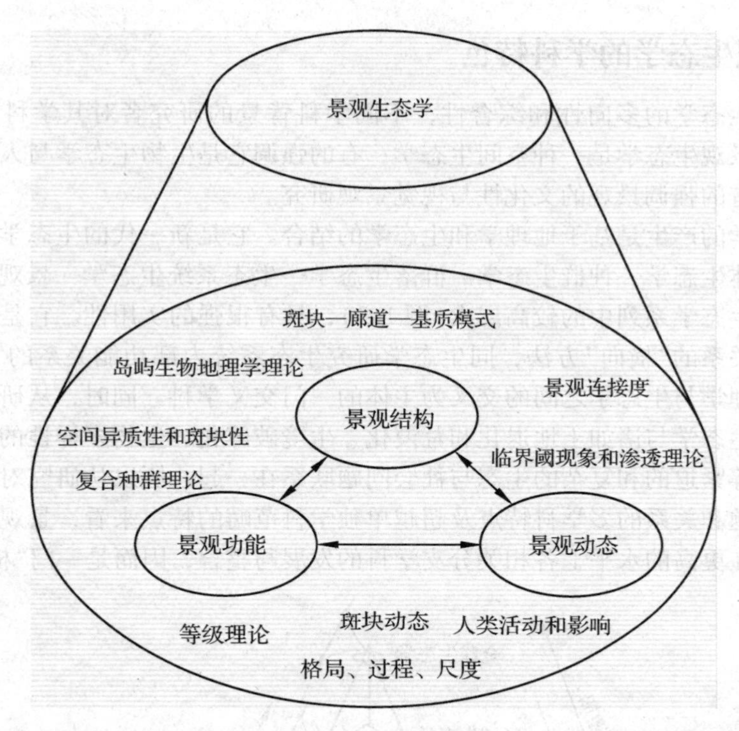

图1-2　景观结构、功能和动态的相互关系以及景观生态学中的基本概念和理论

（引自邬建国，2002）

间分布上的差别也会对能量流动、养分循环、种群动态等景观功能产生明显的影响。景观结构和功能都必然要随时间发生变化，而景观动态反映了多种自然的和人为的、生物的和非生物的因素及其作用的综合影响。同时，景观功能的改变可导致其结构的变化（如优势植物种群绝灭对生境结构会造成影响，养分循环过程受干扰后会导致生态系统结构方面的改变）。然而，最引人注目的景观动态，往往是森林砍伐、农田开垦、过度放牧、城市扩展等，以及由此造成的生物多样性减少、植被破坏、水土流失、土地沙化和其他生态景观功能方面的破坏。

景观生态学的基本任务可概括为以下4个方面。

第一，景观生态系统结构与功能研究。通过研究景观生态系统中的物理过程、化学过程、生物过程以及社会经济过程来探讨景观生态系统的结构、功能、稳定性及演替。研究景观生态系统中的物质流、能量流、信息流和价值流，模拟景观的动态变化，建立各类景观的优化模式。

第二，景观生态的监测和预警研究。对人类活动影响和干预下自然环境变化的监测，以及对景观结构和功能的可能改变及环境变化的预报。

第三，景观生态设计与规划研究。根据区域生态良性循环以及可持续性要求，规划和设计与区域相协调的生态结构。

第四，景观生态保护与管理研究。景观生态学不仅要研究景观生态系统自身发生、发展和演化的规律，而且要探求合理利用、保护和管理景观的途径与措施。

1. 2. 2　景观生态学的学科特色

由于景观生态学的多向性和综合性，不同学科背景的研究者对其学科的定位有所不同。有的强调景观生态学是一种空间生态学；有的强调它是生物生态学与人类生态学之间的一座桥梁；有的强调景观的文化性与视觉景观研究。

景观生态学的产生是基于地理学和生态学的结合。它是新一代的生态学，从组织水平上讲，处于个体生态学—种群生态学—群落生态学—生态系统生态学—景观生态学—区域生态学—全球生态学系列中的较高层次(图 1-3)，具有很强的实用性。它是把地理学研究自然现象空间关系的“横向”方法，同生态学研究生态系统内部功能关系的“纵向”方法相结合，是以地理学与生态学之间的交叉为主体的一门交叉学科。同时，从研究空间问题方面来看，景观生态学与诸如土地退化和荒漠化、生境破碎化、生物多样性的丧失、全球变化、区域规划等紧迫的和复杂的生态与社会问题联系在一起，所以从研究对象所涉及的层次、领域、问题和关系的多学科特点及超越单独学科范畴的特点来看，景观生态学不仅是交叉，而且是在更高的水平上各相关分支学科的发展与整合，因而是一门“横断学科”。

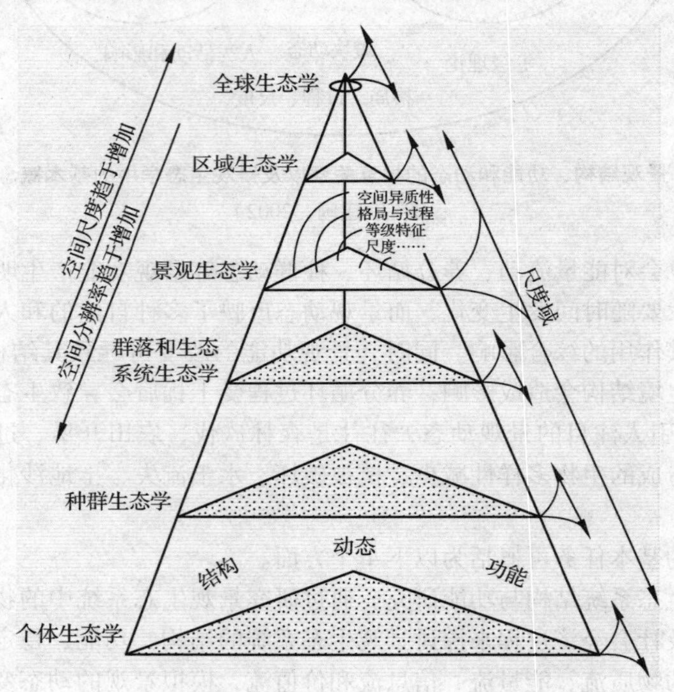

图 1-3　景观生态学与其他生态学学科的关系

(引自邬建国，2000；赵羿等，2001)

景观生态学本身兼有生态学、地理学、环境科学、资源科学、规划科学、管理科学等许多现代大学科群系的多功能优点，适宜于组织协调跨学科多专业的区域生态综合研究，所以它在现代生态学分类体系中处于应用基础生态学的地位。生态等级及其科学学科如图 1-4所示。

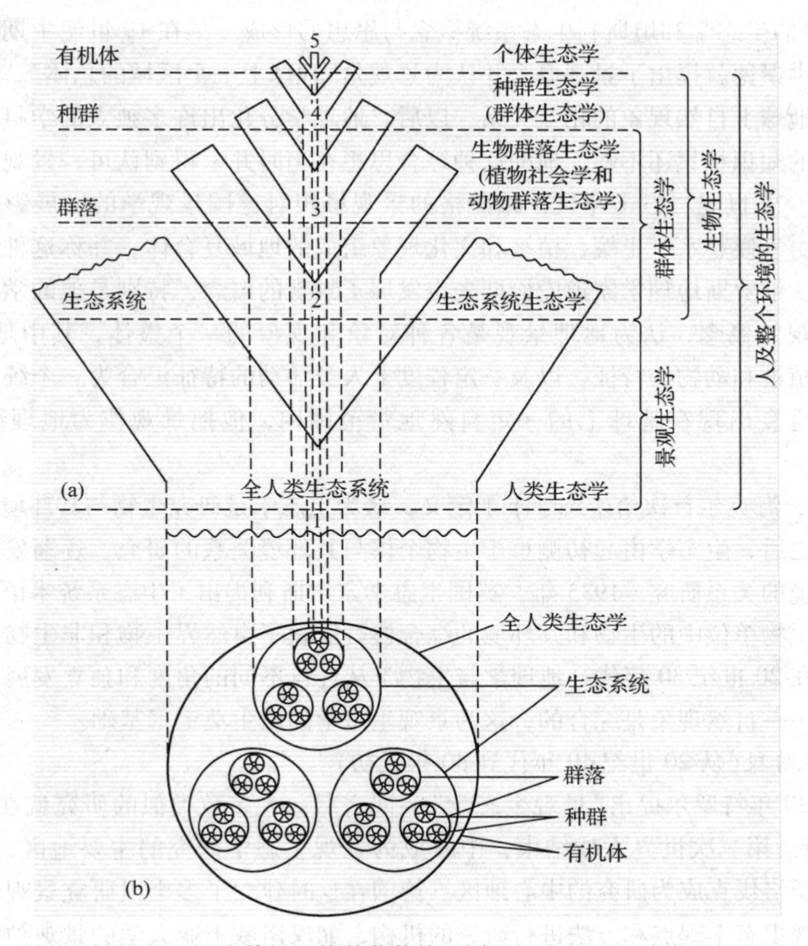

图 1-4 生态等级及其科学学科(引自 Naveh *et al.*, 1990)

1.3 景观生态学的发展与展望

1.3.1 国际景观生态学的发展

1.3.1.1 国际景观生态学发展历史

作为一门学科，景观生态学是20世纪60年代在欧洲形成的。到20世纪80年代初，景观生态学在北美才受到重视，并迅速发展成为一门很有朝气的学科，引起了全世界越来越多学者的重视与参与，并作为一门新的迅速发展的学科在现代生态学分类体系中牢固地确立了其科学地位。纵观景观生态学的发展历史，大致可以划分为3个阶段。

(1)萌芽阶段(从19世纪初到20世纪30年代末)

这一阶段的一个显著特点是：地理学的景观学思想和生物学的生态学思想各自独立发展，主要表现为洪堡德和帕萨格(S. Passarge)的综合景观概念与思想的形成，以及海克尔

(E. Haeckel)的生态学和坦斯利生态系统概念与思想的形成。早在 19 世纪中期，近代地理学的奠基人洪堡德就提出了景观概念并认为景观是“地球上一个区域的总体”，他认为地理学应该研究地球上自然现象的相互关系。以后，地理学分化出许多独立的学科与分支，加之相关领域的知识积累还不够，他的这种综合思想在当时并未得到认可，景观学思想的发展一度停滞。20 世纪二三十年代，帕萨格的景观思想对德国景观学的发展影响很大，他认为景观是由气候、水、土壤、植被和文化现象组成的地域复合体，并称这种地域复合体为景观空间。俄罗斯地理学家道库恰耶夫也发展了景观的概念，特别是他的学生贝尔格明确提出了景观的概念，认为地理景观是各种对象和现象的一个整体，其中地形、气候、水、土壤、植被和动物的特征，以及一定程度上人类活动的特征汇合为一个统一和谐的整体，典型地重复出现在地球上的一定自然地带范围内，他把景观作为地理综合体的同义语。

1866 年，海克尔首次给生态学下了定义，认为生态学是研究生物与其环境之间相互关系的科学。之后，生态学由起初侧重于生物个体与其环境关系的研究，逐渐发展到对种群和群落与环境的关系研究。1935 年，英国生态学家坦斯利提出了生态系统术语，用来表示任何等级的生物单位中的生物和其环境的综合体，反映了自然界生物和非生物之间密切联系的思想。在 20 世纪 30 年代，地理学与生物学从各自不同的角度和独立发展的道路都得到一个共识——自然现象是综合的，这为景观生态学的诞生奠定了基础。

(2)形成阶段(从 20 世纪 40 年代到 80 年代初)

自从 1939 年特罗尔提出“景观生态学”一词之后，大多数类似的研究就在“景观生态学”旗下进行。第二次世界大战结束，中欧成为景观生态学研究的主要地区，其中德国、荷兰和捷克斯洛伐克成为研究的中心地区。德国在这时建立了多个以研究景观生态学为任务或采用景观生态学观点和方法进行研究的机构，如汉诺威工业大学的景观护理和自然保护研究所、联邦自然保护和景观生态学研究所等。同时，在德国一些主要大学设立景观生态学及有关领域的专门讲座。1968 年召开了德国第一次景观生态学国际学术讨论会。荷兰的国际空间调查和地球科学研究所(ITC)、自然管理研究所等机构较早开始了景观生态研究，荷兰 1972 年成立了荷兰景观生态协会组织，并在 1981 年 4 月在 Vendhoven 召开了第一届国际景观生态学大会。捷克斯洛伐克也较早地成立了景观生态学协会，并于 1967 年举办了捷克斯洛伐克“第一次景观生态学学术讨论会”，并以后每三年举行一次，讨论的主题也十分广泛，有景观生态学理论与方法、景观平衡、农业景观、景观生态规划等。欧洲国家尤其是中欧以土地生产力评价、保护和土地合理利用为目标，把景观生态学作为土地和景观规划、管理、保护、开发及分类的基础研究，许多学者为建立景观生态学概念和理论构架付出了很大努力，如德国的 W. Haber、荷兰的佐讷维尔德、捷克斯洛伐克的 M. Ruzicka 等。这个阶段主要表现为特罗尔景观生态学概念的正式提出，以及中西欧国家结合自然和环境保护、土地利用及规划等应用实践开展景观生态学的理论与应用研究。

(3)全面发展阶段(1982 年至今)

这个时期不仅在中欧，而且在北美以及世界许多国家，景观生态学都有了新的发展。

1981年，在荷兰Vendhoven召开了“首届国际景观生态学大会”；1982年10月，在捷克斯洛伐克召开的“第六届景观生态学国际学术讨论会”上正式成立了国际景观生态学协会(International Association for Landscape Ecology，IALE)，标志着景观生态学进入一个新的发展阶段。国际景观生态学协会成立后，景观生态学的发展有明显的3个特点：一是研究和教学活动普遍化；二是国际学术交流频繁；三是出版物大量涌现。国际景观生态学协会的成立推动了学术活动的开展，越来越多的国家接受景观生态学思想，开展的研究项目也逐渐增多，内容日益广泛。景观生态学的教学也从中欧扩展到世界许多国家。美国在景观生态学教学与研究工作中后来居上，对景观生态学理论与方法论的发展作出了重要贡献，美国的景观生态学较多地继承了生态学传统，强调景观生态研究的生物学基础，形成了独具特色的美国景观生态学派。不仅如此，在加拿大、澳大利亚、法国、英国、日本、瑞典、中国，也都结合本国实际开展了研究工作，并且取得了突出成绩。我国也是在这个时期接受和介绍景观生态学思想与方法的，并在较短的时间内使景观生态学在国内迅速发展，成立了国际景观生态学协会中国分会，并开展了大量的研究工作。1987年，具有国际影响和水平的景观生态学的专业学术刊物*Landscape Ecology*正式出版，极大地促进了景观生态学的学术交流，也促进了景观生态学的发展。目前景观生态学作为一个面向实际，立足于解决实际问题的独立的新兴应用生态学科的学科体系正在形成。

进入20世纪90年代以后，景观生态学研究更是进入了一个蓬勃发展的时期，一方面研究的全球普及化得到了提高；另一方面该领域的学术专著数量空前。其中影响较大的有*Changing Landscapes：An Ecological Perspective*(Zoneveld and Forman，1990)、*Quantitative Methods in Landscape Ecology*(Turner and Gardner，1991)、*Land Mosaics：the Ecology of Landscape and Region*(Forman，1995)、*Principles and Methods in Landscape Ecology*(Farina，1998)、*Landscaep Ecology in Action*(Farina，2000)等。

通过Web of Science核心合集数据库检索获得1993—2015年发表的景观生态学文献13 964篇(表1-5)。从1993年的发表论文量仅64篇至2015年达1 483篇，年发表论文量呈逐年增加的趋势(年均增加61.70篇)。各国学者的发表论文总量也呈现明显差别，发表论文总量排在前10的国家累计发表论文10 305篇(占发表论文总量的73.80%)，其中，美国的文献产出总量(共4 523篇，占发表论文总量的32.39%)、早期发表论文量(1993年发表论文35篇，占年度发表论文总量的54.69%)和年均增加篇数(16.57篇)均最多，可见美国在景观生态学研究方面起步早、贡献大；中国的发表论文总量排世界第8位(共435篇，占发表论文总量的3.12%)，中国学者的相关文章最早发表于1995年之后发表论文量在波动中增加(年均增加2.91篇)，到2015年发表论文量达到最多(共67篇，占年度发表论文总量的4.52%)，表明中国在景观生态学研究方面起步晚、发展较快，但与美国等国家相比仍有一定差距。通过发表论文量的统计足以证明景观生态学理论、方法和应用的广泛性和越来越高的认知度。

表 1-5　国家发表论文数量统计

序号	国家	发表论文量/篇	占发表论文总量的百分比/%	1993 年/篇	2015 年/篇	年均增量/篇
1	美国	4 523	32.0	35	416	16.57
2	澳大利亚	1 058	8.0	3	105	4.43
3	加拿大	924	7.0	8	83	3.26
4	英国	866	6.0	4	103	4.30
5	德国	634	5.0	0	71	3.09
6	法国	623	4.0	1	87	3.74
7	西班牙	483	3.0	0	46	2.00
8	中国	435	3.0	0	67	2.91
9	巴西	382	3.0	0	63	2.74
10	意大利	377	3.0	0	48	2.09
11	其他国家	3 659	26.0	13	394	16.57
12	合计	13 964	100.0	64	1 483	61.70

注：引自李祖政等，2017。

景观生态学在发展过程中，由于形成和接受景观生态学概念、开展景观生态学研究的环境背景差异较大，初期从事景观生态研究的学者的专业背景各异，使各国形成了各自的特色，如捷克的景观生态规划、荷兰和德国的土地生态设计、美国的景观生态系统研究、加拿大的土地生态分类以及中国的生态工程和生态建设等。总的来说，景观生态学分为 2 个学派：美国的系统学派和欧洲的应用学派。

美国的系统学派从生态学中发展而来，主要进行景观生态学的系统研究，把景观生态研究建立在现代科学和系统生态学基础上，侧重于景观的多样性、异质性、稳定性的研究，形成了从景观空间格局分析、景观功能研究、景观动态预测到景观控制和管理的一系列方法，形成了以自然景观为主，侧重研究景观生态学过程、功能及变化的研究特色，将系统生态学和景观综合整体思想作为景观生态研究的基础，致力于建立和完善景观生态学的基本理论和概念框架，从而奠定了景观生态系统学的基础，这是当今景观生态学研究的重心和主流。

欧洲的应用学派是从地理学中发展而来，代表着景观生态学的传统观点和应用研究，以捷克、荷兰、德国为代表。主要是应用景观生态学的思想与方法进行土地评价、利用、规划、设计以及自然保护区和国家公园的景观设计与规划等，发展了以人为中心的景观生态规划设计思想，并形成了一整套景观生态规划设计方法。他们强调人是景观的重要组分并在景观中起主导作用，注重宏观生态工程设计和多学科综合研究，从而开拓了景观生态学的应用领域。

美国的系统学派和欧洲的应用学派虽然有一定的差异，但它们之间也存在一种渊源关系，并呈现出相互补充、相互完善、共同发展的态势。欧美景观生态学研究特点对比见表 1-6。

表 1-6 欧美景观生态学研究特点对比

比较项目	欧洲(地理学传统)	北美(生态学传统)
学科	多学科交叉研究	单一学科研究
研究重点	景观管理研究较多	理论研究和自然保护居多
研究中心	以人类为核心	以物种为核心
研究的景观类型	以人类占主导地位的景观为对象、乡村景观较多	以自然景观类型或要素为对象、森林与湿地景观较多
格局—过程—尺度的关系	不以"格局过程关系"为核心	以"格局过程关系"研究为核心
定量化	定量研究较少	定量研究较多

注：引自李秀珍等，2007；张娜等，2014。

20 世纪 90 年代中期以来，国际景观生态学发展迅速；自国际景观生态学会成立以来，共举办了八届世界观景生态学大会(表 1-7)。景观生态学研究最为活跃的地区集中在北美、欧洲、大洋洲(澳大利亚)、东亚(中国)。欧洲和北美的景观生态学研究基本上引领了国际景观生态学的发展方向。从研究内容上看，景观生态评价、规划和模拟一直占据主导地位。其次是景观生态保护与生态恢复、景观生态学的理论探讨。在"景观生态评价、规划和模拟"方面表现为：①在景观生态评价中越来越多地考虑人类活动和社会经济因素的作用；②景观规划和设计的科学基础日益得到重视，开始倡导有效地构建基础研究与规划设计之间的桥梁，使科学研究的成果能够更多地应用于实践，发挥其社会价值，同时，使景观规划和设计中能够更多地考虑景观格局与生态过程和景观生态功能的关系，增强规划和设计成果的科学性；③景观模拟的研究越来越注重格局与过程的综合。在"景观格局、生态过程和尺度"方面表现为：①从景观格局的简单量化描述逐渐过渡到以景观格局变化的定量识别为基础并进一步追溯格局变化的复杂驱动机制和综合评价格局发生变化后的生态效应；②对格局分析的主要手段"景观指数"的研究进入新的阶段，其尺度变异行为、生态学意义等已经引起高度关注，对已有指数的选择和新指数的构建更加理性和谨慎；③景观格局与生态过程相互作用关系及其尺度效应的研究得到普遍重视，并在不断发展和深化之中(傅伯杰等，2008)。

表 1-7 历届世界景观生态学大会

届次	时间	地点	大会主题
第一届	1983	丹麦(Roskilde)	景观生态学研究与规划方法论
第二届	1987	德国明斯特(Munster)	景观生态学——学科之间的桥梁
第三届	1991	加拿大渥太华(Ottawa)	景观生态学——景观格局与生态过程的纽带
第四届	1995	法国图卢兹(Toulouse)	景观生态学——我们景观的未来
第五届	1999	美国(Snowinass)	景观生态学——科学与行动
第六届	2003	澳大利亚达尔文(Darwin)	景观生态学——文化、学科和方法交叉的前沿领域
第七届	2007	荷兰瓦赫宁根(Wageningen)	景观生态学 25 年——科学原理的实践和运用
第八届	2011	中国北京(Beijing)	可持续的环境、文化与景观生态学
第九届	2015	美国波特兰(Portland)	跨越尺度、跨越边界：面向复杂挑战的全球方法

1.3.1.2 国际景观生态学的主要流派

由于景观生态学的发展建立在相关学科理论与技术最新成果的基础上，起点高、综合能力强，既具有多学科综合交叉的特征，又具有学科独特的理论与方法体系，充分展示了新型前沿学科的强大生命力；各国紧密结合资源、环境、发展等重大问题，以景观生态为题或应用景观生态学方法和原理，开展了大量研究工作，呈现出蓬勃发展之势。但各国景观特点不同，使景观生态研究在其形成阶段就形成各具特色的流派(肖笃宁，1992)。不同流派对景观生态学的一些基本理论及方法论问题，有着不尽相同的认识。

(1)欧洲的景观规划设计研究

以荷兰著名景观生态学家佐讷维尔德和温克、德国的哈伯(Haber)、原捷克斯洛伐克的马卓尔(E. Mazure)为主要代表的欧洲流派，从土地评价和土地合理利用规划、设计以及自然保护区和国家公园的景观规划设计工作出发，发展了以人为中心的景观生态规划设计思想，重点对以人类经营的生态系统(managed ecosystem)为主的景观，如农业景观、城郊景观的最优规划与设计进行研究。

(2)俄罗斯的景观地球化学研究

俄罗斯在继承和发展贝尔格景观学说、苏卡乔夫生物地理群落学说、维尔纳茨基(Ц. Ы. Цеяиадзкы)生物地球化学和生物圈学说以及索恰瓦地理系统学说的基础上，在景观区划与景观地球化学方面突出了自己的特色。

(3)加拿大和澳大利亚的土地生态分类研究

加拿大和澳大利亚各自都从土地生态分类和土地利用规划方向上发展了景观生态学的应用研究。在强调土地的生态属性和功能的基础上，建立了较为完整的土地分类、土地生产力评价与利用原则、方法和分类体系。特别是在加拿大，景观分类的生境和生态系统途径已经广泛应用于加拿大各地，不列颠哥伦比亚和安大略更形成了几个景观分类系统，这些景观分类系统的共同特点是将气候、土壤、地形和植被方面的特征结合起来，建立起景观分类的等级结构系统(Sims *et al*.，1992；Sims and Uhlig，1992)。其中主要以不列颠哥伦比亚的生物地理气候系统(biogeoclimatic system)、落基山地区的生境系统，以及安大略黏土(湖相沉积)带(Ontario clay belt)，安大略 Algonquin 生态区(algonquin region of Ontario)和西北安大略(northwest Ontario)的森林生态系统分类(forest ecosystem classification)为典型代表系统。它们与土地(立地)生产力评价和生长、收获预测密切联系，直接为景观经营管理的规划服务，其研究规模和面向实践的特色代表了当前景观生态研究的一个重要方向。

(4)美国的景观结构与功能研究

以单色瑞(P. Dansereau)、福尔曼、瑞瑟(P. G. Risser)、特纳(M. G. Turner)和富兰克林(J. F. Franklin)等为主要代表的美国流派，对国际景观生态学的发展作出了重要贡献。由于美国独立的自然地理景观优势、雄厚的生态学研究基础以及对自然与环境资源的重视，将系统生态学和景观综合整体思想作为景观生态学研究的基础，致力于建立和完善景观生态学的基本理论和基本框架，形成了以自然景观为主，侧重研究景观生态学过程、功能及变化的研究特色(Forman and Godron，1986；Turner，1987；Burgess and Sharper，1981)。在景观空间结构分析、景观生态功能研究、景观动态分析，乃至景观控制与景观资源管理等方面的研究上，正逐渐形成较为完整的体系(Turner and Garner，1991；Risser *et al.*，1984；Turner，1987)。特别是在森林景观结构功能及其动态、森林破碎化及其生态效应、生物多样性和濒危(或受威胁)物种保护的景观管理途径、森林景观管理与水文质量控制、高低景观与低地环境质量及生产力的相互关系等方面都开展了研究工作(Peterson and Squiers，1995；Ripple *et al.*，1991；Holt *et al.*，1995；Runkle，1982；Frankline and Forman，1987)。在森林资源的可持续管理研究中，广泛应用和借鉴景观生态学方法和理论，发展了"新林业"思想、森林"生态系统经营"思想，把森林资源管理与区域可持续发展、生物多样性保持及全球变化局部行动等重大问题联系起来，在社会发展、环境保护、土地利用决策中发挥了重要作用(Franklin and Forman，1987)。

(5)中国的景观生态建设

在前辈科学家的推动和努力下，我国在大型防护林体系建设、各植被区森林生态系统结构和功能研究、农林复合经营系统、水土流失和荒漠化治理、生态农业等方面有较为雄厚的研究基础，为景观生态学在我国的发展提供了广阔的天地，为相关研究中应用和发展景观生态学提供了条件，加上我国资源有限、人口众多、环境容量不足的特点，许多地方的景观受人为活动干扰的历史非常悠久，景观在人为活动的控制和影响下发生了广泛而深刻的变化，这种现实景观特点决定了我国景观生态学研究和实践除了景观保护、景观恢复外，更多地离不开对景观的建设，在充分认识景观变化的生态学原理的基础上，发挥人类在景观中积极的建设性作用，以加速景观的正向演替。因此，我国景观生态学从起步开始就承担了面向实践、服务建设的重任，从而在景观生态规划、景观生态建设和景观生态管理方面正逐步形成自己的特色。

1.3.2 中国景观生态学的发展

我国虽然于20世纪80年代初开始介绍景观生态学概念、理论与方法，但景观生态学研究的雏形已于20世纪中叶初见端倪，著名地理学家与地理教育家林超发展并开创了既不同于西方的近代自然地理学，也不同于苏联的普通地理学或自然地理学，而是具有中国特色的综合自然地理学，并带领一批人发展了这门学科。他与另一地理学家景贵和，不仅是中国综合自然地理学的奠基人，也被认为是中国景观生态学研究的奠基人之一。1981年，黄锡畴和刘安国在《地理科学》上分别发表了《德意志联邦共和国生态环境现状和保护》和《捷克斯洛伐克的景观生态研究》，是我国国内正式刊物上首次介绍景观生态学的文献；1983年，现任中国科学院院士傅伯杰，在其读研究生期间发表了题为《地理学的新领域——景观生态学》的论文；而1984年黄锡畴等在《地理学报》上发表的《长白山高山苔原的景观生态分析》是国内景观生态学方面的第一篇研究报告。景观生态学传入我国后，立即在国内掀起了研究热潮。1989年10月在沈阳召开的中国首届景观生态学术讨论会是我国景观生态学发展中的一个里程碑(表1-8)。20世纪90年代以后，我国景观生态学研究更加蓬勃发展。1996年和1999年分别在北京、昆明召开了第二、第三届全国景观生态学会议，并于1998年和2001年分别在沈阳、兰州举办了亚洲及太平洋地区景观生态学国际会议。2003年在北京召开了第四届全国景观生态学会议，议题是"中国的景观生态学：问题·机遇·发展"。2007年11月在北京召开了第五届全国景观生态学会议，议题是"景观

表 1-8 中国举办的主要国内或国际景观生态学学术会议

时间	会议	地点	大会主题
1989	第一届全国景观生态学学术研讨会	沈阳	景观生态学：理论、方法与应用
1996	第二届全国景观生态学学术研讨会	北京	景观生态学与生物多样性保护
1999	第三届全国景观生态学学术研讨会	昆明	景观生态学与生态旅游
2003	第四届全国景观生态学学术研讨会	北京	中国景观生态学：问题·机遇·发展
2005	全国城市景观生态学术研讨会	深圳	城市景观生态学：理论和实践
2007	第五届全国景观生态学学术研讨会	北京	新形势下景观生态学发展的机遇与挑战
2009	第六届全国景观生态学学术研讨会	成都	变化环境下的景观生态学与山区发展
2013	第七届全国景观生态学学术研讨会	长沙	景观生态学与美丽中国建设
1998	第一届亚太国际景观生态学术研讨会	沈阳	景观生态学与区域持续发展
2001	第二届亚太国际景观生态学学术研讨会	兰州	景观变化与人类活动
2006	森林景观模型国际学术研讨会	北京	森林景观模拟：方法、标准、验证与应用
2011	第八届国际景观生态学大会	北京	可持续的环境、文化与景观生态学
2013	厦门景观生态学论坛	厦门	景观生态学研究：传统领域的坚守与新兴领域的探索
2015	第八届全国景观生态学	沈阳	中国景观生态学创新与发展

生态学发展的机遇与挑战”。2009 年 9 月在成都召开了第六届全国景观生态学会议，议题是“变化环境下的景观生态学与山区发展”。第七届全国景观生态学会议将于 2013 年在长沙召开。特别值得一提的是，第八届国际景观生态学世界大会 2011 年 8 月在中国北京举行，这是国际景观生态学会成立以来首次在亚洲举行的世界大会(IALE 2011 World Congress)，47 个国家的近 850 位参会者中有半数来自中国，这也充分体现出我国景观生态学领域日渐增强的研究活力与不断提高的世界地位。此次大会授予中国科学院生态环境研究中心傅伯杰研究员“国际景观生态学会杰出贡献奖”；同年 12 月，傅伯杰当选中国科学院院士，这也是中国景观地理与景观生态学科的第一名院士。

此次国际大会也成为中国景观生态学发展的一个很重要的历史转折点(陈利顶等，2014)；也标志着中国景观生态学研究全面步入了独立思考与创新发展的新阶段(中国生态学会，2018)。根据中国景观生态学研究特点，陈利顶等(2014)将中国景观生态学发展梳理划分为 5 个阶段：摸索与酝酿阶段(20 世纪 80 年代以前)、吸收与消化阶段(1980—1988)、实践与迅速发展阶段(1989—2000)、发展与思索阶段(2001—2010)、思考与创新阶段(2011 至今)；充分展现了我国景观生态学的发展脉络。

35 年来，经过中国学者的共同努力，中国的景观生态学研究已经取得了长足的进展，逐步走上国际舞台。赵文武和王亚萍(2016)以中国学术期刊(网络版)和 Web of Science 核心合集国内、外两大数据库为基础，以“景观生态学”为主题词，检索并对比分析了 1981—2015 年我国大陆地区景观生态学学者发表的相关文献情况，结果表明：累计发表论文 5 300 篇(其中中文文献 4883 篇，英文文献 417 篇)。从每年发表文献数量趋势来看(图 1-5)，我国大陆地区景观生态学总体上可划分为 3 个阶段：①1981—1989 年，年发表论文量低于 10 篇，占 1981—2015 年发表文献总量的 0.60%。②1990—2006 年，文献数量迅速增加，其中中文文献1990—2006年年平均增长速度达到31.99%。1995年，我国大陆地区景观生态学研究英文文献首次在国际上发表。③2007—2015年，中英文文献总数趋于稳定。与2007年的峰值相比，中文文献略有下降，年发表英文文献占年发表文献总数的比重逐年加大，至2015年达到16.03%。值得注意的是，英文文献发表比重的增多也说明中国大陆地区景观生态学研究在不断跟踪国际前沿的基础上，逐渐形成了独具特色的研究领域，如变化景观中生态服务的权衡机制等，并在国际学科平台崭露头。

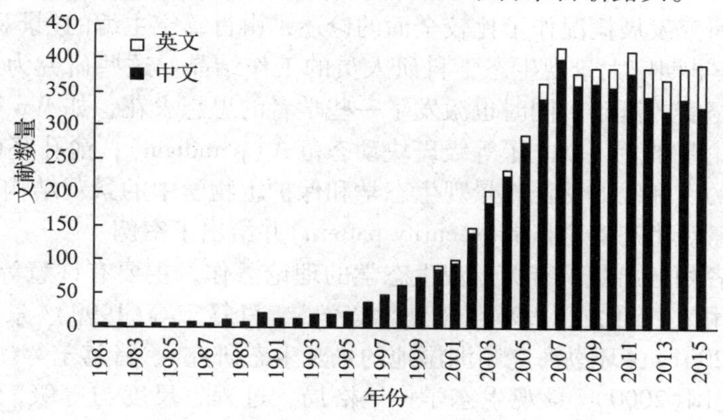

图1-5 1981—2015年我国大陆地区景观生态学研究文献发表量

（引自赵文武等，2016）

我国景观生态学研究虽起步较晚，但发展迅速。自20世纪80年代初开始介绍景观生态学的概念、理论和方法以来，我国的地理学、生态学、林学、农学等领域的研究人员对景观生态学给予极大的关注，积极开展景观生态学的讨论与研究，并得到国家自然基金的大力资助(肖笃宁等，2001b)，使景观生态学成为不同学科的共同研究热点。这不仅促进了景观生态学的学科整合，同时也有力地推动了景观生态学的综合整体思想在我国的传播。国内重点领域与特色主要表现在：土地利用格局与生态过程及尺度效应、城市景观演变的环境效应与景观安全格局构建、景观生态规划与自然保护区网络优化、干扰森林景观动态模拟与生态系统管理、绿洲景观演变与生态水文过程、景观破碎化与物种遗传多样性、多水塘系统与湿地景观格局设计、稻—鸭/鱼农田景观与生态系统健康、梯田文化景观与多功能景观维持、源汇景观格局分析与水土流失危险评价等十大方面(陈利顶等，2014)。下面分别从基础理论、方法及应用等三个方面分别简述我国景观生态学的发展状况。

1.3.2.1 基础理论研究方面

从20世纪80年代初开始，我国著名地理学家林超、景贵和、黄锡畴、董雅文等在有关地理学刊物上发表介绍国外景观生态学的概念、原理、研究方法和研究成果的文章和译文，使人们开始看到了一个新的研究领域(郭晋平，2001)。景观生态学的基础理论是景观生态学发展的前提和基石，它对人们了解景观生态学的产生背景与发展历程，理解景观生态学中的概念、原理与方法具有重要的指导作用。因此，在景观生态学研究中，基础理论的研究是重中之重。据统计(曹宇等，2001)，在我国景观生态学的研究文献中，有关基础理论研究的文章约占 40%。其中，俞孔坚(1987)、李哈滨等(1998)、邬建国(2000)对景观及景观生态学概念的剖析，牛文元(1990)、邬建国(1991)、肖笃宁等(1997)、傅伯杰等(1996)、陈利顶等(1996)及邱扬等(2000)对景观生态学基础理论的释义，贺红士等(1990)对景观生态学综合思想的阐述，以及陈昌笃(1996)、李晓文等(1999)对景观生态学与生物多样性保护关系的探讨等研究工作，是我国景观生态学基础理论研究中比较具有代表性的。而肖笃宁等(1987，1988，1997b)、郭晋平(2001)、傅伯杰等(2001)则对国内外景观生态学的研究发展概况作了比较全面的论述，由肖笃宁主编的《景观生态学的理论、方法及应用》更是早期广大景观生态学科研人员的工作结晶。这些研究为景观生态学在我国的发展打下了坚实的基础，同时也激发了一些学者的思想火花，如 Wu 等(1995)在总结前人斑块动态理论基础上，创立了等级斑块动态范式(paradigm)；俞孔坚(1999)揭示了一般流动表面模型的点和线的特征与景观生态学和保护生物学中的景观结构之间的关系，提出了生物保护的景观生态安全格局(security pattern)并给出了案例。

国内不少学者相继出版了有关景观生态学的理论著作，主要有许慧等(1993)《景观生态学的理论与应用》、徐化成(1996)《景观生态学》、肖笃宁等(1999)《景观生态学研究进展》、肖笃宁等(2001a)《环渤海三角洲湿地的景观生态研究》、肖笃宁等(2003、2010)《景观生态学》、邬建国(2000)《景观生态学——格局、过程、尺度与等级》、郭晋平(2001)《森林景观生态研究》、郭晋平等(2006)《景观生态学》、赵羿等(2001)《实用景观生态学》、余新晓等(2008)《景观生态学》、刘茂松等(2008)《景观生态学——原理与方法》、李团胜等(2009)《景观生态学》、傅伯杰等(2011)《景观生态学原理及应用》(第二版)等，张娜(2014)《景观生态学》、曾辉等(2017)《景观生态学》、郭晋平(2017)《景观生态学》(第 2 版)，此外还有不少的译著。

1.3.2.2 方法研究方面

景观生态学研究方法是促进景观生态学理论发展和保证景观生态学得到有效应用的手段和保障。因此，在景观生态学研究中，方法的研究是一个难度较大同时又是最为活跃的阵地，国内外学者十分重视这一方面的研究。我国在这一方面的研究比较薄弱，从总体上看，基本上都是沿用国外尤其是美国景观生态学的原理、方法。在景观格局研究中，多采用景观指数或利用软件包，如 SPANS、Le、LSPA、FRAGSTAS 等对景观格局进行简单的计算与分析。但也有一些学者结合自己的研究专题，提出了一些创新的思路，如肖笃宁等(1990b)通过构造城市化指数评价区域的城市化趋势；赵景柱(1990)建立了包括 13 个指标的景观生态格局动态度量指标体系；曾辉等(1996)提出了人为影响指数；郭晋平等(1999c)设计了两种适用于 GIS 技术进行数据库管理及空间分析的样方取值方法，即基准面积法和样方斑块数法，还提出了景观要素空间关联指数；傅伯杰(1995)实现景观多样性的空间制图；杨学军等(2001)基于生态系统和物种两个水平的条件性研究，尝试以 W 和 Z 两个指标对森林景观的生物多样性进行评价；江源(2001)将转化糖方法引入到景观生态学研究中等。尽管这些方法、手段乃至基本思路不是十分完善，但已充分显示了我国学者的探索精神。在景观生态学方法的研究中，最值得一提也是最具发展之潜力的是遥感技术(RS)和地理信息系统(GIS)在景观生态学中的应用。如果没有遥感技术和地理信息系统应用与发展，景观生态学将难以有效地对大尺度、跨尺度的景观结构、功能和过程开展研究(张娜，2006，2007)。值得庆幸的是，我国的不少学者不仅已经认识到这个问题，而且已在不断探索RS和GIS在景观生态学中的应用，如邵国凡(1991，1996)应用GIS对森林景观动态进行了模拟；彭少麟等(2000)、马荣华等(2001)则利用RS和GIS研究广东植被光利用率、海南植被的变化情况；常禹等(2001)在概括了基于个体的空间直观模型的发展历程后，分析了在栅格GIS内部开发基于个体的空间直观模型的过程及其所涉及的几个问题；赵光等(2001)则首次运用RS和GIS研究中国东北一原始针阔混交林的破碎化过程；肖德荣等(2007)采用时空替代法，运用"3S"技术，结合植物群落实地调查，研究了云南西北高原典型退化湿地纳帕海的植物群落景观多样性格局；谢江波等(2007)探讨了小波分析方法在心叶驼绒藜空间格局尺度推绎研究中的应用；游巍斌等(2011，2012)分别以风景名胜区和自然保护区为研究对象，探讨了景观格局与环境因子的尺度效应。在进行景观格局计算计算方面，一些学者们开始反思这些格局指数的生态学意义和价值，也逐渐提出了一些新的理论和格局指数(武鹏飞等，2012)。如傅伯杰等(2006)、赵文武等(2008)提出了多尺度土壤侵蚀评价指数；陈利顶(2016)等提出的基于"源"—"汇"过程的景观空间负荷对比指数，融合了景观的数量和空间结构特征与景观属性，可以用来定量评价景观格局针对特定生态过程的影响。

计算机技术的应用与发展同时促进了景观生态模拟模型研究的快速发展。通过合理景观模型的建立，可以在给定参数下模拟系统的结果、功能或过程，揭示其规律，并可以预测景观的未来变化，为景观管理和规划提供科学依据。为此，许多学者都做了有益的探索(唐晓燕等，2003；吴桂平等，2008；李月臣，2008；黎夏等，2009)。对于景观模型的分类，不同学者根据各自建模特点和景观研究的对象以及理论背景提出不同的分类方法。依据景观模型的结构特征差异和对研究涉及生态学过程处理方式的不同，何东进等(2012)将景观空间模型分为空间概率模型、领域规则模型、景观机制模型、景观智能耦合模型4类，各类模型的优势、劣势及其应用领域等见表1-9。

表1-9 主要景观模型比较

模型类型	优 势	劣 势	应用领域
空间概率模型	简单易懂，对时段样本数量要求不很严格；是景观模型中应用最早、最普遍的模型之一	常与真实景观过程不符，应用范围窄；过程过于简化，忽略景观动态的机制；忽略了人类经济政治活动对景观的影响	模型多用于描述或预测植被演替或植物群落的空间结构变化以及土地利用变化
领域规则模型	模型简单灵活、应用广泛；能运用小尺度领域规则，并通过计算机模拟来研究在大尺度上系统的动态特征；模型易于和GIS、遥感数据处理等系统集成	过于强调局部的相互作用，忽略了区域和宏观因素的影响；时间和空间分辨率难把握，影响准确性；转换规则事先确定，容易造成与实际不符	应用于和GIS、遥感数据等系统进行集成的模型中
景观机制模型	在反映生态学过程或机制方面具有强大的优越性	模型往往较复杂，模拟建模难度大；基础数据获取量大，要求高	异质种群、林窗、生态系统过程中能量、物质信息流方面
景观智能耦合模型	模拟人工智能化；善于模拟含有许多复杂因素影响下的景观格局变化和生态过程；不同专业模型间的数据共享和传输	对于某部分生态过程或机制模块模拟的准确性和精度往往没有专业模型高	驱动力机制研究和预警体系方面；各模型的综合应用领域；作为景观机制模型的改进途径

注：引自何东进等，2012。

1.3.2.3 应用研究方面

我国真正开展景观生态学的应用研究是在20世纪90年代，其标志是肖笃宁(1990a)发表的《沈阳西郊景观结构变化的研究》。然而从近20年的研究情况看，景观生态学的应用研究在我国景观生态学研究中也占相当大的比重，而且由于景观生态学具有多学科的特点，再加上我国类型丰富的生态系统，使景观生态学的应用研究呈现出百花争鸣的景象，在诸多不同的研究领域都开花结果。从文献的统计结果表明，我国的景观生态学应用研究主要集中在以下几个领域：

(1)城郊和农业景观

包括城乡交错带和农林复合系统景观。城郊景观和农业景观是受人类活动干扰比较严重的人工景观或半人工景观(肖笃宁等，1991；孙玉芳等，2017)。

(2)森林景观

包括森林景观结构、森林景观空间格局分析、森林景观动态及群落生态效应、森林边际效应及动态与景观模拟、森林景观格局与生物多样性等方面。森林景观生态研究是我国开展景观生态研究较早的领域之一，研究工作也卓有成效(彭少麟，1991；胡远满等，2004；贺红士等，方精云等，2015)

(3)干旱区景观

主要集中在沙地景观格局和荒漠绿洲景观格局的研究。沙地景观格局在时空尺度上都表现出很大的异质性，受自然过程和人为活动的强烈影响。对沙地景观格局在沙漠化过程中的特点进行研究，将是对传统的沙漠化机制研究的一个补充。绿洲是干旱地区的一种特殊的景观类型。它是干旱区生态最为敏感的部分，同时也是区域尺度上干旱区最大的人工干扰源地。干旱区绿洲景观格局的变化除了受自然因素影响(如水资源)外，主要是人为干扰起决定作用。对沙地(绿洲)景观格局的研究有助于揭示沙漠化的形成机理，对于人类有效控制沙漠化的进一步扩展和保护荒漠中的绿洲具有十分重要的意义(肖笃宁，2006；Wang *et al.*，2013)。

(4)湿地景观

湿地是介于陆地的水生环境之间的过渡带，并兼有两种系统的某些特征，被一些科学家称为“自然之窗”。湿地往往是珍贵鸟类、水禽的繁殖与栖息地，因此，具有十分重要的生物保护价值。在我国湿地景观的生态研究中，最具代表性的是对辽河三角洲湿地景观的研究(王宪礼等，1997；李秀珍等，2001；Xin *et al.*，2015)。

(5)林农复合经营或农用林业研究

包括农田树篱和林网结构、空间配置与生态功能及林农复合人工生态系统的结构与功能关系的研究。在我国老一辈生态学家的倡导下，农用林业或林农复合经营研究是我国长期以来已取得丰硕成果的一个研究领域，尽管许多研究还未纳入景观生态研究的范畴，结构与功能关系的研究也多集中于小气候效应、农田生态效应、系统投入产出关系、能量流动和物质循环机制及其经济效益的分析等方面。

(6)城市景观生态研究

城市化是当今社会发展的一种趋势，城市化过程中人类活动给城市景观带来的影响以及由此引发的土地利用格局的变化就成为了城市景观生态研究中的热点问题(马世俊和王如松，1984；欧阳志云等，2015；Zhou *et al.*，2010；彭建等，2015）。

1.3.2.4 中国景观生态学的挑战与机遇

经过中国学者们35年的共同努力，中国的景观生态学研究已经取得了长足的进步，并在国际舞台占有了一席之地。对比近年来国外研究，可以看出国外学者更多集中在生物多样性、生态保护、气候变化等领域，而中国学者更多地关注于景观格局、土地利用变化及城市化等主题。相对国外景观生态学研究，中国景观生态学的发展与社会经济发展的结合更为紧密。2010年以来，国内研究更加偏重于对土地利用、城市化、生态系统服务等问题的探讨，这在很大程度上与中国面临的现实问题、政府的主导密切相关。许多景观生态学研究紧密围绕国家的重大需求开展，由此景观生态学原理与方法已经广泛应用于中国宏观政策的制定中，如国家自然保护系统规划、国家生态保护红线框架规划、全国生态功能区修编、重点生态功能区调整以及国家与省(直辖市)层面生态保护、城市与区域发展规划与生态保护政策的制定等。在这个发展过程中，中国景观生态学研究逐渐发展出了具有中国特色的学科研究领域，在诸多方面取得了重要进展。

尽管如此，也必须认识到中国景观生态学发展中的不足。总体上看，虽然景观生态学在中国的起步不晚于北美，但理论、方法方面的原创性研究尚不多见。中国是一个自然环境复杂多样、人类活动历史悠久、人口众多的发展中国家，文化特征、人地关系也表现出显著的地域差异性。近年来，随着经济社会的快速发展，人地相互作用关系也不断显现出新的特点。自然—社会系统之间相互作用的强度、多样性、复杂性和典型性等方面都不亚于世界上任何其他国度，所有这些都为中国景观生态学的发展创造了得天独厚的条件，也是中国景观生态学发展所面临的重大机遇与挑战，主要表现为：科学发展与构建和谐社会的具体落实需要景观生态学的积极参与；环境保护、生态建设和生态文明的实践需要景观生态学的理论、方法支持；国家中长期科技发展规划明确了资源环境领域的重点方向，与景观生态学密切相关。在这样的机遇面前，中国的景观生态学需要放眼国际前沿、服务本土需求，从中国自身的特色出发，关注受人类影响的和以人为主导的景观，以景观格局与生态过程的多尺度、多维度耦合研究为核心，区域综合与区内分异并重，推动综合整体性景观生态学的建立和完善，这可能是一条必由之路。

1.3.2.5 中国景观生态学的理论框架

经过35年的学习和实践，中国的景观生态学研究初步形成了既与国际研究主流接轨又符合中国国情特色的理论体系，主要包括3个方面。

(1)以格局—过程关系为中心的生态空间理论

其主要内容是景观系统的整体性与景观结构的镶嵌性；生态流的空间聚集与扩散，格局与过程的非线性反馈；以及景观生态系统的等级结构性。这些重要的理论观点既凝练了景观生态学的核心基础，又在中国大陆的大量案例研究中有所发展。比如，关于景观多样性的分析，源、汇景观的概念及对非点源污染的影响，野生动物生境的行为破碎化，湿地景观格局对养分去除功能的影响等。

(2)以有序人类活动为中心的景观生态建设理论

景观生态建设是指景观尺度上的生态建设。即指定地域、跨生态系统、适用于特定景观类型的生态建设。该理论的提出适应了国家大规模开展区域生态环境治理的需要。其主要内容是指景观尺度上的生态整合，防范生态风险与保障生态安全；通过有序人类活动导控景观演化；调整和重构景观结构；增加景观的异质性和稳定性；广泛应用生态技术，实现生物控制与共生。无序与有序本来是度量系统单元运动状态的物理参数，借用来评价人类活动的生态作用是为了适应可持续发展的需要。有序度要求系统内单元的运动状态数较少，并且单元之间的运动较一致(协调、相关)，所以，有序人类活动应遵循自然地域分异规律，即因地制宜的适宜原则；以及不超出当地生态承载力的适度原则，才能使经济有效性与生态安全性相结合，实现可持续。

(3)以发挥景观多重价值为中心的景观规划理论

在深刻认识景观的自然性与文化性的基础之上所提出的景观多重价值论，将生态景观与视觉景观予以整合，指出景观具有经济、生态与美学等方面的多重价值。在景观规划和设计中要特别重视对景观宜人性的分析，规划满意景观；运用视觉景观的生态美学原则，进行仿生人工景观的设计，作为生产空间、人居环境与游憩空间的土地往往具有不同的景观特征与规划要求。适应城市化迅猛发展的形势，城乡一体化的景观规划具有很大的市场潜力，需要更加完备的理论来进行指导。根据城市、乡村景观的不同特点，对景观规划也有不同的要求。由于乡村景观是一种小集中大分散的镶嵌格局，具有能量密度低和生态多样性较高的特点，其规划目标是提高土地生产力与人口承载力，同时维护生态安全，提高生态效率。城市景观规划的重点是把自然引入城市和使文化融入建筑，尽量实现城市空间布局的大集中与小分散、多元汇聚与便捷连通、绿色渗透与景观宜人的有机结合。

1.3.2.6 中国景观生态学未来发展重点

在新形势下，如何紧密结合国民经济发展中出现的新问题，开展独创性的研究，是目前需要亟待解决的问题。主要包括：

一是在学科建设和理论研究方面，应紧密结合景观生态学国际发展动向，涵盖以下方面研究：①景观生态学学科领域的拓展，如研究景观格局对基因遗传多样性影响的景观遗传学；探讨城市景观格局对人居环境健康影响的宜居景观生态学；探讨景观格局与可持续发展关系的可持续景观生态学；研究景观不同功能协调与综合利用的功能景观生态学；②格局—过程的定量识别与研究方法；③基于格局—过程耦合的生态服务评价模型；④探讨和建立具有生态学意义的景观格局指数，为此需要结合具体的生态学过程，揭示不同景观类型对特定生态过程的影响，发展景观格局指数。

二是在研究地区选择上，尤其需要重视以下地区的景观生态学问题研究：①人口高度集中的城市化地区；②存在高度不确定性的城乡过渡带；③传统文化长期影响下的文化遗产景观区；④农业发展与乡村景观地区；⑤自然背景下形成的生态脆弱地区；⑥具有高度生态服务价值的重要生态功能区。

三是在实践应用方面，需要紧密结合中国生态环境面临的实际问题，以及国家发展中的重大需求，重点关注以下几个方面研究：①生物多样性保护与国家生态安全格局的关系；②快速城镇化过程对区域生态服务功能及其生态安全的影响；③城市生态用地流失对城市生态安全的影响；④城市生态服务效应与人居环境健康之间的定量关系；⑤景观服务/生态系统服务权衡与景观可持续性。

1.3.3 景观生态学的未来发展趋势

1.3.3.1 景观生态学的研究热点

由于景观生态学的学科优势和特色，面对气候变化、人口压力、环境恶化、土地退化和沙漠化、资源枯竭和生物多样性丧失等景观和区域尺度的社会、经济和生态环境问题，景观生态学近年来集中研究了一些热点问题和热点地区。

(1)景观生态学研究的热点问题

总结近年来国内外景观生态学研究成果，可以将景观生态学研究的热点问题概括为以下6个方面：

①干扰对景观格局、过程的影响和干扰在景观中的传播和扩散。

②景观格局与景观过程的关系或者说景观格局的生态和环境效应。

③小尺度实验研究及其尺度外推。

④景观动态模拟预测模型、景观规划设计辅助决策，以及多尺度空间耦合模型。

⑤景观的多重价值评价和作为社会经济发展规划与决策基础的景观社会经济研究。

⑥人类在景观中的作用和景观规划设计。

上述问题可以分为3类。问题①和②可以作为一类，是为建立和发展景观生态学基本原理和理论，提高景观生态学的可预测性，并同时为解决具体生态环境和社会经济发展问题提供基本原则和理论指导而进行的研究。问题③和④着重于继续推进景观生态学研究方法的改进和完善，深入揭示景观动态变化规律。问题⑤和⑥是景观生态学研究领域目前面临的许多亟待解决的实际应用问题的集中体现和关键。

(2)景观生态学研究的热点地区

国内外景观生态学研究的热点地区也正是目前国际生态环境领域最具挑战意义和对区域乃至全球生态环境具有关键意义的地区。

①流域系统　包括流域上游景观格局及其变化与下游的关系、流域高地与河谷关系、流域高地和河岸植被空间格局的水文效应和其他流域生态学效应、流域生态安全保障和流域生态安全格局等。

②湿地　包括湿地功能、湿地景观格局与湿地功能调控、湿地生物多样性保护的景观途径、湿地保护与恢复等。

③文化景观　文化多样性与景观多样性的关系、文化景观保护、土地利用方式的社会经济基础和景观生态学背景、土地多项利用。

④城乡过渡带和生态脆弱带　城市化过程中的景观保护、自然和半自然景观要素的科学配置、景观的宜人性等。

⑤重点或关键性自然景观　包括重点和关键性自然景观的景观价值，重要物种栖息地，绿洲景观，有重要科学研究价值和教育意义的景观，对维护地方、区域乃至全球生态环境安全和健康有重要和关键作用的景观，具有重要自然美学和旅游价值的景观。

1.3.3.2 景观生态学的十大研究论题

尽管景观生态学取得了长足的进展，但作为一个迅速发展中的学科，景观生态学还面临着许多新的问题和挑战。邬建国(2004)基于两次相关论题的国际研讨会，提出了当今景观生态学十大研究论题。

(1)异质景观中的能量、物质和生物流过程

景观生态学研究的主要目的之一就是理解空间格局与生态过程之间的相互作用关系，而这一目的远未实现。景观研究中涉及格局分析方面的内容较多，而对过程本身以及过程和格局的关系关注较少。至今，人们对景观异质性和生态系统过程的相互作用关系知之甚少。理解物流(包括有机体的迁移)、能流和信息流在景观镶嵌体中的动态机制是景观生态学最本质、最具有特色的内容之一。

(2)土地利用和覆盖变化的起因、过程和效应

土地利用和土地覆盖变化是影响景观结构、功能及动态的最普遍的主导因素之一，同时也是景观生态学和全球生态学中极重要和颇具挑战性的研究领域之一。对于土地利用和覆盖变化的过程及生态学效应(如对种群动态、生物多样性和生态系统过程的影响)还需要进行更深入的研究。此外，有关区域及全球气候变化和土地利用/覆盖变化对景观结构和功能影响的研究甚少，有待加强。

(3)非线性科学和复杂性科学在景观生态学中的应用

景观是空间上广阔而又异质的复杂系统，有必要发展和检验能够阐释这些复杂系统特征的复杂性科学(science of complexity)和非线性科学，使其在研究景观复杂性问题上发挥重要作用。

(4)尺度推绎

尺度推绎(scaling)通常是指把信息从一个尺度转译到另一个尺度上。尺度推绎是景观生态学理论研究与实践中最为重要的一个内容。景观生态学对尺度的概念已有了比较广泛的认识，但一些重要研究问题仍有待解决。例如，研究格局与过程相互作用时如何确定合适尺度？如何在异质景观中进行尺度上推(scaling up)或下推(scaling down)？小尺度实验结果如何外推到真实景观世界？

(5)景观生态学方法论的创新

很多景观生态学问题都需要以空间显式(spatially explicit)的方式在大尺度和多尺度上进行分析，而许多传统的生态学和统计学方法不宜用于研究空间异质性和景观复杂性。因此，景观生态学在方法论方面必须要有所创新。空间自相关在景观中普遍存在，它不符合传统统计分析和取样方法所要求的基本假设，因此景观生态学家在应用传统统计学方法进行实验设计和数据分析时应谨慎和具有创造性。同时，应更多关注景观生态学研究中空间统计学(包括地统计学)方法应用的合理性、有效性及其生态学含义。

(6)将景观指数与生态过程相结合，并发展能反映生态和社会经济过程的综合景观指数

格局指数已在景观生态学中广泛应用，但它对不同景观特征和分析尺度的反映及其生态学意义尚不是很清楚，如何把景观指数与生态学过程联系在一起这一基本问题在很大程度上尚未解决。尺度(幅度和粒度)变化对景观指数的影响往往是很显著的。最近的一些研究表明，某些景观指数表现出不随景观类型变化的普遍性尺度推绎规律，而大多数则变化多端。要使景观指数成为真正反映景观格局与过程相互关系的指数，必须透过指数的数字外表去理解其生态学内涵，这就需要对格局与过程间的内在关系及机理做更多、更深入的研究。

(7)把人类和人类活动整合到景观生态学中

许多景观生态学研究是在大尺度上进行的，而大尺度生态学系统往往不可避免地受到人类活动的影响。社会、经济过程驱动土地利用/覆盖变化，而土地利用/覆盖变化反过来也会影响景观结构、功能与动态。因此，人类自身及其活动在许多景观生态学研究中是不可忽略的。近年来，“整体论景观生态学”(holistic landscape ecology)再度得以提倡。这一观点强调用系统学的观点把人文系统与自然系统联系起来。要把人类感知、价值观、文化传统及社会经济活动结合到景观生态学研究中，需要多学科交叉，需要基础研究与应用实践的结合。

(8)景观格局的优化

景观生态学的一个最基本假设是空间格局对过程(物流、能流和信息流)具有重要影响，而过程也会创造、改变和维持空间格局。因此，景观格局的优化问题在理论和实践上都有重要意义。这里所说的格局优化可以指土地利用格局的优化、景观管理、景观规划与设计的优化。与此相关的科学问题有：如何优化景观中斑块组成、空间配置以及基质特征，从而最有利于生物多样性保护、生态系统管理和景观的可持续发展；是否存在可以把自然与文化最合理地交织为一体的最佳景观格局；基于生态学过程来研究景观格局的优化问题可能是一个新的、颇有前景的研究方向。

(9)景观水平的生物多样性保护和可持续性发展

景观系统的生物多样性保护和可持续性是景观生态学的终极目标之一。景观生态学原理对生物多样性保护和景观可持续性发展非常重要。但是，能够用来指导生物多样性保护实践的景观生态学具体原则尚有待于进一步发展。与此相关，需要发展一个全面的、可操作性强的景观可持续性概念。这个概念应该涵盖景观的物理、生态、社会经济和文化成分，并且明确考虑时空尺度。生态学家在考虑可持续性问题时主要是基于物种和生态系统的，但人类如何看待和衡量景观的价值对景观可持续性发展实践也有极重要的影响。

(10)景观数据的获得和准确度评价

景观生态学家常常采用多种遥感技术以获取大尺度和多尺度上的地理、生态、人文等一系列资料。地理信息系统和全球定位系统的使用在景观生态学中已是司空见惯。这些技术大大地促进了空间数据的存储、整理及分析。但是，技术终究不能取代科学。景观数据的获得和准确度评价方面尚有许多问题。要深入理解景观结构与功能的关系，就必须要有详尽而准确的生物个体、种群、群落和生态系统方面的数据，这些生物学数据往往需要通过野外实地考察才能获得。没有准确的数据就不会有可信的结论，但迄今为止，对景观数据的误差和不确定性分析或准确性评价方面的研究甚少，数据质量及元数据直接决定着景观生态学家能否正确地识别格局并将其与生态学过程相联系的能力及有效性。误差和不确定性分析及数据质量评价是景观生态学中一个极其重要并富于挑战性的研究方向。

景观生态学要健康发展，必须在以下6个方面做出努力：①突出交叉学科性和跨学科性；②基础研究和实际应用的整合；③发展和完善概念及理论体系；④加强教育和培训；⑤加强国际学术交流与合作；⑥加强与公众和决策者的交流及协作(Wu and Hobbs, 2002)。

1.3.3.3 景观生态学的几个学科生长点

随着景观生态学研究的深入，以科学和实践问题为导向的学科交叉与融合不断加强，目前形成了几个新的学科生长点，主要包括水域景观生态学、景观遗传学、多功能景观研究、景观综合模拟、景观生态与可持续性科学5个方面(傅伯杰等，2008)。

(1)水域景观生态学

水域景观是一个等级斑块系统，例如河流有其自身结构，包括深槽、浅滩、支流、牛轭湖等，这种异质性的空间格局就构成了独特的河流景观，而且河流景观斑块组成随着水文情势的变化呈现动态性特征。而水域景观生态学定量地描述水域景观中结构与功能的关系，比如异质性、等级性、方向性或不同空间尺度上的过程反馈。水域景观生态学中的一些主要理论有河流连续体理论、洪水脉动理论、水域廊道理论等。水域景观生态学作为景观生态学的一个新近分支，景观生态学中的一些基本原理在水域景观生态学中同样适用，如强调空间格局对生态过程的影响。所以，水域景观生态学以景观生态学为基础，同时又发展了景观生态学。水域景观生态学也强调空间异质性、边界效应及斑块间的物质交换、景观的连接度与连通性和生物及其生境的重要性、尺度问题。作为生态学、地理学、水文学的结合点，水域景观生态学成功地将斑块格局、等级理论与水域生态系统联系起来。可以把以河流为主要对象的水域景观生态学作为研究景观生态与等级理论的天然实验室。水域景观生态学开始在淡水水体和部分海域得到了应用，主要包括：格局的定量辨识，如海草和河床的空间异质性；格局对过程的影响，如河道结构和水流特征对鱼类洄游和繁殖的影响、对污染物迁移转化的影响等；水体中的生境评价、生物多样性保护和生态恢复；水生生物资源的利用和管理；景观生态学理论在水体景观中的检验，如尺度效应。

(2)景观遗传学

景观遗传学是景观生态学和种群遗传学相结合而成的一个研究领域，其核心问题是景观空间异质性与种群空间遗传结构及种群进化之间的关系。它定量化研究景观结构、配置、基质对基因流、空间遗传变异的影响。景观遗传学研究的问题简单来说包括2个方面：一是探测种群遗传的非连续性；二是检测这种不连续性与景观或环境不连续性的关联。可归结为5类：①定量研究景观要素和景观格局对遗传变异的影响；②辨识基因流中的障碍因素；③理解源—汇动态机理、生境质量变异和廊道设计；④理解生态过程时空尺度；⑤验证种群生态假说。景观遗传学的研究设计很重要，选择能够反映并且易于量化生态过程的适宜尺度、合理整合景观空间数据与种群遗传数据、基于个体或种群的遗传信息获取值得引起关注。景观遗传学的典型应用包括动植物流行病调查和风险评估、生物多样性变化的微观机理和管理策略的规划设计，例如大熊猫基因分化的亚种群发展研究及空间管理和行动单元的确定。分子水平上的微观分析手段与功能强大的景观生态学宏观统计工具结合，促进景观遗传学飞速发展，对理解景观和环境对基因流、种群结构和适应有很大帮助，但它本身不是目的，可以借助景观遗传学更好地描述空间遗传格局，并探索造成这种格局的过程和为基因及物种等的宏观管理提供科学依据。

(3)多功能景观研究

多功能景观并不是特殊类型的景观，只是对现实景观的功能赋予了人类的价值评判，从而与土地利用决策紧密相关。从抽象的空间观点，景观的多功能性包括3个层面：①作为与独立土地单元相关的不同功能空间组合的多功能性(空间独立)；②作为不同时间，特别是某一周期，同一土地单元不同功能的多功能性(时间独立)；③作为同一或不同时间，同一或不同土地单元，不同功能综合的多功能性(空间集成或“真多功能性”)。简单说，多功能景观就是为了多种目的对景观中的土地采用多种利用方式同时加以使用的景观。以色列的 Naveh 教授总结性地提出了多功能景观的十大前提：①自组织、非平衡的动态耗散结构；②整体大于部分简单加和的有机系统；③等级性；④自然—文化的复合；⑤人类生态系统形成的有机整体；⑥需要可以被用来同时衡量生物多样性、文化多样性以及景观异质性的跨学科参数；⑦需要超越阿基米德和迪卡尔序的逻辑去洞察多功能景观整体性的深邃内涵；⑧可二元感知的自然和认知系统；⑨通过多学科结合的方法评价多功能景观的“软”价值与“硬”价值；⑩生物圈与农业、产业和城市、产业技术圈(technosphere)间的对抗可以通过构建后工业时代人类与自然的共生关系去协调。多功能景观研究的议题主要包括多功能景观的监测与评价，生物多样性和景观多样性的保护与恢复，多功能景观的规划与管理。多功能景观研究中需要充分考虑人的因素，包括社会经济、文化感知、政策决策等。可以认为，多功能景观研究是景观生态学的综合应用方向，是构建自然景观与人类社会间桥梁的重要基础。

(4)景观综合模拟

景观格局/土地利用变化模型和生态过程模型的发展推动了景观综合模拟研究。景观格局/土地利用动态模型种类众多，根据模型特点，可以划分为：空间和非空间模型、动态和静态模型、描述性和寻优决策性模型、演绎式模型和启发式模型、基于行为者和基于栅格的模型、全球模型和区域模型。景观格局/土地利用动态模型的选择主要受 2 大因素影响：需要解决的理论或现实需求问题的性质及数据的可获得性。动态模型研究的发展还需要面对和解决的问题包括：模型的验证(validation)、把基于格局和过程的方法相结合、尺度效应和尺度推绎、定性信息的精确化、社会经济和自然环境反馈机制、空间相互作用。生态过程模型因具体关注对象不同而多样，常见的有通用生态系统模型(general ecosystem model)、农作物生长模型(EPIC、Cropsyst、DSSAT)、植物—土壤系统模拟模型(如 CENTURY、DNDC)等。生态过程模型通常需要大量的实测数据支撑，模型开发的原型尺度相对较小，而且对空间异质性考虑不足，因而一定程度上限制了模型的尺度扩展和推广应用。景观综合模拟研究的一个典型案例是美国 Patuxent 流域景观综合模型的构建。Patuxent 流域综合模拟中，生态过程模拟采用改进的通用生态系统模型(GEM)，在栅格化景观的像元上重复进行，不同生境和土地利用类型被翻译成参数集，作为 GEM 的输入；不同像元之间以主要为水文过程驱动的水平方向物质流和信息流所连接，模型系统的不同模块间存在一定的信息反馈。按照一定的等级组织和模块化的方式将多种模型进行综合集成是景观综合模型的一个重要发展方向，这一方向的研究刚刚起步，但是已经表现出了良好势头，将会在未来占据重要地位。

(5)景观生态与可持续性科学

可持续性科学作为寻求对自然与社会交互作用基本特征深刻理解的新领域正在形成之中。它的基本科学问题包括 7 个方面：①自然与社会的动态相互作用(包括其时滞和惯性)如何更好地纳入能够对地球系统、人类发展和可持续性进行综合的模型与概念性框架中？②包括消费和人口的环境与发展的长期趋势如何影响自然与社会的相互作用？③特定地区和特定生态系统类型及人类的生存模式下，决定自然—社会系统脆弱性和恢复力的是什么？④可以确定能够指示自然—社会系统严重退化风险显著增加的具有科学意义的“极限”或“边界”吗？⑤什么样的激励结构系统(包括市场、规则、标准和科学信息)能最有效地增进将自然、社会间交互作用引向更可持续发展轨迹的社会能力？⑥当前关于环境和社会状况的监测与报告系统怎样进行集成和拓展，从而能够为实现向可持续性转变的努力提供有用的指导？⑦现今的研究计划、监测、评价和决策支持等相对独立的活动如何更好地集成到适应性管理和社会认知系统当中？

土地变化科学作为可持续性科学中的重要组成部分，主要是调查和监测土地利用/覆被变化、评估土地利用/覆被变化对生态系统过程、产品和服务的影响，理解土地利用/覆被变化的自然和社会经济机制。因而，在这些方面与景观生态学的关系尤为密切。景观生态学可以从以下方面对可持续性科学作出重要贡献：①人类景观或区域作为研究和维系可持续性的基本空间单元，是有效研究自然—社会相互关系的最小尺度；②景观生态学为解决多尺度上的生物多样性和生态系统功能问题提供了等级性和集成性的生态学基础；③景观生态学已经发展了一系列整体性的和人文社会学的方法来研究自然—社会相互关系；④景观生态学能够为研究空间异质性或自然和社会经济格局对可持续性的影响提供理论和方法支持；⑤可持续性科学要发展成为一门严谨的学科，必须要定量说明什么是可持续性，景观生态学能够为此提供一套方法和指标；⑥景观生态学为自然—社会相互关系研究中所面临的尺度和不确定性问题的探讨提供理论和方法依据。

本章小结

景观是景观生态学的研究对象，不同学科对景观理解不同。美学意义上的景观是风景诗、风景画及园林风景学科的研究对象；地理学意义上的景观主要从空间结构和历史演化上研究；而生态学意义上的景观从空间结构及其历史演替上研究，更重要的是从功能上研究。景观要素是景观的构成基本单元，强调的是均质性，而景观则强调异质性，二者既有联系又有区别，在一定条件下，其地位可相互转化，景观与景观要素之间的这种关系体现了景观现象的尺度效应。

景观生态学是研究相关景观系统的相互作用、空间组织和相互关系的一门学科，即研究由相互作用的生态系统组成的异质地表的结构、功能和动态。与其他生态学科相比，景观生态学具有整体观和系统观、异质性和尺度性、综合性和宏观性、目的性和实践性4个特点。由于景观生态学本身兼有生态学、地理学、环境科学、资源科学、规划科学、管理科学等许多现代大学科群系的多功能优点，适宜于组织协调跨学科多专业的区域生态综合研究，因此，它在现代生态学分类体系中处于应用基础生态学的地位。

当前，景观生态学的主要流派有欧洲的景观规划设计研究流派、俄罗斯的景观地球化学研究流派、加拿大和澳大利亚的土地生态分类研究流派、美国的景观结构与功能研究流派。中国景观生态学虽然起步较晚，但在景观生态规划、景观生态建设和景观生态管理方面正逐步形成自己的特色，并不断加强景观生态建设。

中国的景观生态学理论框架包括以格局—过程关系为中心的生态空间理论、以有序人类活动为中心的景观生态建设理论和以发挥景观多重价值为中心的景观规划理论。

景观生态学研究的热点问题概括为干扰对景观格局、过程的影响和干扰在景观中的传播和扩散；景观格局与景观过程的关系或者说景观格局的生态和环境效应；小尺度实验研究及其尺度外推；景观动态模拟预测模型、景观规划设计辅助决策，以及多尺度空间耦合模型；景观的多重价值评价和作为社会经济发展规划与决策基础的景观社会经济研究；人类在景观中的作用和景观规划设计。景观生态学研究的热点地区涉及流域系统、湿地、文化景观、城乡过渡带和生态脆弱带和重点或关键性自然景观。

当今景观生态学十大研究论题分别是：异质景观中的能量、物质和生物流过程；土地利用和覆盖变化的起因、过程和效应；非线性科学和复杂性科学在景观生态学中的应用；尺度推绎；景观生态学方法论的创新；将景观指数与生态过程相结合，并发展能反映生态和社会经济过程的综合景观指数；把人类和人类活动整合到景观生态学中；景观格局的优化；景观水平的生物多样性保护和可持续性发展；景观数据的获得和准确度评价。

随着景观生态学研究的深入，以科学和实践问题为导向的学科交叉与融合不断加强，目前形成包括水域景观生态学、景观遗传学、多功能景观研究、景观综合模拟、景观生态与可持续性科学等在内的若干新的学科生长点。

思考题

1. 什么是景观？如何理解景观的美学概念、地理学概念和生态学概念？
2. 景观有哪些基本特征？如何理解景观和景观要素之间联系与区别？
3. 请举例说明景观现象的尺度效应。
4. 什么是景观生态学？包括哪些主要研究内容？
5. 景观生态学有哪些特点？如何认识其学科地位？
6. 国际景观生态学有哪些主要学术流派？它们各有什么特色？
7. 中国的景观生态学研究有哪些特色和优势？
8. 当前景观生态学的研究热点问题和热点地区有哪些？
9. 什么是景观生态建设？加强景观生态建设研究有什么意义？

推荐阅读书目

景观生态学. 曾辉，陈利顶，丁圣彦. 高等教育出版社，2017.

景观生态学. 张娜. 科学出版社，2014.

景观生态学(第2版). 郭晋平. 中国林业出版社，2016.

2016—2017景观生态学学科发展报告. 中国生态学学会. 中国科学技术出版社，2018.

景观生态学. 郭晋平，周志翔. 中国林业出版社，2006.

景观生态学——格局、过程、尺度与等级（第2版）. 邬建国. 高等教育出版社，2007.

景观生态学原理与应用. 傅伯杰，陈利顶，马克明，等. 科学出版社，2002.

景观生态学(第 2 版). 肖笃宁，李秀珍，高峻，等. 科学出版社，2010.

实用景观生态学. 赵羿，李月辉. 科学出版社，2001.

景观生态学的基本理论及中国景观生态学的研究进展. 何东进，洪伟，胡海清. 江西农业大学学报，2003，25(2)：276－282.

通过《景观生态学》(*Landscape Ecology*)杂志看国际景观生态学研究动向. 冷文芳，肖笃宁，李月辉，等. 生态学杂志，2004，23(5)：140－144.

国际景观生态学研究新进展. 傅伯杰，吕一河，陈利顶，等. 生态学报，2008，28(2)：798－804.

景观生态学中的十大研究论题. 邬建国. 生态学报，2004，24(9)：2074－2076.

Applied Landscape Ecology. Rego F C, Bunting S C, Strand E K, and Godinho-Ferreira P. Wiley, 2019.

Landscape Econglogy. Forman R T T and Godron M. John Wiley and Sons, 1986.

Principles and Methods in Landscape Ecology. Farina A. Chapman & Hall, 1998.

Landscape ecology: Theory and application (2nd edition). Navel Z and Lieberman A S. Springer-Verlag, 1993.

景观生态学基本理论和原理

【本章提要】

景观生态学理论体系包括系统论、耗散结构与自组织理论、等级结构系统理论、时空尺度和空间异质性、渗透理论、复合种群理论、岛屿生物地理学理论等基本理论；还包括系统整体性原理、尺度性原理、生态流及其空间再分配原理、结构镶嵌性原理、文化性原理、人类主导性原理和多重价值原理等基本原理。本章概要介绍了这些理论和原理的要点，作为理解和掌握景观复杂性的基本范式。

景观生态学作为一门新兴的交叉性横断学科，其理论体系正在不断发展过程中，许多研究者从不同的学科基础出发，采用不同的观点和方法，对不同类型的景观进行研究，为建立和完善景观生态学理论体系作出了重要贡献，使景观生态学逐步走向成熟。当前景观生态学面临的挑战仍然是发展整合的景观生态学，使景观生态研究者在景观生态学理论和原理上找到共同基础，进一步完善景观生态学的理论体系，使之从一门应用色彩很强的学科分支发展成为一门有独立理论体系和方法论特点的学科，成为从生物学、地学以及人文科学等范围广泛的角度研究景观问题的基础。

景观生态学的基本理论和原则主要有3个来源：一是来自其母体学科，特别是生态学和地理学；二是来自相关学科，特别是系统科学和信息科学；三是景观生态学领域具有普遍意义的研究成果的提炼。

2.1　景观生态学的基本理论

等级结构理论、耗散结构与自组织理论、时空尺度、渗透理论、岛屿生物地理学理论、复合种群理论等，在构建景观生态学理论框架中占有重要地位，为理解和掌握景观复杂性提供了新的范式，为景观生态学学科体系的建立和发展奠定了基础。

2.1.1　等级理论与尺度

2.1.1.1　等级理论

(1)等级理论的内涵

等级理论(hierarchy theory)，又称为等级系统理论，是 20 世纪 60 年代以来逐渐发展形成的关于复杂系统结构、功能和动态的系统理论(Allen and Starr，1982；O′Neil *et al.*，1986)。等级理论继承了系统论的基本概念与基本原则，并突出了系统的整体性、有序性、层次性和尺度特征。

等级理论认为，等级系统是一个由若干单元组成的有序系统，每一个层次都由不同的亚系统或整体元(holon)组成(图 2-1)。整体元具有两面性或双向性，即相对于其低层次表现出整体特性，而对其高层次则表现出从属组分的受制约性(O′Neil *et al.*，1986)。处于等级系统中高层次的行为或动态(如全球植被变化)，常表现出大尺度、低频率、慢速度特征；而低层次的行为或动态(如局部植物群落中物种组成的变化)，则表现出小尺度、高频率、快速度的特征。高层次信息往往可表达为常数，而低层次信息则常以平均值形式来表达。

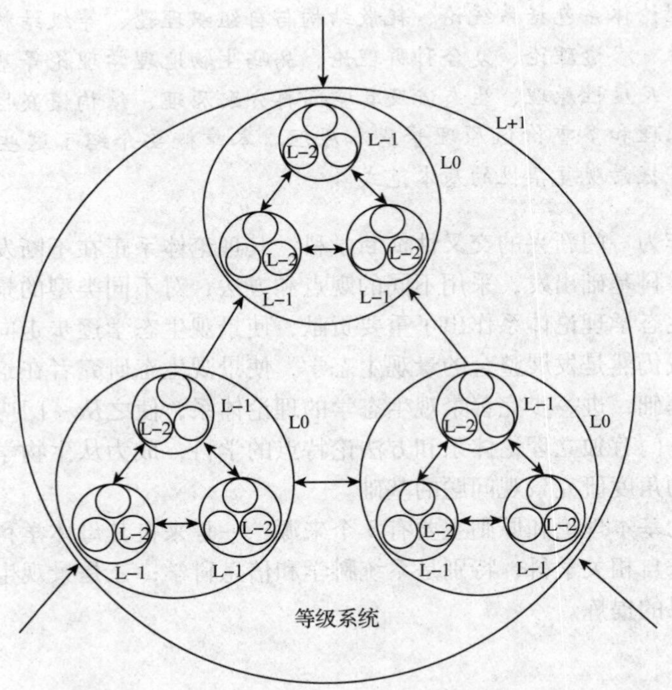

图 2-1　等级系统示意(引自邬建国，2007)

注：等级是一个由若干层次组成的有序系统，它由相互联系的亚系统组成，亚系统又由各自的亚系统组成，以此类推；属于同一个亚系统中的组分之间相互作用在强度或频率上要大于亚系统之间的相互作用；图中表示的是一个巢式等级系统

(2)等级系统的结构

等级系统具有垂直结构和水平结构(图2-2)。垂直结构是指等级系统中层次数目、特征及其相互作用关系，而水平结构则指同一层次上整体元的数目、特征和相互作用关系。等级系统的垂直结构和水平结构都具有相对离散或近可分解性，其中垂直结构的近可分解性是因为不同层次具有不同的过程速率(如行为频率、缓冲时间、循环时间或反应时间)，而水平结构的近可分解性来自于同一层次整体元内部及其相互之间作用强度的差异。等级系统的离散(或可分解性)反映了自然界中各种生物和非生物学过程往往有其特定的时空尺度，同时也为了解包括景观系统在内的复杂系统提供他基本框架与有效手段(邬建国，2007)。基于等级理论，在研究复杂系统时一般至少需要同时考虑3个相邻层次：即核心层(0层)、上一层(+1层)和下一层(-1层)(图2-2)。只有如此，方能较为全面地了解、认识和预测所研究的对象。

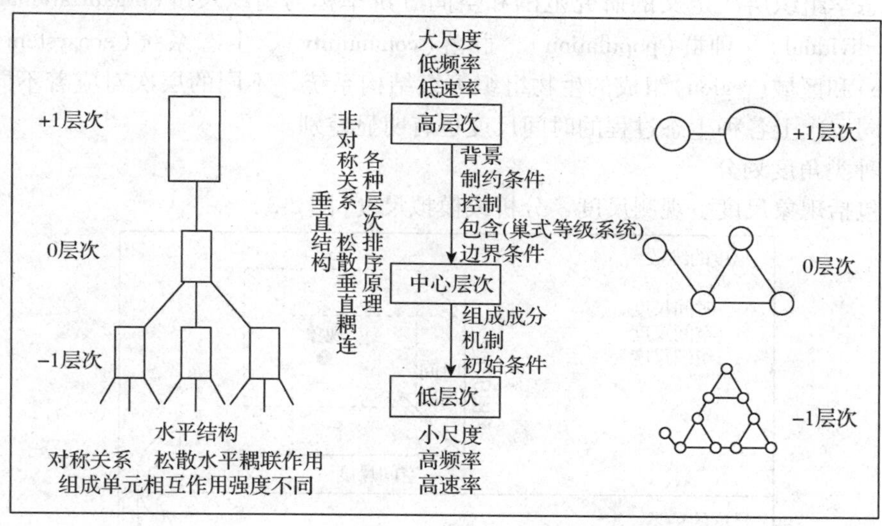

图2-2 等级系统及其主要概念(引自邬建国，2007)

2.1.1.2 尺度

尺度(scale)的原始含义来自地图学中的图幅和图形分辨率或比例尺，它代表了地图要素的综合水平和详细程度。景观生态学尺度是对研究对象在空间上或时间上的测度，分别称为空间尺度和时间尺度，而着眼于更深入全面的分析视角，尺度可以表述为维数(dimension)、种类(kind)和组分(component)三重概念(邬建国，2007)

1)从维数角度划分

尺度包括空间尺度、时间尺度和组织尺度(图2-3)。

(1)空间尺度

空间尺度(spatial scale)一般是指研究对象的空间规模和空间分辨率，研究对象的变化涉及的总体空间范围和该变化能被有效辨识的最小空间范围，一般用面积单位表示。在实际的景观生态学研究中，空间尺度最终要落实到由欲研究的景观生态过程和功能所决定的空间地域范围，或最低级别或最小的生态学空间单元。如研究流域高地森林景观与流域水文过程的关系，就必然将流域集水区范围作为研究范围，而把具有不同水文学特征的森林类型作为最小的生态学单元，实际可分辨的森林类型斑块最小面积也相应地由森林类型的对比度和研究资料的分辨率决定。

(2)时间尺度

时间尺度(temporal scale)是指某一过程和事件的持续时间长短和考察其过程和变化的时间间隔，即生态过程和现象持续多长时间或在多大的时间间隔上表现出来。由于不同研究对象或者同一研究对象的不同过程总是在特定的时间尺度上发生的，相应地在不同的时间尺度上表现为不同的生态学效应，应当在适当的时间尺度上进行研究，才能达到预期的研究目的。如不同的自然地理、演替历史和干扰历史决定了森林景观斑块演替的速率和进程，决定了研究的时间范围和观测取样间隔期的长短。

(3)组织尺度

用生态学组织层次定义的研究范围和空间分辨率称为组织尺度(organizational scale)。由个体(individual)、种群(population)、群落(community)、生态系统(ecosystem)、景观(landscape)和区域(region)组成的生物组织等级结构系统，不同的层次对应着不同的空间尺度，不同层次上各种生态过程的时间尺度也有明显差别。

2)从种类角度划分

尺度包括现象尺度、观测尺度、分析或模拟尺度(图 2-3)

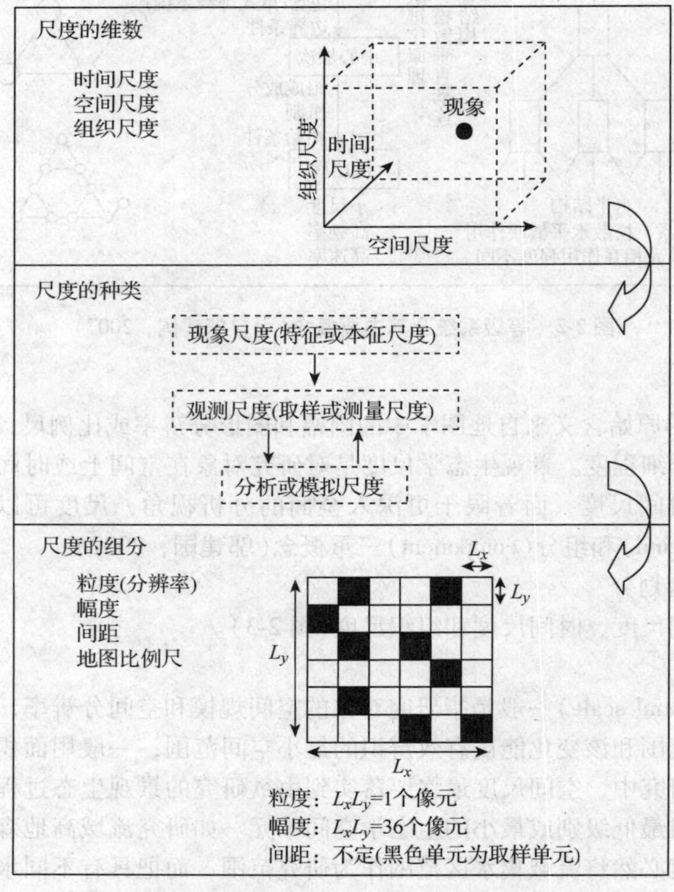

图 2-3　生态学尺度的三重概念(引自张娜，2014)

（1）现象尺度

现象尺度包括格局尺度以及影响格局的过程的尺度。格局尺度指与格局的物理大小有关的尺度，包括格局所处的等级水平、各等级水平的斑块大小分布（如某种生物的生境斑块大小的平均值和方差）、同类斑块之间的间距等。过程尺度包括过程本身作用的范围，也包括过程能够影响的潜在或实际的幅度。很多生态过程不仅发生在紧邻发生源一定距离的潜在范围内，后者的意义甚至会远远超 过前者。由于现象尺度为自然或人为现象所固有的，不随研究视角而改变，因此也常被称为特征（characteristic）尺度或本征（intrinsic）尺度。

（2）观测尺度

观测尺度也被称为取样尺度或测量尺度，包括地在或遥感观测中样方或像元的大小、形状、间距，观测幅度以及间隔时间等。生态学研究中的取样单元可以是一些自然物体，如一片树叶、一个生物体、一个动物巢穴等。

（3）分析或模拟尺度

分析或模拟尺度是在空间分析或模拟模型中所用的时空分辨率和范围尺度。在单尺度分析或应用中，分析或模拟尺度可能等同于现象或观测尺度。但在多尺度分析或应用中，由于涉及一系列尺度上的聚合或变换，分析或模拟尺度不再完全等同于现象或观测尺度。

3）从组分角度划分

尺度包括粒度（grain）、幅度（extent）、间距（lag 或 spacing）、分辨率（resolution）和地图比例尺（cartographic scale）等核心概念。在景观生态学中，常用粒度和幅度来度量尺度（图2-3）。空间粒度是景观中最小可辨识单元所代表的特征长度、面积或体积，如斑块大小、样方大小、栅格数据中的格网大小及遥感影像的像元大小或分辨率等；时间粒度是某一现象或事件发生的（或取样的）频率或时间间隔，如野外测量生物量的取样时间间隔、某一干扰事件发生的频率、模拟的时间间隔等。幅度是研究对象在空间或时间上的持续范围或长度，如整个研究区大小、模拟的持续时间。对于一个生态系统，随着组织层次从较低到较高的变化，粒度和幅度呈逐渐增加的趋势。总体上，幅度与粒度在逻辑上互相制约；大幅度通常对应着粗粒度，而小幅度通常对应着细粒度。间距是相邻单元之间的距离，可用单元中心点之间的距离或单元最邻近边界之间的距离表示。粒度、幅度和间隔的概念除可用于时间和空间外，也可用于现象、观测、分析或模拟中。

2.1.2　耗散结构与自组织理论

耗散结构理论是比利时物理学家普利高津（1967）提出的，在1977年荣获了诺贝尔奖。该理论指出："一个远离平衡态的复杂系统，各元素的作用具有非线性的特点，正是这种非线性的相关机制，导致了大量离子的协同作用，突变而产生有序结构。"普利高津把远离平衡的非线性区形成的新的稳定的有序结构，称为耗散结构。

耗散结构必须具备3个条件：即系统的开放性、系统处于远离平衡态的非线性区域、系统各要素之间存在着非线性相关机制。

（1）系统的开放性

生态系统开放性是一切自然生态系统的共同特征。生态系统与外界环境不断发生物质和能量交换。

(2)在远离平衡态中发展

在平衡态、近平衡态区域要素间呈一定规律性变化，即是确定性或线性关系。远离平衡态的区域不再局限于要素间单一的线性组合，这是因为在系统内各要素之间存在着复杂的联系与作用，生态系统有可能发生突变，由原来的状态转到一个新状态。

(3)要素之间存在着非线性联系

非线性是一个数学名词，是指两个量之间没有像正比例那样的直线关系。生态系统的各要素之间存在着复杂的非线性关系。“蝴蝶效应”就形象地表述了这样的事实。1961 年，E. N. Lorenz 在进行模拟天气的数学分析和计算机模拟时，发现天气中一个极小差别就会导致气象的巨大变化，这使他提出了蝴蝶效应，并作了形象比喻：好像在亚马孙热带雨林中的一只蝴蝶扇动一下翅膀，2 周后就会在美国得克萨斯州引起一场风暴。

耗散结构理论的意义在于：首先，生态系统是开发系统，它与外界环境不断发生能量和物质交换；其次，所有生态系统都远离热力学平衡态，平衡意味着生命活动的终止，生态系统的彻底崩溃；最后，生态系统中普遍存在着非线性动力学过程，如种群控制机制、种间相互作用关系以及生物地球化学过程中的反馈调节机制。

2.1.3　景观连接度与渗透理论

(1)景观连接度

景观连接度(landscape connectivity)是对景观空间结构单元相互之间连续性的量度。它包括结构连接度(structural connectivity)和功能连接度(functional connectivity)。结构连接度是指景观在空间结构特征上表现出来的连续性，它主要受需要研究的特定景观要素的空间分布特征和空间关系的控制，可通过对景观要素图进行拓扑分析加以确定。功能连接度比结构连接度要复杂得多，它是指从景观要素的生态过程和功能关系为主要特征和指标反映的景观连续性。也有人将景观结构连接度称作景观连通性(landscape connectedness)，而用景观连接度专指景观功能连接度，并严格区分了两者的概念和属性。

景观连接度对研究尺度和研究对象的特征尺度有很强的依赖性，不同的尺度上景观空间结构特征、生态学过程和功能都有所不同，景观连接度的差别也很大；同时，结构连接度和功能连接度之间有着密切的联系，许多景观生态过程和功能与景观的功能连接度依赖于景观的结构连接度，但也有许多景观或景观的许多生态过程和功能的连接度与结构连接度没有必然联系，仅仅考虑景观的结构连接度，而不考虑景观生态过程和功能关系，不可能真正揭示景观结构与功能之间的关系及其动态变化的特征和机制，也就不可能得出能够确实指导景观规划和管理的可靠结论。

(2)景观渗透理论

渗透理论最初是用以描述胶体和玻璃类物质的物理特性，并逐渐成为研究流体在介质中运动的理论基础，一直用于研究流体在介质中的扩散行为。其中的临界阈限(critical threshold)现象也常常可以在景观生态过程中被发现，例如，种群动态、水土流失过程、干扰蔓延、动物的运动和传播等，因而在景观生态研究中很有应用价值，特别是作为景观中性模型建模的理论基础，受到了高度重视。

在流体分子的不规则热运动和随机扩散过程中，粒子可以在介质中随机运动到任何位置，但渗透过程中粒子的行为方式却显著不同。临界阈限是景观中景观单元之间生态连接度的一个关键值，当景观单元之间的连接度达到某一临界值时，生态过程或事件在景观中的扩散类似于随机过程，否则就说明在景观中存在类似于半透膜的过滤器，甚至是使景观完全分割破碎化的景观阻力。对于不同的生态过程或功能，临界阈限的生态学意义及其对人类的作用很不相同。例如，对于林火、病虫害、水土流失等过程来说，应尽可能使其连接度降低到临界阈限以下，以降低灾害蔓延的可能性，而对于物种保护来说，显然应提高其景观连接度，以增加种群交流的机会，提高种群抗干扰能力。可见，对于不同性质的景观，不同管理目标的景观，确定景观连接度的临界值，对于景观合理规划和管理都具有重要意义。

在一个 50 ×50 的森林景观方阵中，模拟去掉 40% 的行军蚁生境斑块，用以估算剩余 60% 生境的连通度或者破碎化程度。这些“被去掉的生境”在空间上随机分布且互不重叠，使斑块大小分为 1 ×1、2 ×2、3 ×3、4 ×4 四组，表示非生境斑块聚集程度的差异(图 2-4)。结果表明，随着模拟去掉的非生境斑块的增大，残余森林生境的连接度升高，行军蚁存活概率增大。大模拟去掉 50% 生境的情况下，如果斑块大小为 1 ×1，则该物种存活概率接近于 0；而如果非生境斑块大小设为 4 ×4，在这种半稳定的生境中，则有大约 70 窝行军蚁可以继续存活下去(Boswell *et al.*，1998)。

(3) 中性模型

自 20 世纪 80 年代以来，在景观生态研究中，由于渗透理论作为建立景观中性模型(neutral models)的理论基础而占据重要地位，美国生态学家 R. Garrider 认为，所谓景观中

图 2-4　在 50 ×50 的方格网中，模拟随机去掉 40％生境对残余生境连通度的影响结果

(引自 Boswell *et al.*，1998)

注：白色区域表示有森林存在的行军蚁生境，黑色区域表示非生境斑块。非生境斑块大小分别为：(a)1 ×1；(b)2 ×2；(c)3 ×3；(d)4 ×4。可以看出，随着非生境斑块的增大(a→d)，生境区域的连通度有所提高

性模型是“不包含地形变化、空间聚集性、干扰历史和其他生态学过程及其影响的模型”，主要用来研究景观格局与过程的相互作用，检验相关假设。当景观生态过程偏离中性模型的模拟或预测结果时，说明某种景观格局可能对景观生态过程有影响或控制作用。将中性模型的某些参数与景观格局特征相联系，已经成为建立基于渗透理论的景观动态变化机理模型的一条重要途径。

渗透理论的意义在于，应用于生态过程对空间格局的假设检验，它可以对景观中的生态过程进行理论估测，而这种随机估测和野外观测数据之间的统计差异反映了空间格局的特征。目前，渗透理论广泛应用于研究景观生态流所表现出的临界阈限特征，以及景观连接度与生态过程的关系。

2.1.4　岛屿生物地理学理论

MacArthur 和 Wilson(1967)研究了海洋岛屿的生物多样性，系统发展了岛屿生物地理学平衡理论(图 2-5)。他们认为，岛屿上物种丰度取决于 2 个过程，即物种迁入(immigration)和灭绝(extinction)。因为岛屿是一种面积有限的孤立生境，其生态位有限，已定居的生物种越多，留给外来种迁入的空间就越小，而已定居种随外来种的侵入其灭绝概率增大。对于某一岛屿而言，迁入率和灭绝率将随岛屿中物种丰富度的增加而分别呈下降或上升趋势；当二者相等时，岛屿物种丰富度达到动态平衡状态，虽然种的组成可不断更新，但丰富度数值保持不变。就不同的岛屿而言，种迁入率是资源群落(种迁入源)之间距离的函数，而灭绝率是岛屿面积大小的函数。这种离大陆越远的岛屿物种迁入率越小，被称为距离效应。岛屿的面积越小其灭绝率越大被称为面积效应。因此，面积较大而距离较近的岛屿比面积较小距离较远的生物物种数目要大。岛屿生物地理学理论中物种数量与岛屿面积之间的关系表达为：

$$S = cA^{z} \tag{2-1}$$

式中　S——岛屿的生物物种数；

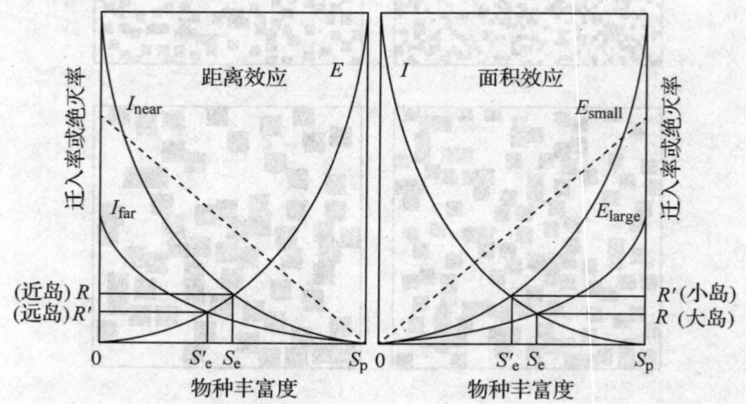

图 2-5　岛屿生物地理学理论图示(引自 Wu and Vankat，1995；邬建国，2007)

注：S_p 表示大陆物种库中潜在迁入中的总数；S_e 表示达到动态平衡状态时的物种丰富度。R 和 R' 表示物种周转率。I_{near} 和 I_{far} 分别表示近岛和远岛的迁入率；E_{large} 和 E_{small} 分别表示大岛和小岛的灭绝率。虚线表示迁入率(I)和灭绝率(E)随岛上物种丰富度的增加呈线性变化

A——岛屿面积；

c——与单位面积平均物种数有关的常数；

z——待定参数，它与岛屿的地理位置、隔离度和邻域状况等有关。

岛屿生物地理学理论的意义，促进了人们对生物物种多样性地理分布与动态格局的认识和理解，从而对生态学理论作出了重要的贡献。由于景观斑块与海洋岛屿之间存在某种空间格局的相似性，因而岛屿生物地理学理论大大启发了景观生态学家对生态空间的研究。群落生态学研究中关于物种数量与取样面积关系的许多结论，促进了该理论向陆地生境研究推广，当把生境斑块看作被其他非生境景观要素所包围的孤立"岛屿"时，类似岛屿生境的基本假设可以在一定条件下存在，并可应用于景观生态学研究中。

岛屿生物地理学理论的最大贡献就是把生境斑块的空间特征与物种数量联系在一起，为此后许多生态学概念和理论的发展奠定了基础。其最直接的应用价值则是为生物保护的自然保护区设计提供了原则性指导，并为景观生态学的发展奠定了理论基础，通过与其他相关理论的结合为景观综合规划设计提供理论依据。

岛屿生物地理学理论为建立以保护自然多样性或濒危物种为目的的自然保护区奠定了基础。岛屿生物地理学理论认为，一个大面积的保护区要优于一组总面积相等的小块保护区；圆形或方形的斑块可以使面积与周长比最大化，自然保护区功效优于边缘较多的长形斑块；几个互相隔离的斑块之间最好有廊道连接。此外，自然保护区的设计和管理还必须遵循动植物的生活史和特殊生境需求，如有些蛙类在蝌蚪阶段以取食藻类为主，但成年后则以取食昆虫为主，因此为目标物种不同时期的食物生境也需要加以保护；鸟类的筑巢行为与生活史和觅食地点有关，巢位的选择需要考虑干扰的警戒距离，如丹顶鹤在繁殖期的领地面积比其他阶段要大。

2.1.5　复合种群理论

美国生态学家 R. Levins 在 1970 年首次采用了"复合种群"(meta-population)一词，用来描述种群，将其定义为"由经常局部性绝灭，但又能重新定居而再生的种群所组成的种群"。复合种群是由空间上相互隔离，但又有功能联系(繁殖体或生物个体的交流)的 2 个或 2 个以上亚种群(sub-population)组成的种群系统。亚种群之间的功能联系主要指生境斑块间的生物个体或繁殖体(如植物种子)的交流，亚种群出现在生境斑块中，而复合种群的生境则对应于景观斑块镶嵌体(图 2-6)。

复合种群动态往往涉及 3 个空间尺度：

①亚种群尺度或斑块尺度(subpopulation or patch scale)：在这一尺度上，生物个体通过日常采食和繁殖活动发生非常频繁的相互作用，从而形成局部范围的亚种群单元。

②复合种群或景观尺度(meta-population or landscape scale)：在这一尺度上，不同亚种群之间通过植物种子和其他繁殖体传播，或通过动物运动发生交换。这种经常靠外来繁殖体或个体维持生存的亚种群所在的斑块被称为汇斑块(sink patch)，而那些为汇斑块提供生物繁殖体和个体的称为源斑块(source patch)。

③地理区域尺度(geographic regional scale)：这一尺度有了所研究物种的地理分布，即生物个体或种群的生长和繁殖活动不可能超越这一空间范围。

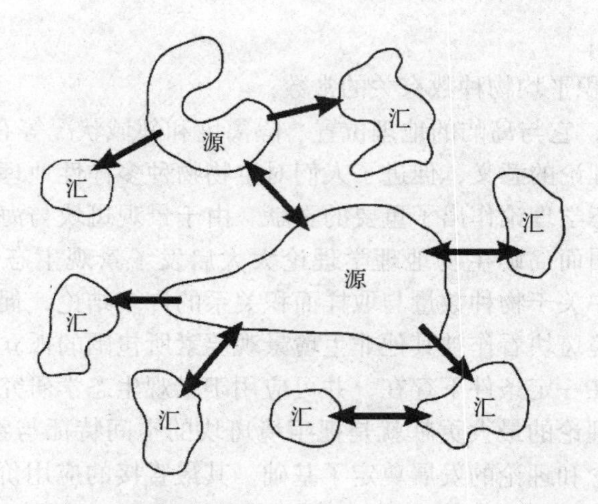

图 2-6 复合种群的基本概念(引自 Hogan, 2011)

复合种群理论是关于种群在景观斑块复合体中运动和消长的理论，也是关于空间格局和种群生态过程相互作用的理论，对景观生态学和保育生物学无疑都具有重要的意义。

2.2 景观生态学的基本原理

国外许多景观生态学研究者，如 Risser(1987)、Forman 和 Godron(1986)、Forman(1987, 1990)等，都曾就景观生态学的一般原理提出过建设性意见。其中又以 Forman(1995)提出的 12 条更为系统。但从他们所表述的实质内容看，既有许多相近之处，又不够全面。肖笃宁(1999)曾就景观生态学原理提出过 9 项原理：①土地镶嵌与景观异质性；②尺度效应与景观层秩性；③景观结构与功能的联系和反馈；④能量与养分的空间流动；⑤物种迁移与生态演替；⑥景观变化与稳定性；⑦人为活动，干扰、改造、构建；⑧景观规划的空间配置；⑨景观的视觉多样性与生态美学。还有一些学者，如 Naveh(1994)，将系统科学理论引入景观生态学学科理论体系，重视生物圈与技术圈的交叉，提出总体人类生态系统(total human ecological system)的概念。本书在综合许多学者研究成果的基础上，并考虑到今后景观生态学的发展方向，将景观生态学基本原理总结为 7 个方面。

2.2.1 景观的系统整体性原理

景观是由景观要素有机联系组成的复杂系统，含有等级结构，具有独立的功能特征和明显的视觉特性，具有明确边界和可辨识的地理实体。一个健康的景观生态系统具有功能上的整体性和连续性。从系统的整体性出发研究景观的结构、功能与变化，将分析与综合、归纳与演绎互相补充，可深化研究内容，使结论更具逻辑性和精确性。通过结构分析、功能评价、过程监测与动态预测等方法，采取形式化语言、图解模式和数学模式等表达方式，以得出景观系统综合模式的最好表达。

景观的系统整体性不仅表现在景观总是由异质的景观要素所组成，景观要素的空间结构关系和生态过程中的功能关系等水平方向上，而且还表现在景观在等级系统结构中垂直方向上不同等级水平之间的关系上。

2.2.2　景观研究的尺度性原理

景观生态研究一般对应于中尺度的范围，即从几平方千米到几百平方千米，从几年到几百年。特定的问题必然对应着特定的时间与空间尺度，一般需要在更小的尺度上揭示其成因机制，在更大的尺度上综合变化过程，并确定控制途径。在一定的时间和空间尺度上得出的研究结果不能简单地推广到其他尺度上。

格局与过程研究的时空尺度化是当代景观生态学研究的热点之一，尺度分析和尺度效应对于景观生态学研究有着特别重要的意义。尺度分析一般是将小尺度上的斑块格局经过重新组合而在较大尺度上形成空间格局的过程，并伴随着斑块形状规则化和景观异质性减小。尺度效应表现为，随尺度的增大，景观出现不同类型的最小斑块，最小斑块面积逐步减少。由于在景观尺度上进行控制性实验往往代价高昂，人们越来越重视尺度外推或转换技术，试图通过建立景观模型和应用 GIS 技术，根据研究目的选择最佳研究尺度，并把不同尺度上的研究结果推广到其他不同尺度。然而尺度外推涉及如何穿越不同尺度生态约束体系的限制，由于不同时空尺度的聚合会产生不同的估计偏差，信息总是随着粒度或尺度的变化而逐步损失，信息损失的速率与空间格局有关，因此，尺度外推或转换技术也是景观生态研究中的一个热点和难点。

时空尺度具有对应性和协调性，通常研究的地区越大，相关的时间尺度就越长。生态系统在小尺度上常表现出非平衡特征，而大尺度上仍可表现为平衡态特征，景观系统常常可以将景观要素的局部不稳定性通过景观结构加以吸收和转化，使景观整体保持动态镶嵌稳定结构。例如，大兴安岭的针叶林景观经常发生弱度的地表火，火烧轮回期 30 年左右，这种林火干扰常使土壤形成粗粒结构，火烧迹地斑块的平均大小与落叶松林地斑块的平均规模 40 ~ 50 hm^2 相接近。在这种林火干扰状况的控制下，兴安落叶松林景观仍可保持大尺度上的生态稳定结构。可见，系统的尺度性与系统的可持续性有着密切联系，小尺度上某一干扰事件可能会导致生态系统出现激烈波动，而在大尺度上这些波动可通过各种反馈调节过程被吸收或转化，可以为系统提供较大的稳定性。大尺度空间过程包括土地利用和土地覆盖变化、生境破碎化、引入种的散布、区域性气候波动和流域水文变化等。其对应的时间尺度是人类的世代，即几十年，是景观生态学最为关注的时间尺度，即所谓“人类尺度”，是分析景观建设和管理对景观生态过程影响的最佳尺度。

2.2.3　景观生态流与空间再分配原理

在景观各空间组分之间流动的物质、能量、物种和其他信息被称为景观生态流。生态流是景观生态过程重要的外在表现形式，受景观格局的影响和控制。景观格局的变化必然伴随着物种、养分和能量的流动和空间再分配，也就是景观再生产的过程。

物质运动过程总是伴随着一系列的能量转化，它需要通过克服景观阻力来实现对景观的控制，斑块间的物质流可视为在不同能级上的有序运动，斑块的能级特征由其空间位置、物质组成、生物因素以及其他环境参数所决定。景观生态流的动态过程可以表现为聚集与扩散 2 种趋势。

景观中的能量、养分和物种主要通过5种媒介或传输机制从一种景观要素迁移到另一种景观要素，即风、水、飞行动物、地面动物和人。

景观水平上的生态流有扩散、重力和运动3种驱动力，具体内容详见“第4章 景观生态过程与功能”。扩散与景观异质性有密切联系，是一种类似热力学分子扩散的随机运动过程，扩散是一种低能耗过程，仅在小尺度上起作用，并且是使景观趋向于均质化的主要动力。重力(物质流)是物质沿能量梯度下降方向的(包括景观要素的边界和景观梯度)流动，是物质在外部能量推动下的运动过程，其运动的方向比较明确，如水土流失过程。传输是景观尺度上物质、能量和信息流动的主要作用力，如水流的侵蚀、搬运与沉积是景观中最活跃的过程之一。运动是物质(主要是动物)通过消耗自身能量在景观中实现的空间移动，是与动物和人类活动密切相关的生态流驱动力，这种迁移最主要的生态特征是使物质、能量在景观中维持高度聚集状态。

总之，扩散作用形成最少的聚集格局，重力居中，而运动可在景观中形成最明显的聚集格局。因此，在无任何干扰时，森林景观生态演化使其水平结构趋于均质化，而垂直分异得到加强。在这些过程中，景观要素的边际带对通过边际带的生态流进行过滤，对生态流的性质、流向和流量等都有重要影响。

2.2.4 景观结构镶嵌性原理

景观和区域的空间异质性有2种表现形式，即梯度与镶嵌。镶嵌性是研究对象聚集或分散的特征，在景观中形成明确的边界，使连续的空间实体出现中断和空间突变。因此，景观的镶嵌性是比景观梯度更加普遍的景观属性。Forman所提出的斑块—廊道—基质模型就是对景观镶嵌性的一种理论表述。

景观斑块是地理、气候、生物和人文等要素构成的空间综合体，具有特定的结构形态和独特的物质、能量或信息输入与输出特征。斑块的大小、形状和边界，廊道的曲直、宽窄和连接度，基质的连通性、孔隙度、聚集度等，构成了景观镶嵌特征丰富多彩的不同景观。

景观的镶嵌格局或景观的斑块—廊道—基质组合格局，是决定景观生态流的性质、方向和速率的主要因素，同时景观的镶嵌格局本身也是景观生态流的产物，即由景观生态流所控制的景观再生产过程的产物。因此，景观的结构和功能，格局与过程之间的联系与反馈始终是景观生态学研究的重要课题。

2.2.5 景观的文化性原理

景观是人类活动的场所，景观的属性与人类活动密不可分，因而并不是一种单纯的自然综合体，往往由于不同的人类活动方式而带有明显不同的文化色彩；同时，也对生活在景观中的人们的生活习惯、自然观、生态伦理观、土地利用方式等文化特征产生直接或显著的影响，即所谓“一方水土养一方人”。人类对景观的感知、认识和价值取向直接作用于景观，同时也受景观的影响。人类的文化背景强烈地影响着景观的空间格局和外貌，反映出不同地区人们的文化价值观。例如，我国东北的北大荒地区就是汉族移民在黑土漫岗上的开发活动所创造的粗粒农业景观，而朝鲜族移民在东部山区的宽谷盆地中定居所创造的是以水田为主的细粒农业景观。

按照人类活动的影响程度，可将景观划分为自然景观、管理的景观和人工景观，并常将管理的景观和人工景观等附带有人类文化或文明痕迹或属性的景观称为文化景观。

文化景观实际是人类文明景观，是人类活动方式或特征给自然景观留下的文化烙印，反映着景观的文化特征和景观中人类与自然的关系。大量的人工建筑物，如城市、工矿和大型水利工程等自然界原先不存在的景观要素，完全改变了景观的原始外貌，人类成为景观中主要的生态组分，是文化景观的特征。这类景观多表现为规则化的空间布局，高度特化的功能，高强度能量流和物质流维持着景观系统的基本结构和功能，因而对文化景观的生态研究不仅涉及自然科学，更需要人文科学的交叉和整合。

2.2.6 景观演化的人类主导性原理

景观系统如同其他自然系统一样，其宏观运动过程是不可逆的。系统通过从外界环境引入负熵而提高其有序性，从而实现系统的进化或演化。

景观演化的动力机制有自然干扰与人为活动两个方面，由于人类活动对景观影响的普遍性与深刻性，在作为人类生存环境的各类景观中，人类活动对景观演化的主导作用非常明显。人类通过对景观变化的方向和速率进行有目的的调控，可以实现景观的定向演化和持续发展。应用生物控制共生原理进行景观生态建设是景观演化中人类主导性的积极体现（景贵和，1991）。景观生态建设是指在一定地域、生态系统，适用于特定景观类型的生态工程，它以景观单元空间结构的调整和重新构建为基本手段，改善受胁迫或受损生态系统的功能，提高其基本生产力和稳定性，将人类活动对于景观演化的影响导入良性循环。

我国各地的劳动人民在长期的生产实践中创造出许多成功的景观生态建设模式，如珠江三角洲湿地景观的基塘系统、黄土高原侵蚀景观的小流域综合治理模式、北方风沙干旱区农业景观中的林-草-田镶嵌格局与复合生态系统模式等。

2.2.7 景观多重价值原理

景观作为一个由不同土地单元镶嵌组成，具有明显视觉特征的地理实体，兼具经济、生态和美学价值，这种多重性价值判断是景观规划和管理的基础。

景观的经济价值主要体现在生物生产力和土地资源开发等方面，景观的生态价值主要体现为生物多样性与环境功能等方面，这些已经研究得十分清楚。而景观美学价值却是一个范围广泛、内涵丰富，比较难于确定的问题，随着时代的发展，人们的审美观也在变化。景观的宜人性可理解为比较适于人类生存、走向生态文明的人居环境，它包含以下内容：景观通达性、建筑经济性、生态稳定性、环境清洁度、空间拥挤度、景色优美度等。

对景观生态学基本原理的认识永无止境，随着景观生态学研究的深入和研究水平的不断提高，景观生态学科学体系的建设也将迎来新的历史时期。

本章小结

本章详细列举了景观生态学的基本理论和基本原理。基本理论包括等级结构理论、耗散结构与自组织理论、时空尺度、渗透理论、岛屿生物地理学理论、复合种群理论。基本原理包括系统整体性原理、尺度性原理、生态流及其空间再分配原理、结构镶嵌性原理、文化性原理、人类主导性原理和多重价值原理等基本原理。

思考题

1. 景观生态学的基本理论有哪些？
2. 耗散结构理论的基本条件有哪些？有什么意义？
3. 什么是空间异质性？其意义有哪些？
4. 什么是尺度效应？尺度外推应注意哪些问题？
5. 如何理解渗透理论及其意义？中性模型有何特点？
6. 岛屿生物地理学的核心内容有哪些？其意义如何？
7. 复合种群理论的核心内容有哪些？有什么意义？
8. 景观生态学的基本原理有哪些？其各自在景观生态学研究与实践中的意义如何？

推荐阅读书目

景观生态学．曾辉，陈利顶，丁圣彦．高等教育出版社，2017．

景观生态学．张娜．科学出版社，2014．

森林景观生态研究．郭晋平．科学出版社，2001．

景观生态学——格局、过程、尺度与等级(第 2 版)．邬建国．高等教育出版社，2007．

景观生态学原理与应用．傅伯杰，陈利顶，马克明，等．科学出版社，2002．

景观生态学(第 2 版)．肖笃宁，李秀珍，高峻，等．科学出版社，2010．

Landscape Ecology. Forman R T T and Godron M. John Wiley and Sons，1986.

Principles and Methods in Landscape Ecology. Farina A. Chapman & Hall，1998.

Landscape ecology：Theory and application (2nd edition). Navel Z and Lieberman AS. Springer-Verlag，1993.

Landscape Heterogeneity and Disturbance. Turner M G. Springer-Verlag，1987.

Quantitative methods in landscape ecology. Turner M G and Gadner R H. Springer-Verlag，1991.

第3章 景观结构与格局

【本章提要】

斑块、廊道与基质构成了景观的基本空间单元。斑块—廊道—基质的组合作为最常见、最简单的景观空间格局构型，是决定景观功能、格局和过程随时间发生变化的主要因素。景观异质性不仅是景观结构的重要特征和决定因素，而且对景观的功能及其动态过程有重要影响和控制作用，决定着景观的整体生产力、承载力、抗干扰能力、恢复能力及其生物多样性。景观格局反映景观的基本属性，与景观生态过程和功能有密切关系。探讨格局与过程之间的关系是景观生态学的核心内容。由于景观格局的形成是在一定地域内各种自然环境条件与社会因素共同作用的产物，研究其特征可了解它的形成原因与作用机制，为人类定向影响生态环境并使之向良性方向演化提供依据。

景观是异质性地域实体，是在各种自然地理要素、生态过程以及自然和人为共同干扰下形成的。其中，地质地貌、气候、土壤、植被和自然干扰是决定景观形成和变化的基本因素。作为景观形成的这五个自然因素，它们之间是相互影响、相互依存的。在比较大的空间尺度上，地貌和气候对景观分异常常起主导作用；而在中、小尺度上，植被、土壤及人类活动等的分异作用更为明显。景观格局，一般是指其空间格局，决定着资源地理环境的分布形成和组分，制约着各种生态过程，与干扰能力、恢复能力、系统稳定性和生物多样性有密切关系。而斑块、廊道与基质则构成了景观的基本空间单元。斑块—廊道—基质的组合作为最常见、最简单的景观空间格局构型，是决定景观功能、格局和过程随时间发生变化的主要因素。

3.1 景观组分

3.1.1 斑块

斑块是外观上不同于周围环境的相对均质的非线性地表区域，具有相对同质性，是构成景观的基本结构和功能单元。由于成因不同，斑块的大小、形状及外部特征各异，可以是有生命的，如动植物群落，也可以是无生命的，如裸岩、土壤或建筑物等。它可能是自然的，也可能是人工的。

3.1.1.1 斑块的类型

斑块的主要成因机制或起源包括环境异质性、自然干扰或人类活动，与之相对应可分为干扰斑块、残存斑块、环境资源斑块和引入斑块。

(1) 干扰斑块

干扰斑块主要是由于基质内的局部干扰而形成的斑块，例如，森林火灾、采伐、草原过度放牧以及局部植被爆发病虫害等。其特点是干扰发生的频率和影响范围往往难以预料，持续时间也长短不同，因此所造成的后果也就有所不同。干扰斑块通常是寿命最短的一类斑块，一般随干扰的消失而消失，但如果干扰反复发生或持续时间过长，或者干扰过重，以至超过了原生态系统恢复能力的极限，这种斑块往往能持续很长的时间。例如，毁林开荒、长期过牧等活动形成的斑块，其持续时间就较长。

(2) 残存斑块

残存斑块是由于基质受到大面积干扰后残存下来的局部未受干扰的自然或半自然斑块，其成因机制与干扰斑块正好相反。典型例子就是火烧后留下的小片植被，这在林区和草原地区都是比较常见的。残存斑块和干扰斑块之间也有不少相似之处：①都起源于自然或人为干扰；②两者都具有较高的物种周转率；③种群大小、迁入和灭绝的速率都是在干扰初期变化较大，随后进入演替阶段；④当基质和斑块融为一体时，两者都将消失。

(3) 环境资源斑块

环境资源斑块是指由于自然环境资源的空间异质性或镶嵌分布而形成的斑块。这是一种相当稳定且与干扰无关的斑块。环境资源斑块具有以下特征：①由于资源分布的相对持久性，斑块也是持久的，具有很低的转化速率；②由于斑块较为稳定，其中的种群波动的动态过程、灭绝和迁移水平很低；③由于斑块和周围基质的群落之间处于平衡状态，物种变化仅是正常状态下的变化，不存在休闲期或调整期。

(4) 引入斑块

引入斑块是指由人类有意或无意将生物引进一个地区而形成的，或者完全由人工建立和维护的斑块，实际上也是一种干扰斑块，只不过其分布面广量大、遍及全球、影响深远，故单独划为一类。可进一步分为种植斑块和聚居斑块两大类。种植斑块主要是由人类引种植物形成的，如栽培作物、造林、建植物园等，这类斑块的寿命取决于人类的管理活动。一旦人为管理停止，野生或半野生物种很快就会侵入这类斑块，从而进入自然演替过程。种植斑块的物种动态过程表现为：①由种植干扰引起的最初的短暂剧烈变化期；②人类管理期间的长期相对稳定期；③弃耕、撂荒和演替期间的又一短暂重大变化期。当斑块与周围基质融为一体时，这种变化过程也就结束。聚居斑块是当今地球上最明显而又普遍存在的景观成分之一，它是由人类定居形成的，大到城市、郊区，小到村落、庭院，持续时间往往较长，短则数年，长则几十年，甚至几个世纪，取决于人类管理的程度和恒定性。聚居斑块是高度不稳定的生态系统，它与周围环境之间在物质、能量和信息的输入、输出上有着密切的关系，并高度依赖于周围环境。

3.1.1.2 斑块的结构特征与功能

斑块的结构特征决定和影响着其自身的生态功能，斑块大小、形状、内缘比、数量和构型等是斑块最基本的结构特征。

(1)斑块大小及其生态功能

斑块的大小即斑块的面积，通常以平方米或公顷为单位来量度。常采用斑块总面积、斑块平均面积、最小斑块面积、最大斑块面积作为斑块面积的指标。其中最小和最适斑块面积往往是研究人员和决策者共同关心的问题，因为它不仅关系到斑块生态功能的发挥，也关系到土地分配、地价税收等与社会、经济效益有关的一些活动。斑块大小是影响物种多样性和物种运动、能量流和物质流，以及各种生态学过程的主要因素。斑块的大小对生态功能的影响主要体现在以下两个方面：

第一，斑块面积对斑块内物质流和能量流的影响。

如果大斑块和小斑块中单位面积的能量或物质含量相同，则斑块内的能量或物质总量与斑块的面积成正比，即大斑块的能量或物质的总量要比小斑块多。但很多情况下，一方面同一斑块内物质和能量并不是均匀分布，受斑块周边基质或相邻斑块影响程度的不同，会产生斑块从边缘到中心生境的梯度变化(图3-1)；另一方面大斑块和小斑块中单位面积的能量或物质含量并不相同，甚至可能出现大斑块的能量或物质总量低于小斑块的情况(Forman and Gordon，1986)。在斑块周边环境影响强弱不同时，小斑块中心的微环境(物质和能量分布)会明显不同于大斑块的中心。

实际上，斑块内的物质和能量含量不仅与斑块的大小有关，还与斑块的内缘比(interior to edge ratio)(图3-1)，即斑块内部面积和边缘面积的比率有关(Hansen and Di Castri，2012)，而关系非常复杂。较大的圆形或正方形斑块属于等径斑块，内缘比较高，而相同面积的矩形斑块的内缘比则较低。内缘比的生态学意义在于，斑块内部与边缘在生境条件

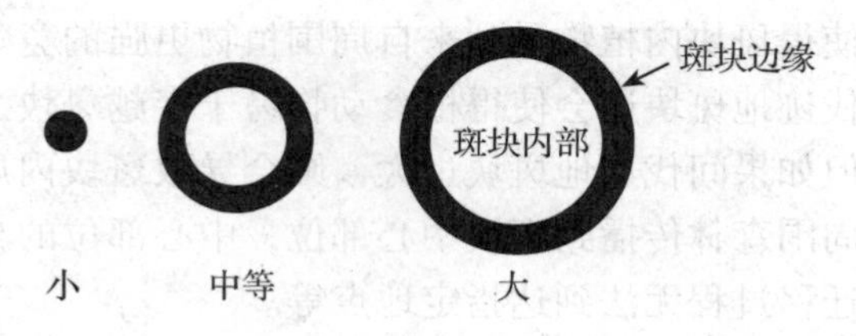

图3-1 受斑块大小影响的内部区域和边缘带(引自Forman，1981)

注：图中白色区域表示斑块的内部区域，黑色区域表示斑块的边缘带。假设3个图的边缘带宽度相等

上(如光照、湿度、食物、天敌等)有所差别，进而造成物种组成上的差异。斑块边缘与内部能量、养分的差异是受斑块大小影响这一基本问题的核心要点，也是目前仍然期待深入研究和探讨的问题。

第二，斑块面积对斑块内部物种多样性的影响。

有关斑块面积对物种多样性影响的研究最先始于对岛屿面积和岛屿内部物种多样性关系的研究，岛屿生物地理学理论阐明了岛屿面积的重要性，即面积大的斑块比面积小的斑块往往能够容纳更多的物种和个体。

斑块越大，生境空间的异质性和多样性增加，更加异质和多样性的生境一方面适宜不同生态位需求和抗性的多个物种，利于维持更多的生物个体生存，并增加遗传基因的多样性；另一方面可为生物个体提供更多的避难所，对物种的绝灭过程有缓冲作用，并可能作为源地为基质或其他斑块提供种源。

斑块越大，内部生境比例往往越大。对环境变化敏感的物种往往需要较稳定的环境条件，而大面积的斑块通常拥有较稳定的内部生境，能够为这部分敏感物种提供保护场所。如大的森林斑块，有利于生境敏感物种的生存，为大型脊椎动物提供核心生境和避难所，为景观中其他组成部分提供种源，能维持更近乎自然的生态干扰体系，在环境变化的情况下，对物种绝灭过程有缓冲作用。

但是，小斑块也有重要的生态作用，可以作为物种传播以及物种局部绝灭后重新定居的生境和“踏脚石”(stepping-stone)，从而增加了景观的连接度，为物种的保留、物种的迁移、再生等提供了更多的机会，可以避免灾害性事件发生而导致物种灭绝。因此，在景观规划的过程中，需要合理设置大小斑块的数量及其空间配置。

自然保护区的规划与管理中一个长期有争议的问题就是在总面积相同的情况下，设立一个大保护区还是几个小保护区更有利于保护物种多样性，即所谓的SLOSS(single large or several small)问题。

斑块的大小是生物多样性保护中需要考虑的重要问题，在进行自然保护区规划时，一般建议保护的面积尽可能大一些。由于不同物种所需要的最小斑块面积存在较大差异，因而需要针对不同的物种来制订具体的保护方案。以下为美国农业部为保护不同生物推荐的斑块面积(图3-2)(Bentrup，2008)。

在农林生产的实践中，常常也会遇到如何确定斑块大小的问题。例如，森林间伐迹地斑块多大才能更好地实现采伐后森林的自然更新？过小或过大的间伐迹地斑块对森林的自然更新均不利。过小的间伐迹地斑块使得周围森林对斑块仍然保留很强的遮蔽作用，不利于喜光植物的生存，也使得斑块内植物受到来自周围植物更强的竞争压力，尤其是水分和养分的竞争；过小的间伐迹地斑块还会使得植食动物易于穿越斑块，使斑块内的植物容易受到植食动物的啃食。但如果间伐迹地斑块过大，则会导致斑块内风力加剧，坡地上水土流失严重，种子很难从周围森林传播到斑块中心部位，中心部位的自然更新缺失，捕食者的捕食效率降低，一次迁移过程无法到达指定地点等。

(2)斑块形状及其生态功能

与斑块大小的情形类似，不同形状的斑块也具有不同的内缘比。例如，圆形或正方形这样的等径斑块由斑块内部和边缘组成，内缘比较高[图3-3(a)]；相同面积的矩形斑块

不同物种需要的最小斑块面积	
物种类别	最小斑块面积范围
植物	2~101 hm^2
无脊椎动物	4.6 m^2~1 hm^2
爬行类和两栖类动物	1.2~14.2 hm^2
草地鸟类	4.9~54.6 hm^2
水禽	≥4.9 hm^2
森林鸟类	2~38.4 hm^2
小型哺乳动物	1~10 hm^2
大型哺乳动物	0.162~5.2 km^2
大型肉食哺乳动物	9.1~2201.5 km^2

图 3-2　不同生物保护的斑块面积(引自 Bentrup, 2008)

则具有相对较少的内部和相对较多的边缘，内缘比居中[图 3-3(b)]；相同面积的狭长形斑块则可能全是边缘，而没有内部[图 3-3(c)]。

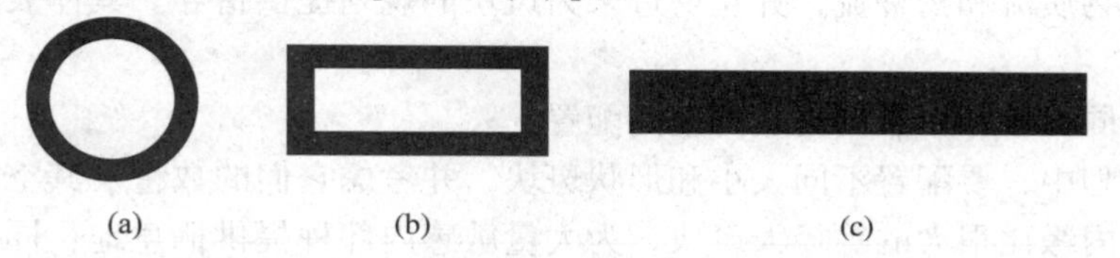

图 3-3　受斑块大小影响的内部区域和边缘带(引自 Forman, 1981)

注：图中白色区域表示斑块的内部区域，黑色区域表示斑块的边缘带。
假设 3 个斑块面积相等，边缘带宽度也相等
(a)等径斑块　(b)扁长形斑块　(c)块长形斑块

斑块边界的形状影响基质与斑块间或者斑块间的生态流。斑块的形状越复杂，与周边基质间的相互作用就越多[图 3-4(a)]。具有高度复杂边界的斑块会具有面积更大的边缘生境，使边缘生境的数量增加，但却大量减少了内部种的数量，特别是一些需要保护的目标种[图 3-4(b)、(c)]。生态上最优的斑块通常呈现“宇宙飞船”形状，具有圆形的核心部分以保护资源，并有一些卷曲状的边界及少量的指导状突出以利于物种扩散[图 3-4(c)]。

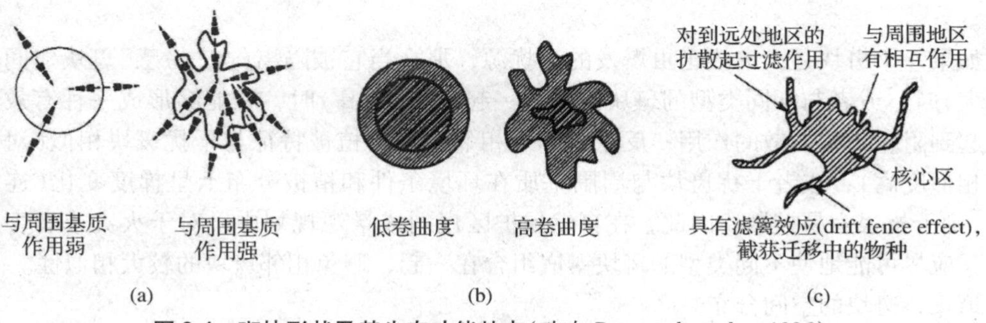

图 3-4　斑块形状及其生态功能特点(改自 Dramstad *et al.*, 1996)

有许多证据表明，动物更倾向于啃食与凸形边界相邻的植被，可能是因为凸形边界可导致更高的植被演替速率。Forman（1995）进行了一项长期研究，检验新墨西哥北部松柏与草地之间的边界形状对野生生物利用与穿越边界的影响。结果表明，随着边界曲度的增加，麋鹿(*Cervus elaphus*)和骡鹿(*Odocoileus hemionus*)对边界的利用增加，沿着边界的运动减少，而穿越边界的运动增加；对于直边界，更多的是沿着边界运动。

(3)斑块的空间构型和空间相关

景观斑块的空间构型和空间相关对不同斑块之间的能量流、物质流和物种流影响很大。在了解某一景观时，需要了解斑块的类型和数量，各斑块的起源和成因机制，各斑块的大小和形状；但若仅从斑块的这些特征出发，而忽略斑块之间的空间构型和空间相关，那么还不足以全面认识景观的格局及格局所作用的生态过程和功能。

斑块的空间构型和空间相关指标具体可包括不同大小、形状和走向的斑块的空间配置，斑块之间的空间关系(如连通性、对比度、聚集度、隔离度等)，同类斑块的空间分布(如随机、聚集、分散分布)，斑块之间的空间关联程度(正相关或负相关)，空间梯度和趋势，以及空间等级或分形结构、等级水平等。可由斑块水平或斑块类型水平的相关景观指数来度量，也可用一些空间统计方法来识别。具体方法详见第 9 章内容。

探求斑块的空间构型和空间相关是为了通过了解斑块之间的潜在相互作用，揭示景观中的能量流、物质流和物种流，并且反过来为斑块的规划提供指导。具体表现在以下几个方面：

第一，不同大小和形状的斑块的空间配置。

在景观规划中，要配置不同大小和形状斑块，并考虑它们的数量及其空间关系。景观中必须有一些内缘比很大的等径大斑块，为大量敏感内部种提供栖息地；同时，大斑块之间要有较多的小斑块和廊道相连，而且小斑块和廊道的边缘可以很长，形状可以很不规则，从而为边缘种提供栖息地，并为内部种提供迁移的踏脚石和通道(Forman and Godron, 1986)。这样，许多不同的内部种和边缘种就能和谐地生活在景观中。

另外，景观斑块的空间配置可决定生物体能否顺利待迁移。例如：中国东北地区的扎龙、盘锦、洪河等湿地自然保护区是许多国际候鸟的暂栖地。如果这些候鸟在长距离的迁徙途中存在类似的一个或几个暂栖地，那么鸟类就可以得到适当的休息、觅食、恢复体力，从而有效地避免被天敌捕获；相反，如果景观格局发生变化，湿地景观转变为农田景观，那么这些候鸟失去了暂栖地，不利于它们的迁徙(傅伯杰等，2001)。

第二，斑块之间的连通性/连接度、聚集度/分散度、对比度/相似度、隔离度/相邻度。

如果一个斑块是火灾或害虫爆发的干扰源，那么当它被隔离(与“易感”斑块之间的隔离度大)时，或者与不同类型的斑块镶嵌在一起(对比度高)时，就能够形成一种有效的屏障，起到阻止干扰扩散的作用；反之，如果相邻斑块的植被特征与干扰斑块相似(对比度低，相似度高)，或者干扰斑块与周围基质在环境条件和植被分布上呈梯度变化(连接度高)，则干扰很容易扩散。因此，在自然保护区规划或景观规划中，对于火灾或者害虫易发区，应尽可能地使不同类型的斑块镶嵌组合在一起，避免相邻斑块的较大相似性。

第三，斑块的空间分布。

在同一尺度上，若同类斑块呈随机分布，则斑块内对能量、物质和物种的保蓄能力，斑块与外界的交换能力，以及同类斑块之间的相互作用均居中，体现平均格局。若呈强分散(如草原中的牧区)，则斑块与外界的交换很多(斑块易受基质的影响)，但斑块内保蓄能力很弱，同类斑块之间的相互作用较少发生。若聚集成少数较大斑块(如较大的城镇、湖泊)，则斑块内保蓄能力强，但斑块与外界的交换很不足，同类斑块之间的相互作用也很弱。若总体聚集，但在整个景观中均匀分布，面积较大(如草原地区的草地斑块)，则斑块内保蓄能力较强，斑块与外界的交换很多(易影响外界)，同类斑块之间的相互作用较易发生。

斑块具有尺度性和相对性。在不同的研究尺度上，景观中的斑块是相对的，是依尺度变化而变化的，大尺度上的同质斑块在小尺度上可能是一组更小斑块的镶嵌体，小尺度上的异质的斑块组合在大尺度上可能是同一属性的同质斑块。

另外，斑块具有可感知特征、内部结构、相对均质性、动态性、尺度性、生物依赖性和等级系统等生态特征。

3.1.2　廊道

廊道是指不同于两侧基质，以条带状出现的狭长地带。它既可以呈隔离的条状，如公路、河道；也可以与周围基质呈过渡性连续分布，如某些更新过程中的带状采伐迹地。几乎所有的景观都被廊道所分割，又被廊道联系在一起。因此，它对人类和野生生物的影响也带有双重性。例如，河流是许多鱼类和其他水生动物的迁移通道，但又往往阻碍了一些陆生动物和人类的迁移。廊道是景观的重要组成部分，其功能主要表现在：①传输通道功能。作为景观生态流的通道和传输功能。②过滤和阻抑功能。廊道对景观中的物质、能量和生物流有过滤、阻碍、截流和屏障的作用。③生境功能。廊道可提供特殊的生物生境，在维持生物多样性、景观多样性保护中具有重要意义。④物种的源—汇功能。即河岸带和树篱防护林带等廊道。⑤文化和美学功能。廊道不仅仅有丰富的景观生态学意义，在城市学领域和城市建设中更被赋予了深层次的人文内涵，因为城市建设是沿着人类行为足迹展开的。廊道的不同生态功能可以用图3-5来形象说明(Hess and Fischer，2001)。

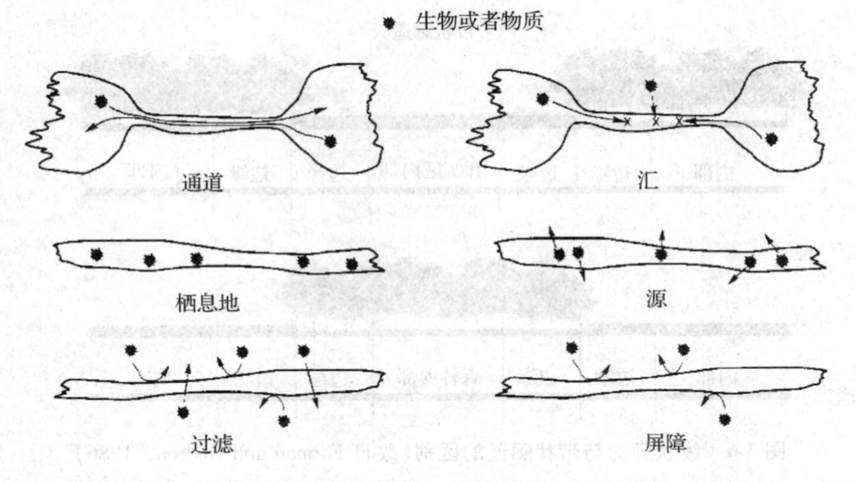

图3-5　廊道的通道、栖息地、过滤、屏障、源和汇功能(改自 Hess and Fischer，2001)

3.1.2.1 廊道的类型

廊道的类型按照不同的标准有多种分类方法。

按廊道形成的原因可分为干扰廊道、残余廊道、环境资源廊道、再生型廊道(如种植廊道)等。

按廊道的空间位置可分为低位廊道和高位廊道。凡廊道植被低于周围植被者(如林间小路)属于低位廊道;而高于周围植被者(如农田防护带)属于高位廊道。

按廊道的起源可分为人工廊道与自然廊道。前者指城市发展过程中人为作用形成的廊道,主要是指各种类型的道路;后者指人为干扰前已经存在的或受人为干扰较少的廊道,以河流、植被带为主。

按城市廊道的功能可分为绿色廊道、蓝色廊道和灰色廊道。绿色廊道是以植物绿化为主的线状要素,如街道绿化带、环城防护林带等;蓝色廊道主要是城市中各种河流、海岸等;灰色廊道指人工味十足的街道、公路、铁路等。

按廊道的结构和性质,可划分为3个基本类型,即线状廊道、带状廊道和河流廊道。线状廊道(小道、公路、树篱、地产线、排水沟及灌渠等)是指全部由边缘物种占优势的狭长条带。带状廊道是指含丰富生物的较宽条带。带状廊道较宽,每边都有边缘效应,足可包含一个内部环境(图3-6)。线状廊道与带状廊道的基本生态差异主要在于宽度,除带状

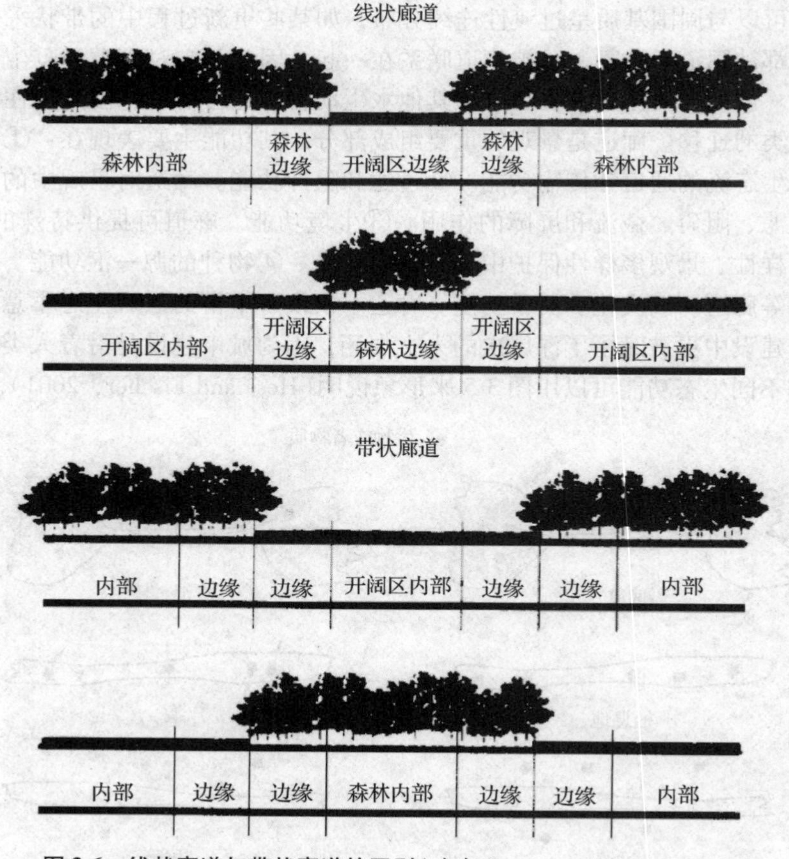

图3-6 线状廊道与带状廊道的区别(改自 Forman and Godron, 1986)

廊道中间有一个内部环境外，其与线状廊道具有相同的特征。在景观中，带状廊道出现的频率一般比线状廊道少。带状和线状廊道的区别决定于边缘效应，所以是带状还是线状除取决于宽度外，还取决于研究或需要保护(研究)的对象、景观适宜性或相邻景观的影响及尺度效应(图3-6)。河流廊道分布在水道两侧，其宽度随河流的大小而变化。它包括河道本身、河道两侧的河漫滩、堤坝和部分高地和植被带(图3-7)。自然状态下河岸带常表现为连续分布的绿色植被带，它可以控制物种迁移、水和矿物质径流。河流滨水地带是典型的生态交错带，物质、能量的流动与交换过程非常频繁；与这种生态过程相适应，水滨的植被表现为种质资源丰富、结构复杂的自然群落形式。

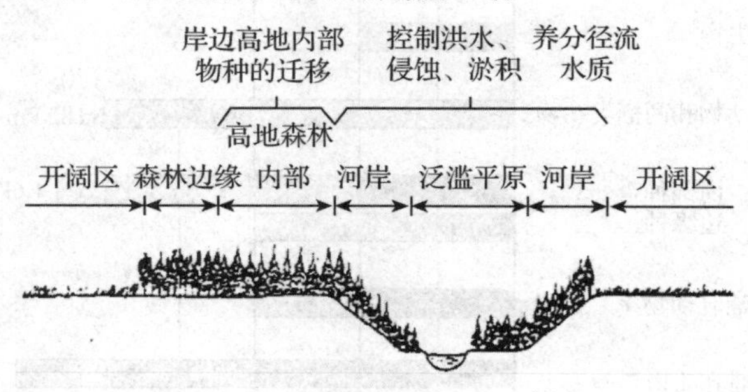

图3-7 河流廊道的结构和功能

(引自 Forman，1983b；Forman and Godron，1986)

3.1.2.2 廊道的结构特征与功能

廊道的结构特征与其生态功能密切相关。廊道的结构特征主要包括廊道的宽度、连通性、曲度、数量及内环境等(傅伯杰等，2011)。

(1)廊道的宽度及其生态功能

廊道宽度对沿廊道或穿越廊道的物种迁移、生物多样性维持及物质能量流有重要的影响。Baudry 和 Forman 选择美国新泽西州宽度为3～20 m、长度为100 m的30个树篱，进行了草本植物多样性调查研究。结果表明，树篱宽度对草本植物边缘种数量的影响并不明显，但是对内部种数量的影响明显，随着树篱宽度的增加，内部种多样性增加(图3-8)。尽管从统计来看，树篱宽度与草木植物多样性之间呈显著的线性相关，但对物种多样性分布格局的详细观察可以发现，狭窄的树篱廊道(＜3 m)，草本植物的内部种和边缘种几乎都不存在；较宽的树篱廊道(＞12 m)，边缘种变化不明显，但内部种的多样性却是较

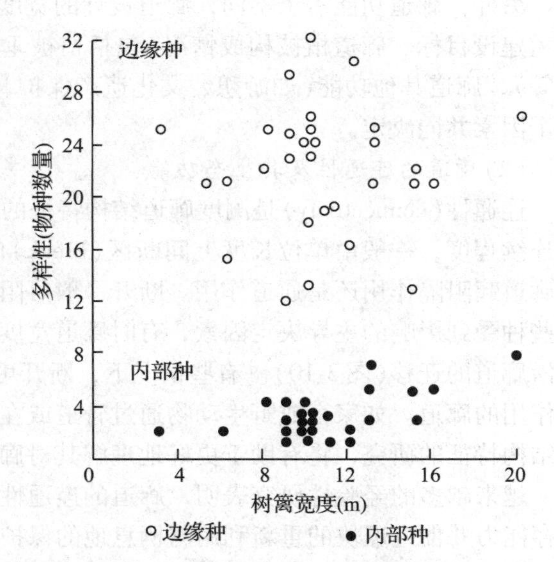

图3-8 树篱宽度对草本植物内部种和边缘种的影响

(引自 Baudry and Forman，1986)

注：每个点代表100 m长树篱内的草本植物种类的数量

窄廊道的2倍以上。所以，树篱廊道对草本植物多样性影响的“宽度效应”阈值为12 m，树篱宽度小于12 m为线状廊道，大于12 m为带状廊道(Forman and Godron，1986)。

在景观的管理中，保护目标物种不同，廊道设计的宽度也应不同(图3-9)。一般而言，目标物种体型越大，为方便其迁移并提供潜在栖息地所需廊道的宽度也越大；随廊道长度增加，宽度也应相应增加。

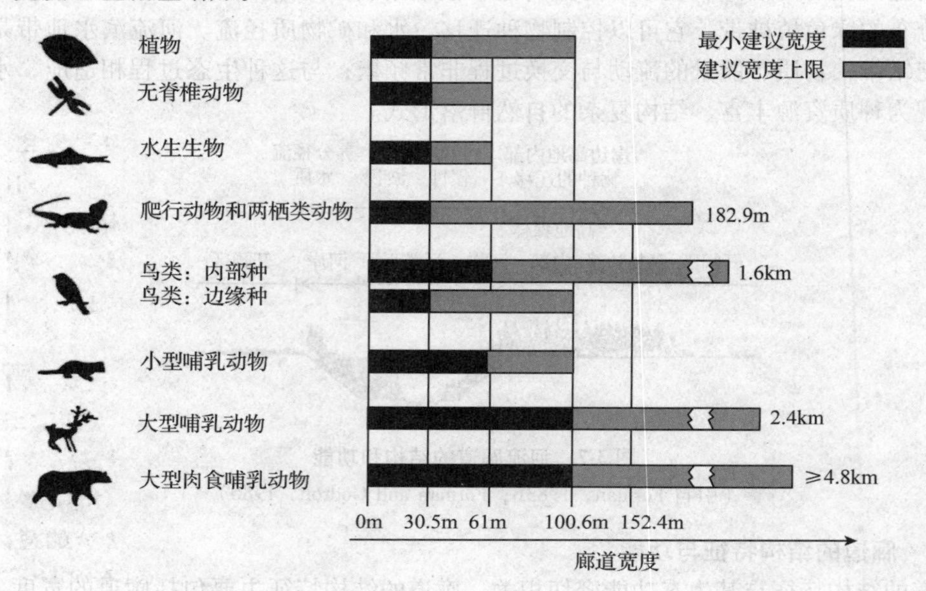

图3-9　保护目标物种与廊道宽度之间的关系

另外，廊道功能需求不同，廊道设计的宽度也应有所不同。廊道宽度的设定需要根据廊道建设目标、廊道植被构成情况(包括植被垂直、水平及年龄结构、多样性、密度、盖度等)、廊道其他功能(如游憩、文化遗产保护、交通运输、过滤等)、廊道长度、地形等多个因素共同决定。

(2)廊道的连通性及其生态功能

连通性(connectivity)是测度廊道结构特征的最基本指标，指廊道如何连接或在空间上的连续程度，一般由单位长度上间断区(break)的数目和长度表示。廊道有无间断区决定着廊道起阻隔作用还是通道作用。断开一般可阻止物种沿廊道的迁移，而且其长度是决定哪些种受到影响的主导决定因素，有时廊道宽度和有无断开可能会相互作用，从而影响物种沿廊道的迁移(图3-10)。有些情况下，断开可以促进一些物种穿越通常对物种迁移起屏障作用的廊道。如家畜或野生动物通过管道或在桥下穿越高速公路。对间断区这一明显景观结构特征的研究，将有助于更好地理解其对廊道功能的影响。

越来越多的经验性研究表明，廊道的连通性会促进物种迁移、基因流动、提高物种的生存能力并促进斑块的重新利用与栖息地的保护，对生物多样性保护会产生积极和重要的意义，是当前景观规划中必须考虑的重要内容之一。

廊道的间断区一般会阻止物种沿廊道的迁移，其影响程度取决于目标物种迁移能力、间断区的长度以及间断区和廊道组成成分的对比度、目标物种对对比度的敏感程度(图3-11)

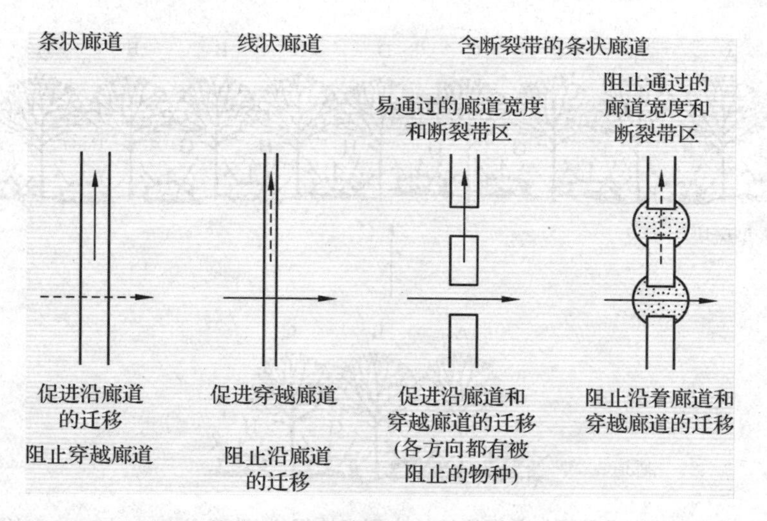

图 3-10　廊道宽度及断开对物种穿越景观的影响(引自 Forman，1990)

注：阴影区说明对物种迁移的阻止状态，以强调断开区的重要性

(Dramstad *et al.*，1996)。一旦廊道的间断区超过某一临界阈值宽度，就会形成障碍，导致一些物种不能穿越，这就需要及时修复间断区，保证物种迁移廊道的连通性。

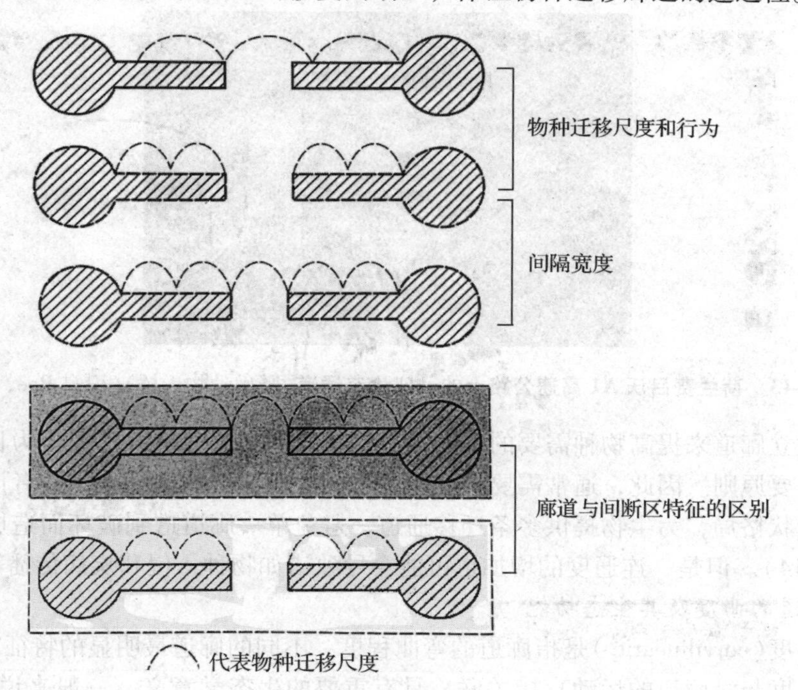

图 3-11　廊道间断区对物种迁移的影响(改自 Dramstad *et al.*，1996)

为了使廊道能够满足物种在大斑块之间的迁移，保证廊道生境和生态功能的连通性，廊道的植被结构和植物种类应尽量同与之连接的大斑块保持一致；尽量保证廊道由乡土物种组成，并具有层次丰富的群落结构(图 3-12)(Dramstad *et al.*，1996)。

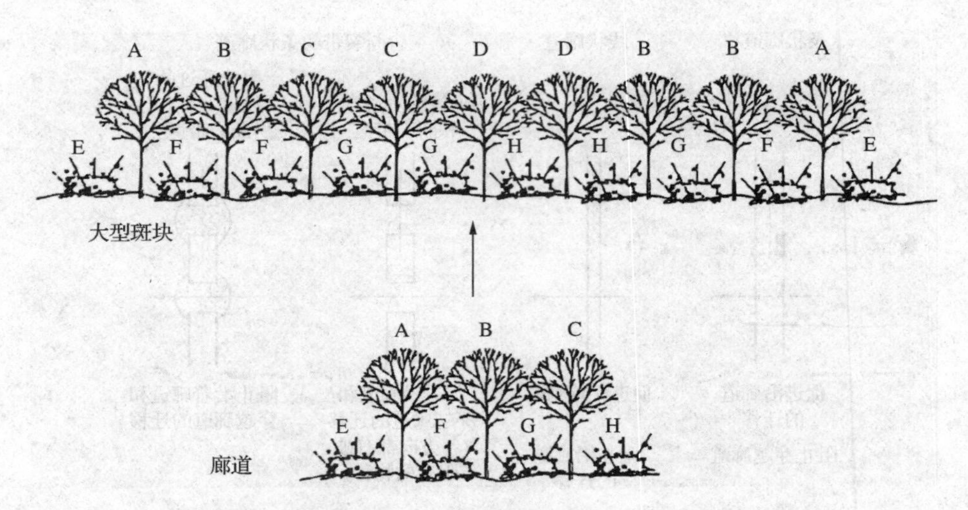

图 3-12　廊道构成尽量与其所连接的大型斑块相似(改自 Dramstad *et al.*, 1996)

由于越来越多的生境被道路或者土地开发切断或破坏，形成间断区，因而为了增加物种迁移的连通性，需采用隧道、路下和地上通道等措施，通过人工构建的廊道来实现生境之间的连接(图 3-13)。

图 3-13　荷兰费吕沃 A1 高速公路上的一座生态通道(野生动物天桥)(引自 Ree，2015)

通过建立廊道来提高物种需要的不同类型栖息地间的连通性，已经成为目前景观规划与设计的重要原则。因此，通常需要将廊道尽量设计成宽阔的连接区，或者设计成多条廊道组成的网状格局，为生物提供多条迁移通道，避免单一廊道遭到破坏而造成栖息生境的隔离(图 3-14)。但是，连通度的增加也可能会导致诸如物种入侵和疾病传播等问题。

(3)廊道的曲度及其生态功能

廊道曲度(curvilinearity)是指廊道的弯曲程度，不同的廊道最明显的特征就是曲度。

廊道曲度与沿廊道的运动直接关联，具有重要的生态学意义。一般来说，廊道越直、距离越短，能量、物质和生物个体在廊道中流动或者迁移消耗的时间就会越短。廊道曲度处能够提供生境，保护基质中生物沿廊道的迁移(Forman，1995)。弯曲的廊道还能创造更多的异质生境，提高廊道内的物种多样性。例如：河道弯曲处形成的洼地，往往截留和积累丰富的有机物，为水生动物提供觅食和繁殖的场所，同时也有利于生物躲避湍急水流和

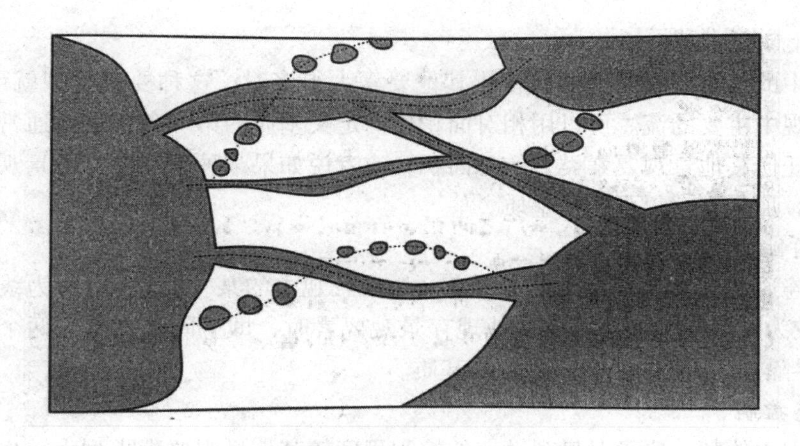

图 3-14　多条廊道连通的模式(改自 Bentrup，2008)

捕食者(Sedell *et al.*，1990)。

除廊道的宽度、连通性和曲度外，廊道的内环境也会影响廊道功能。廊道内环境包括温度、湿度、风速等垂直于廊道方向的梯度变化，也包括沿廊道延伸方向的缓慢变化，这些因素对物种分布、迁移和穿越等都有影响。

一般而言，廊道较为重要的功能包括：①作为某些物种的栖息地；②作为物种沿廊道迁移的通道；③对其两侧的景观要素间的流起屏障或过滤器的作用；④影响周围基质的环境和生物源。廊道对景观中的动植物运动，能量和矿质养分的流动等都有广泛的影响。

通道和屏障(过滤器)的功能使得廊道表现出双重作用。当主要起通道作用时，动植物是沿廊道迁移的主要物流(河川径流与交通运输除外)。但有关这种廊道主要功能的记录很少。有关小型哺乳动物沿高速公路的开阔边缘迁移和植物沿堤坝的迁移已有论述，但对道路边缘廊道的物种类型及其迁移速率还无深入研究的报道。树篱生态学的研究间接表明，只有少数哺乳动物可沿树篱有效迁移(Sinclair *et al.*，1967；Helliwell，1975；Merriam，1984)，而一些鸟类和大、中型哺乳动物却经常利用这些树篱穿越景观(McAtee，1945；Bull *et al.*，1976；MacClintock *et al.*，1977；Wegner and Merriam，1979)。如果有廊道的话，诸如火灾、虫害爆发等干扰就有可能沿廊道迅速蔓延。当主要起屏障和过滤器作用时，廊道成为横穿景观的生态流的“隘道”或“瓶颈”。一般而言，当坡地植被廊道与等高线平行时，植被廊道有最强的对水土流失的控制作用，因此，山区森林经营经常采用带状采伐的形式。各种不同的地面动物穿越廊道的能力并不相同，有的可能顺利通过，有的则相当困难，因此，景观中廊道具有“半渗透性”，即可允许一部分物种通过，而阻碍另一部分物种的穿越。

3.1.3　基质

基质是景观中面积最大、连通性最好、相对同质的的景观组分。基质是景观中的背景结构，在景功能上起重要作用，很大程度上决定着景观的性质，对景观总体动态起支配作用(傅伯杰等，2011)。

3.1.3.1　基质的判断

通常有 3 个标准来确定基质：相对面积、连通性和动态控制。

(1)相对面积

当景观中的某一要素所占的面积比其他要素大得多时，这种要素类型就可能是基质，它控制着景观中主要的流。可以用相对面积作为定义基质的第一条标准。通常基质的面积超过现存的任何其他景观要素类型的总面积，或者说如果某种景观要素占景观面积的百分之五十以上，那么它就很可能是基质。

(2)连通性

基质的连通性较其他景观要素类型高，如果景观中的某一要素(通常为线状或带状要素)连接得较为完好，并环绕所有其他现存景观要素时，即空间未被分为两个开放的整体(即不被边界隔开)，则可认为该要素是基质。

(3)动态控制

如果景观中的某一要素对景观动态的控制程度较其他景观要素类型大，也可以认为是基质。一般来说，先锋群落不稳定，而顶极群落或称地带性群落比较稳定，如果其他条件相同，顶极群落控制动态发展的能力更强；也即基质主要是通过产生未来景观来控制景观动态。

在基质判定的 3 个标准中，相对面积最容易估测，动态控制最难评价，连通性介于两者之间。从生态学意义上来看，景观动态控制的重要性往往比相对面积和连通性要大。在实际判定基质时，可以将 3 个标准结合起来使用。因此，确定基质时，最好先计算全部景观要素类型的相对面积和连通性水平。如果景观中的某一要素所占的面积比其他要素大得多时，这种要素类型就确定为基质；如果经常出现的景观要素类型面积大体相似，则连通性最高的类型视为基质；如果依据前两者都还还不能确定哪一种景观要素是基质时，则需要进行野外观测或者查阅有关资料来判定哪一种景观要素类型对景观动态的控制作用最大，从而确定其为基质。

3.1.3.2　基质的结构特征与功能

(1)孔隙度

孔隙度(porosity)是对景观基质中所含斑块密度的量度，即包括在基质内单位面积闭合边界的斑块数目。孔隙度与尺度有关，但与形成孔隙的斑块大小无关(图 3-15)。在计算孔隙度时只计算有闭合边界的斑块。连续性可以分为连接完全和连接不完全。不论基质中有多少个“孔”，只要基质能相互连通，则称连接完全，否则称为连接不完全。孔隙度和连通性均是描述基质特征的重要指标。斑块在基质中即是所谓的孔，所以孔隙度与斑块数量有密切联系，但是，孔隙度与连通性是完全无关的两个概念，具有闭合边界的斑块数量越多，基质的孔隙度越高。基质的孔隙度对动植物种群的隔离和潜在基因变异，以及能量流、物质流及物种流有重要影响，可以指示现有景观中物种的隔离程度和潜在基因变异的可能性，是反映边界效应总量的一个指标。

高孔隙度基质即许多斑块密密麻麻地布满基质，对穿越基质的动物或物体可能产生或大或小的影响，这主要取决于斑块和基质间流的性质。若斑块不适宜生存或有捕食者在内，动物在基质内的迁移就会缓慢下来，而且还会遇到危险。相反，由特别易接近斑块构成的景观，则能促进动物以跳跃式穿过景观。相似斑块间的相互作用取决于二者之间距离的大小。对某些类型的流来说，斑块的面积也相当重要(Mac Chntock *et al.*，1977)，面积

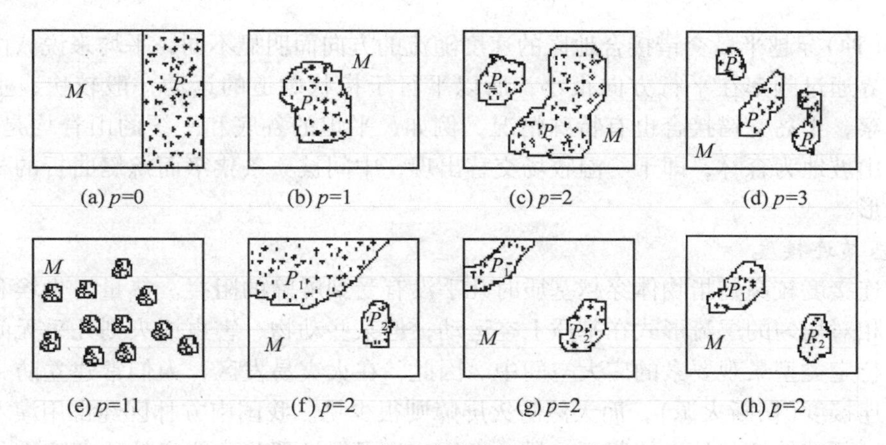

图3-15 基质的孔隙度和连通性

(a)M为基质；P为斑块；p为孔隙度。其中，(b)－(e)为基质连接完全；(f)基质连接完全，但M和P何者为基质不能断定；(g)的基质连接不完全，需扩大到(h)之后才能确定P_1的边界是闭合的

大小直接决定了可能的动物资源的总量。如复合种群在各适宜生境斑块间的迁入迁出，与面积大小成正比。目前，描述物体在基质内的运动，尚无统一的准则能将连接度、阻力、狭窄地带出现频率和孔隙度等因素结合在一起。

(2)景观边界与生态交错区

景观组分不同的边界像个半选膜，对生物能量、物质流的迁移产生重要影响，因而基质边界的形状将会影响基质与斑块之间的相互关系。基质是景观中具有支配功能的、范围最广的特殊"斑块类型"，因而同样也拥有斑块形状及功能。但在基质的评判标准中特别提到了基质拥有对景观的动态控制功能。通常具备最小的周长与面积之比(如圆形)的形状不利于能量与物质的交换，是节省资源的系统特征；而周长面积之比大的形状则有利于与周围环境进行能量和物质的交换。例如，半岛型交错接合或两种景观要素构型的指状交叉格局形式较为常见。此外，这种格局还显示物种多样性的不同格局。可以假设，总体物种多样性在交错接合的半岛的中部为最高。因为两种景观要素中的物种都可在那里出现。狭窄半岛的多数物种为边缘物种，因此，物种特别是稀有种的多样性在交错接合地带两侧的均质区为最高(图3-16)。

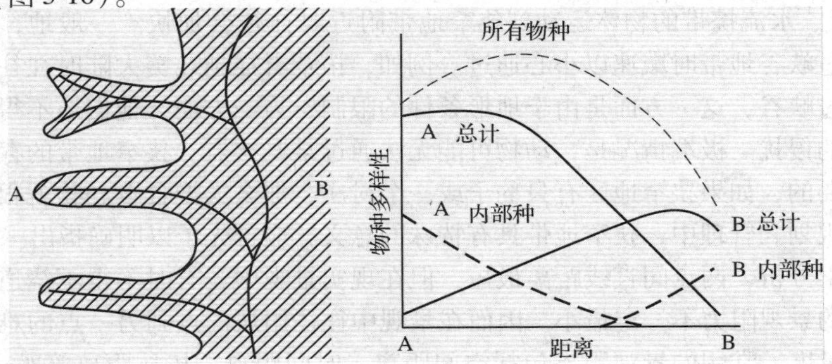

图3-16 半岛状交错接合及其期望的种多样性格局(引自Forman and Godron，1986)

注：A和B为2个不同的生态系统，这里假设A的多样性比B高

物体(种)穿越半岛交错接合地区的速度随流的方向而明显不同，平均来说，由于半岛通道的边界通过频率在平行方向很小，所以平行于指状廊道的运动一般较快，垂直则较慢。据观察，半岛交错接合也有特殊情况，例如，平坦的谷底和平缓的山脊均是牧草地，而中间的山坡地为森林，即干、湿牧场交替出现，中间被一条狭窄而蜿蜒曲折的林地廊道分隔的情形。

(3)基质连接度

基质连接度较高是指物体穿越基质时几乎没有受到屏障的阻拦。热量、尘埃和风播种子可以以相对均匀的层流形式在基质上空运动，但某些动物、害虫或火则几乎无间隔地蔓延至某个特定类型景观要素的广大空间中。因此，在火灾易发区，人们常建立防火屏障以降低基质连接度(切断火源)，而天然防火屏障则很少见。我国南方林区经常用灌木建造森林防火带，可有效抑制林火的蔓延。另一方面，为了保护那些不能穿越狭窄廊道的内部物种(Wilson *et al.*，1975；Karr，1982)，有时又必须提高或增大基质或嵌块体的连接度。在自然保护区建设中的一个普遍采用的办法是通过廊道增加各生境斑块间的连接度。在城市绿地系统规划中，也应保留或建立必要的绿色廊道以加速物流的畅通，而城市零星绿地系统间的连接对于城市生物多样性的维持尤为重要。对于物种多样性保护来说，基质连接度较高的地区，物种平均迁移速度最大，而且在缺少屏障的地方，遗传变异和种群内部的差异相对较小，这对于维持一个相对稳定、具有一定规模的种群是相当必要的。当然，如果生境面积足够大，不同生境斑块间的相对隔离可能更有利于保护物种的遗传多样性。

(4)景观阻力与距离

影响物体流动速度的所有景观结构特征可统称为景观对运动的阻力。景观阻力来源于两个边界特性(①界面通过频率；②界面的不连续性)及两个景观要素特性(①适宜性；②各要素的长度)。

风、水运动驱动的流在通过界面时一般都比较缓慢，所以可把界面通过频率作为景观阻力的测量指标。界面不连续性也可对流产生重大影响。水、热易通过不连续界面，但突变边界更能阻止动、植物的迁移；景观阻力还受到各景观要素对运动物体的适宜性或易接受性的强烈影响。某一景观要素对每一物种或物体的适宜程度应予以估算，其穿越的各个景观要素的总长度也易于测量。在一些地方，沿迁移路线的基质相对狭窄，以至于物体的运动受到基质宽度的影响，这种基质内的狭谷可以加大或降低物体流动的速度。由于“狭管效应”，风、水流携带的物体运动到狭窄地带附近时往往会加快。一般地，运动的动物可能会在通过峡谷地带时减速以小心通过。例如，拓荒者穿越北美大陆时往往需要花相当时间才能通过峡谷，这一方面是由于地形条件的限制，另一方面，他们还不得不抵挡当地居民对他们的侵扰。极端情况是，动物可能无法通过某些狭点。狭窄地带的存在对流动来说是较为重要的，如果狭窄地区有只豹子或一个村庄，那么大型食草动物就很难通过。因此，在景观规划和管理中，狭窄地带具有特殊的意义，应首先予以明确指出。

从几何学分析，两点间直线距离最短，但在现实景观中，有时不得不绕道而行，而且直线方向上的景观阻力不一定最小。因而在景观中往往用从一点到另一点的难易程度作为景观距离的量度。常用的景观距离包括空间距离、时间距离、拓扑距离等距离表示方式。时间距离是指从景观中一点到另一点的通过时间。时间距离一般是路径长度与通过相应路径的阻力的函数。由于路径上不同方向、不同时间的阻力可能存在变化，因而时间距离往往有时间性、方向性。以城市交通为例，早晨进城的阻力比出城的阻力要大，而下午下班时从郊区到城区的时间距离要小得多。时间距离相对于空间距离在景观中可能更有意义，但空间距离因为小可变性而易于掌握。拓扑结构是表示景观要素间关系的相当有效的数学手段。而事实上，有些景观过程的时效性可能并不重要，空间连接特征往往更具现实意义。例如，物种在景观中的扩散，相对于地球的进化史而言总是相当迅速的，只要条件许可，总能实现其最大的传播距离，而所需要时间相对而言基本上是足够的。研究景观要素间的拓扑距离对认识景观要素间的相互关系非常有效。另外，拓扑距离相对抽象与简略，有利于从总体上把握景观要素间的内在联系，在包括人类迁移在内的运输理论方面很有应用价值。距离显然是景观生态学研究中的最重要的概念之一，但直线距离和拓扑距离在讨论某些原理时比较有用，在研究具体景观问题时各有特色。

3.1.4 网络

3.1.4.1 网络的结构特征与功能

在景观中，廊道常常相互交叉形成网络(network)，使廊道、斑块、基质的相互作用复杂化。景观网络是联系廊道与斑块的空间实体，各景观组分间的交互作用必须透过网络，并借此生产能量、物质及信息的交流，因此，网络内部“流”的作用便可说明网络的主要功能。景观网络的重要性不仅在于维系内部物种的迁移，还在于其对周围景观基质与斑块的影响。

网络是由相互连接的廊道或者通过廊道在空间上联系起来的斑块构成的网格状结构。例如，树篱、道路防护林带、沟渠等廊道网络。网络—结点模型是描述景观结构和空间格局的重要模型，其中廊道、结点和网眼是基本结构成分。廊道已在前文章节介绍，以下重点介绍网络中的结点和网眼。

(1)结点

网络中两条或两条以上的廊道及廊道与斑块的交汇之处，称为结点(node point)，或节点、交叉点(cross point)、终点(end point)。有些交叉点还可以起到小片地块的作用，它们比廊道宽，作为独立的景观要素又太小，但可起到特殊的作用，称作结点。结点一般比网络的其他地方有较高的物种丰富度，更好的立地条件或生境适应性。结点通常可起到中继点(站)的作用，而不是迁移的目的地。中继点上常出现对流的某种控制，如扩大或加速物流，降低流中的“噪声”或“不相关性”，以及提供临时的贮存地。例如，集材道旁的贮木场可作为木材分级、备料、运输的临时贮藏地(Petcrs，1978；Bryer，1983)。野生动物庇护所内的孤立湖泊可作为水鸟在景观中迁移的主要中继点(站)。这种中继点(站)可提供食物(扩大)、淘汰弱鸟(降低噪声)和使鸟类聚集以等待有利天气的到来(临时贮存地)。研究表明，结点彼此相对位置对物流或结点的利用至关重要(Forman and Godron，1996)。

(2)网眼

网络景观中被网络包围的景观要素斑块成为网眼，而网络线间的平均距离或网线所环绕的景观要素的平均面积即为网眼大小。不同物种对网眼大小的反应不同。例如，农田防护林网络，其网眼大小是以防止农田风沙危害又方便耕作为目的而设计的，或者说，它是适宜人类活动的尺度。但农田内的昆虫、田鼠以及空中捕食虫、鼠的鸟类对同一网络就会有不同的反应。对于某些昆虫，如蚜虫来说，平均面积为 $4hm^2$ 的农田防护林网眼简直是大不可及的；而对于猫头鹰之类的捕食者来说，这种大小的网眼可能就算不了什么了。道路网络的网眼大小对一些野生动物的觅食、筑巢和迁移也起着非常重要的作用。此外，网眼大小在采伐作业和农业经济方面也有一定意义。例如，适当的道路密度可以减少木材运输的费用；而田块的大小也与农田耕作方式密切相关，劳动密集型的农田大都比机械化耕种的农田面积要小得多。

3.1.4.2　网状格局及其空间作用

(1)网状格局

相互连接并含有许多环路的线状地物可构成网状格局。不同的网络景观形成不同的网络格局，表现为网格状网络格局、树枝状网络格局、环状网络格局等不同类型的网络格局(图 3-17)。网络的形状对两点间沿廊道的迁移速度产生很多影响。

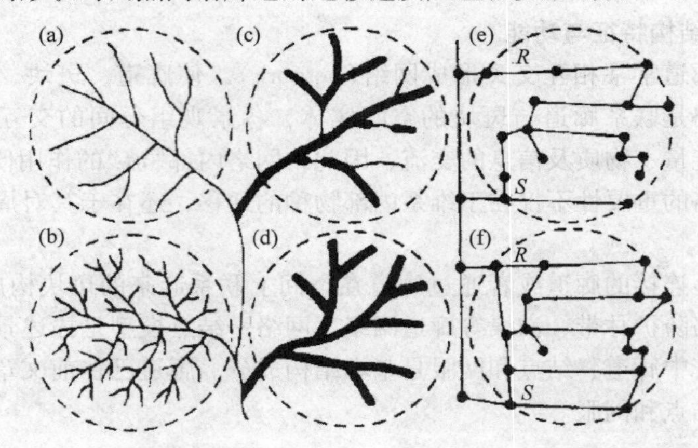

图 3-17　网络的廊道密度、连接度和环度(引自 Forman，2006)

注：(a)和(b)分别表示有较低和较高沟渠廊道密度的排水网络；(c)和(d)分别表示有较低和较高连接度的河流网络，粗线表示廊道植被，细线表示去除部分或全部廊道植被后形成的间断区；(e)和(f)分别表示有较低和较高连接度和环度的树篱网络

(2)网络连接度

廊道与系统内所有结点的连接程度称作网络连接度，是网络复杂性或简单程度的度量指标。现在已有几种计算网络复杂程度的方法。地理学中常用的两种方法对景观生态学特别有用：γ 指数和 α 指数，即

$$\gamma = \frac{L}{L_{max}} = \frac{L}{3(V-2)} \quad (V \geq 3,\ V \in N) \tag{3-1}$$

式中　L——连接线数；

L_{max}——最大可能连接线的数目；

V——结点个数。

γ 指数的取值范围为 0(各结点之间互不连接)至 1.0(每个结点都与其他各点相连接)。

或 $$\alpha = \frac{\text{实际环路数}}{\text{最大可能环路数}} = \frac{L - V + 1}{2V - 5} \quad (V \geqslant 3,\ V \in \boldsymbol{N}) \tag{3-2}$$

式中　L——连接线数；

V——结点个数。

该指数可在0(网络无环路)至1.0(网络具有最大环路数)变化。

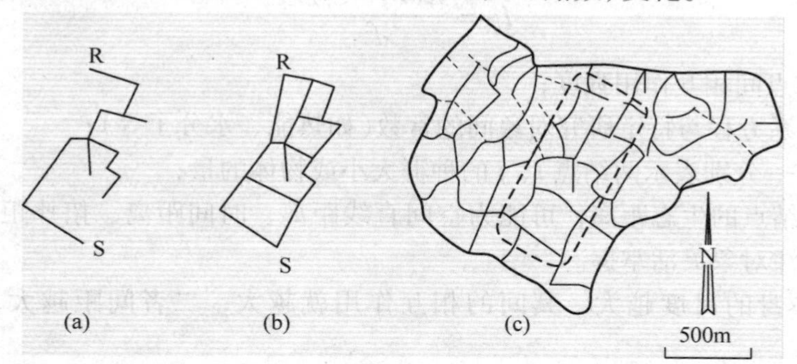

图3-18　拓扑学上连通性和环通度均不相同的两个网络(引自 Forman and Godron，1986)

(a)、(b)为(c)中虚线圈定部分，表示英国 Devon 郡中世纪农田模式中的树篱

在图3-18中，第一个网络(a)中没有环路，动物沿网络穿越景观时没有选择路径，而利用第二个网络(b)有多种可供选择的路线，以避开干扰或捕食者，并尽量缩短距离。α 指数(环通度)可视为计算网络连接度的另一种方法，因为在某种意义上，环通度本身就是一种连接方式。若同时用 γ、α 指数，就更能说明网络的复杂程度。

上述原理以拓扑空间(图论)为基础，这是一个很有用的抽象概念，可重点研究结点和连接线。但实际距离、线性程度、连接线的方向及结点的确切定位对景观生态学中的某些流也是十分重要的。然而，在我们对网络廊道内的动植物流、能量、矿质养分流充分了解前，对上述指数在景观生态学中的应用应持谨慎态度。

自20世纪90年代以来，随着景观生态学的发展，科学家开始从宏观尺度上关注公路的生态影响——公路对景观格局的影响。目前，大尺度景观格局与生态过程对道路网络生态效应的研究更侧重于道路网络对景观格局及其动态的影响分析。在景观的尺度上，主要研究道路对景观的破碎化程度和景观格局的影响。通过一些外国学者的研究，主要得到了三方面的成果：①道路导致区域景观破碎化，在景观的尺度上，公路网络的延伸就是对原来完整生境的切割和碎化，而且这一影响对周围生境的破坏作用远大于道路建设本身导致的生境破坏；②道路密度与景观破碎化程度并非一定是正相关关系；③道路对景观格局的影响存在尺度的差异性。

国内对于道路与景观格局变化的研究主要集中在2个方面：一是某单一道路对沿线景观格局的影响；二是道路网络对区域景观格局的影响。李双成等(2004)研究了道路网络的破碎化指数对我国生态系统的影响和各级公路对生态系统影响的差异性，得出等外公路的影响面积最大。李俊生等(2009)认为道路网络广泛分布于各种景观中，在区域尺度上，道路网络对不同生态系统的景观格局形成明显的切割作用。

(3)结点间的影响

在上述有关连接度和环通度的讨论中，均是注重实用却简化的假设，即所有结点都是一样的，因而连接线的复杂性具有基本意义。然而，当结点差别明显时，如林地大小变化很大，或城乡人口密度变化很大时，结点本身的性质就成了一个主要因素，并将和连接的复杂程度一起控制流量。

两结点间的相互作用可借用引力模型来刻画，即

$$I_{ij} = \frac{K(P_i \cdot P_j)}{d^2} \tag{3-3}$$

式中 I_{ij}——结点间相互作用强度；

K——联系方程与特定研究对象间的常数(如热能、水分子等)；

P_i，P_j——分别表示两结点 i、j 的种群大小或物体的量；

d——两结点的生态距离，可能为空间直线距离、时间距离、拓扑距离等，依具体关注对象灵活掌握。

两个结点本身的尺度越大，其间的相互作用就越大，二者间距越大，相互作用就越小。

引力模型曾用来描述各城市间(美国加利福尼亚州各城市)的空运、客流量、(加拿大各城市间)电话通话量等。鸟类在景观中的迁移、风播种子在林地间的传播等生态功能流可以用引力模型来描述(Forman and Godron，1986)，除作预测外，还可研究起点、终点数量对网络中流速的影响。

(4)网络最优化

在人类为之奋斗的许多领域中，最优化过程或提高效率属于日常工作。所谓最优化过程，通常是对系统内的某一事物或几个事物尽量放大，忽略其他组分，而将大部分组分或因素减少到最小程度。最优化的结果可能导致系统在某些方面有相当高的效率，但在被忽略的方面可能相当弱化，故最优化是有前提的，是相对于管理目标的最优化，当系统的目标发生变化，或者系统所处的状态发生变化，最优化的系统可能最易受到破坏。尽管如此，对于特定的过程或目标，最优化仍然是较好的选择，尽管最终的方案可能只能是较优的。最优化在景观生态学中可应用于多种研究内容，在研究动物优化觅食对策时，一般强调最可能发现和捕获食物的运动。

景观设计中关于网络的最优化的另一命题是如何设计便利环路，经常要求不重复地一次走遍所有街区，并最终回到起点，如邮递员的送报、送信，景观中旅游线路的安排等。从拓扑学分析，一次穿越所有连线的必须条件为：曲线图必须完全相连；循环路线离、抵各结点的次数相同。

3.2 景观连接度

3.2.1 景观连接度概念

景观连接度(landscape connectivity)是对景观空间结构单元相互之间连续性的量度。通过这种生态过程，景观中一些生物亚群体相互影响，相互作用形成一个有机整体。它包括

结构连接度(structural connectivity)和功能连接度(functional connectivity)。结构连接度是指景观在空间结构特征上表现出来的连续性，它主要受需要研究的特定景观要素的空间分布特征和空间关系的控制，可通过对景观要素图进行拓扑分析加以确定。功能连接度比结构连接度要复杂得多，它是指从景观要素的生态过程和功能关系为主要特征和指标反映的景观连续性。也有人将景观结构连接度称作景观连通性(landscape connectedness)，而用景观连接度专指景观功能连接度，并严格区分了两者的概念和属性。

景观连接度对研究尺度和研究对象的特征尺度有很强的依赖性，不同的尺度上景观空间结构特征、生态学过程和功能都有所不同，景观连接度的差别也很大；同时，结构连接度和功能连接度之间有着密切的联系，许多景观生态过程和功能与景观的功能连接度依赖于景观的结构连接度，但也有许多景观或景观的许多生态过程和功能的连接度与结构连接度没有必然联系，仅仅考虑景观的结构连接度，而不考虑景观生态过程和功能关系，不可能真正揭示景观结构与功能之间的关系及其动态变化的特征和机制，也就不可能得出能够确实指导景观规划和管理的可靠结论。

3.2.2 景观连接度与连通性的关系

景观连通性测定景观的结构特征，景观连接度测定景观的功能特征，反映了景观特征的两个不同方面；景观连通性可以从景观元素的空间分布得到反映(Baudry *et al.*, 1988)，而景观连接度的水平，一方面取决于景观元素的空间分布特征，另一方面还取决于生物群体的生态行为或研究的生态过程和研究目的，仅研究景观元素的空间分布特征，不足以反映景观连接度的水平。

景观连通性可从下述几个方面得到反映：斑块的大小、形状、同类斑块之间的距离、廊道存在与否、不同类型树篱之间相交的频率和由树篱组成的网络单元的大小。而景观连接度要通过斑块之间生物种迁徙或其他生态过程进展的顺利程度来反映。具有较高的连通性，不一定有较高的景观连接度。连通性较差的景观，景观连接度不一定较小，Mcdonnell和Stiles(1983)以鸟类说明了连通性和连接度的这种关系，尽管不同鸟类栖息地在景观中不存在廊道连通，但鸟类可以飞越较长距离，达到其他同类斑块，对于鸟类来说，只要斑块之间的距离限定在其可以飞越的距离之内，仍具有较好的景观连接度。又如，连通性较好的道路网，在物质和能量的传输交换上，将起到积极的作用，对于物质运输和能量交换，具有较高的连接度；但对于物种栖息地之间的物种迁徙、交换将起到阻挡作用，具有较差的景观连接度。

景观连接度是描述景观功能特征的一个指标，是一个抽象的、相对的测定指标。对于同一景观类型，由于研究的对象和目的不同，景观连接度可以有较大的差异。景观连接度一般需要将景观格局分析和过程研究相结合，来确定景观连接度水平的高低。

景观连通性是描述景观结构特征的一个指标，是一个客观存在的、可以定量化的测定指标。景观连通性的水平主要取决于各种景观要素的数量特征与空间分布关系，一般不与特定的生态过程相结合。

3.3 景观异质性

3.3.1 景观异质性的概念

异质性是景观生态学的一个重要概念。景观异质性(landscape heterogeneity),是指景观组成要素及其属性的不均质性和复杂性,强调景观是由结构和功能不同的低层次异质斑块所构成的镶嵌体(邬建国,2007)。景观是由异质要素组成,异质性作为一种景观结构的重要特征,对景观的功能和过程有重要的影响,它可以影响资源、物种或干扰在景观中的流动与传播。异质性同抗干扰能力、恢复能力、系统稳定性和生物多样性有密切关系。景观异质性程度高有利于物种共生,而不利于稀有内部种的生存。

景观异质性与尺度有密切关系,异质性和同质性因观察尺度变化而异。景观异质性是绝对的,因为所有景观系统特征都是异质性的,它们的属性存在着显著的空间、时间分异。从这个意义上讲,景观异质性可以理解为景观系统特征在景观中的非均匀分布,本质上是分布的不确定性。景观生态系统本质上就是一个异质性系统(图 3-19)。

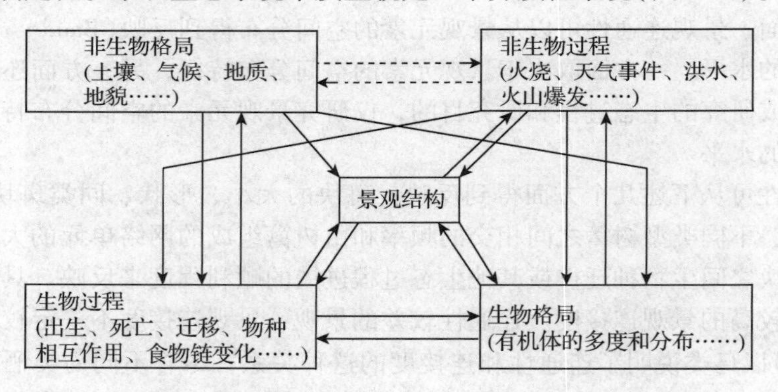

图 3-19 景观结构与过程的关系(改自 Fahrig,2005)

注:其中实线箭头指较强的生态作用,虚线箭头指较弱的生态作用

3.3.2 景观异质性的形成与分类

关于景观异质性产生的机理,不同学者有不同的见解。在开放系统中,能量由一种状态转化为另一种状态,伴随着新结构的建立而增加了异质性,景观异质性产生机制正是基于这种热力学原理。它首先起源于系统和系统要素的原生差异,也来源于现实系统运动的不平衡和外来干扰,特别是人类错误生态行为的干扰。也就是说,景观异质性的产生同时受到来自复杂的内部和外部因子的综合作用,而且各因子既有自己的运行机制,又有相互间的交叉作用。

景观异质性是随某一景观要素出现的相对频率变化而变化的。当景观中仅存在某一景观要素或该景观要素完全不存在,对此景观要素来说景观是均质的。当某一景观要素出现在景观中,并占有一定的比例时,景观开始出现异质性,而且异质性会随该景观要素出现相对频率的增加作相应的提高，直至增加到某一临界阈值(critical threshold)时，该景观要素在景观中占主导地位。当其相对频率再继续增加时，景观的异质化程度又开始下降，景观重又趋向均质化。

景观异质性是许多基本生态过程和物理环境过程在时间和空间尺度连续统一共同作用的产物。景观异质性是 3 个方面因素共同作用的结果：①景观资源的空间分异。它是形成景观异质性的基础，景观环境的异质性主要表现为由太阳辐射的地理空间分布格局、海陆分布格局、地形地貌格局、地质水文格局等不同尺度上的自然物理条件决定的空间变异。②生态演替。是生态系统中存在的普遍过程，是景观异质性形成的重要机制，不仅导致景观系统组织结构水平、稳定性、生产力的提高，更导致景观要素类型的多样性和空间关系的多样性。③干扰。干扰改变景观格局，同时又受制于景观格局。

不同的学者对景观异质性进行了不同的分类，但总的看来异曲而同工，实质是一致的，只是分类方式及着眼点不同而已。

景观异质性一般分为空间异质性和时间异质性。空间异质性指景观系统在空间分布上的不均匀性和复杂性(图 3-20)。既包括二维平面的空间异质性，又包括垂直空间异质性及由二者组成的三维立体空间异质性。空间异质性还可被细分为空间组成(生态系统的类型、数量、面积与比例)、空间构型(生态系统空间分布的斑块大小、景观对比度及景观连接度)、空间相关(生态系统的空间关联程度、整体或参数的关联程度、空间构度和趋势度)3 个组分。也可这么认为：空间异质性主要取决于斑块类型的数量、比例、空间排列形式、形状差异及与相邻斑块的对比情况这 5 个组分的特征变量。时间异质性指景观系统特征在时间变化过程中分布的不均匀性和复杂性。时间只有一个维度，景观系统特征在时间上的变化具有周期性。景观在各时间区段彼此是异质的。

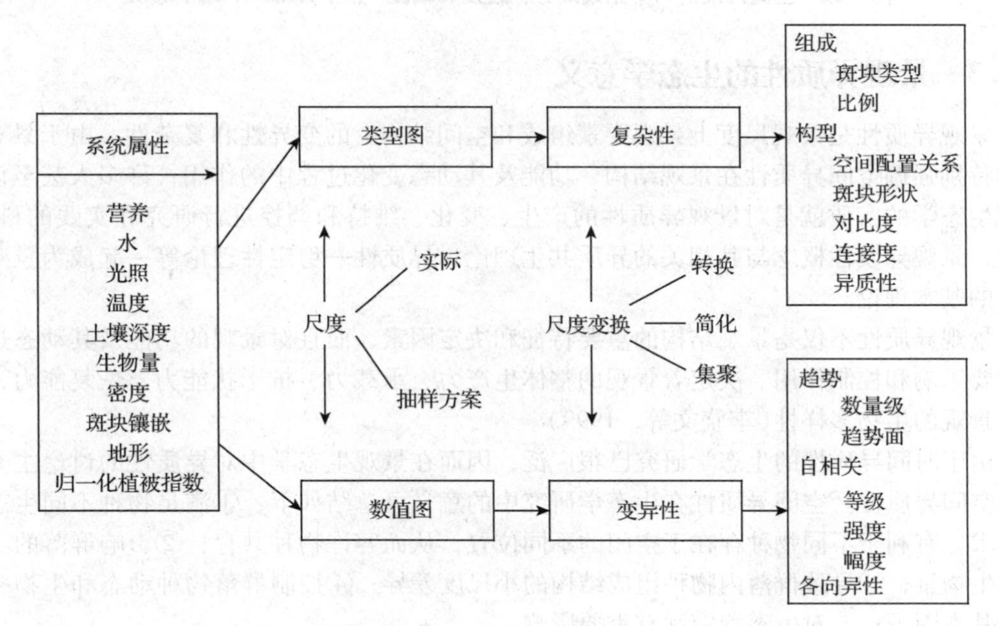

图 3-20　景观异质性含义解析(引自 Li and Reynolds，1995)

Forman(1986)将景观异质性分为宏观异质性(macroheterogeneity)和微观异质性(microheterogeneity)两类。宏观异质性的显著特征是景观异质性随观测尺度的增加而增加；微观异质性的特征是信息水平随观测尺度的增加而有规律的增加(图 3-21)。

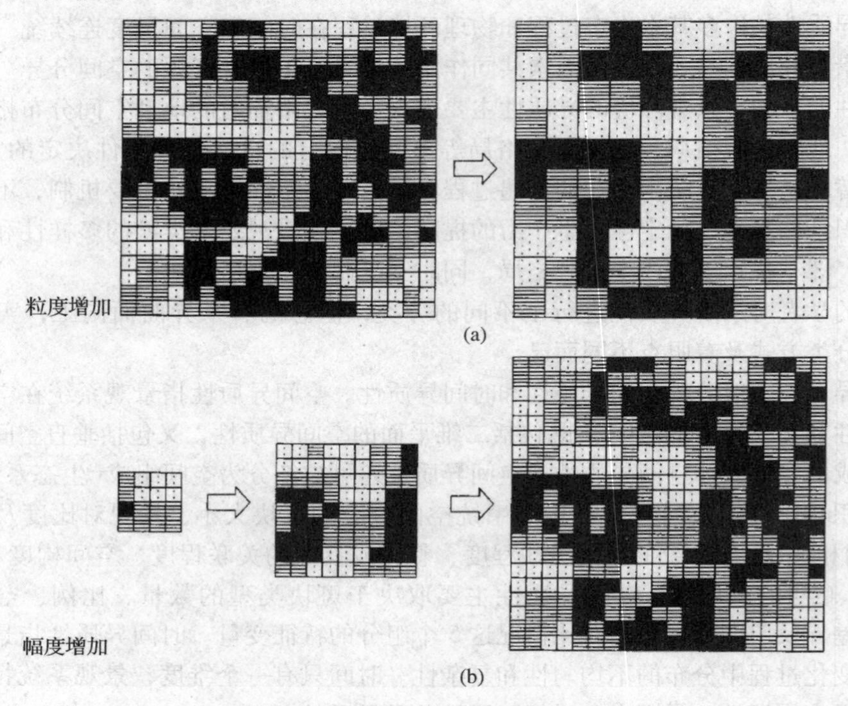

图 3-21　空间尺度的两个组成成分：粒度和幅度(引自 Turner *et al.*，1989)

3.3.3　景观异质性的生态学意义

景观异质性是景观尺度上景观要素组成和空间结构上的变异性和复杂性。由于景观生态学特别强调空间异质性在景观结构、功能及其动态变化过程中的作用，许多人甚至认为景观生态学的实质就是对景观异质性的产生、变化、维持和调控进行研究和实践的科学。因此，景观异质性概念与其相关的异质共生理论、异质性—稳定性理论等一起成为景观生态学的基本理论。

景观异质性不仅是景观结构的重要特征和决定因素，而且对景观的功能及其动态过程有重要影响和控制作用。决定着景观的整体生产力、承载力、抗干扰能力、恢复能力，决定着景观的生物多样性(李晓文等，1999)。

由于时间异质性的生态学研究已很广泛，因而在景观生态学中对异质性的讨论主要集中于空间异质性。空间异质性在生态学研究中的意义可总结如下：①满足物种不同生态位的需求，有利于不同物种存在于空间的不同位置，从而容许物种共存；②影响群落的生产力和生物量；③导致群落内物种组成结构的小尺度差异；④控制群落物种动态和生物多样性的基本因子；⑤对生态稳定性有重要影响。

3.4 景观格局

3.4.1 景观格局的概念

景观格局(landscape spatial pattern)，一般是指其空间格局，即大小和形状各异的景观要素在空间上的排列和组合，包括景观组成单元的类型、数目及空间分布与配置，例如，不同类型的斑块可在空间上呈随机型、均匀型或聚集型分布。景观时间格局，即可认为景观动态。它们是景观异质性的具体体现，又是各种生态过程在不同尺度上作用的结果。

3.4.2 景观空间格局类型

对景观格局的认识并没有一定的标准，不同的目的、不同的角度可以将景观格局分成不同的类型。Forman 针对不同的景观格局和结构类型进行了分类与归纳如下：

(1)规则或均匀分布格局

指某一特定类型景观要素间的距离相对一致的一种景观。大面积林区长期的规则式采伐和更新造成的森林景观、平原农田林网控制下的景观都属于规则式均匀格局。

(2)聚集(团聚)型分布格局

同一类型的景观要素斑块相对聚集在一起，同类景观要素相对集中，在景观中形成若干较大面积的分布区，再散布在整个景观中。例如，在丘陵农业景观中，农田多聚集在村庄附近或道路的一端。

(3)线状格局

指同一类景观要素的斑块呈线性分布。例如，沿公路零散分布的房屋，干旱地区(或山地)沿河分布的耕地。

(4)平行格局

指同一类型的景观要素斑块呈平行分布。例如，侵蚀活跃地区的平行河流廊道，以及山地景观中沿山脊分布的林地。

(5)特定的组合或空间联结格局

指不同的景观要素类型由于某种原因经常相联结分布。空间联结可以是正相关，也可以是负相关。例如，稻田总是与河流或渠道并存是正相关空间联结的实例；又如，平原的稻田区很少有大片林地出现。

异质性的景观在空间上有一定的分布规律，常见的空间格局类型如下：①镶嵌格局，最规则的就是棋盘式格局如平原上的耕作田块；②带状格局，如全球尺度上的气候带；③交错格局，如连续沙丘和平行山脉地区重复出现的带状格局；④交叉格局；⑤散斑格局，如自然地疏林草原景观；⑥散点格局，如平原上的村庄；⑦点阵格局，如果园里的果树；⑧网状格局，如农田防护林。网状格局中有一种不规则的特殊形式就是水系格局。

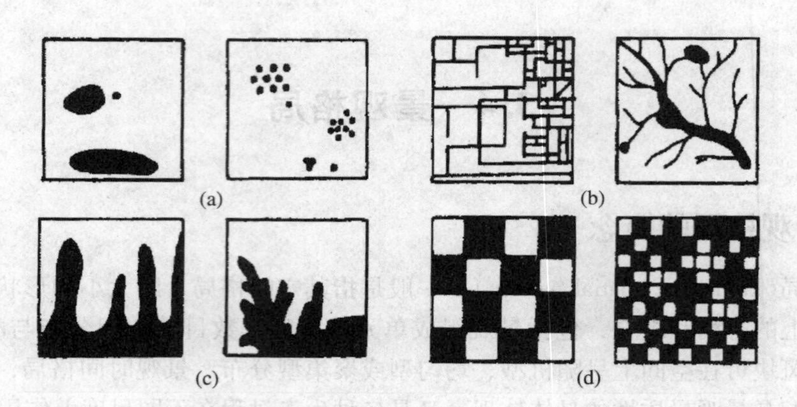

图3-22　几种景观组分的构型(引自肖笃宁等，2010)

(a)散斑或散点格局　(b)网网格局　(c)交叉格局　(d)棋盘格局

3.4.3　景观格局的意义

景观格局反映景观的基本属性，与景观生态过程和功能有密切关系。探讨格局与过程之间的关系是景观生态学的核心内容。由于景观格局的形成是在一定地域内各种自然环境条件与社会因素共同作用的产物，研究其特征可了解它的形成原因与作用机制，为人类定向影响生态环境并使之向良性方向演化提供依据。

(1)景观格局与过程

空间格局与生态学过程相互联系、相互影响，形成复杂的反馈关系，构成景观动态变化的动力基础，景观结构对景观过程具有重要的控制作用，而景观尺度上的不同生态过程，也相应地在景观结构形成和变化过程中起着决定性作用。景观生态学常常涉及的生态学过程包括种群的动态、物种传播、捕食者和猎物的相互作用、群落演替、干扰扩散、养分循环、水分流动、物质运移等。

对空间格局与生态过程相互关系的研究，是揭示生态学过程因机制的根本途径，但景观格局一般比景观过程和功能更容易把握，通过建立景观格局与景观生态之间的关系模型，根据景观格局特征预测景观过程的基本特征，开展生态监测评价，可以显著地提高景观生态研究的预测能力，进而指导景观规划设计和建设。

(2)景观格局与尺度

在景观生态学中，尺度意味着辨识的景观格局和生态过程的空间或时间维度。景观格局和过程都具有尺度依赖性，过程生产格局，格局作用于过程，两者都依赖于不同的尺度。不同尺度上表现为不同的格局，不同尺度上发生不同的生态过程，特别的景观格局需要在特定尺度上才能表现出来，特定的生态过程有其自身特定的时空尺度。一般来说，景观生态研究首先需要确定一个核心尺度，在更小尺度上探讨景观的成因机制和变化动力，在更大尺度上整合其功能属性。

本章小结

景观是由相互作用的生态系统所组成的异质镶嵌体，是在各种自然地理要素、生态过程，以及自然和人为共同干扰下形成的。景观中任何一点都是属于斑块、廊道和基质的，它们构成了景观的基本空间单元。斑块—廊道—基质的组合作为最常见、最简单的景观空间格局构型，是决定景观功能、格局和过程随时间发生变化的主要因素。景观异质性是自然界中的一种普遍现象，是景观的基本属性，几乎所有的景观都是异质的。它主要反映在景观要素多样性、空间格局复杂性以及空间相关的动态性，景观异质性及其测度一直是景观生态学研究的基本问题之一，认识景观异质性是了解景观过程和动态的基础。景观格局反映景观的基本属性，它是景观异质性的具体体现，又是各种生态过程在不同尺度上作用的结果，与景观生态过程和功能有密切关系。探讨格局与过程之间的关系是景观生态学的核心内容。由于景观格局的形成是在一定地域内各种自然环境条件与社会因素共同作用的产物，研究其特征可了解它的形成原因与作用机制，为人类定向影响生态环境并使之向良性方向演化提供依据。

思考题

1. 如何理解斑块—廊道—基质模式？
2. 简述景观异质性与干扰的关系。
3. 景观异质性具有哪些生态学意义？
4. 为何说景观格局与生态过程之间的关系是景观生态学的核心内容？

推荐阅读书目

景观生态学．曾辉，陈利顶，丁圣彦．高等教育出版社，2017.

景观生态学．张娜．科学出版社，2014.

景观生态学．周志翔．中国农业出版社，2007.

景观生态学．李团胜，石玉琼．化学工业出版社，2009.

景观生态学原理及应用．傅伯杰，陈利项，马克明，等．科学出版社，2001.

景观生态学——格局、过程、尺度与等级(第 2 版)．邬建国．高等教育出版社，2007.

景观生态学(第 2 版)．肖笃宁，李秀珍，高峻等．科学出版社，2010.

Landscape Econglogy. Forman R T T and Godron M. John Wiley and Sons，1986.

Principles and Methods in Landscape Ecology. Farina A. Chapman & Hall，1998.

Landscape ecology：Theory and application (2nd edition). Navel Z and Lieberman A S. Springer-Verlag，1993.

第4章 景观生态过程

【本章提要】

景观生态过程与景观功能关系密切，景观生态过程决定景观功能，同时也影响景观格局以及景观功能的动态变化，而景观功能是景观生态过程所引起的景观要素之间的空间相互作用及其效应。本章主要介绍景观的主要生态过程和功能，通过了解景观生态流、景观过程的动力与运动机制、景观中动植物的运动、景观要素的过程与功能，把握景观格局与景观生态过程之间的关系，认识景观生态过程的本质。

4.1 景观中的生态流及其基本观点

景观生态学常常涉及多种生态过程，其中包括同一生态系统内部的动态变化(种群动态、群落演替)、不同生态系统之间的流动(物质循环和能量流动、繁殖体或生物体的传播、动物的迁徙、干扰扩散)，以及生物之间的相互作用(捕食者—猎物相互作用)等(邬建国，2007)。生态过程强调景观系统下的事件或现象发生、发展的动态特征(张娜，2014)。生态流是景观中生态过程的具体表现，但外延更小，属于不同生态系统之间的流动。

4.1.1 景观中的生态流

景观生态流主要包括空气流、水流、养分流、动物流和植物流。本节主要介绍空气流、水流和养分流；动物流和植物流参见4.2节景观中动植物运动。

4.1.1.1 空气流

不同地段或区域气压的差异所形成的空气流动称为风。风的格局有2种：一种是层流，即运动着的风，呈平行状态，一层在另一层之上，与地表最接近的一层称为边界层；另一种是湍流，气流运动不规整，或上或下地流动。在一定范围内，由于地貌形态与地面物质的不同，可形成局地环流，如山风、谷风、海岸带的海路风和热岛环流等。大尺度的空气环流还起着输送水分和热量的功能。带有大量水汽的巨大气团上升可形成降水，有利于植物的生长，致使地表出现热带雨林；反之，大规模的空气下沉运动能造成干旱，使地表出现沙漠。景观尺度上的风起着传播花粉、孢子、小昆虫、种子的作用。某些风播物种正是在风的作用下得以繁衍。随风在空中传播的除空气的成分外，还有烟尘和各种污染物质，如CO、CO_2、SO_2、NO_2等。风能沿着一定方向把污染大气送到远方，流向污染源的下风向。风速越高，风对污染大气的稀释作用越强。湍流能增加空气的上下运动，所以稀释作用也随湍流的增强而增强。逆温层能阻止污染物垂直向上扩散(图4-1)。

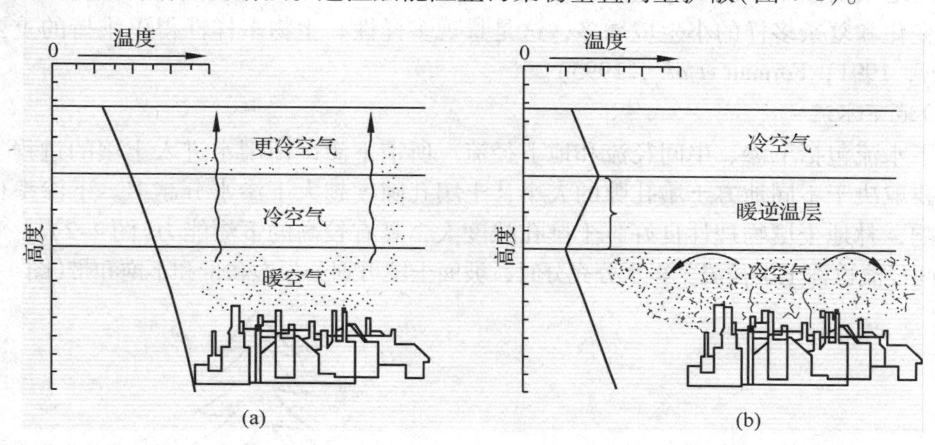

图4-1 逆温现象(引自A·N·斯特拉勒等，1983)

(a)暖空气上升，扩散污染物

(b)由于逆温现象，压在冷空气上面的暖空气层阻碍污染物上升和扩散

如果这种天气持续时间较长，并且伴随着多雾及不利的地形条件，就可能产生严重后果。在低压控制区，由于空气上升运动强烈，云天多，大气常处于不稳定状态，这有利于污染物的扩散稀释。

风往往决定地球表面人类居住的环境质量。飓风、台风和龙卷风等强风运动能造成严重的自然灾害。海洋面上形成的飓风对海岸带的建筑物及工农业生产和生活往往造成巨大的破坏作用，干热风则影响作物收成。

4.1.1.2 水流

水是活动性很强的物质，既可在陆地上沿地表和地下流动，也可在海洋中运动，并存在陆地和海洋之间的水分循环。不同的水流在景观内具有不同的特点。

(1)地表水流

地表水的流动是景观内重要的能量和物质流动。在倾斜地面上，当降水的强度超过下渗速度，即要发生顺坡流动的地表径流，最后进入河道。

河流将不同的景观要素连接起来，加强了景观要素间的联系。地表水流在景观中本身是一种物质运动，又是一种地质营力，有侵蚀、搬运和沉积等重要的生态功能。河流由上游山区流向下游平原，在其运行过程中，携带的物质沉积在河岸沿线，河水灌溉河谷平原或储存在地下含水层内，最后的水流注入海洋。一些内陆河水流注入湖泊，形成新的景观要素。河流在其运行过程中影响河谷内的生态过程，改变了其内部的地貌特征和植被类型以及原有的自然景观(王成等，1999)。

河谷的侵蚀和堆积形成了活跃河道(active channel)，并向两侧呈逐渐过渡的梯度变化，河岸植被也与此种环境变化相适应，表现出植物类型、年龄结构的梯度变化特征。河岸植被斑块的这种空间分布反映了河岸景观的异质性(Hawk，1974；Shankman，1993；Scott，1997)。

沿河岸分布的物种多样性明显高于两侧坡地，这是由于河水携带的大小不等的土壤颗粒在不同地块的散布、沉积对这些地方起了施肥的作用，伴随频繁的干扰事件，导致生境的不断变化和复杂多样的小生境增多，这是景观多样性、生物多样性得以维持的重要机制(Gregory，1991；Forman *et al.*，1995)。

(2)地下水流

地下水流包括下渗、中间径流和地下径流。所谓下渗，即雨水进入土壤的过程。水的下渗主要取决于不同地方土壤孔隙的大小，土壤孔隙度越大下渗水分越多。下渗率也受植被的影响，林地土壤物理性良好，土壤孔隙度大，具有较高的下渗能力(图4-2)。

中间径流也称土中径流。当水分充分时，坡面土壤可划分为饱和带和不饱和带(图4-3)。

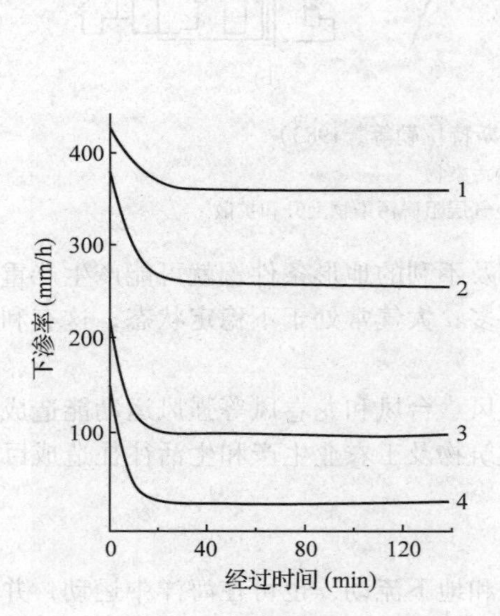

图4-2　火山灰上不同植被的下渗率曲线
(引自中野秀章，1983)
1. 阔叶林　2. 赤松林　3. 草地　4. 裸地

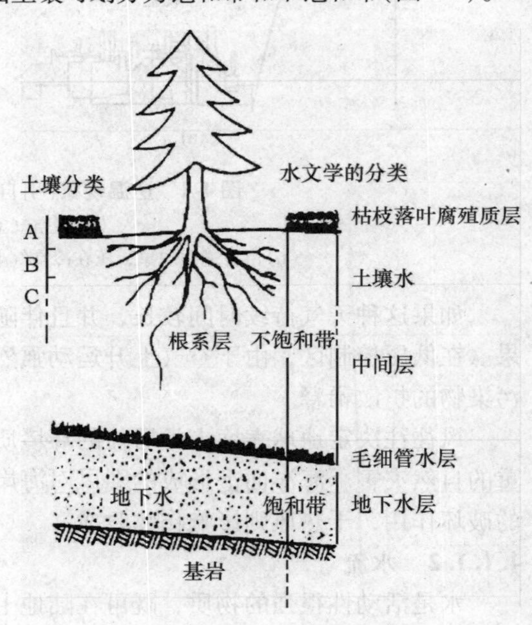

图4-3　坡面土壤剖面的水文学分带

饱和带即是地下水层。不饱和带可进一步分为根系层、中间层和毛细管水层。根系层从地表起到根系分布下限，是水分蒸腾消耗层，可能包括土壤发生层的A层、B层和一部分C层。中间层在根系层之下，起着把上层剩余的水分供应到下层的作用。在中间层与地下水之间受毛细管作用上升而形成一个过渡层。

中间径流主要沿水势梯度横向流动，在流动过程中如果被溪岸截断即进入河流，如果出现在表层则与地表径流汇合。下渗水除以中间径流形式横向流走外，可以向下渗透到母岩或基岩上的含水层。当含水层与地表连接时，部分向外涌出，如果含水层不厚，涌出是暂时的，并且只在降雨时才发生；如果含水层很厚，经过了长期积蓄，就成为地下径流。中间径流和地下径流合称基质径流，其水量大致相当于枯水季节未降雨时的河水流量。

地下水运动最重要的功能是对地表水的补给。地下含水层是巨大的水源库，与地表水、大气降水存在紧密的联系。当地下水位高于地表水面时，或以泉水的形式露出地表，或以涌流的方式进入地表水体，形成对地表水的补给。

(3)潮汐和海流

潮汐和海流是海洋环境中海水的2种主要流动方式。潮汐引起的水位变化和海浪运动对海岸地形的塑造作用很强，形成特殊的海岸带景观。海流是盛行风推动和海水密度差异引起的全球范围内的海水流动。海流像一台热机在地球表面起到传输热量的作用，有着重要的生态意义。从低纬度流向极地、并与海岸平行的北大西洋暖流，提高了欧洲西部沿岸的温度；南太平洋的西风漂流(west-wind drift)携带南极冷水团，当遇到赤道的暖水体时，冷水下沉，迫使下层的暖水上升，形成上涌流，将营养物质带到海面，使浮游生物大量繁殖，形成鱼类和鸟类的高密度区，使秘鲁和厄瓜多尔海岸成为世界鲲鱼和金枪鱼主产区(A·N·斯特拉勒等，1983；Forman，1990)。

4.1.1.3　养分流

景观中的养分流动通常伴随着水流和土壤侵蚀而发生。

(1)水流携带的养分流

水流携带的物质可分为颗粒和溶解物两大类。颗粒是不溶于水，但可悬浮于水中的物质，其中有有机物如细菌、种子、孢子、腐叶碎片，也有无机成分如黏粒和粉粒等。溶解物是可溶于水的物质，包括有机物(如腐殖酸、尿素)和无机物(如硫酸盐、硝酸盐)等。

水流中的颗粒和溶解物存在着不同的运行规律(图4-4)。

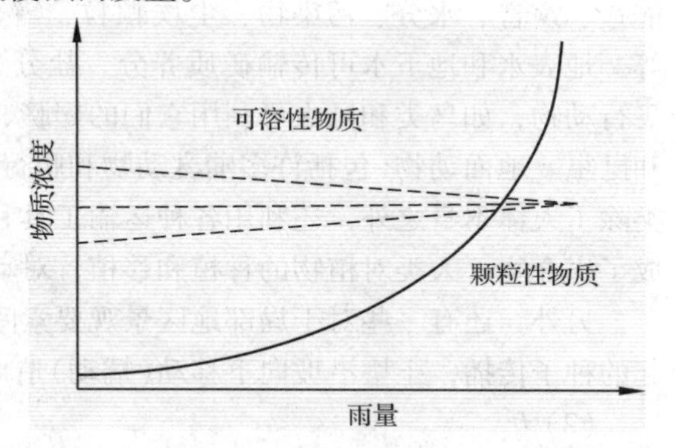

图4-4　水流中颗粒物和溶解物的浓度和水流流量的关系(引自Forman and Gordan，1986)

小雨时水流中的颗粒很少，大雨时则迅速增加，一次大暴雨会产生惊人的颗粒流，水流中的颗粒物质含量与流量呈指数曲线关系。景观中颗粒流的发生具有突发性特征，一年中，一次偶然事件的重要性可能超过其余时间发生的所有事件的总和。溶解物在水流中的浓度与水流流量的关系不密切，多数情况下，溶解物浓度随着水流流量的增加而略有减少。在一次较大的降水过程中，溶解物浓度在刚开始时大，以后则因溶解物来源的减少，浓度越来越低。颗粒和溶解物的流动通路也不同。颗粒主要随地表径流运移，溶解物还可以随壤中径流和地下径流运移。土壤养分可以随地下潜水流移动，一部分进入河流，随地表径流进入海洋，使入海口附近海域富营养化或沉积于河口三角洲土壤内，一部分被土壤吸收形成肥力岛(Schlesinger *et al.*，1995)，还有一部分被植物吸收利用。

(2)土壤侵蚀引起的养分流

土壤侵蚀是景观中养分流动的另一种主要形式。早在远古时代就已经有广泛的土壤侵蚀发生，但由于当时的生产力水平低下，人类活动的影响范围有限，还未对人类的生存构成严重危害。随着人口膨胀，对自然景观的破坏加剧，土壤侵蚀已成为对人们生存影响最大的景观过程之一。现代的土壤侵蚀加剧主要是由土地利用不当引起的。森林砍伐、农耕不当、过度放牧、筑路和开矿等是造成土壤侵蚀的常见原因。

土壤侵蚀的主要后果表现在3个方面：①使土壤变薄、生产力严重下降，甚至成为毫无生产力的不毛之地；②在地势低洼的地方形成堆积地貌，并使这些汇区景观要素的土壤更加深厚肥沃；③侵蚀沉积物导致河床淤积、河流水位增高，水库淤积使水库库容减少，进而降低水库的调洪机能，增加洪水的潜在危险。

4.1.2 关于流的基本观点和基本机制

4.1.2.1 流的载体和驱动力

(1)媒介物

景观中的能量、养分和多数物种，都可从一种景观要素迁移到另一种景观要素(Miller, 1978a; Van Leeuwcn, 1982)。这些物质、能量和物种的传播或迁移主要取决于5种主要媒介物或传输机制：风、水、飞行动物、地面动物和人。靠风媒传播的物质有很多，如能量、声音、水分、污染物、尘埃颗粒、雪、种子、孢子及许多小型动物如昆虫、蜘蛛等。地表水和地下水可传输矿质养分、盐分、种子、昆虫、泥沙、肥料甚至有毒物质等。飞行动物，如鸟类和昆虫可利用它们的翅膀、羽毛、四肢和肠道来传输种子、孢子、花粉和昆虫。地面动物(包括许多哺乳动物和爬行动物)主要是运用皮毛和肠道传播种子。而人类除了人体本身之外，还利用各种运输工具和容器传播更多的东西，即运输工具和容器也成了媒介物。人类对植物的种植和移植，对动物的驯养和放牧，是另一种形式的媒介。

另外，还有一些对于局部地区景观要素间物质的传输较为重要的机制，如豆荚崩开引起的种子传播，土壤沿坡向下移动(蠕动)造成的滑塌，冻融作用造成的物质迁移等。

(2)力

景观中物质、能量的运动方向和距离取决于相应的驱动力。最主要的驱动力有3种：扩散、重力和运动。

①扩散　在狭义上，扩散是溶解物质或悬浮物质从高浓度区向低浓度区的运动，物质通过自身的布朗运动作无规则的运动。宇宙中到处都有扩散，不过其速率变化较大。如大气中的花香味会从散发源向外扩散，污染物会从污染区向外围扩散，水体中的污水也会向周围清洁水域扩散。但均质系统内不存在扩散，因此，扩散作用与异质性是紧密相连的，尤其适合于研究异质景观间的相互联系。它主要取决于不同景观斑块间的温度或密度差。它是一种具有普遍性的作用力，也是一种低能耗过程，在极小的尺度上，对物体运动可能较为重要，但对景观要素间或景观内的物质传输作用相对较小。

②重力　重力是物质沿重力梯度移动的基本作用力。地球上许多物体的运动都与重力作用有关，如水流、土壤侵蚀、泥沙沉积、种子落地等。陆地水流即是重力作用下水由高

处向低处的运动过程；气流或风是地表因太阳辐射受热不均而形成的气压差所引起的一种流动。海洋的洋流也是大面积海洋受热不均造成的。大气环流和海洋洋流在全球尺度上具有独特的作用。水流和风都不仅有水和空气的流动，更重要的是可以溶解和夹带其他物质一起流动。滑坡、山崩、塌岸、融冻土流和土层蠕动等都是岩屑或块体在重力作用下的移动，另外还包括果实落地等。

③运动　运动是飞行动物、地面动物和人(包括车辆)等物体通过消耗自身能量从一处向另一处移动的力。广义来说，使用汽车、火车和飞机这些交通工具实现的空间移动也属于运动的范畴。飞行动物的运动可充分说明重力和运动之间的差异。蚊子、夜鹰和蝙蝠等飞行动物依靠消耗本身的能量，在静止的空气中飞行寻找食物，而在刮大风的时候，这类动物反而不能正常飞行。不同的动力会显著影响物体在景观中空间分布的格局。运动的生态特征就是形成高度聚集的分布格局，重力也具有类似特征，扩散则倾向于形成随机分布格局，而且扩散的作用要小于其他两种力。

4.1.2.2　流的空间扩散与影响范围

(1)流的空间扩张过程

广义上，扩散又是一种向外传播的过程。它既包含一般生物学家所指的颗粒从高浓度区向低浓度区的迁移狭义扩散，又涵盖社会学家及公众熟悉的事物的空间迁移过程。这种迁移可以是被动的(或自发的)，或是由于热能所引起的。如某种思想在某一地区或国家的传播、血液中的物质在体内各个部位的扩散、食叶害虫和外来物种在景观中的迁移等。地理学家、人类学家或其他社会学家已鉴别出了多种扩散格局，其中部分原理对景观生态学特别适用。

连续运动与间歇运动的结合是生态学中更常见的运动形式。物种往往从一个结点跳跃式地迁移到周围几个结点，并在新结点周围作局部传播，当结点等级明析可辨时，如城乡人口中心区的规模变化时，该过程可称为等级扩散。等级扩散理论对区域经济发展模式有很好的借鉴作用。

扩张扩散和移位扩散之间的差异在景观生态学中也较为实用和重要，应予区分。扩张扩散是指物体在连续占据原位置的基础上扩大其分布面积。例如，风平浪静的晴天，污迹斑斑的大型停车场的热能向周围地区的扩散，树种在母树周围萌生时植物物种的扩张性扩散等。而移位扩散则是指物种离开某一地区迁移到另一地区，例如，高海拔热带雨林中的暴雨雨水流向低处的平原(有时水势很陡，直泻河床)；一对袋鼠离开景观中一块草地嵌块体跳到另一块草地嵌块体的情况等都属移位扩散。植物的扩散基本上属于扩张扩散，而动物在景观中的运动经常表现为移位扩散，但其分布区的扩大总体上属于扩张扩散。

研究扩散过程要用到各种各样的数学模型。蒙特卡罗模拟是最常用的方法之一，即在假设物体做无定向运动情况下，研究距离、时间、疏散屏障和其他因素对扩散流的影响。扩散模拟方法对鉴别有关景观中物种迁移的可能格局和原理比较有用。然而由于假设过于简单，对诸如镶嵌度、廊道方向、运动类型、年龄及性别差异等景观物流的多样性未予充分考虑，模型结果应当看成有待验证的假设。

(2)流的影响范围

地理学家常用影响范围或作用场概念表示受一个特定结点或斑块影响的地区，这种影响的强弱随距离斑块的远近而有所不同。在人口密集区，影响范围可能是交通网、当地新闻媒介、SO_2污染或疾病传播所影响的地区。

一个斑块对不同的流动可以有不同的影响范围，因此，可区分出高、中、低级流，这涉及运动物体产生明显影响的距离。对高级流来说，大结点附近的小结点与大结点相比没有明显的影响，相反对低级流而言，即使小结点也会产生较大的影响。对每一种特定类型的流，都可以确定其“偏远区”或不受影响区。显然，这种分析适用于下列影响范围的研究，例如，对不同动物种类、树木种子的传播、裸地扬起的尘土及辐射热、点源污染的扩散等的研究。在对冶炼厂方圆数千米受污染的植被研究发现，不同的大气污染物扩散的距离也不同。致毒SO_2的扩散范围不及 1km，而属高级流的氧化锌则可扩散到几千米之外，这是造成大面积植被破坏的主要原因。另外，在物种迁移中，羚羊属高级流，而奶牛属低级流。各物体都有高、中、低级流之分。其影响范围均可计算，并可以图的形式表示出来。将不同流按等级分类，反映在图上就是明显的景观等级空间结构(图 4-5)。

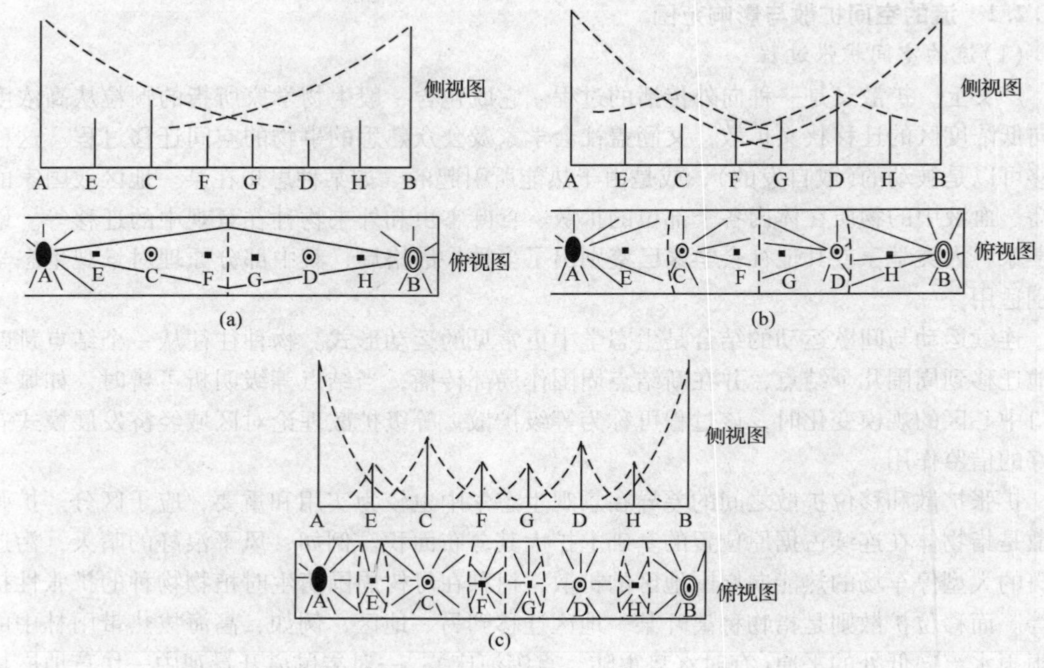

图 4-5　流的等级及影响范围示意(引自 Edward J. Taffe and Howard L. Gauthier，1973)

注：(a)A 和 B 为高级流的作用场源地(虚线)，它们大于来自其他点的一切流，结果在垂直虚线的两侧是两个同等大小的作用场　(b)来自 C 和 D 的中级流，它们仅在远离 A 和 B 点地区起主导作用，结果形成 4 个作用场　(c)来自 E、F、G 和 H 的低级流，它们仅在其周围很近的区域起主导作用。结果形成 8 个作用场

4.2 景观中动植物运动

4.2.1 运动的格局

动植物的运动显然有别于空气流和水流。前者是生命现象，后者是物理现象。不论动植物，可概括为两种运动格局：一种为连续运动(continuous movement)，即某一客体在两点之间运动时，速度不降到零，尽管运动速度有时快，有时慢；另一种为断续运动(salutatory movement)，即一客体在两点之间运动时，要停一次或几次。

(1)连续运动

在异质性低的地区，运动速度多比较恒定，因为条件适宜，中途也没有障碍物或不适合的地区，这样运行中的动物就不会中途减速。如果运行途中异质性很强，则客体运动速度将有慢有快，在适合它的地段上，运动速度快；在不适合它的地段上，速度慢。

研究运动速度的另一条途径是考虑景观要素之间边界的作用。边界是动物从一个景观要素通向另一个景观要素的必经之路。具体指标是边界穿越频率(boundary crossing frequency)，它以一客体穿越景观时单位长度的边界数来表示。同质性强的地方，边界穿越频率低，速度快；否则相反。除了边界数量以外，各种景观要素之间的对比度也有影响，凡对比度大的地方，可能影响到运动速度。

(2)断续运动

一客体在运动中运行一会后就停顿一下，然后再运行。通路中的某些点可作为该客体的停点。这就是断续运动。

连续运动和断续运动对一景观的影响不同。一个连续运动的动物对该景观影响很小，而断续运动的动物，则在其停点发生显著的相互作用。一方面，动物会按照适宜的条件选择停点，另一方面，这个动物会在停点附近吃草，践踏地面，使土壤变肥，在这里筑巢，被捕食者吃掉。中途的停点可分为两类：一类是某一种动物到达该点经过短暂停留后继续前进，则该点称之为休息点(rest stop)；另一类是某种动物到达某一点后顺利成长和繁殖，则这点称之为长歇点(stepping stone)。在长歇点，该动物可以繁殖新个体，并向外散播。

4.2.2 动物的运动

4.2.2.1 运动的方式

景观中动物的运动有3种方式：①在巢域范围内运动；②疏散运动；③迁徙运动。

动物的巢域(home range)是指它们藉以用作取食和进行其他日常活动的区域。通常，一对动物和它们的后代共享巢域，对某些种来说，则是一大群动物共享巢域。领地(territory)是动物为抵御外来其他物种入侵的地域。动物的巢域有时与领地重叠，都是动物为保证足够的食物与空间需求。当某种个体既有巢域，又有领域时，巢域常超过领地，即它们常到它们防御范围以外的地方去取食。

动物疏散(dispersal)是指动物个体从它的出生地向新的巢域的单向运动。新巢域距原巢域通常很远，二者的距离常大于原巢域直径的好几倍。这是一种相当有效的保证种群密度不至于过高的手段。

迁徙(migration)是指动物在不同季节所利用的相隔地区间进行的周期性运动。迁徙动物适应了气候和与之相关的不同季节的其他条件，因此，能避免不利的环境因素和利用有利因素。迁徙运动有水平迁徙和垂直迁徙两种主要形式。如鸟类在寒冷与温暖地区间的迁徙就属纬向的水平迁徙(图 4-6)。垂直迁徙(海拔)则是指动物种在山地高海拔和低海拔间的迁徙，如瑞士阿尔卑斯山的欧洲山羊(*Capra ibex* L.)夏季在高山植被中觅食，冬天到低海拔和草地食草。

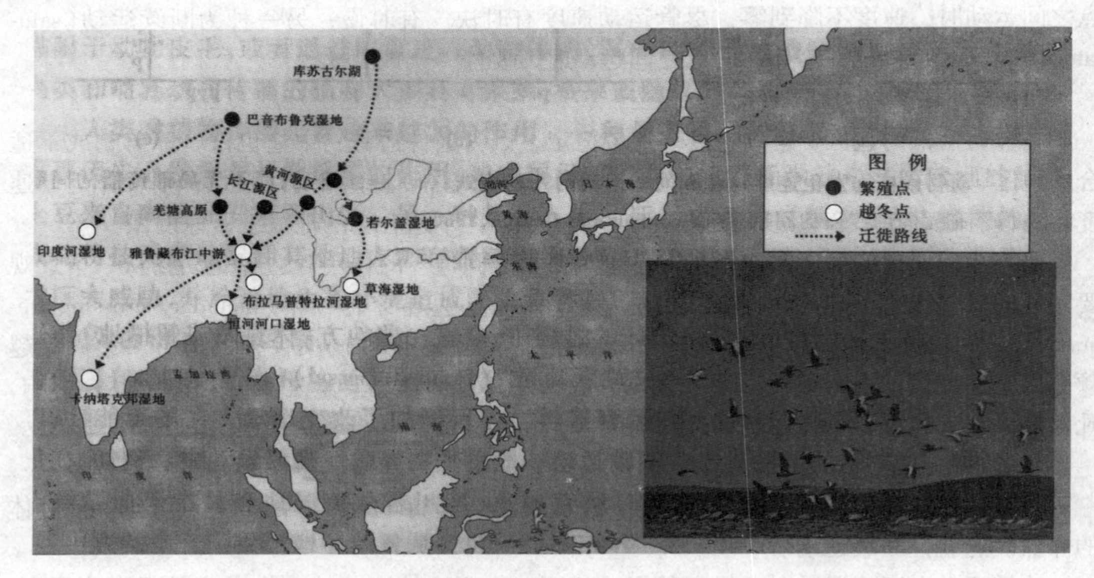

图 4-6　班头雁分布地及迁徙路线示意(引自杨欣和李斯洋，2013)

研究动物的运动有多种方法，如诱捕、跟踪、野外观察、无线电遥测以及红外相机技术等。无线电遥测是先诱捕一头动物，给它安装上一台微型的无线电发射机然后将它放掉，任其自由活动，研究者用手提式无线电接收机，来追踪研究动物的运动；红外相机技术则是目前国内外野生动物研究、监测与保护中广泛应用的技术。20 世纪末期，首先在云南高黎贡山地区(马世来和 Harris，1996)和台湾地区(Pei，1995；裴家骐，1998)，被用于野生动物物种分布的记录和活动模式的研究。红外相机能够在野外 24 h 不间断地持续工作，因此，在野生动物的行为学研究中，被用来评估雉类(Li *et al.*，2010a；赵玉泽等，2013)、小型食肉类(Chen *et al.*，2009)和有蹄类(李明富等，2011；章书声等，2012)等多种动物的活动节律和时间分配，以及记录和监测阿尔金山北坡野生动物对于水源地的利用(薛亚东等，2014)，记录巢捕食行为(王佳佳等，2014；李敏等，2014)。

4.2.2.2　动物运动格局

自然状态下，动物生境是具有高度异质性的地理空间，动物需要在不适宜生境斑块之间的运动、迁移以获得适宜生境。动物在生境中的这种趋利避害的本能，类似于水流由高处向低处流动时所表现出的方向选择(宋波等，2010)。

景观的结构对动物的习性和运动有较大影响，根据对于一些哺乳动物、鸟类等活动的观察，对于动物运动的格局可概括为以下几种情况：①一般情况下，大片同质性地区是不适宜于动物生存的，如臭鼬、大角羊、鹅、白尾鹿、狼等这些物种都需要一种以上的景观要素。这种要求多种生态系统共存的格局说明，景观中的会聚点(convergency point)或会聚线(convergency line)是非常重要的。②关于走廊与动物运动的关系要决定于走廊的类型和动物的种类。如小路可以成为许多动物的通路，而大路则不行。小溪不会成为通行的障碍物，大河则可以。河流植被走廊一般不能作为主要通路，但对少数种，则可以起到这种作用。树篱一般可作为动物的通路。高速公路则会阻碍动物的通行，但动物通道会为动物提供穿越公路的安全保障，从而将被隔离、孤立的生境斑块连接起来，减少种群灭绝的风险(Li *et al.*，2009；L Gilbert-Norton *et al.*，2010)。③动物巢区是动物在其巢附近进行取食、生殖、育幼等日常活动的区域，通常呈扁长形，有时成线条形。不同的巢区之间常存在有天然障碍物，如溪流、沼泽、田地等，但有些巢区之间的边界则是随季节和种群特征而变化的。鼠类巢区变化反映生活史策略及其种群的动态变化，与外部因子(如生境质量包括资源分布)和内部因素(如繁殖活力、种群密度、社群状况等)密切相关。研究显示，鼠类在繁殖期的资源要求(包括物质、能量或配偶等)要高于非繁殖期；另外，巢区随动物(尤其雄性动物)的体重增加而扩大。④景观中的异常特征(如水源地、湖泊、沼泽地等)，在景观功能中起着特别重要的作用。

4.2.3 植物的运动

植物在景观中只能依赖种子、果实或孢子等繁殖体，通过再繁殖进行散布。因此，植物的散布是植物繁殖体的运动过程。某种植物只有在一新的生境繁殖、定居后，才能确认为是实现了散布，才被认为是传播(Forman and Godron，1986)。一个成年的植物不能运动，只能固定地生长在一定的立地上。但是，它的繁殖体(如种子、果实、孢子等)可散布到距亲本一定距离范围以外。散布(dispersal)，既是一个过程，也是一种结果，是指植物以各种散布器官(散布体，diaspore)离开母体达到一个安全(适宜于萌发、生长和繁殖)生境的过程(Harper，1977)。如果散布体离开母体后落到一个不能再生的环境时，则被称之为无效散布(ineffective dispersal)；在散布体达到一个虽能再生，但不能繁殖的环境时，则被视为迁移(migration)。

植物的基本特性之一是在生长过程中不能移动，不能像动物一样从一个地区移向另一个地区，所以，植物的运动是靠散布来实现的。散布在植物物种形成、系统发育及进化过程中具有重要的作用。当环境不适于植物生活时，要么死亡，要么就改变其分布区的形状。既然植物分布区的形成只能由个体移动(散布)产生，假若没有散布就不可能形成分布区。虽然有许多生物因子(植物性的或动物性的)或非生物因子(如气候及土壤条件等)影响植物的分布状况，但在所有的因子中，散布是最为重要的一个。对分布区的形成来说，散布体移动潜力是最为重要的。植物的散布潜力，即植物的空间扩张能力取决于4个因素：散布体(或称之为散布单位)类型、散布体数量、散布体寿命、散布机制，在这4个因素中，散布机制最重要(Good，1974)。在高等植物中，绝大多数类群都是以有性散布体来执行散布功能。但也有许多植物，如被子植物中的一些种类在以果实和种子为主要散布体的同时，也能利用无性散布体进行散布和繁殖，甚至有的在整个生活史中仅有无性散布体。

植物可利用物质流和运动力进行自由传播，根据繁殖体传播机制及各自适应性可分为：①风播植物，种子以风力作用作为传播的动力，如柳树、蒲公英、萝藦等；②水播植物，有些植物的种子表面蜡质、果皮含有气室、比重较水低，可以浮在水面上，经由溪流或是洋流传播，如椰子、红树、槐叶萍等；③动物传播植物，多具浆果、肉质果或带有可黏附的结构，如樱桃、人参、苍耳等；④重力传播植物，果实或种子本身具有重量，成熟后果实或种子因重力作用直接掉落地面，如核桃、栗等；⑤自体传播植物，蒴果及角果的果实成熟开裂之际会产生弹射的力量将种子弹射出去，如凤仙花、酢浆草、豆类等。另外，也通过人进行传播，人类对植物种的传播有两种方式：其一是有目的的移植或播种，这种传播主要是为了获取较高的经济利益或为了保护一些稀有的物种；其二是人类无意识的传播，在人类的迁移或运输过程中，一些植物的种子或花粉从一个地方被带到另外一个地方，这种传播有时会带来严重的生态后果。生态入侵种的远距离传播基本上都是人类的杰作，而一旦造成既成事实，要想“驱除”相当困难，最负盛名的案例为紫茎泽兰，其他如水花生、凤眼莲等。随着国际交流的不断发展，植物通过人类有意识地散布会进一步扩大，对植物繁殖体的传播发挥越来越大的作用。

一种散布媒介也常为多种植物提供散布。与传粉不同，在散布过程中，动物与植物间较少形成专一性依赖关系。植物与散布之间相互适应关系见表 4-1。

表 4-1　各种散布方式与植物特征之间的关系

散布方式	散布体适应特征
主动散布	方式多种多样，通过无性繁殖植物的无性生长、爆裂性果实、具吸胀作用的果实或种子
重力散布	散布体常为圆球状，植物体常生活在坡地
空气散布	具有延长散布体在空中停留时间的各种结构或机制以及适应于在气流帮助下在地面滚动
水散布	散布体具抗沉降(如具毛和黏液、较大表面积和较小比重)或具防水能力(坚硬的果皮或种皮)
蚂蚁散布	种子坚硬，不易被蚂蚁破坏；具有适应于蚂蚁搬运的结构；在种子中含有油体或在种子表面具有营养成分丰富的假种皮
鱼类散布	水生植物(或周期性水生)或生活在水流附件，散布体常落入水中
爬行类散布	散布体具有气味，有时有颜色，果实常结在地面附近或成熟时落到地表；在被子植物中，常出现在较原始的科或属内
鸟类散布	散布体具有可食部分、在成熟前具保护措施、种子有防止被消化的措施、成熟时出现特殊色彩信号、一般不具气味、具有长效的附着机制、缺乏闭合坚硬的果皮，若为坚硬果实，则种子外露或悬吊
蝙蝠散布	颜色暗淡，具特殊气味，散布体很大，或具有很大的种子；散布体暴露于林冠之外(如芒果)或林冠开放，或散布体具有很长的果柄而悬垂或生长在茎上
食草动物散布	种子常很坚硬或具有其他保护种子不被机械损伤的机制，在种子表面不具有附属物，种子常有毒或苦味物质，散布体数量很大，不具有艳丽的色彩
人类散布	对人类有用而被人类主动引种栽培(如各种经济植物的引种驯化)；或为栽培植物的半生种(杂草)以及具附着机制而随人类的各种活动得到散布

注：引自马绍宾和李德铢，2002。

植物传播机制的不同，引起植物传播的距离存在较大的差异(表4-2)。植物的散布按距离可分为长距离散布和短距离散布。长距离散布指植物繁殖体在媒介物作用下从一个景观传播到另一景观，如鸟的羽毛或脚蹼可以将椰子的种子带到数千里以外，风可以将蒲公英种子吹过数千米外的高山。短距离传播通常指限于一个景观范围内的几米至几百米的范围，这种传播多是种子较重或由陆地爬行动物在短距离内，通过肠胃的排泄所进行的传播。

种子散布方式和散布距离与该树种在演替中的地位和生活史对策有关。凡先锋树种多靠风力或水力，能散布到较远距离，以便占据裸露的和受干扰的土地。演替后期的树种，一般种子重，散布距离近，多靠动物散布，能使后代所处的立地与亲代类似，继续在林中占据优势地位。种子散布的特点还与不同层次有关。北温带森林中，草本层中很多植物的繁殖体多毛或多钩刺，适合附着于动物体表散布；很多灌木具有肉质果，适于通过食草动物的取食和排泄过程达到散布种子的目的。在林业中，研究林木种子散布的特点和散布距离至关重要，因为在采伐中改变了景观格局而影响到种子的散布，而种子在采伐迹地上的成功散布是林木顺利更新的前提。

事实上，许多植物的传播并不局限于一种机制，如重力传播的物种与动物的活动密切相关，多种机制并存延展了植物繁殖体扩散的成功机会。只要有充分的时间，在没有地理隔离的景观中，植物的分布基本上很少受传播机制的限制，当然，在快速变化的景观，植物传播机制的不同会直接影响其在景观中的分布格局。

表4-2 美国新泽西州林下草本植物沿树篱的运动模式

植物种	沿树篱的连续运动	无局部传播的间歇运动	有局部传播的间歇运动	处于中间状态的或不清楚的运动	物种缺失
加拿大水杨梅 *Geum canadense*	0	3	7	0	0
好望角凤仙花 *Impatiens capensis*	0	5	3	1	1
拉拉藤 *Galium aparine*	0	5	2	0	3
败育毛茛 *Ranunculus abortivus*	0	2	2	1	5
三叶天南星 *Arisaema triphylum*	0	4	0	0	6
锥花鹿药 *Smilacina racemosa*	0	3	0	1	1
露珠草 *Circaea quadrisculata*	0	1	1	1	7
二花黄精 *Polygonatum biflorum*	0	1	0	1	8
团状变豆菜 *Sanicula gregaria*	0	0	1	1	8
春美草 *Clatonia virginica*	0	0	0	1	9
总计	0	24	16	7	53

注：引自 Forman and Godron，1986。表中数据为适于每种植物的运动模式的树篱个数。

植物在景观中的运动将改变植物在景观中的分布格局，当然植物景观格局的形成除受传播机制的制约，还与景观的异质性等景观总体格局特征有影响。一般地，植物运动的结果可能出现3种后果。

①植物分布边界在短期内发生波动　通常，周期性的环境变化可导致植物体分布范围的波动。在草原地区，由于年降水量的不同，许多草本植物的分布出现局部扩散或收缩。

不过在总体上，这类植物分布区的范围相当稳定。

②长期的环境变化使得植物种类趋向灭绝、适应或迁移　如许多树种自从最近一次冰川作用后越过了温带地区，以适应相应的气候变化。李峰等（2006）预测在大气CO_2浓度不断增加，全球气候变暖的情况下，2100年兴安落叶松适宜分布区将从我国完全消失。植物分布区随气候条件改变而成功迁移的物种一般有较高的传播效率，而传播机制缺乏灵活性的物种往往成为优先灭绝的候选种。俄罗斯欧洲部分的植被在冰期主要是少量草本植物，在间冰期出现了大面积阔叶林和针阔混交林，草本植物群向北收缩（表4-3）。

表4-3　俄罗斯不同地区植物对气候变化的响应

气候变动	俄罗斯欧洲部分	俄罗斯亚洲部分	
		西西伯利亚	东西伯利亚
冰川	空白或少数草本植物	空白及少数孢粉	空白及少量孢粉
冰川接近	旱生草本的寒冷草原	寒冷草原荒漠	寒冷森林草原
间冰期	阔叶林、混交林和冻原	松林、泰加林和森林冻原混交林	含大量桤木混交林和森林冻原混交林
冰川后退	无森林景观	寒冷冻原	寒冷冻原
冰川	空白	空白	空白

注：引自夏正楷《第四纪环境学》，1997。

③当一个植物种到达一个适宜的新地区后，便会广泛传播。加入这个名录的物种越来越多，其称呼也多种多样，如外来种、引进种、非本地种、半驯化种、外地种、入侵种等。通常这类植物传播很快，如东亚的一种枯萎菌（*Endothia patasitica*）在约5年时间就席卷了北美洲的栗树（*Castanea dentata*），显著改变了北美森林景观的面貌。生态入侵已成为物种多样性破坏的一种重要机制，在相当多的情况下直接造成对当地生态系统的破坏。

4.3　几种典型的景观生态过程与功能

4.3.1　森林（山地森林和河岸森林）与河流的相互作用

4.3.1.1　河流对河岸森林的作用

河流创造了一种特殊生境，它使河岸植被成为一种特殊的类型。首先，它代表水分充足，植被能吸收地下水层的水分。其次，这里空气也较湿润。由于对养分的截持和拦阻，这里土壤养分也较高，甚至成为生产力最高的林地。不过大的河流经常有洪水泛滥成灾，所以河岸植被还要有一定的耐淹能力。沿岸植物分布宽窄不一。发育良好的地方可见到河岸植被的成带变化。这是从河流干扰强烈到逐渐稳定的梯度，某种意义上，它也代表着一种湿生演替系列。河岸植被从上游到下游的梯度变化也是极端明显的。当河谷较宽，出现泛滥平原时，这种变化就更加显著。

4.3.1.2 森林(山地森林和河岸森林)对河流的作用

(1)维持景观稳定性和保持水土

山地山坡森林和河岸森林对于维持山坡本身和河谷地貌的稳定性有重大关系。山地与河流之间的物质移动、搬迁和堆积可能有多种形式，以水力作用为主的侵蚀和以重力作用为主的滑坡、崩塌、土溜等是主要的运行方式，而这一切都要决定于植被对土壤的保持作用。一旦森林破坏，山坡的重力移动要加强，水力移动更会加强。这些从山坡上运移到河流中的物质，再加上水流失去控制，就会促使河流侵蚀作用加强，从而使河流变得很不稳定。上游发生的水文现象会影响到下游平原的水库和水利设施。

(2)维持河流生物的能量和生存环境

森林溪流的有机物99%都是从外面进入的。叶、枝和其他残体为各种无脊椎动物提供食物和庇护。从细菌到鱼类，甚至到水獭，大多数溪流有机体都是依赖由河岸植被输入的能量，所以森林对渔业有密切关系。

常见到大的倒木落到溪流之上。它们虽然很不易分解，但可造成生境的多样性。例如大倒木和枝叶一起，可在溪流中形成一些坝，使溪流变缓，并形成很多水塘。在这种水塘中，有机物积累得多，停留时间长，便于分解者的活动。

河岸森林的林冠层对溪流的温度影响很大，而生活在溪流中的有机体一般对水温的适应幅度很窄。树冠的庇荫作用也很重要，它可防止水体过热。过热水体不利的一点是水中溶解的氧气减少。

河岸森林对溶解性的矿物营养和固体颗粒进入河流有过滤和调节作用。养分进入溪流3种途径：①养分直接穿过河岸森林进入溪流；②养分积累在河岸森林的土壤中；③养分可随植物生长而进入生物量，成为木材的一部分。

总之，一个健康的森林景观应该包括山地和溪流。溪流的生物多样性是地区生物多样性最关键的组成部分。

(3)维持河流良好的水文状况

坡地的降水是通过地表径流、土中径流和地下径流3条途径达到河流的。森林对于河水总流量有何影响，各国对于这个问题进行了长期的研究。从总的情况来看，尽管各地的森林种类、降水、地形、地质、土壤等流域条件有很大差异，但采伐的结果都造成径流量增加。过一段时期以后，随着采伐迹地植被的恢复，径流量又会恢复到原来的水平。不仅采伐，火灾也会带来同样的后果。火灾区的径流量高于非火烧区。不论采伐或火烧，减少森林意味着减少林木向空中的蒸腾，而森林中这项水分支出所占的比重是很大的。采伐或火烧后，森林蒸腾的水减少了，从而有更多的水流到河中去。

随着一个地区的开发，森林面积的减少是必然后果。森林的减少，导致总径流量增加。不过，进一步从洪水期和枯水期的对比来看，径流量的增加，主要表现在洪水期流量的增加，而枯水期则不仅不增加，反而减少了。美国某地随着一个地区的开发，分别比较了1941、1953和1960年的流量变化，很好地说明了这个问题(图4-7)。我国各地随着城市化和工业化的发展，也产生了类似的问题。可见，森林覆被对维持良好的河流水文性质，是十分重要的。

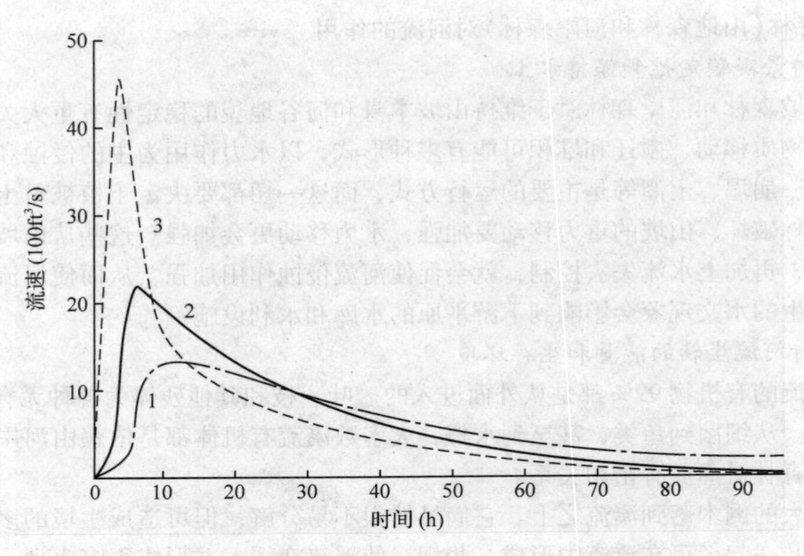

图 4-7 小溪水流量随开发而发生的变化(引自 B. J. Webel, 1993)

注：图中1代表1941年9月23～25日，2代表1953年5月12～19日，

3代表1960年6月23～27日(1ft = 0.3048m)

(4)维持河流的良好水质

山地森林和河岸森林可使河水保持良好的水质。这一方面表现在河水中泥沙含量低，另一方面表现在河水中的营养物质处于低水平状态。美国 Likens 等人 20 世纪 70 年代在美国新罕布什尔州的哈尔德布鲁克集水区中，将一个未受到干扰的流域通过河流的养分流失情况与另一个森林被皆伐的流域加以对比。结果查明，未受到干扰的森林有很强的保持土壤养分的能力。一年中，每公顷随淋洗通过河水损失的养分只有 4kg N、2.4kg K，Ca 较高，为 13.9kg。森林采伐的流域 N 的损失可增加到 142kg。这一数量的大部分可能是由于土壤有机氮的硝化作用造成的。土壤有机氮在正常情况下，要被林木吸收并通过枯枝落叶进行循环。采伐以后 NO_3^- 含量的大量增加，超过了饮水的标准，并在一年之内引起河水的富营养化，从而促使藻类繁茂生长。除 N 以外，Ca，K 等离子也增加近 10 倍。唯一减少的是 SO_4^{2-} 离子。

众所周知，一个小湖中由于生活污水的大量输入可产生富营养化过程。养分增加导致本来在清水中繁殖受到限制的浮游植物大量增加，并使清沏的水体几天即变成混浊的绿色。藻类和细菌的大量增加，可耗尽低层水中的溶解氧。耗尽水中的氧的后果最后造成水中鱼类的大量死亡。

4.3.2 树篱与毗邻景观要素的相互作用

4.3.2.1 林带对农田的影响

从形式上农田防护林可以分为 3 种。一是林带，带状地在农田四周营造的，并多交织成网，故又称农田防护林网；二是林农间作形式，即在农田内部间种树木，它们的株行距较大，近乎散生；三是林岛。无论国外还是国内，有些农田周围有天然生长的带状树木即树篱。树篱虽然起源与林带不同，形状和宽度等方面也不如林带规整，但起着与林带同样的作用。

林带对风有很大影响，但是这个影响是综合的。它影响到农田的小气候、土壤湿度、动植物和作物产量等。

(1) 小气候

林带的防风作用，在有效范围内，可使风速平均降低30%~40%。到30倍树高处，风速降低一般不超过20%，或已接近旷野风速。林带还有减弱湍流交换的作用，在林带保护下的农田1~2m高处湍流交换强度平均减弱15%~20%。湍流交换强度的减弱，对农田减少蒸发、保持土壤水分、保持积雪、防止沙暴等具有重要作用。干热风是一种高温低湿，并达到一定风力的天气现象。干热风的主要气候指标是：14:00的气温高于30℃，空气相对湿度小于30%，风速大于3m/s，并持续2d以上。我国小麦产区干热风危害严重，一般减产15%~30%，农田防护林带则可通过对小气候的改变而减轻甚至避免干热风的危害。

一般来说，白天林带可使农田气温略有增加，而夜间则可使其略有降低。对土温的影响也是如此。不过，不同季节，温度状况的变化不同。春、秋、冬，林带可使农田气温略有增高，而夏季可使农田气温略有降低。

(2) 水分状况

由于有林带做屏障，风速显著降低，湍流交换强度减弱，使蒸腾和蒸发的水分长期停留在农田上，从而可增加空气湿度和土壤水分。据测定，林网内空气相对湿度可增加15%~30%。同时，土壤水分可增加，水分蒸发可减少。此外，林带还有降低地下水位和减轻土壤含盐量的作用。在坡地上，农田上的林带有吸收地表径流，减少土壤侵蚀的作用，并进一步会对河水水文状况发挥有利的影响。关于农田防护林带对小气候和水文状况的影响可概括性地用图4-8表示。

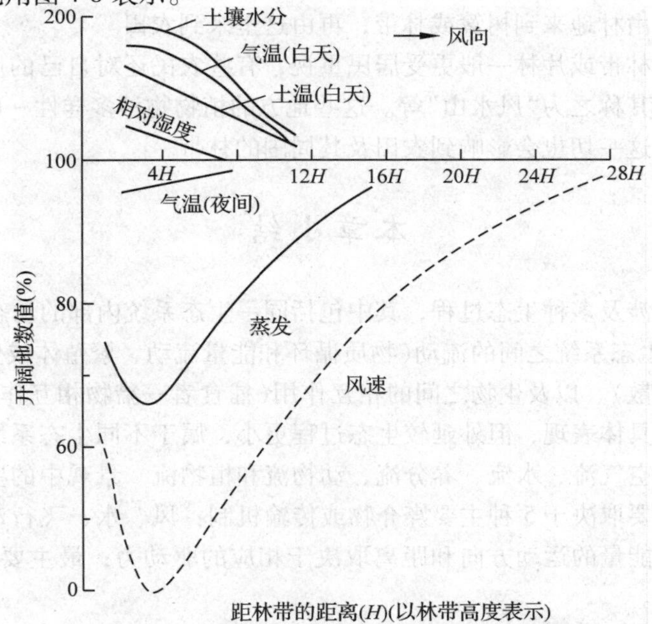

图4-8　林带对农田小气候和水分状况的影响(引自Forman and Godron, 1986)

(3)动物和植物

农田生态系统物种多样性低，但如在其附近种植林带，则林带由于群落结构复杂，树木也能达到相当高度，人为干扰也较小，本身的物种的多样性会增高。一般来说，由于林带的保护，多样性会增加。究其原因：一是林带中的物种会在农田中流动；二是由于农田小气候的改善而使其他物种有了存活的可能。这样造成的结果可能有两个方面：一方面使害虫、害兽和有害的病害增加；另一方面是使这些有害生物的天敌增加。

我国农田防护林带一般都很窄，只有 1~2 行。为了发挥它对提高农田生物物种多样性的潜力，适当增加宽度是必要的。以往的研究多偏重于防风和小气候效应方面，对生物关系很少考虑。

(4)作物生产

林带既然对农田小气候和水分状况产生有利的影响，自然会对作物的产量起到促进的作用。我国生产实践说明，林带的这种增产作用是普遍的和显著的。在正常年份，在农田防护林带的保护下，小麦增产 10%~30%，玉米增产 10%~20%，水稻增产 6%，棉花增产 13%。在自然灾害较多或气候条件较差的地区，在出现灾害性天气的年份，农田防护林带的增产效应更明显。

4.3.2.2 农田、林地和居民区对林带的影响

不仅林带的物质和生物会向农田流动，并且农田也影响林带及其附近的物种和物质的空间格局。例如，农田中的覆雪和土壤会被吹起，并在林带内和紧邻林带堆积。农田中施肥用的肥料、除草剂、杀虫剂都会通过风或水这些媒介物进入相邻的林带，这种物质流动对喜氮植物可能有利，但对另外的种则不利。可见，一个宽度不大的林带或树篱，它的特性要受到相邻农田很大的影响。

一个树篱或林带的物种组成，常与它是否与林地相连有关。很多研究表明，鸟类、昆虫和哺乳动物均可由林地来到树篱或林带，再由这里来到农田。

居民区附近的林带或片林一般更受居民重视，有些农民还对自己的房屋后面的山坡加以特殊保护，并将其称之为“风水山”等。这些地方的植物物种多样性一般较高，也有一些特殊的动物种类，这一切也会影响到农田及其周围的林带。

本章小结

景观生态学常涉及多种生态过程，其中包括同一生态系统内部的动态变化(种群动态、群落演替)、不同生态系统之间的流动(物质循环和能量流动、繁殖体或生物体的传播、动物的迁徙、干扰扩散)、以及生物之间的相互作用(捕食者—猎物相互作用)等。生态流是景观中生态过程的具体表现，但外延较生态过程更小，属于不同生态系统之间的流动。景观生态流主要包括空气流、水流、养分流、动物流和植物流。景观中的些物质、能量和物种的传播或迁移主要取决于 5 种主要媒介物或传输机制：风、水、飞行动物、地面动物和人。景观中物质、能量的运动方向和距离取决于相应的驱动力；最主要的驱动力有 3 种：扩散、重力和运动。

动植物的运动显然有别于空气流和水流。前者是生命现象，后者是物理现象。不论动

植物，可概括为两种运动格局：一为连续运动；另一种为断续运动。景观中动物的运动有3种方式：①在巢域范围内运动；②疏散运动；③迁徙运动。景观中植物可利用物质流和运动力进行自由传播，根据繁殖体传播机制及各自适应性可分为：①风播植物；②水播植物；③动物传播植物；④重力传播植物；⑤自体传播植物。另外，也通过人进行传播，人类对植物种的传播有两种方式：一是有目的的移植或播种，这种传播主要是为了获取较高的经济利益或为了保护一些稀有的物种；二是人类无意识的传播，在人类的迁移或运输过程中，一些植物的种子或花粉从一个地方被带到另外一个地方，这种传播有时会带来严重的生态后果。

思考题

1. 景观生态过程的基本动力包括哪些？
2. 什么是景观生态流？它有哪些类型？
3. 景观生态过程的媒介物是什么？
4. 什么是景观破碎化？什么是景观破碎化过程？景观破碎化的空间过程包括哪几种？景观破碎化的生态学意义是什么？
5. 什么是景观连接度？什么是结构连接度？什么是功能连接度？
6. 景观连接度与连通性的关系如何？
7. 廊道对景观生态流的影响如何？屏障、断开和结点如何影响景观生态流？
8. 景观中各种生态客体的运动主要模式包括哪几种？
9. 动物在景观内的运动方式有哪些？运动方式对动物的分布格局有什么影响？
10. 植物传播根据其繁殖体传播机制及各自适应性可分为几种类型？

推荐阅读书目

景观生态学. 曾辉，陈利顶，丁圣彦. 高等教育出版社，2017.

景观生态学. 张娜. 科学出版社，2017.

景观生态学(第2版). 肖笃宁，李秀珍，高峻，等. 科学出版社，2010.

景观生态学原理及应用. 傅伯杰，陈利顶，马克明，等. 科学出版社，2002.

景观生态学——原理与方法. 刘茂松，张明娟. 化学工业出版社，2004.

景观生态学——格局、过程、尺度与等级(第2版). 邬建国. 高等教育出版社，2007.

景观生态学. 郭晋平，周志翔. 中国林业出版社，2007.

兴安落叶松地理分布对气候变化响应的模拟. 李峰，周广胜，曹铭昌. 应用生态学报，2006，17(12)：2255－2260.

大兴安岭北部兴安落叶松种子在土壤中的分布及其种子库的持续性. 徐化成，班勇. 植物生态学报，1996，20(1)25－34.

热带森林植物多样性及其维持机制. 项华均，安树青，王中生，等. 生物多样性，

2004, 12(2): 290 – 300.

Landscape Econglogy. Forman R T T and Godron M. John Wiley and Sons, 1986.

Principles and Methods in Landscape Ecology. Farina A. Chapman & Hall, 1998.

Landscape ecology: Theory and application (2nd edition). Navel Z and Lieberman A S. Springer-Verlag, 1993.

第5章 景观动态变化

【本章提要】

景观总是处在某种动态变化过程中，景观变化的动力既来自景观内部各种要素相互作用形成的多种过程，也来自景观外部的干扰。不同的景观变化驱动力使景观表现出多种多样的动态变化特征，不断改变着景观的结构和功能。研究和掌握景观动态变化规律，是合理利用、科学保护和持续管理景观的基础。本章从景观的时空变化模式开始，讲述景观的稳定性和变化性及其与干扰特别是人类干扰的关系，介绍了一些常用的景观变化模型及相关的学科范式，以更全面地理解景观的动态变化。

5.1 景观变化的模式

景观动态是景观的结构和功能随时间发生变化的一种表现形态(Forman, 1995)，与它相近的表述还有景观演变、景观发育等。景观动态表示了景观的本质特征，是客观存在的一种现象。景观变化是刻画景观动态的一种形式，通过描述景观动态某一时刻的状态来量化景观动态的时间特点。通常情况下，景观动态和景观变化很难区分，常把二者等同使用，或者连起来使用，即景观动态变化(曾辉等，2017)。景观动态变化的模式可以通过景观变化曲线和景观变化空间模式两方面来理解。

5.1.1 景观变化曲线

Forman 和 Godron(1986)把景观参数随时间变化的趋势用 3 个独立参数表征：①变化的总趋势(上升、下降和水平趋势)；②围绕总趋势的相对波动幅度(大范围和小范围)；③波动的韵律(规则或不规则)。景观随时间变化的一般规律可归纳为 12 条曲线(图 5-1)。

景观参数可以是景观生产力、生物量、斑块的形状或面积、廊道的宽度、基质的孔隙度、生物多样性、网络发育情况、演替速率、景观要素间的流等。

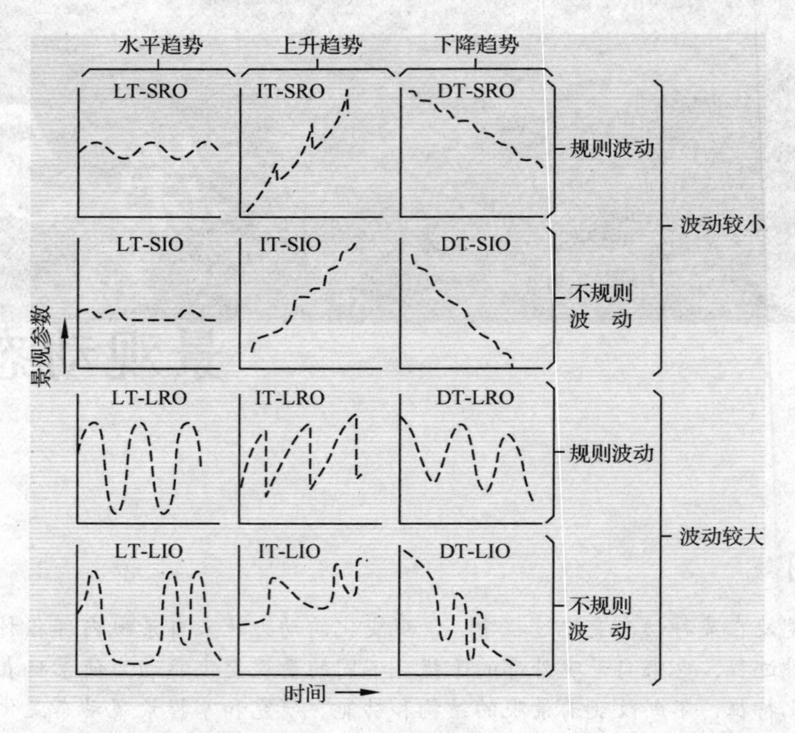

图 5-1 景观随时间变化的一般规律(引自 Forman and Godron, 1986)

可以运用视觉观察或统计方法确定景观变化属于上述 12 条曲线中的哪一类。一般来说，首先应找出景观参数的观测值是否能用一条直线来表示，也就是确定景观变化的大致趋势，然后确定波动幅度的大小以及直线上下观测值的变化是否规则等。

所有的景观都受气候波动的影响，因此，在短期的季节变化内，景观特征参数也会上下波动；另外，多数景观具有长期变化的趋势，如演替过程中生物量的不断增加或随人类影响的增强，景观要素间的差别增大等。所以，从全球来看，如果景观参数的长期变化呈水平状态，且其水平线上下波动幅度周期性具有统计特征，则景观是稳定的。可见，只有呈水平趋势、小范围(或大范围)但有规则波动的变化曲线是稳定的(图 5-1 中的 LT-SRO 和 LT-LRO 曲线)。

5.1.2 景观变化空间模式

Forman(1995)提出景观空间格局变化的 6 种常见空间模式(图 5-2)，即边缘式(edge pattern)、廊道式(corridor pattern)、单核心式(nucleus pattern)、多核心式(nuclei pattern)、散布式(dispersed pattern)和随机式(random pattern)。6 种常见类型的具体含义见表 5-1。除了这 6 种常见的模式之外，还有一些不常见的景观空间变化模式，如均匀式、瞬间式、网状式和选择性的带状式。

对大斑块来说，边缘模式最好，对连接性有利，同时没有穿孔、分割或破碎化过程。但边缘模式也有生态上的缺点，比如：在变化到一种新的景观类型的过程中，没有小斑块，没有廊道，边界最短，有新的大斑块的产生，但新的大斑块易受风蚀或水蚀；另外，

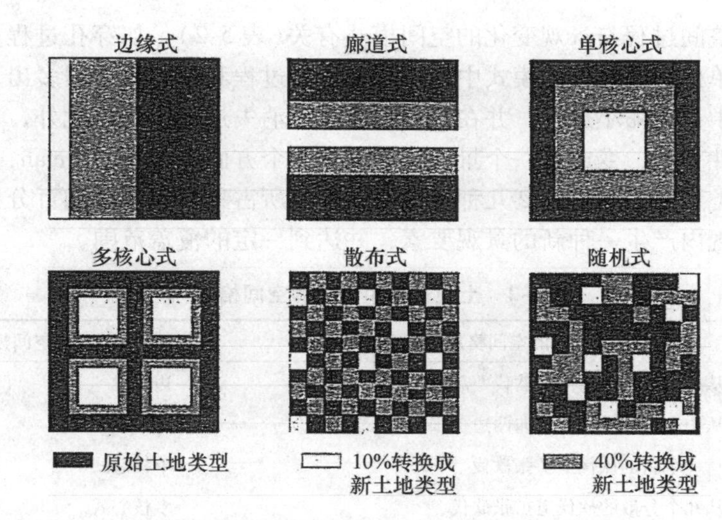

图 5-2　景观变化的空间模式(引自 Forman, 1995)

表 5-1　景观变化空间模式的常见类型

空间模式	含　义
边缘式	新的景观类型从一个边缘单向地呈平等带状蔓延，景观变化从边缘开始
廊道式	新的廊道在开始时把原来的景观类型一分为二，从廊道的两边向外扩张
单核心式	新斑块从景观中的一个点或一个核心处蔓延
多核心式	新斑块从景观中的几个点开始蔓延，如居民点或外来物种的侵入
散布式	新的斑块广泛散布
随机式	新的斑块发生的位置是随机的且不确定的

随着长宽比的增加，原来的土地类型变成了矩形。散布模式是生态学上最差的一种模式，因为这种模式会过早地丧失所有的大斑块；廊道模式也有其生态局限性。

另外，“颌状”模式(jaws model)，又称为“口状”模式(mouth model)，是一种较好的景观变化模式(图 5-3)。从生态学上来讲，与边缘模式相比，颌状模式有 3 个优点：①一直维持着原来方形的生境斑块，到镶嵌序列的最后阶段；②廊道连接性得到加强，小的残余斑块在新的土地类型所构成的区域中起的是物种的踏脚石作用，廊道和小斑块使得大片而连续的新土地类型所产生的负作用降低到最小；③颌状模式明显地增加了边界长度，为多生境物种和边缘物种提供了更多的生境。

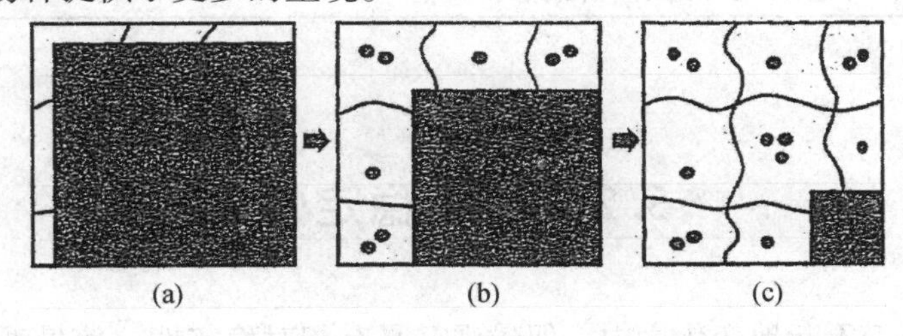

图 5-3　景观变化的颌状模式(引自 Forman, 1995)

(a)、(b)和(c)表明土地变化的 3 个阶段，分别表示 10%、50%和 90%的黑颜色的土地类型

图中的点表示小斑块，曲线是廊道

景观变化的空间过程与景观变化的空间模式有关(表5-2)，如穿孔过程多出现于散布模式中，同时在单核心和多核心模式中也出现；分割过程和破碎化过程多出现在廊道模式中；所有的模式中都有缩小过程，并在最后阶段才有消失过程出现。此外，一个景观是否已经发生了根本性变化，变成另一个景观，可以从3个方面来判断(Forman，1995)：①某一不同景观要素类型成为基质；②几种景观要素类型所占景观表面积的百分比发生了足够大的变化；③景观内产生一种新的景观要素，并达到一定的覆盖范围。

表5-2　土地转化中变化的空间格局

景观变化原因	变化的空间格局(干扰方式)	空间模式
森林砍伐	从一个边缘开始向里砍伐	边缘式
	从中心的一个砍伐带向两边扩张砍伐	廊道式
	从一个新的砍伐道扩张砍伐	单核心式
	从几个分散的砍伐道扩张砍伐	多核心式
	选择性的带状砍伐	选择性的带状式
城市化	从相邻城市向外同心圆式环状扩展	边缘式
	沿远郊交通廊道发展	廊道式
	从卫星城镇扩展，包括充填式发展	多核心式
	从城市向外不同时的冒泡式发展	边缘式
廊道建设	在新的区域修建公路或铁路	廊道式
	在新的区域修建渠灌	廊道式
荒漠化	从相邻区域扩散颗粒物质	边缘式
	从区域内过牧的地方扩展	多核心式
	个别事件所产生的大量堆积物的堆积	瞬间式
	整个区域的盐渍化或地下水位下降	均匀式
住宅区扩张和农业发展	分散的农田和建筑物	散布式
	没有农田的村子	多核心式
	从景观边缘向外的扩展	边缘式
植树造林	废弃地上的小的分散斑块	散布式
	大的具有一定几何形状的种植斑块	多核心式
火烧	从一个地方或多个地方传播的大火	瞬间式

注：引自Forman，1995。

5.2　景观稳定性

任何景观都处于不断地变化之中，但景观又具有相对稳定性，使景观在一定时间和空间尺度上表现为特定状态。将景观稳定性作为景观变化的一个特征加以综合研究，掌握景观变化的规律性，保持景观的相对稳定性是景观管理的一个重要目标。

5.2.1　景观稳定性概念

自20世纪50年代生态系统稳定性理论被提出以来(Elton，1958)，稳定性一直是生态学中十分复杂而又非常重要的问题。生态系统稳定性的概念很多，使用频繁，但由于人们往往从不同角度对其进行发展和补充，使得许多概念看起来相似，却有区别，容易引起混淆。目前常见的生态系统稳定性概念见表5-3。

表5-3　有关生态系统稳定性的概念

稳定性概念	含　义
恒定性(constancy)	生态系统的物种数量、群落的生活型或环境的物理特征等参数不发生变化。这是一种绝对稳定的概念，在自然界中几乎是不存在的
持久性(persistency)	生态系统在一定的边界范围内保持恒定或维持某一特定状态的历时长度。这是一种相对稳定概念，且根据研究对象不同，稳定水平也不同
惯性(inertia)	生态系统在风、火、病虫害以及食草动物数量剧增等扰动因子出现时保持恒定或持久的能力
弹性(resilience)	生态系统缓冲干扰并保持在一定阈值内的能力，也称恢复性(elasticity)
抗性(resistance)	生态系统在外界干扰后产生变化的大小，即衡量其对干扰的敏感性
变异性(variability)	生态系统在扰动后种群密度随时间变化的大小
变幅(amplitude)	生态系统可被改变并能迅速恢复原来状态的程度

由此可见，生态系统稳定性包括了两方面的含义：一是系统保持其原有状态的能力，即抗干扰的能力；二是系统受到干扰后回归原有状态的能力，即受干扰后的恢复能力。

对景观稳定性的认识多借用生态系统稳定性的概念，如Forman(1986)把景观稳定性表达为抗性、持续性、惰性、弹性等多种概念。需要说明的是，表征景观稳定性的各个术语，仅能反映景观稳定性的某一方面的特征，并不能对景观的稳定性作出全面评价。例如，用恢复和抗性2个指标结合起来衡量景观稳定性，某些时候会出现混乱，如一种景观抗干扰能力强，但遭受破坏后恢复慢；另一种景观抗干扰能力弱，但受干扰后恢复快，这时就很难判断哪一个景观稳定性强。

一般来说，可从以下4个方面来分析和考察景观变化和景观对干扰的反应，进而对景观的稳定性作出恰当的评价：①景观基本要素是否具有再生能力；②景观中的生物组分、能量和物质输入输出是否处于平衡状态；③景观空间结构的多样性和复杂性的高低，是否能够保持景观生态过程的连续性和功能的稳定性；④人类活动的影响是否超出了景观的承受能力。

5.2.2　亚稳定模型

景观是永恒变化的，稳定性总是暂时的，不稳定性才是永恒的，不稳定性不断为稳定性创造条件。亚稳定性原理有助于说明这种关系。

亚稳定性(metastability)是指系统受一定干扰后发生变化并达到可预测的波动状态。亚稳定性是人类和所有生命赖以生存的生态系统属性。

亚稳定性并非介于稳定性和不稳定性之间的一种状态，而是两者的结合，具有新的特性。景观的亚稳定性增加，生态系统的抗干扰能力也随之增强。比如，景观演替过程中生物量不断累积，会提高景观的稳定性，而多数的外部干扰会降低景观的生物量，影响景观的稳定性。

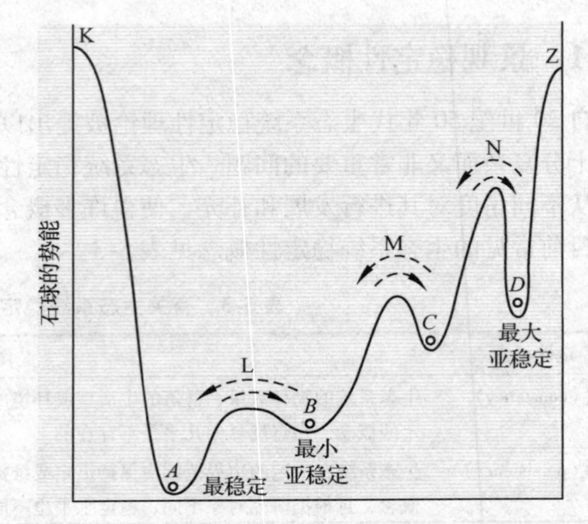

图5-4 物理系统的稳定性和亚稳定性的俄罗斯山模型

(引自 Forman and Godron，1983)

图5-4所示的俄罗斯山模型可以比较形象地说明系统的亚稳定状态（Godron and Forman，1983；Godron，1984）。此模型有助于理解亚稳定性和稳定性的本质，但更适合于描述物理系统，不能充分反映出具有光合作用、植物、异质性结构及反馈机制的生态系统的稳定性特征。

为了进一步说明生态学系统的变化与稳定性的关系，Forman和Godron(1986)用了如图5-5所示的亚稳定模型。当系统没有干扰并且资源丰富的时候，景观直接从*A*点向*B*、*C*、*D*点发展，变化曲线呈“S”形，类似于Logistic模型的曲线效果。当系统受到干扰的时候，根据干扰的不同性质，景观会沿不同的路线发育。

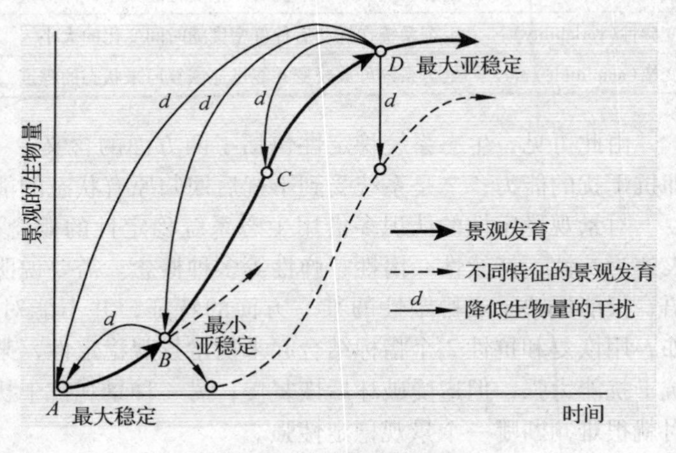

图5-5 生态系统的亚稳定模型

(引自 Forman and Godron，1986)

景观是由许多处于不同的稳定状态的异质景观要素构成的。稳定的景观要素类型有3类：①裸露岩石和铺筑的道路，其光合表面或生物量可忽略不计，相当于图5-5中的*A*点，具有物理系统的稳定性，它们是“最稳定”的；②处于演替早期的生态系统，属于“低亚稳定”景观要素，由许多生命周期较短但繁殖很快的物种组成，生物量相对较低，相当于图5-5中的*B*点，其恢复力较强，或具有恢复稳定性；③处于演替后期的生态系统，属于“高亚稳定”景观要素，由生命周期较长的物种组成，如树木和大型哺乳动物，具有较高的生物量，相当于图5-5中的*D*点，其抗性强。

5.2.3 物种共存格局(机制)

景观是一个具有异质性的地理单元，同时作为一个耗散结构，拥有相当的生物量，包括许多不同的物种、群落和生态系统，是一个具有生物多样性的系统。自然界中为何存在形态各异的物种？这些物种又是如何共存的？生态学家一直在致力于解答这些疑问，并且提出了许多解释物种共存的假说和理论。虽然目前这方面的研究还未形成普遍、统一的理论，但是从研究的类群、地理学范围及所涉及问题的不同观点的争论等方面已取得长足的发展。到目前为止，有不少于100种机制来解释物种共存现象(Wright，2002)，可粗略地对其进行分类(表5-4)。

表5-4 物种多样性维持机制分类

分类因子		代表机制(假说)
生物因子	生产力	生产力假说(Sanders，1968；Brown，1988)；中等生产力假说(Grime，1973；Tilman，1982)等
	生物量	生物量假说(Guo and Berry，1998)
	种间关系	生活史差异(Wilson，1990)；复杂相互作用(Wilson，1992)；取食压力(Wilson，1990)；Janzen-Connell假说(Janzen，1970；Connell，1971)；主要捕食者假说(Samson等，1992)等
非生物因子	干扰	林窗动态(Grubb，1977；Denslow，1987)；中度干扰(Connell，1978)等
	环境因子	气候稳定(变化)假说(Sanders，1968)；资源比例假说(Ashton，1993；Tilman and Pacala，1993)；生态位分化(Whittaker，1965；Connell，1978；Wilson，1990)等

注：引自项华均等，2004。

由于动植物在生理和生态上的差异，并且动植物学家各自研究的角度和深度常常是不一致的，因此，尚未形成完善的理论体系。在此，分别对植物和动物的物种共存机制进行探讨。

Zobel(1992)强调物种共存是进化、历史及生态尺度上的过程决定的。在大尺度上，物种形成(speciation)过程和物种迁移特性决定一个地区潜在共存的物种数量，但这些物种是否出现还取决于小尺度水平上群落内过程的作用。Taylor等(1990)提出的种库假说(species pool hypothesis)从进化、历史尺度上解释了物种共存的形成机制，他们认为一个局域中，群落可拥有的物种的多少取决于物种的形成过程，这与特定生境类型的共性和特定区域的地质年龄有关，一种生境类型占据的面积越大，地质年代越古老，过去形成物种的可能性越大，适应这种生境类型的植物物种就越多。Zobel(1992)和Partel等(1996)分别对此理论进行了进一步的解释和验证。

生态位分化理论能够很好地解释温带森林群落的物种共存问题(Nakashizuka，2001)。传统的生态位理论认为，相似物种的共存取决于它们对资源的分割，即每个物种可利用其他有机体不能利用的资源。然而，热带雨林和温带草地的物种极其丰富，且大多数植物共享同样的基本需求，如光、热、水、营养元素及生长空间，资源分化很少，传统的生态位分化理论不能很好地解释这一现象。Grubb(1977)提出了更新生态位的概念，但直到近几年这一理论才逐渐受到重视。不同的物种种子生产、传播和萌发所需要的条件不同，营养体竞争不利的物种可通过有利的繁殖条件得到补偿，这样竞争优势在不同的生活史阶段发生变化，从而促进物种共存(Lavorel and Chesson，1995；Nakashizuka，2001)。Lusk和Smith(1998)认为除资源利用上的生态位分化之外，物种共存可由生活型或物候习性的差异来调节。另外，Tilman(1982)提出了资源比率/异质性假说，认为在异质性环境中两种或多种限制性资源的比率较其绝对数量更为重要，与限制性资源本身相比，其比率的变化很大，为生态位分化提供了更多的空间。

从达尔文时代起，竞争就一直是生态学和进化论研究的焦点(张大勇等，2000)。在自然群落中，竞争是普遍存在的，可以影响个体的适合度、生物物种的分布和丰富度，进而影响群落的物种组成(Goldberg and Barton，1992；Bengtsson *et al.*，1994)。另外，干扰和其他生物作用(如取食、共生)也会为物种共存提供机会。

值得一提的是，Hubbell(2001)提出的生态漂变学说，以岛屿生物学理论和复合种群(metapopulation)理论为基础，从完全不同的角度解释了热带雨林物种共存和多样性维持的机制。该学说认为，群落主要是由生物地理范围重叠(由历史和个体原因决定)的物种组成的非平衡随机集合体；在这个集合体中，物种可以局部共存，但物种的组合及物种的相对丰富度(relative abundance)会缓慢地发生漂变。

动物群落的物种共存机制主要有(张晓爱等，2001)：①异质环境中的资源分割，主要指动物斑状滋养的不同利用；②避免竞争排斥的行为机制，如边缘效应、聚群效应、扩散行为、相互作用和干扰；③特化者和泛化者的共存，包括竞争是物种向多功能进化的作用力、最佳觅食理论与生态学特化及特化概念的发展。

自然界中，作为生态系统中主要生物成分的动物与植物之间的关系，体现于它们之间相互制约与相互依存的协同进化(co-evolution)，协同进化有利于物种的共存。植物与食草动物之间协同进化的研究主要集中在昆虫传粉系统(insect pollination system)、昆虫诱导植物反应系统(induced response system of plant by insect)、种子散布系统(seed dispersal system)、大型草食动物采食与植物反应系统(large herbivore foraging-plant response system)。

5.3 景观动态变化与生态环境效应

景观格局通常指的是景观的空间结构特征，包括景观组成单元的多样性(数量、大小、形状)和空间配置，景观格局影响生态学的各种过程(如种群动态、动物行为、生物多样性、生态生理和生态系统过程等)。因此，景观格局的变化可理解为景观组成单元的结构变化及由此引起的景观过程的变化。

5.3.1 景观格局变化的驱动力

景观格局变化的驱动力主要来源于3个方面：非生物的、生物的和人为的因素(表5-5、图5-6)。其作用方式不同，景观的响应也不同，需要采取不同的方法分别加以分析。

非生物的和人为的因素在一系列尺度上均起作用，而生物因素通常只在较小的尺度上成为格局的驱动力。大尺度上的非生物因素(如气候、地形、地貌)为景观格局提供了物理模板，生物的和人为的过程通常在此基础上相互作用而产生空间格局。这种物理模板本身也具有其空间异质性或不同的格局。由于地质、地貌等地理范畴方面的空间异质性变化是很缓慢的，对于大多数生态学过程来说可以看作静止的。

一个景观格局的变化可以是单个驱动力的作用，也可以是多个驱动力的共同作用。这些驱动力不但有来自景观外部的(如非生物的)也有来自内部的(生物的)，即景观变化的驱动力来源有外力也有内力。自然或人为干扰是一系列尺度上空间格局的主要驱动力。现

表 5-5 景观格局变化的驱动力

驱动力		尺度	过程及其效果
非生物	气候	大尺度	通过温度和降水量等作用方式决定全球主要植被类型的空间格局，经过了几个气候期的演化，现在热带的植被类型为热带雨林、热带草原、热带季雨林、热带荒漠；亚热带和温带的为亚热带常绿阔叶林、温带落叶阔叶林、亚热带常绿硬叶林、温带草原和沙漠；而寒带的为亚寒带针叶林等
	地形地貌	大尺度	通过地质变化(如板块构造运动、地震、火山、风蚀和水蚀等)改变景观的格局，如火山喷发的岩浆及火山灰可覆盖所达地区的植被从而导致景观格局的变化
	自然	中尺度	通过火灾、干旱、洪涝等方式改变景观的格局，如非洲塞伦盖蒂(Serengeti)大草原在雨季时植被覆盖一片繁荣，到了旱季则变成萧条的景观，角马等动物则追随着雨水在景观中进行迁徙
生物	动物植物	小尺度	通过捕食、竞争、植物—土壤相互作用等生物学过程影响空间格局的变化，如病虫害导致的斑块变化和群落演替导致的景观变化
人为	人类活动	不同尺度	通过森林砍伐、农垦、城市化等人为干扰常常造成高度的景观破碎化

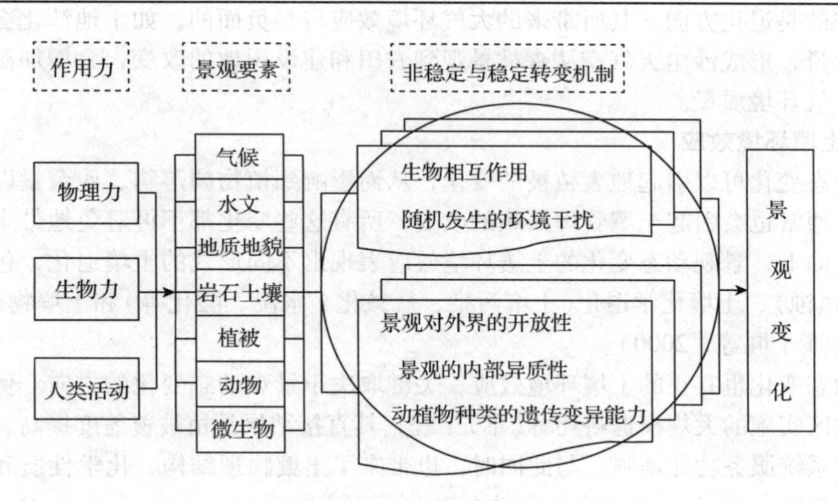

图 5-6 景观变化的作用力和机制(引自张娜，2010)

实中，景观格局往往是许多因素和过程共同作用的结果。

5.3.2 景观动态变化的生态环境效应

景观变化必然带来一系列的生态环境变化，本节从大气、土壤、水环境极其生物多样性方面加以简要介绍(曾辉等，2017)。

5.3.2.1 大气环境效应

景观动态变化的大气环境效应主要表现在区域气候环境和大气环境质量(组成和质量)两个方面。

(1)区域气候环境

景观动态变化与气候环境变化之间的作用非常复杂，可以通过改变地表反射率、粗糙度与土壤湿度等下垫面属性以及改变大气中的温室气体含量来影响区域气候状况(史培军和宫鹏 2000；李巧萍等 2006)。①景观动态变化将会导致地表覆被类型和结构的变化，其结果是改变了地表覆被的物理结构特征，直接影响到地表粗糙度和反射率的改变，由此会影响到区域气候环境的改变；②景观动态变化也会影响到地表土壤湿度的改变，其结果是导致区域地表与大气之间的水分交换发生变化；③景观动态变化还会改变陆地表面与大气之间温室气体(如 CO_2、CH_4和 NO_x)的交换，从而增强或减弱地表近地层的温室效应，直接影响到区域气候环境(Walker *et al.*，2004)，如城市化带来的热岛效应、温室效应，其根本原因就是地表不透水面的增加。

(2)大气环境质量

景观动态变化对大气环境质量的影响有正反2个方面。地表景观覆盖度提高和结构改善，可以改善区域的大气环境质量，如分布在我国北方的防护林建设，可以有效地降低风速、提高区域大气环境质量；城市绿地景观面积增加可以起到固碳释氧的作用，随着植被生长，植物的滞尘效应不断增强，大气环境质量可以得到明显改善；同时景观动态变化还可以吸收大气中的 CO_2、CH_4 和 NO_x，起到净化空气环境质量的作用。相反，如果景观动态表现出来的是退化方向，其所带来的大气环境效应将是负面的，如土地沙化会增加大气中的沙尘含量，形成沙尘天气；从森林景观到农田和建设用地的改变，会增加温室气体排放，降低大气环境质量。

5.3.2.2 土壤环境效应

景观动态变化可以引起地表植被的变化，从而影响到植物凋落物、残余量以及土壤微生物活动，通常也会引起土壤管理措施的改变。所有这些变化都不可避免地带来土壤环境的变化。负面上，景观动态变化的土壤环境效应表现出不同形式的土壤退化，包括土壤侵蚀(水蚀、风蚀)、土壤化学退化(土壤污染、盐碱化、水浸、酸化等)和土壤物理退化(土壤板结等)(龚子同等，2000)。

景观动态变化也有正的土壤环境效应，关键取决于景观动态变化的方向。例如，我国黄土高原地区实施的大规模退耕还林(草)工程，其直接结果是植被覆盖度提高、景观结构改善和生态系统服务功能增强，与此同时，也带来了土壤物理结构、化学性质和土壤微生物多样性的改善。

5.3.2.3 水环境效应

景观动态变化的水环境效应主要表现在水循环过程、水文过程和水化学过程3个方面。景观动态变化对水循环的影响表现在景观发生变化后，将会改变地表的蒸散发过程和降水在生态系统中的再分配过程。例如，森林恢复可以增加地表植被的蒸腾作用，在干旱半干旱地区会导致地表“土壤干层”的出现，而在湿润地区可以增加土壤的水源涵养功能，改变森林在不同季节的水分利用策略，从而改变区域水循环过程。

景观动态变化对水文过程的影响主要是景观发生变化后，会导致流域内地表径流的增加或减少以及地表径流洪峰和过程曲线的变化。例如，森林恢复可以有效拦蓄洪水、滞缓地表径流，并增强对河川径流的年内调节作用；森林采伐(特别是高地上的森林)及森林向农田的转换不仅破坏了森林涵养水源的能力，而且将会使地表径流曲线发生改变，提高流域地表洪峰流量，其结果是增加了下游洪水泛滥的风险和强度。景观动态变化对水化学过程的影响包括2个方面：一方面是景观类型之间的转变，将会影响到植物对土壤养分的吸收与利用特征，从而影响到整个景观中的水化学过程；另一方面是景观动态变化可以增强或者减弱植物对养分或化学污染物的截留作用，从而改变景观中的水化学过程。例如，森林植被生长不同阶段养分截留功能不同。

5.3.2.4 生物多样性效应

景观动态变化对生物多样性的影响主要表现在生境丧失和生境破碎化两个方面：一方面，景观动态变化使得原有适宜某种物种生存的生境消失，从而导致依赖这些生存环境的物种随之灭绝，降低了生物多样性。另一方面，景观动态变化可以改变原有生境的空间格局，导致生境破碎化，从而影响物种分布范围，增加近化被视为是导致近亲繁殖机会，降低个体和种群存活的概率。因而，生境丧失和生境破碎化被视为是导致生物多样性丧失的重要原因。景观格局及其演变与生物多样性保护有着密切联系，合理的景观动态变化也会促进生物多样性提高。景观中斑块的类型、大小、形状及其组合对生物多样性均会产生影响。在异质景观中恢复或建设生境廊道将有利于物种在斑块间及斑块与基质间的流动，能够减少甚至抵消景观破碎化对生物多样性的负面影响(傅伯杰等，2011)。

本章小结

景观在时刻发生着变化。景观随时间变化的趋势可用变化的总趋势、围绕总趋势的相对波动幅度和波动的韵律等3个独立的参数来表征，而景观随时间变化的一般规律可归纳为12条曲线。景观变化的空间模式主要有6种，即边缘式、廊道式、单核心式、多核心式、散布式和随机式，“颌状”模式也是一种较好的景观变化模式。景观变化的空间过程与景观变化的空间模式有关。

景观稳定是相对的。由于对景观稳定性的认识多借用生态系统稳定性的概念，因此表征景观稳定性的各个术语，仅是表示了景观稳定性的某一方面的特征，并不能对景观的稳定性做出全面评价。亚稳定性是系统受一定干扰后发生变化达到可预测的波动状态，它并非介于稳定性和非稳定性之间的一种状态，而是两者的结合，具有新的特性。物种共存格局(机制)是景观稳定性的生态机制。

景观格局变化的驱动力主要来源于非生物的、生物的和人为的因素。其中，非生物的和人为的因素在一系列尺度上均起作用，而生物因素通常只在较小的尺度上成为格局的驱动力。一个景观格局的变化可以是单个驱动力的作用，也可以是多个驱动力的共同作用。景观空间结构和生态学过程在多重尺度上相互作用、不断变化，对于这些动态现象的理解和预测需要借助于模型；常见的景观空间模型有空间概率模型或空间马尔柯夫模型、细胞自动机模型和景观机制模型。

干扰对于景观格局的影响不仅仅表现在干扰导致的空间异质性，还表现在干扰导致的物理环境的变化、干扰残留物质(种子库、干扰后存活个体等)的不同，这些因素均会对后来的景观演替和新形成景观的类型和格局产生影响。一般认为平衡的景观通常具有较低的干扰频率和较快的恢复速率。人类活动对自然环境的影响越来越大，不断加剧了景观的破碎化过程。由于斑块的面积变小，同时增加了环境的隔离，使得许多动植物的生境遭到破坏，因此，在环境退化的同时，生物多样性也随之降低，影响景观的稳定性。

自然界处于复杂变化之中，而不是停留在任何“均衡”状态。传统的生态学理论和观点强调平衡、稳定性、均质系统以及生态学系统的确定性特征。景观生态学需要新的理论和观点，其发展与生态学范式变迁有密切关系。所谓范式是一个科学群体所共识并运用的，由世界观、置信体系，以及一系列概念、方法和原理组成的体系。景观生态学的等级斑块动态理论是正在形成之中的一个生态学新范式。

思考题

1. 如何理解景观的稳定性？景观亚稳定模型有何意义？
2. 物种共存对景观稳定性有何意义？
3. 试将景观变化的驱动力与物理系统变化的驱动力作一比较。
4. 为什么需要建立景观变化模型？
5. 生态学范式为什么要发生变迁？它是如何进行变迁的？
6. 如何理解干扰？它对景观的影响是正面的还是负面的？为什么？
7. 人类为什么要对景观进行改造？改造造成的影响有什么？如何对待人类活动对景观的作用？

推荐阅读书目

景观生态学. 曾辉，陈利顶，丁圣彦. 高等教育出版社，2017.

景观生态学. 张娜. 科学出版社，2014 .

景观生态学(第2版). 肖笃宁，李秀珍，高峻，等. 科学出版社，2010.

景观生态学原理及应用. 傅伯杰，陈利顶，马克明，等. 科学出版社，2002.

景观生态学. 郭晋平，周志翔. 中国林业出版社，2007.

景观生态学——格局、过程、尺度与等级(第2版). 邬建国. 高等教育出版社，2007.

景观生态学. 余新晓. 高等教育出版社，2006.

植物群落物种共存机制的研究进展. 侯继华，马克平. 植物生态学报，2002，26(增)：1-8.

热带森林植物多样性及其维持机制. 项华均，安树青，王中生，等. 生物多样性，2004，12(2)：290-300.

Land mosaics：the ecology of landscapes and regions. Forman R T T. Cambridge University Press，1995.

Handbook of Environmental and Ecological Modeling. Joergensen S E，Halling-Soerensen B，Nielsen S N. CRC Press，1996.

Landscape Econglogy. Forman R T T and Godron M. John Wiley and Sons，1986.

Principles and Methods in Landscape Ecology. Farina A. Chapman & Hall，1998.

Landscape ecology：Theory and application (2nd edition). Navel Z. and Lieberman A S. Springer-Verlag，1993.

第6章 景观干扰过程

【本章提要】

干扰是自然界中无时无处不在的一种现象，直接影响着生态系统的演变过程。景观中的干扰是在目标尺度内，改变景观生态过程和生态现象的不连续事件。根据不同原则，干扰可以分为不同类型。景观的干扰体系指在一段较长时间内干扰的时空动态，这种干扰体系包括干扰的空间分布和尺度；干扰发生的频率，(重复)间隔、周期；干扰的面积(或大小)、强度(或规模)、影响度(或严重度)等。干扰与景观格局、景观异质性、景观稳定性、景观破碎化和景观动态具有密切联系。

6.1 干　扰

6.1.1 干扰的概念与类型

干扰是自然界中无时无处不在的一种现象，直接影响着生态系统的演变过程。干扰是使生态系统、群落或种群的结构遭到破坏和使资源、基质的有效性或使物理环境发生变化的任何相对离散事件。自然干扰是景观结构形成的重要原因。

在辞海中干扰被定义为“干预并扰乱”，它指出了干扰最基本的两个特征，一个外来干预，说明干扰不是“体系”本身所具有的事物；二是扰乱，说明干扰对它所介入的体系有某种程度的破坏。Turner(1993)将干扰定义“破坏生态体系群落结构或种群结构并改变资源基质的可利用性或物理环境时间上相对不连续的事件”。White 等(1985)则强调了尺度的概念，认为干扰是一个“偶然的、不可预知的事件，是在不同空间、时间尺度上生产的自然过程”。也有人指出无论干扰怎样定义，它都强调干扰和干扰对象的结构状态及动态变化密切相关，并进而得出干扰是能够改变景观组分或生态系统结构、功能的重要生态因素，并且是促进种群、群落、生态系统及整个景观生态变化的驱动力。

在景观生态学中，干扰因其普遍存在和重要而一直受到重视，但对这一明显的生态过程的定义至今尚没有形成统一的认识。从景观生态学的角度可将干扰定义为：在目标尺度内，改变景观生态过程和生态现象的不连续事件。或者说在目标尺度内，造成生态不整合的不连续事件。

根据不同原则，干扰可以分为不同类型，一般有以下几种分类方法：①按干扰产生的来源可以分为自然干扰和人为干扰。自然干扰指无人为活动介入的、在自然环境条件下发生的干扰，如火灾、风暴、火山爆发、地壳运动、洪水泛滥、病虫害等；人为干扰是在人类有目的行为指导下，对自然进行的改造或生态建设，如烧荒种地、森林砍伐、放牧、农田施肥、修建大坝、道路、土地利用结构改变等。从人类角度出发，人类活动是一种生产活动，一般不称为干扰，但对于自然生态系统来说，人类的所作所为均是一种干扰。②依据干扰的功能可以分为内部干扰和外部干扰。内部干扰是在相对静止的长时间内发生的小规模干扰，对生态系统演替起到重要作用。对此许多学者认为是自然过程的一部分，而不是干扰；外部干扰(如火灾、风暴、砍伐等)是短期内的大规模干扰，打破了自然生态系统的演替过程。③依据干扰的机制可以分为物理干扰、化学干扰和生物干扰。物理干扰，如森林退化引起的局部气候变化；土地覆被减少引起的土壤侵蚀、土地沙漠化等；化学干扰，如土地污染、水体污染以及大气污染引起的酸雨等。生物干扰主要为病虫害爆发、外来种入侵等引起的生态平衡失调和破坏。④根据干扰传播特征，可以将干扰分为局部干扰和跨边界干扰。前者指干扰仅在同一生态系统内部扩散，后者可以跨越生态系统边界扩散到其他类型的斑块。⑤按干扰发生的范围，可分为小规模干扰和大规模干扰。一般是以 $0.1hm^2$ 为界限，干扰范围在 $0.1hm^2$ 以下的属于小规模干扰，或称细粒级干扰、细尺度干扰、小型干扰；而干扰范围在 $0.1hm^2$ 以上的为大规模干扰，或称粗粒级干扰、粗尺度干扰、大型干扰。⑥按干扰的作用强度，可分为轻度干扰、适度干扰、严重干扰和极度干扰。

6.1.2 常见的干扰

(1)火干扰

火是一种自然界中最常见干扰类型，它对生态环境的影响早已为人们所关注。一些研究表明火(草原火、森林火)可以促进或保持较高的第一生产力。北美的研究发现火干扰可以提高生物生产力的机制在于消除了地表积聚的枯枝落叶层，改变了区域小气候、土壤结构与养分。同时火干扰在一定程度上可以影响物种的结构和多样性，主要取决于不同物种对火干扰的敏感程度。

(2)放牧

有人类历史以来，放牧就成为一种重要的人为干扰。不仅可以直接改变草地的形态特征，而且还可以改变草地的生产力和草种结构。Milchunas(1998)研究发现，放牧对于那些放牧历史较短的草原来说是一种严重干扰，这是因为原来的草种组成尚未适应放牧这种过程。而对于已有较长放牧历史的草原，放牧已经不再成为干扰，因为这种草地的物种已经适应了放牧行为，对放牧这种干扰具有较强的适应能力，进一步的放牧不会对草原生态系统造成影响。相反，那种缺少放牧历史的草场经常为一些适应放牧能力较差的草种所控制，对放牧过程反应比较敏感。一些研究发现适度的放牧可以使草场保持较高的物种多样性，促进草地景观物质和养分的良性循环，因此，放牧也可以作为一种管理草场、提高物种多样性和草场生产力的有效手段。然而放牧具有一定的针对性，对于某种物种适宜的，对于其他物种也许不适宜。如何掌握放牧的规模和尺度成为生态学家研究的焦点。

(3) 土壤物理干扰

土壤物理干扰包括土地的翻耕、平整等。一般为物种的生长提供了空地和场所，改变了土壤的结构和养分状况，对于具有长期农业种植历史的地区，大多物种已经适宜了这种干扰，其影响往往较小，对于初次受到土壤物理干扰的地区，自然生态系统往往受到的影响较大。一些研究发现土壤物理干扰可以导致地表粗糙度增加，为外来物种提供一个安全的场所。土地翻耕有利于外来物种的入侵，可以减少物种的丰富度。

(4) 土壤施肥

另外一种重要的干扰是对土壤中养分或化学成分的改变，如化肥和农药的施用。化肥和农药施用除了在一定程度上可以导致淡水水体的富营养化外，结果是促进了某些物种的快速生长，而导致其他物种的灭绝，往往造成物种丰富度的急剧减少。土壤施肥对于本身养分比较贫缺的地区而言影响尤为突出，更有利于外来物种的入侵。这种干扰与放牧、火烧、割草相反，可以增加土壤中的养分，而放牧、火烧和割草常常是带走土壤中的养分，导致土壤养分匮乏。如何将上述几种干扰有机地结合起来，研究土壤中养分的循环与平衡，对于土地管理和物种多样性保护具有重要意义。

(5) 践踏

与前面几种干扰相似，践踏的结果是造成在现有的生态系统中产生空地，为外来物种的侵入提供有利场所。与此同时，也可以阻碍原来优势种的生长。适度的践踏，可以减缓优势种的生长，促进自然生态系统保持较高的物种丰富度。然而践踏的季节和时机对物种结构的恢复、生长的影响具有显著差别，并具有针对性；践踏对于大多数物种来说具有负面的影响，但对于个别物种影响甚微。

(6) 外来物种入侵

外来物种入侵是一种严重的干扰类型，它往往是由于人类活动或其他一些自然过程而有目的或无意识地将一种物种带到一个新的地方。人类主导下的农作物品种引进就是一种有目的的外来种入侵，其结果是外来物种对本地种的干扰。如澳大利亚对家兔的引入，起初并未想到它们会很快适应新的生存环境，并在短时间内大面积扩散，最终成为对当地生物造成危害的一个物种，其造成的生态环境影响是深远的，在较大程度上改变了原来的景观面貌和景观生态过程。

(7) 其他干扰类型

洪水泛滥、森林采伐、城市建设、矿山开发和旅游等也是人们比较熟悉的人为干扰，它们对生态系统、景观格局和过程的影响具有较大的人为特性。

6.1.3 干扰的体系与性质

6.1.3.1 干扰的体系

景观的干扰体系(disturbance regime)指在一段较长时间内干扰的时空动态。干扰体系包括如下特征：干扰的空间分布和尺度；干扰发生的频率，(重复)间隔、周期；干扰的面积(或大小)、强度(或规模)、影响度(或严重度)等(表6-1)。通常面积较小、强度较低的干扰发生的频率较高，重复间隔短；而面积较大、强度较高的干扰发生的频率较低，重复间隔长；前者对系统的影响较小，而后者对系统的影响较大(傅伯杰等，2001)。

表6-1　一个干扰体系包含的特征

干扰体系	含义
频率(frequency)	指一定时间内干扰发生的次数的平均值或中数值，也常指每年干扰发生的概率
(重复)间隔(return interval)	指相连干扰之间的平均间隔时间，是频率的倒数
周期(rotation period)	指干扰面积达到某个事先指定值所需的平均时间。例如，干扰面积达到整个景观面积60%所需的平均时间
面积或大小(size)	指受干扰的面积，可用单次干扰的平均面积。例如，干扰面积达到整个景观面积60%所需的平均时间
强度或规模(intensity)	指单位时间、单位面积上干扰事件的物理能量(如火灾所释放的热能，风速)，指干扰本身的特征，而不是指干扰所产生的生态效应
影响度或严重度(severity)	指干扰事件对生物体、群落或生态系统的影响程度，与干扰强度密切相关，因为通常强度越大的干扰造成的影响也越大

注：引自 White and Picktt，1985；Turner *et al.*，1998。

干扰在时空尺度上具有广泛性，存在于自然界和人类社会的各个尺度上(图6-1)，因此，研究不同尺度上干扰所产生的生态效应十分重要(傅伯杰等，2001)。尽管生态学干扰概念源于群落生态学，但干扰概念并不局限于群落尺度，已被运用到种群、生态系统和景

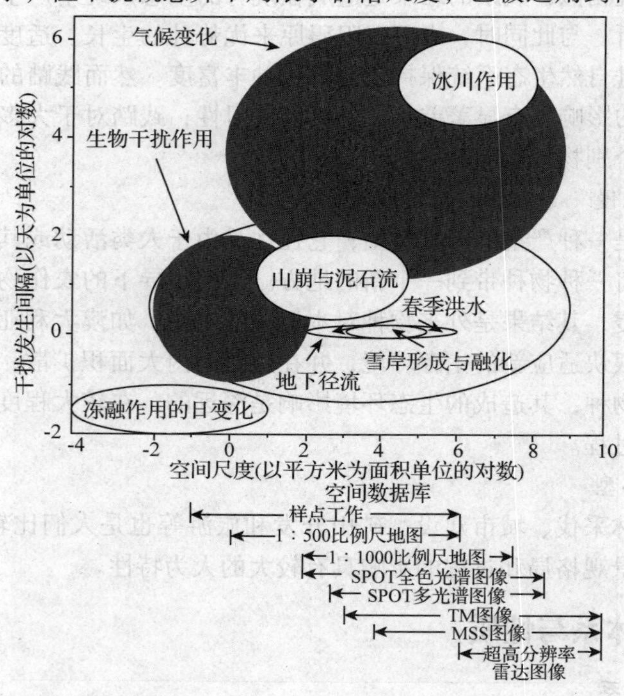

图6-1　寒冷地区不同频率干扰在空间尺度上的反映(引自傅伯杰等，2001)

观尺度上。

6.1.3.2 干扰的性质

傅伯杰等(2000)对干扰的性质进行了总结：

(1)干扰具有多重性

干扰对生态系统的影响表现为多方面。干扰的分布、频率、尺度、强度和出现的周期成为影响景观格局和生态过程的重要方面。

(2)干扰具有较大的相对性

自然界中发生的同样事件，在某种条件下可能对生态系统形成干扰，在另外一种环境条件下可能是生态系统的正常波动。是否对生态系统形成干扰不仅仅取决于干扰的本身，同时还取决于干扰发生的客体。对干扰事件反应不敏感的自然体，或抗干扰能力较强的生态系统，往往在干扰发生时，不会受到较大影响，这种干扰行为只能成为系统演变的自然过程。

(3)干扰具有明显的尺度性

由于研究尺度的差异，对干扰的定义也有较大差异。如生态系统内部病虫害的发生，可能会影响到物种结构的变异，导致某些物种的消失或泛滥，对于种群来说，是一种严重的干扰行为，但由于对整个群落的生态特征没有产生影响，从生态系统的尺度，病虫害则不是干扰而是一种正常的生态行为。同理，对于生态系统成为干扰的事件，在景观尺度上可能是一种正常的扰动。

(4)干扰又可以看作对生态演替过程的再调节

通常情况下，生态系统沿着自然的演替轨道发展。在干扰的作用下，生态系统的演替过程发生加速或倒退，干扰成为生态系统演替过程中的一个不协调的小插曲。最常见的例子如森林火灾，若没有火灾的发生，各种森林从发育、生长、成熟一直到老化，经历不同的阶段，这个过程要经过几年或几十年的发展，一旦森林火灾发生，大片林地被毁灭，火灾过后，森林发育不得不从头开始，可以说火灾使森林的演替发生了倒退。但从另一层含义上，又可以说火灾促进了森林系统的演替，使一些本该淘汰的树种加速退化，促进新的树种发育。干扰的这种属性具有较大的主观性，主要取决于人类如何认识森林的发育过程。另一个例子是土地沙化过程，在自然环境影响下，如全球变暖、地下水位下降、气候干旱化等，地球表面许多草地、林地将不可避免地发生退化，但在人为干扰下，如过度放牧、过度森林砍伐将会加速这种退化过程，可以说干扰促进了生态演替的过程。然而通过合理的生态建设，如植树造林、封山育林、退耕还林、引水灌溉等，可以使其向反方向逆转。

(5)干扰经常是不协调的

干扰常常是在一个较大的景观中形成一个不协调的异质斑块，新形成的斑块往往具有一定的大小、形状。干扰扩散的结果可能导致景观内部异质性提高，未能与原有景观格局形成一个协调的整体。这个过程会影响到干扰景观中各种资源的可获取性和资源结构的重组，其结果是复杂的、多方面的。

(6)干扰在时空尺度上具有广泛性

干扰反映了自然生态演替过程的一种自然现象，对于不同的研究客体，干扰的定义是有区别的，但干扰存在于自然界的各个尺度的各个空间。在景观尺度上，干扰往往是指能对景观格局产生影响的突发事件，而在生态系统尺度上，对种群或群落产生影响的突发事件就可以看作干扰，而从物种的角度，能引起物种变异和灭绝的事件就可以认为是较大的干扰行为。

6.2　干扰与景观格局

6.2.1　景观位置对干扰发生的影响

景观位置(landscape position)典型地指一个立地或一组立地的地形位置，包括海拔、坡度、坡向和坡位等。景观中不同的空间位置对干扰的易感性是不同的。

已有大量的研究表明景观位置会影响立地对干扰的易感性。例如，火干扰的发生位置具有空间变异。在接近山脊顶及面南坡，以及山脊上(尤其是在较低海拔的山脊上)，发生火干扰的概率很高；而在西北坡及荫蔽的峡谷中，发生火干扰的概率最低(Runlke, 1985)。火干扰也更容易发生在人口密度较高、公路密度较大、与公路较近的地方(Cardille *et al*., 2001)。

景观位置会影响干扰发生的严重性。Williams 和 Baker(2013)对美国亚利桑那州科尼诺高原西黄松(*Pinus ponderosa*)森林景观的研究表明，在北坡和东坡，森林密度较低，有较少的小西黄松，火干扰发生的严重度较低；相反，在南坡和西南坡，小西黄松较多，火干扰发生的严重度居中。这是因为，当地以西南风为主，直接暴露于主风向的西南坡和南坡更易遭受侵袭，林地火更容易向林冠蔓延，因此，南坡和西南坡的西黄松较小。

景观位置会影响昆虫发生的概率。张红艳等(2012)调查了内蒙古锡林郭勒黄旗293个样点的亚洲小车蝗的密度，以及海拔、坡向、坡度、土壤类型、土壤含沙量、植被类型、植被盖度和土地覆盖类型。结果表明，亚洲小车蝗的发生格局具有较强的空间异质性，与景观位置及其生境条件密切相关；在海拔为1 300~1 400 m的平地/东坡/南坡、植被盖度为30%~50%的温带丛生禾草(主要为克氏针茅)草原、土壤含沙量为60%~80%的典型栗钙土这样的生境条件下，亚洲小车蝗发生的可能性最高。

景观位置会影响立地对极端干旱的易感性。Brouwers 等(2013)选取了澳大利亚西部468个立地，包括234个受影响的立地(大小为0.3~85.7hm^2)和234个未受影响的立地。结果发现，在多岩石的坚硬土壤中生长的树木更容易遭受枯顶症，与此类土壤具有较差的持水性有关。在离岩石露头较近的地方、高海拔处或陡坡上，以及有稍高年降水量或稍微暖和的地方生长的树木也比其他地方的更易遭受枯顶症，可能是因为在较高和较陡的地方，地下水位较低，而降水对地下水的补给通常也较少，因此，土壤中可利用水分较少。极端干旱导致地下水补给的亏缺，使得地下水位下降到树木根区以下，这种影响在较高和较陡的地方更为明显。其他在地中海地区的类似研究所取的立地数量很少，结论也不尽相同。

6.2.2 景观格局对干扰扩散的影响

大量研究表明，景观异质性与干扰扩散之间存在着相互作用，但对不同的干扰类型，景观异质性可能会促进干扰的扩散，也可能会抑制干扰的扩散，不能得出统一的结论。例如，景观异质性常常阻碍害虫在草地生态系统中的扩散、野火在森林中的蔓延，或流行病的空间传播。但有些干扰可能因景观的异质性而加强。例如，破碎化后的景观中会栖息大量的鹿种群，它们破坏周围的农作物或过度啃食天然林。

6.2.3 干扰对景观格局的影响

干扰是景观格局的形成原因之一，它对格局的影响可能是正面的，也可能是负面的。当干扰发生时，干扰在空间上的影响并不是均一的，这样干扰可能影响某些区域而不影响另一些区域，也可能对某些区域影响程度高一些，而对另外的一些区域影响程度低一些，即干扰强度在空间上呈不均匀分布，这就造成了景观格局的异质性。一般认为，低强度的干扰可以增加景观的异质性，而中高强度的干扰则会降低景观的异质性(Forman and Gordon，1986)。例如，山区的小规模森林火灾可以形成一些新的小斑块，增加山地景观的异质性；若森林火灾规模较大时，可能烧掉山区的森林、灌丛和草地，将原来具有异质性的各种斑块摧毁，大片山地变成均质的荒凉景观。

不同的干扰类型对于景观格局的影响形式也是不一样的。Foster 等(1997)比较了几种不常发生但规模巨大的干扰类型对森林景观格局的影响(图 6-2)，可以看出不同的干扰类

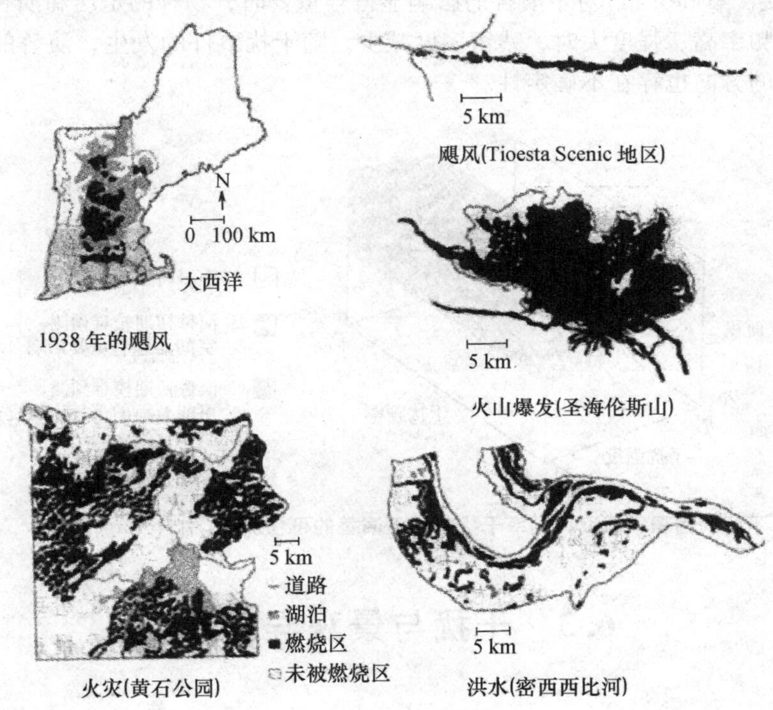

图 6-2 不同干扰条件下所形成的森林景观格局比较(引自 Foster *et al.*，1997)

注：黑色为强烈干扰区域；灰色为轻度干扰区域

型在空间上留下的干扰痕迹以及干扰的影响范围是显著不同的。

干扰对于景观格局的影响不仅仅表现在干扰强度的空间异质性以及干扰导致的景观格局的差异，还表现在干扰导致的物理环境的变化、干扰残留物质(种子库、干扰后存活个体等)的不同，这些因素均会对后来的景观演替和新形成景观的类型和格局产生影响。也就是说，干扰对景观格局的影响不止具有瞬时性，而且还具有延展性。例如，林火的发生能够导致生态系统、群落或种群的破坏，使资源、基质的有效性或物理环境发生变化，也导致景观中局部地区光、水、能量、土壤养分等改变，进而导致微生物生态环境的变化，直接影响到植被对土壤养分的吸收和利用，从而进一步在一定时间内影响地表覆盖的变化。干扰属性对于干扰后景观演替的影响得到了研究者的重视，了解这种影响有利于了解和预测未来景观格局发展的方向(Turner *et al.*，2001)。Turner 等(1998)指出了影响干扰后景观演替的因素，包括干扰体系的特征(如干扰强度、干扰频率、干扰面积、干扰的季节、干扰的空间相关性等)、干扰前植被的特征(包括植物的生活史特征，如植物寿命、抗火性、种子传播方式、种子库的释放等)以及干扰后残留物及物理环境(如残存植物体、土壤条件、气温、湿度等)。就此 Turner 等(1998)发展了一个概念性的描述性图以说明在不同的面积、强度和频率干扰情况下演替的可预测性(图 6-3)。在一定的干扰强度下，首先需要考虑的因素是干扰面积和频率的影响，因为它们影响到残留体的多度。当干扰残留丰富，且干扰对局部环境条件(如养分、土壤质地、土壤湿度)等的影响已知时，任何干扰面积下，演替的情况是相对容易预测的；当残留少或稀疏，并且干扰面积大，干扰的空间效应(大小、形状、空间分布)对于演替的影响显得很重要时，物种的定居和演替很慢，较难预测；在干扰频率高、强度大时，残留多度减少，随干扰事件的发生，演替的组成可能不断变化，演替的方向也存在不确定性。

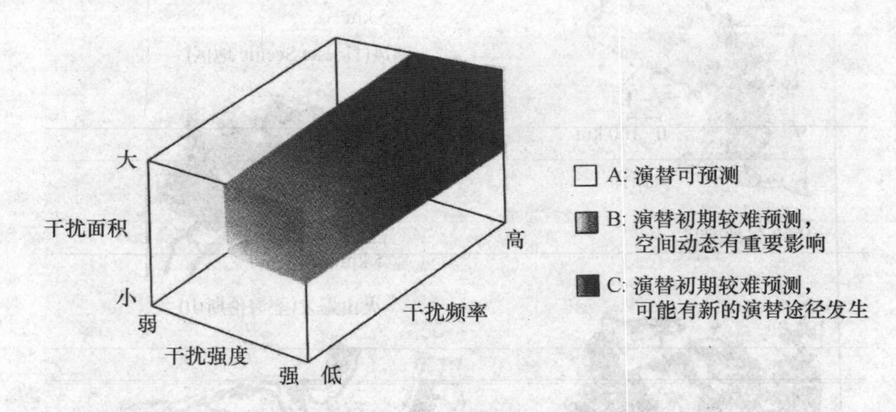

图 6-3　不同的面积、强度和频率干扰条件下演替的可预测性(引自 Turner *et al.*，1998)

6.3　干扰与景观异质性

景观异质性与干扰具有密切关系。从一定意义上，景观异质性可以说是不同时空尺度上频繁发生干扰的结果。每一次干扰都会使原来的景观单元发生某种程度的变化，在复杂多样、规模不一的干扰作用下，异质性的景观逐渐形成。Forman 和 Gorden(1986)认为，干扰增强，景观异质性将增加，但在极强干扰下，将会导致更高或更低的景观异质性。而一般认为，低强度的干扰可以增加景观的异质性，而中高强度的干扰则会降低景观的异质性。例如，山区的小规模森林火灾，可以形成一些新的小斑块，增加了山地景观的异质性；若森林火灾较大时，可能烧掉山区的森林、灌丛和草地，将大片山地变为均质的荒凉景观。干扰对景观的影响不仅仅取决于干扰的性质，在较大程度上还与景观性质有关，对干扰敏感的景观结构，在被干扰时，受到的影响较大；而对干扰不敏感的景观结构，可能受到的影响较小。干扰可能导致景观异质性的增加或降低；反过来，景观异质性的变化同样会增强或减弱干扰在空间上的扩散与传播。景观的异质性是否会促进或延缓干扰在空间的扩散，将决定于下列因素：①干扰的类型和尺度；②景观中各种斑块的空间分布格局；③各种景观元素的性质和对干扰的传播能力；④相邻斑块的相似程度。徐化成等(1998)在研究中国大兴安岭的火干扰时，发现林地中一个微小的溪沟对火在空间上的扩散均将起到显著的阻滞作用。

6.4　干扰与景观稳定性

景观稳定性可以看成干扰条件下景观的不同反应(强调景观对干扰的反应)。在这种情况下，稳定性是系统的恢复力和抵抗力的产物。一般来说，景观的恢复力越强，即景观受到外界干扰后，恢复到原来状态的时间越短，景观越稳定；景观的抵抗力越强，即景观受到外界干扰时变化越小，景观越稳定。

景观稳定性也可以看成干扰的产物(强调干扰对景观的影响)，即景观稳定性是干扰在时间和空间相对尺度上的函数，即干扰体系和景观本身的特征共同决定景观动态和稳定性(邬建国，2007)。

干扰强度影响景观稳定性。并不是所有的干扰都会对景观稳定性产生影响。景观对干扰的反应存在一个阈值，只有在干扰强度高于这个阈值时，景观功能才会发生质的变化，而在较弱的干扰作用下，干扰不会对景观稳定性产生影响。

干扰强度与频率常常相互作用而影响景观稳定性。一般地，若干扰强度很低，且干扰的发生比较有规律，则景观能够建立起与干扰相适应的机制，从而保持景观的稳定性；若干扰强度很高，且干扰经常发生，但仍可预测，则景观也可以建立起适应干扰的机制来维持稳定性，尽管景观的性质可能已经发生根本变化(如森林开垦为农田之后的长期集约化耕作)。若干扰的发生不规律，且发生频率很低，则景观稳定性可能最差，因为这种景观很少遇到干扰，无法形成与干扰相适应的机制，景观一旦遇到较大干扰就有可能发生重大变化。若干扰经常发生，且没有一定的发生规律，则景观稳定性可能最高，因为这种景观形成适应正常的机制的同时，也可以适应间或的非预测性的干扰。

6.5 干扰与景观破碎化

景观破碎化是景观变化的一种重要表现形式，更多地用来描述自然植被景观的变化和作为大型生物生境景观的变化。

景观破碎化(fragmentation)过程是指景观中景观要素斑块的平均面积减小、斑块数量增加的景观变化过程。景观破碎化的原因大多来自景观外部的人为和自然干扰。破碎化过程取决于人类的生产活动和人类对土地的利用，如公路、铁路、渠道、居民点的建设，大规模的垦殖活动，森林采伐等加剧了景观的破碎化过程，对当地的生物多样性、气候以及水平衡等均带来巨大影响。

6.5.1 景观破碎化过程

在自然干扰和人类活动的作用下，景观破碎化的空间过程主要有5种，即穿孔(perforation)、分割(dissection)、破碎化(fragmentation)、收缩(shrinkage)和磨蚀(attrition)，如图6-4所示(Forman，1995)。

空间过程	斑块数量	斑块平均大小	总的内部生境	区域中的连接性	边界总长度	生境丧失	生境孤立
 穿孔	0	–	–	0	+	+	+
 分割	+	–	–	–	+	+	+
 破碎化	+	–	–	–	+	+	+
 收缩	0	–	–	0	–	+	+
 磨蚀	–	+	–	0	–	+	+

"+"表示增加，"–"表示减少，"0"表示无变化

图6-4 土地转化中的主要空间过程及其对空间属性的效应(引自Forman，1995)

(1)穿孔

穿孔是在大面积景观要素单元中在外力作用下形成小面积斑块的过程，是景观破碎化的最普遍的方式。如一大片林地由于伐木而产生的空地，大面积森林中小面积强度火烧形成的火烧迹地等。

(2)分割

分割是用宽度相等的带来划分一个区域，形成几个较小斑块的空间过程。如我国三北地区的防护林网格，大面积人工林中开设的防火生土隔离带等。

(3) 破碎化

破碎化是将一个生境或土地类型分成小块生境或小块地的过程。显然，分割是一种特殊的破碎化。需要指出的是，这里的破碎化是狭义的理解，而广义的破碎化把这 5 种过程全包括在内。分割和破碎化的生态效应既可以类似，也可以不同，主要依赖于分割廊道是否是物种运动或所考虑过程的障碍。

(4) 收缩

收缩或缩小在景观变化中是很普遍的过程，它意味着研究对象(如斑块)规模的减小。如林地的一部分被用于耕种或建房，那么残余的林地就会缩小。

(5) 磨蚀

磨蚀或消失是景观中破碎化形成的斑块，被重复破坏而消失的过程。

开始阶段，穿孔和分割过程起重要作用，而破碎化和缩小过程在景观变化的中间阶段更显重要，磨蚀过程是景观变化的最后阶段。

这 5 种景观破碎化的空间过程对生物多样性、侵蚀和水化等生态特征均具有重要的影响，但景观变化过程中，这 5 种过程的重要性不同(图 6-5)。

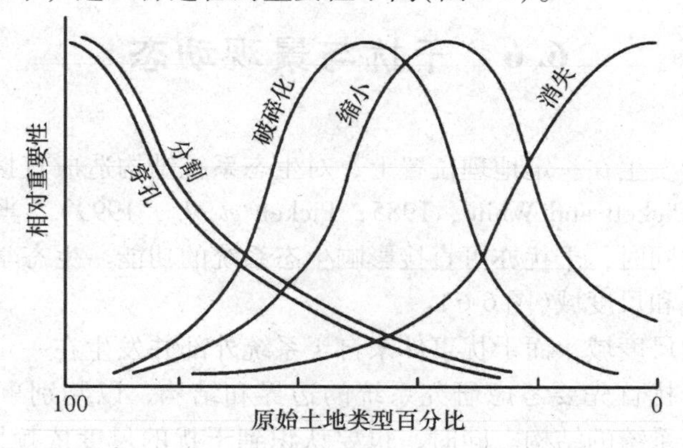

图 6-5　土地转化不同阶段中的 5 种空间过程的重要性(引自 Forman，1995)

穿孔、分割和破碎化既可以影响整个区域，也可以影响区域中的一个斑块。而缩小和磨蚀过程主要影响单个斑块或廊道。景观中斑块的数量随分割过程和破碎化过程而增加，随磨蚀过程而减少。内部生境的总数量随着这 5 种过程而减少。整个区域的连接性随着分割过程和破碎化过程而降低。

6.5.2　景观破碎化的生态意义

第一，景观的破碎化过程是降低生物多样性最重要的过程之一。该过程以惊人的速率在全世界蔓延，降低了森林覆盖率和天然草场面积。

第二，植被的破碎化能形成不同的景观格局，给景观生态过程带来不同的影响。若碎块的密度降低，斑块孤立度呈几何级数增长，它们受到周围基质的影响更强。

第三，景观的破碎化使斑块对外部干扰表现得更加脆弱，如风暴和干旱，威胁这些斑块的存在和物种多样性的保持。

第四，破碎化对许多生物物种和生态过程均有负面影响。破碎的斑块越小种群密度降低程度越大，灭绝的速率越大。景观的破碎化意味着地理学上的隔离，物种灭绝之后再定殖的概率取决于主要核心区与碎块间的距离，以及周围生境的质量。

景观破碎化的程度与干扰的强度关系密切。随着干扰强度的增加，景观趋于更加破碎化。当干扰超过一定强度时，致使许多种景观要素类型(或生态系统)退化或消失，景观破碎化程度开始降低，景观的性质发生改变。例如，在森林景观中小面积的皆伐，可以形成采伐迹地斑块，使森林景观破碎化程度增加；如果大面积皆伐，将森林采光，取而代之的是采伐迹地为主的景观，破碎化程度又降低，但景观属性已经发生根本性变化。

景观破碎化的程度还与人类的活动范围和时间长短有关。例如，在黄河南侧，以大面积的人类建设活动为主，居民点集中，大型平原水库的增建，大范围的垦殖活动与残余大面积的自然景观的存在，导致斑块密度小，景观破碎化程度低；而黄河北侧正相反，分散的小面积垦殖造成斑块密度大，景观破碎化程度高。

景观破碎化是一种动态过程，在一定程度上是一个可逆过程。人与自然干扰造成了景观的破碎化，而植被的恢复可减轻破碎化，某些物种的定殖也能减少破碎化的影响。

6.6 干扰与景观动态

生态学干扰是指发生在一定地理位置上，对生态系统结构造成直接损伤的、非连续性的物理事件或作用(Pickett and White，1985；Pickett *et al.*，1999)。当然，在对生态系统结构造成直接破坏的同时，干扰亦可直接影响生态系统的功能。生态学干扰由3个方面构成：系统、干扰事件和尺度域(图6-6)。

系统具有一定的尺度域，而干扰事件来自于系统外部并发生在一定尺度上。因此，判别一个事件是否是干扰首先要考虑研究系统的边界和结构，以判别事件是否来自系统外部，以及是否改变了系统的结构。同时，也要认识到干扰的尺度依赖性(邬建国，2007)。一个尺度上的干扰并非是所有尺度上的干扰，小尺度上的干扰往往是大尺度上正常现象的结构成分。对于种群而言的干扰，在群落上也许显得微乎其微；对于生态系统而言的干扰，在景观水平上也许可以忽略不计。这种现象被称为对干扰的“兼容”。因此，研究和认识干扰要与等级观点结合起来。

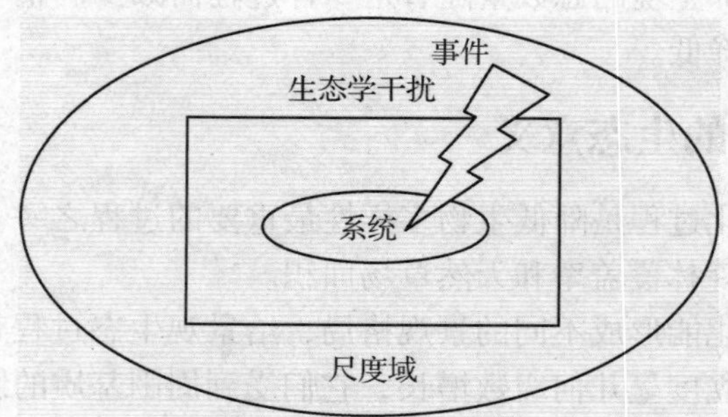

图6-6 生态学干扰的概念(仿自邬建国，2007)

6.6.1 景观动态平衡范式

范式(paradigm)是现代科学哲学中一个极为重要的概念。范式是一个科学群体所共识并运用的，由世界观、置信体系，以及一系列概念、方法和原理组成的体系。换言之，一个科学群体是由享有共同范式的个体组成。科学家们自觉地或不自觉地遵循范式来定义和研究问题，并寻求其答案。范式不但为科学家提供研究路线图，而且还对如何来制作这些线路图起着重要指导意义。

范式有不同的存在与应用范畴，从而形成"范式等级系统"。就整个现代科学而言，范式包括唯物论(materialism)、因果论(causality)、简化论(reductionism)及整体论(holism)等。涉及整个生态学领域的范式有平衡范式(equilibrium paradigm)、非平衡范式(nonequilibrium paradigm)及多平衡范式(multiple equilibrium paradigm)等，而生态学中又有学科范式，如种群生态学范式和生态系统生态学范式。纵观生态学的历史，范式的作用是明显的，范式变迁是深刻的(图6-7)。认识生态学范式的内涵和实质对景观生态学在理论和应用方面的发展和完善具有极为重要的意义。

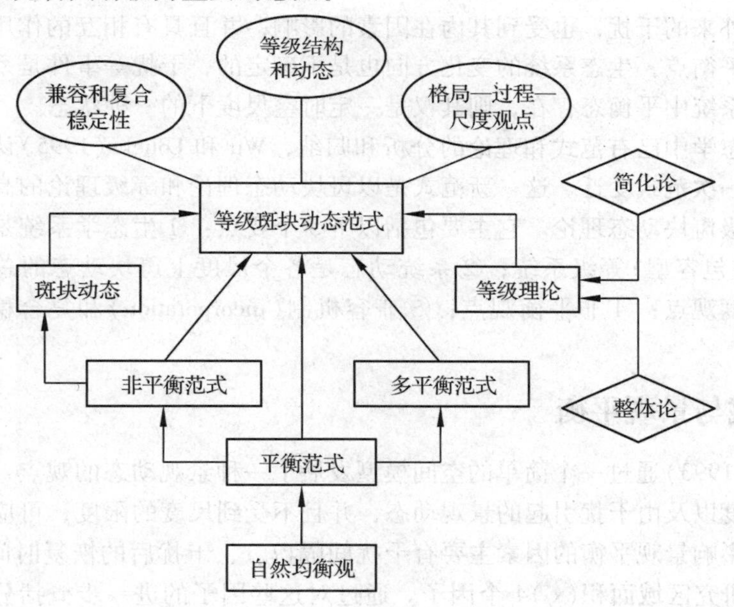

图6-7 生态学范式和理论的发展及其相互关系(引自邬建国，2000)

自然均衡观(balance of nature)是西方文化传统的一部分，它在中国古代哲学中也有体现(如"阴阳"和"五行"学说)。自然均衡观是生态学历史中最悠久，影响最广泛、最深远的传统观点和隐喻词。顾名思义，自然均衡在生态学中常被解释为自然界在不受人类干扰情况下总是处于稳定平衡状态；各种不稳定因素和作用相互抵消，从而使整个系统表现出自我调节、自我控制的特征。这一思想被广泛地应用于生态学的各个领域，形成了生态学的经典范式(或平衡范式)。由此可见，平衡范式往往把生态系统看作封闭的、具有内部控制机制的、可预测的以及确定型的。但近30年来的生态学研究充分表明，自然界并非处于均衡状态，经典的平衡范式往往难以解释实际的生态学现象。生态学家在一定程度上认识到了平衡范式的根本性缺陷，开始寻求多平衡态或非平衡范式。

生态学系统中存在有多种非线性的生物和非生物作用，这些与过程有关的复杂性与空间异质性一起使它们可能具有多平衡态特征。多平衡态理论作为传统平衡理论的一个扩展或补充，为许多生态学现象(尤其是多物种共存和多样性问题)提供了满意的解释。例如，Holling(1973)用来自水生和陆生生态系统的许多实例说明多平衡状态的存在，并指出随机性气候变化和干扰(如火灾、虫害的突发)可使生态学系统从一个平衡状态转移到另一个平衡状态。另外，草地生态学家自1989年开始对传统的以Clements演替理论为依据，假定草地生态系统有一稳定平衡状态(即顶极群落)的观点进行了根本性的否定，取而代之的是在草地生态学中已著称的“状态和过渡”模式(the state and transition model)。这一模式的要点是，草地生态系统有多种相对稳定状态，而气候变化和管理方式(如放牧、停牧、火烧等)都可以使其从一种状态转变为另一种状态。

非平衡范式强调生态学系统的非平衡动态、开放性以及外部环境对系统的作用。具体地说，组成生态学系统的群落及其环境处在不断的变化中，并不存在全局的稳定性，有的只是群落的抵抗性和恢复性。非平衡范式认为，生态学系统不是封闭的系统，而是开放的，它既受到外来的干扰，也受到其内在因素的影响，并且具有相互的作用。非平衡的体系没有稳定的平衡点，生态系统的变化方向也是不确定的，干扰等事件是系统本身的一部分。如果这种系统中平衡态存在，则其仅是一定时空尺度下的一种状态。

基于对生态学中已有范式和理论的分析和归纳，Wu和Loucks(1995)认为，生态学中正在经历着又一次范式变迁。这一新范式是以斑块动态理论和等级理论的高度综合为特征的，这就是等级斑块动态理论。它主要包括以下5个要点：①生态学系统是由斑块镶嵌体组成的巢式(或包容型)等级系统；②系统动态是各个尺度上斑块动态的总体反映；③格局—过程—尺度观点；④非平衡观点；⑤兼容机制(incorporation)和复合稳定性(metastability)概念。

6.6.2 干扰与景观平衡

Turner等(1993)通过一个简单的空间模型发展了一种景观动态的观点，该观点考虑了干扰的时空尺度以及由干扰引起的景观动态，并且不受到尺度的限度，可应用于不同尺度上。他们认为影响景观平衡的因素主要有干扰间隔(t_d)、干扰后的恢复时间(t_r)、平均干扰面积(s_d)和研究区域面积(s_r)4个因子。通过对这些因子的进一步概括分析，将它们合并为分别代表时间和空间的两个参数，公式如下：

(1)时间参数

$$T = \frac{t_d}{t_r} \tag{6-1}$$

式中　T——恢复时间与干扰间隔的关系。

$T > 1$表示干扰的间隔期大于系统恢复时间，在下次干扰来临之前，景观系统有足够的时间来进行恢复；$T < 1$时系统在充分恢复之前，会再次受到干扰；$T = 1$时系统的恢复时间等于干扰间隔时间。

(2)空间参数

$$S = \frac{s_d}{s_r} \tag{6-2}$$

式中 S——受到干扰的面积与景观面积的比例。

如果 S 趋近于0，则表示平均干扰面积远远小于景观面积；S 越接近1，平均干扰面积越接近景观总面积。

通过进行一系统的干扰和恢复的模拟，并分析模拟每个时间步长被每个演替阶段植被所占据的百分比(p)，并计算在模拟的所有时间跨度内每一个演替阶段的 p 的平均值和标准差(SD)，可以分析不同干扰条件下景观的平衡状况，清晰地表现出稳定性在干扰时间和空间上的分布(图6-8)。一般地，平衡的景观通常具有较低的干扰频率和较快的恢复速率。

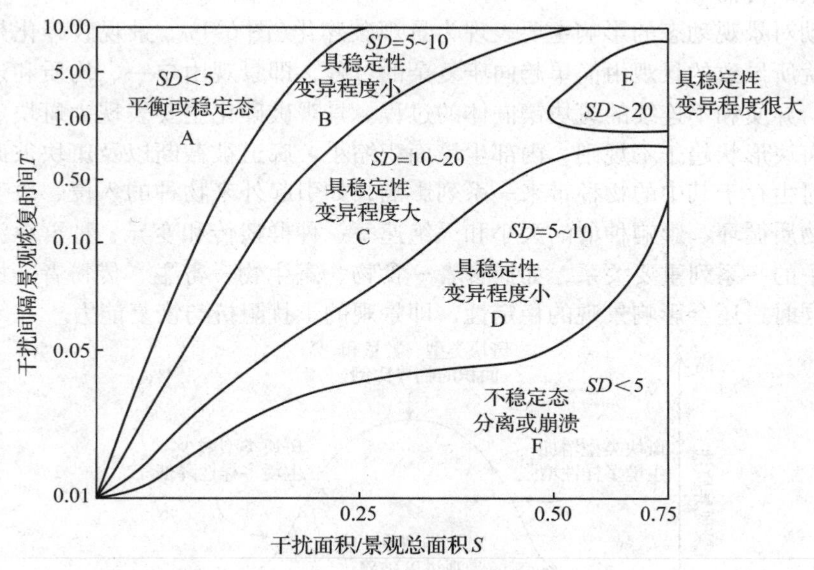

图6-8 景观稳定性是干扰在时间和空间上相对尺度的函数

(引自 Turner *et al.*，1993；邬建国，2007)

6.6.3 人类活动对景观动态的影响

人类活动是景观变化的重要驱动力。景观生态学特别重视人类活动对于景观动态变化的影响，探讨可持续的景观利用和管理途径，实现人与自然“和谐共生”的美好愿望，塑造出更加宜人、健康、美丽的景观，实现人类的可持续发展。

在人类历史早期，土地/景观变化已经在不同的时间和空间发生。从人类历史发展看，在人类早期的刀耕火种时期，人类依赖于自然资源和条件，人类活动对土地利用变化/景观的影响较小。人类进入农业文明，开始把林地、草地转化为农田，引进农业技术、工程，自然的景观转化为农业景观，也出现了不少田园化景观和可持续农业景观。但随着人口增加和工业化进展，人口的迁徙和空间分布的扩展，特别是20世纪工业现代化、农业集约化以及城镇化发展，导致大量传统的自然和人文景观退化，从而不可避免地出现了全球性的生态环境问题。

对景观动态产生影响的人类活动包括开垦与农业种植、森林采伐与更新、人工造林、围栏草场、大型工程建设、城市化规模扩展等。不合理的土地利用除直接造成土地覆盖的变化，还导致地表下垫面的改变，引发气候、水文和地质灾害等问题；大型工程的兴建，如水电站、小城镇、飞机场等点状工程；防洪大堤、人工开凿运河等线状工程；相邻点状工程扩展连接、镶嵌形成的集群或斑块，如大城市群。城市化扩展包括乡村城镇化、城市巨型化和城市区域化，城市化给人类带来经济和社会效益的同时也带来许多生态环境问题，突出表现在对自然生态系统的破坏和污染。人类活动及其影响对地球环境的干扰，使得地球的土壤圈、水圈、大气圈和生物圈不断变化，其中许多剧烈的变化表现为自然灾害的加重，如干旱、洪水、沙漠化和泥石流。另有一些变化则表现为新灾害的发生，如酸雨、赤潮和疾病传播等。

人类活动对景观动态的影响主要表现为景观破碎化(图6-9)。景观破碎化是指由于自然或人为干扰所导致的景观由简单趋向于复杂的过程，即景观由单一、均质和连续的整体趋向于复杂、异质和不连续的斑块镶嵌体的过程。景观破碎化主要表现为斑块数量增加而面积缩小，斑块形状趋于不规则，内部生境面积缩小，廊道被截断以及斑块彼此隔离。景观破碎化会对生存于其中的物种带来一系列影响，如引起外来物种的入侵、改变生态系统结构、影响物质循环、影响种群的大小和灭绝速率、种群遗传和变异、种群存活力等；改变生态系统中的一系列重要关系，如捕食者—食物、寄生物—寄主、传粉者—植物以及共生关系等；同时，还会影响景观的稳定性，即景观的干扰阻抗与恢复能力。

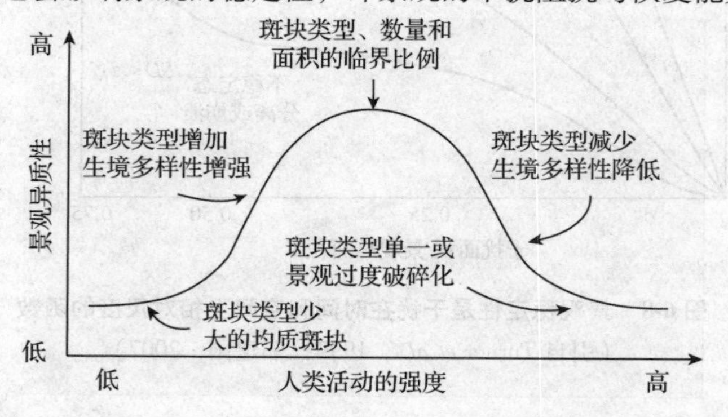

图6-9 景观异质性随人类活动强度的变化

本章小结

干扰是自然界中无时无处不在的一种现象，直接影响着生态系统的演变过程。干扰是使生态系统、群落或种群的结构遭到破坏和使资源、基质的有效性或使物理环境发生变化的任何相对离散事件。自然干扰是景观结构形成的重要原因。景观中的干扰是在目标尺度内，改变景观生态过程和生态现象的不连续事件。根据不同原则，干扰可以分为不同类型，一般有以下几种分类方法：①按干扰产生的来源可以分为自然干扰和人为干扰；②依据干扰的功能可以分为内部干扰和外部干扰；③依据干扰的机制可以分为物理干扰、化学干扰和生物干扰；④根据干扰传播特征，可以将干扰分为局部干扰和跨边界干扰；⑤按干扰发生的范围，可分为小规模干扰和大规模干扰；⑥按干扰的作用强度，可分为轻度干扰、适度干扰、严重干扰和极度干扰。景观的干扰体系指在一段较长时间内干扰的时空动态。干扰体系包括如下特征：干扰的空间分布和尺度；干扰发生的频率，(重复)间隔、周期；干扰的面积(或大小)、强度(或规模)、影响度(或严重度)等。

干扰与景观格局、景观异质性、景观稳定性、景观破碎化和景观动态具有密切联系。景观格局会对干扰发生和扩散产生影响，而干扰又是景观格局的形成原因之一；干扰对于景观格局的影响不仅仅表现在干扰强度的空间异质性以及干扰导致的景观格局的差异，还表现在干扰导致的物理环境的变化、干扰残留物质(种子库、干扰后存活个体等)的不同，这些因素均会对后来的景观演替和新形成景观的类型和格局产生影响。景观异质性可以说是不同时空尺度上频繁发生干扰的结果。每一次干扰都会使原来的景观单元发生某种程度的变化，在复杂多样、规模不一的干扰作用下，异质性的景观逐渐形成。景观稳定性既可以理解为干扰条件下景观的不同反应(强调景观对干扰的反应)，又可以看成干扰的产物(强调干扰对景观的影响)。干扰体系和景观本身的特征共同决定景观动态和稳定性。干扰强度影响景观稳定性。景观对干扰的反应存在一个阈值，只有在干扰强度高于这个阈值时，景观功能才会发生质的变化；而在较弱的干扰作用下，干扰不会对景观稳定性产生影响。

思考题

1. 简述干扰的概念和类型。
2. 景观的干扰体系包括哪些特征？
3. 如何理解干扰？它对景观的影响是正面的还是负面的？为什么？
4. 生态学范式为什么要发生变迁？它是如何进行变迁的？
5. 人类为什么要对景观进行改造？改造造成的影响有什么？如何看待人类活动对景观的作用？

推荐阅读书目

景观生态学. 曾辉，陈利顶，丁圣彦. 高等教育出版社，2017.

景观生态学. 张娜. 科学出版社，2014 .

干扰生态学：一门必须重视的学科. 魏晓华. 江西农业大学学报，2010，32(5)：1032－1039.

景观生态学(第2版). 肖笃宁，李秀珍，高峻，等. 科学出版社，2010.

景观生态学原理及应用. 傅伯杰，陈利顶，马克明，等. 科学出版社，2002.

景观生态学. 郭晋平，周志翔. 中国林业出版社，2007.

景观生态学——格局、过程、尺度与等级(第2版). 邬建国. 高等教育出版社，2007.

景观生态学. 余新晓. 高等教育出版社，2006.

第7章 景观生态分类与评价

【本章提要】

景观生态分类是景观生态研究的重要组成部分，它不仅是进行景观格局分析、景观评价、规划与设计的基础和前提，也是景观生态学理论与实践相结合的重要环节。景观生态分类实质是根据景观系统内部水热状况的分布和物质能量交换形式的差异，以及人类活动对景观的影响统一考虑景观的自然属性、生态功能和空间形态特征，按照一定的原则用系列指标反映这些差异，从而可以将各种景观生态类型进行划分和归并，并构筑景观生态分类体系。景观生态评价是景观生态学学科应用领域中密切联系的环节，是正确认识景观、有效保护和合理开发利用景观资源的前提，是景观生态规划的基础。本章在对景观评价的基本内涵、内容与方法等概述的基础上，介绍了景观美学质量评价、生态系统服务功能评价、生态系统健康评价、生态安全评价等内容，并结合相关的评价内容介绍一个比较完整的案例。

由于对自然调查不够充分及认识上的局限性，早期的景观生态分类主要停留在对自然界表观的认识上，经历了以植被作为分类指标到以植被群落与地表形态组合划分土地单元的过程。随着地图、尺度、界线和单元等工具和概念被引入分类中，研究学者逐渐认识并深入理解了生态系统各生态因子间的相互作用，开始以综合的角度进行景观生态分类理论方法研究和实践应用。例如，美国林务局(USDAFS)、加拿大生态土地分类委员会(CCELC)所采用的生态土地分类体系推动了北美、欧洲等国家景观生态分类的深入研究和广泛应用。而我国对景观生态分类的理论研究起步较晚。早期，我国地理学界在苏联景观学思想的影响下，曾经开展了土地分类的研究工作。直到20世纪90年代，我国景观生态学研究进入了快速发展阶段，并取得了丰硕的成果。早期的土地类型研究、土地生态分类的理论和景观生态理论与应用的研究也为我国景观类型学的形成奠定了基础，同时，在景观生态分类方面也取得了一定的成果。例如，王仰麟(1996)提出将景观生态类型划分成生产型、保护型、消费型及调和型4种，其对应的功能特征为生物生产功能、环境服务功能和文化支持功能。而肖笃宁(2003)按照人类影响强度将景观区分为自然景观、经营景观和人工景观。总而言之，目前国内外不同专业背景的学者基于不同的研究目的，采用不同的分类方法。因此，生态学家与地理学家在分类时差异较大，地理学家侧重对构成土地各要素本身的差异方面的考虑，即体现地域分异的原则；而许多生态学家在对景观进行分类时，对景观生态系统本身和景观的自然度的考虑较多。景观评价既是景观分类工作的延续，又是景观规划的基础和前提，是景观生态规划、管理和建设实践的必要环节。

7.1 景观生态分类

7.1.1 景观生态分类的概念与原则

7.1.1.1 景观生态分类的概念

景观生态分类的概念是最近十几年随着景观生态学理论和技术方法的不断成熟和广泛应用而产生的。它既是景观结构与功能研究的基础，又是景观生态规划、管理等应用研究的前提条件，是景观生态学理论与应用研究的纽带。景观生态分类理论和方法论方面的进展，在很大程度上能够反映整个学科的发展水平。由于景观生态分类是早期生态土地分类和景观分类的深化，是新兴景观生态研究的重要组成部分，因此，其概念由以下 2 个方向进行阐述。

(1)土地分类

科学的土地分类始于20世纪30年代，德国、苏联、英国、美国等国开展了较广泛的土地和景观研究。经过半个多世纪的发展，土地分类内容不断扩展，方法层出不穷，具体应用成果更是种类繁多。而早在19世纪末期，景观的概念已被引入地理学，渐渐成为了土地分类的深化方向。目前，景观具有“风景”“自然综合体”“异质性镶嵌体”等多种含义，是风景美学、地理学和景观生态学的研究对象。而按澳大利亚学者克里斯钦所下的定义来看，土地是陆地表面的整个垂直剖面，从空间环境直到下部的地质层，包括气候、水文、土壤、植物和动物群，以及与之有关的过去和现在的人类活动。可见，景观与土地的含义在很大程度上是相同的，只不过土地永远不会与风景相混淆。肖笃宁和钟林生曾指出把景观视为被生物体所感知的土地更具普遍性，对于确定种群、群落和生态系统的功能格局与空间过程具有重要意义。

20世纪中叶，人们意识到仅注重单一资源开发和管理产生了一系列严重的社会和生态后果。因此，根据生态原则进行土地分类研究的新方法便孕育而生，即生态土地分类。

生态土地分类是按照等级巢式组织，对不同时空尺度上的生态系统进行定义、认知和表达的科学方法和艺术手法的综合，是为设计、实践和评价基于生态系统的可持续性、生物多样性保护和综合资源管理等各种管理目的而进行的科学尝试。因此，与单一的土地分类有所区别，其关注的核心是生态系统。

(2)景观生态分类

景观生态分类是土地分类的深化，也是新兴景观生态研究的重要组成部分。其基本思想与生态土地分类一脉相承，强调以系统的观点进行多要素综合研究，是以着眼于土地形成过程、以发生的关联与相似性为依据进行分类的发生法，与通过景观空间形态分异性的识别进行分类的景观法相结合的综合分类方法。景观生态分类不仅强调土地水平方向的空间异质性，还力图综合土地单元的过程关联和功能一致性，把土地视为特殊的生态系统。肖笃宁等(2003)、李振鹏等(2004)将景观生态分类定义为根据景观生态系统内部水热状况的分异、物质和能量交换形式的差异以及反映到自然要素和人类活动的差异，按照一定的原则、依据、指标，把一系列相互区别、各具特色的景观生态类型进行个体划分和类型归并，揭示景观的内部格局、分布规律、演替方向。因此，景观生态分类是包括分类和制图在内的一个整体过程。

7.1.1.2 景观生态分类的原则

任何分类都需遵循一定的原则。首先，要根据研究目标和尺度，确定景观单元的等级，再根据不同的空间尺度或图形比例尺确定分类的基础单元；其次，景观生态分类应体现出景观的空间异质性和组合，即不同景观之间相互独立又相互联系；景观分类要反映出控制景观形成过程的主要因子。景观分类包括单元确定和类型归并，单元确定以功能关系为基础，类型归并以空间形态为指标。景观生态分类除遵循景观生态学结构和功能原理、景观动态原理等基本原理外，还应遵循其他一些原理。一般而言，景观生态分类的原则有以下几点(肖笃宁等，2003；李振鹏等，2005)：

(1)等级结构系统原则

景观系统和其他系统一样都存在着等级，类似生物分类中的纲、目、科、属、种。景观生态学研究中首要的问题就是尺度问题，在景观分类中也不例外，其反映到景观分类系统中就是景观分类等级体系的确定。高层的分类标准应该具有广泛综合而概括的特性，以稳定因素为主；低层的分类标准则是确定景观单元小尺度上的差异，可以考虑多变的因素。例如，从高层到低层，可以通过气候带、气候区、植被带、地貌单元、人类活动影响进行景观生态分类。景观是一个复杂的系统，景观影响因素的差异性，使得一级分类不可能全部包含复杂的景观类型，需要采用分类分级的原则。景观分类必须在明确景观单元等级的前提下，根据不同空间尺度和图形比例尺的要求，来确定分类的基础单元，同时分类过程应包括单元确定和类型归并两个步骤，来体现景观的层次性和等级性。

有两种主要的过程可以进行分类，如果单纯运用任一过程，它们会形成截然不同的类型系统，但在实际应用上二者往往结合起来使用(Zonneveld，1995)。

①分解式分类(classification by subdivision)或自上而下的分类(descending classification) 根据研究对象的各不同部分之间的区别，从最高等级层次开始，逐渐将对象分解成区域或单元。

②聚集式分类(classification by agglomeration)或自下而上的分类(ascending classification) 根据外貌特征和相关属性的相似性，从最低等级层次开始，将基本的单元聚集成类，也称类型化。

聚集式分类是纯粹的数量化和抽象过程，不考虑景观生态单元的形状及其空间分布和位置。在现实中人们常常会发现上述2种分类原则的结合。

(2)综合性和主导性原则

景观是区域综合体，因而对其分类应体现出综合体的特征。分类必须考虑气候、地貌、土壤、植被和土地利用以及空间组合等各种因子的综合作用。景观的形成是多种因子综合作用的结果，但各种因子在景观形成中的作用是不同的，景观分类要反映出控制景观形成过程的主要因子，如地貌与植被，并根据研究目标确定主要因子，即根据与研究内容相关的所要考虑的主要因子来划分景观。分类时若不分主次，重要与不重要的因子一起考虑，则会大大增强分类的繁琐程度，且意义不大。

景观生态系统特征可以分4个方面来考察：空间形态、空间异质组合、发生过程与生态功能。景观生态系统的整体综合属性能够通过这4个方面的各种指标综合反映。其中，空间形态、空间异质组合具备直观性和易确定性，可以直接观察，分类上的优越性很强。发生和功能方面的特征，具有抽象和可推断意义，主要反映系统的内在综合属性，难以直接观察。通常是通过在形态和空间异质关联观察的基础上演绎而得出的。传统的景观法分类，强调空间形态和空间异质组合特征，而发生法分类则片面侧重于景观的发生本质。景观生态分类的特点是结合了空间形态、空间异质组合的分类依据，综合地体现景观生态系统的形态。空间组合、发生及功能等多方面特征，具有更高层次的综合意义（景贵和，1986）。

指标具有可得性、可测性和可比性。可得性要求指标设置尽可能有数据资料或图件资料支持；可测性要求设置的指标易于量化；同时指标还应具有可比性，以便同其他同类模式进行比较。

(3)目标和实用原则

对景观类型的划分，应因其实用目的而定，对同一景观而言，不同的研究者，其目的不同，研究的侧重也不同，因而对景观的分类也就不可能一样。考虑到人类活动对于景观演化的主控性，当前流行的景观分类多在其高级单元中体现出人类活动对景观形成的影响，区分出自然景观和人类主导景观。

(4)定性与定量相结合的原则

定性分析可以对研究的对象有一个总体的把握和了解，但是缺少可比性的量化指标；与此相反，定量分析可以明确提出乡村景观类型的界线、景观格局，但是没有总体观，因此，二者相互结合、相互补充是很有必要的。

7.1.2 景观生态分类体系与方法

7.1.2.1 景观生态分类体系

根据景观生态分类的特征及指标选取，分类体系的建立宜采取功能与结构双系列制。功能性分类，是根据景观生态系统的整体特征，主要是生态功能属性来划分归并单元类群，同时要考虑体现人的主导和应用方向的意义。这里的功能至少包括两方面内容：一是类型单元间的空间关联与耦合机制，组合成更高层次地域综合体的整体性特征；二是系统单元针对人类社会的服务能力。从理论上讲，个体景观生态系统的功能一般都不是单一的，却往往具有一个基本体现其自身整体结构特征的主要功能，这是功能分类的基本立足点。结构性分类是景观生态分类的主体部分，包括系统单元个体的确定及其类型划分和等级体系的建立，是以景观生态系统的固有结构特征为主要依据。这里的结构意义，不只是空间形态，也包括其发生特征。相对于功能性分类，结构性分类更侧重于系统内部特征的分析，其主要目标是揭示景观生态系统的内在规律和特征。在体系的构成方面，功能性分类主要是区分出景观生态系统的基本功能类型，归并所有单元于各种功能类型中，分类体系是单层次的。景观生态系统发生过程的多层次性，形成了结构的多等级层次，要求结构性分类只能是多等级的。地球表层地域空间单元的层次由生物圈(biosphere)到生态立地(ecotope)可以划分出许多层次。具体区域研究中，可以分为2个或3个层次，景观生态系统(landscape ecosystem，LES)与景观生态立地(landscape ecotope，LET)两者之间还可插入景观生态单元(landscape ecounit，LEU)一级。其中LEU是LET的空间组合型，LES又是LEU的空间组合型。LET是区域中能够确定的最低层次地域综合体，LES则是区域中最高层次水平的空间单元体。它们的范围和内部构成随研究区域的大小和制图比例尺的不同而不同(Fransklijn，1994)。

实际上，景观生态分类过程中，要获取一致看法和共同理解，就必须选择具有直观性的一些指标和属性。而进行景观生态系统及其等级结构内在本质和过程关联的客观透视，则有必要选取与发生直接相关的特征和因素。景观生态分类服务于应用目的并试图探析单元的空间关联本质，就必须使用其功能指标和特征。任何分类工作都是综合性的，它们的基本要求也都是以尽可能少的依据和指标反映尽可能多而全面的对象性质。景观生态分类的基本内容就是选取能代表景观生态系统整体特征的几个综合性的指标，这也是进行有效而可靠分类的前提。对复杂景观生态系统的分类，选取多个指标是必要的，但并非越多的指标效果越好。在对复杂系统组成要素相互关联无法定量确定时，就难以确定不同指标对系统整体特征的贡献率。太多的指标相互干扰就多，就更难把握分类的可靠性(Westerveld，1984；Putte，1989)。

具体区域的景观生态分类，一般包括3个步骤：

第一，根据遥感影像(航、卫片)解译，结合地形图和其他图形文字资料，加上野外调查成果，选取并确定区域景观生态分类的主导要素和依据，初步确定个体单元的范围及类型，构建初步的分类体系。

第二，详细分析各类单元的定性和定量指标，表列各种特征。通过聚类分析确定分类结果，逻辑序化分类体系。

第三，依据类型单元指标，经由判别分析，确定不同单元的功能归属，作为功能性分类结果。

实际上，前两步是结构性分类，第三步属功能性分类。

初始分类的主要指标，一是地貌形态及其界线；二是地表覆被状况，包括植被和土地利用等。地貌形态是景观生态系统空间结构的基础，是个体单元独立分异的主要标志。地表覆被状况间接代表景观生态系统的内在整体功能。两者均具直观特点，可以间接甚至直接体现景观生态系统的内在特征，具有综合指标意义。区域不同，景观生态系统的单元分异要素就不相同，类型特征指标中选择的内容就应有所区别，一般包括地形、海拔、坡向、坡度、坡形、地表物质、构造基础、pH值、土层厚度、有机质含量、剥蚀侵蚀强度、植被类型及其覆盖率、土地利用、区位指数气温、降水量、径流指数、干燥度、土壤主要营养成分含量以及管理集约程度等(Phipp，1984)。

7.1.2.2 景观生态分类方法

早期的景观分类和生态土地分类多是基于专家知识开展的，因此主要采用整体、反复和综合3种重叠的方法。①整体方法是一种把生态系统看作整体的研究方法。以景观生态系统的结构作为分类依据，或者说以景观生态系统中生产者、分解者与环境之间的关系作为分类标准；表明特定的气候、地貌、土壤、水文状况、植被以及特征动物区系分布以及相互作用、相互转化形成具有一定特征的整体，可以作为景观生态系统分类的依据。②反复方法是对景观生态系统进行逐步综合，先对2个组分的相互影响关系进行研究，再逐步深入研究组分之间的相互关系以达到最后综合的目的。③综合方法是指生态系统各组分的整体性综合，对较低水平的分类单位进行反复综合，最后形成较高水平上的分类单位，以景观生态系统内部最基本单元的水平组合特点为分类依据(许嘉巍等，1990)。

随着空间遥感技术的不断发展，景观生态分类研究逐步侧重于与遥感技术和数学方法及土地利用和土地覆被特征的研究。遥感成为景观生态分类获取数据的主要手段，通过它实现景观生态分类的思想。基于遥感技术获取的卫星影像是地面实况的写照，它虽然不能直接反映地表的景观类型，但是根据影像的色调和纹理等特征可以首先将地貌类型、覆被类型识别出来，然后采用地学相关分析方法逐一解译土壤、地表组成物质等自然要素，进而通过综合分析解译出自然景观类型(景贵和等，1993)。许多专家提出了基于卫星影像解译景观类型的应用尺度、步骤和原则。随着人类活动对生态系统影响的关注度的提高，自20世纪80年代以来，遥感技术多用于分类指标中反映人类活动影响的土地利用/土地覆被数据的提取。包括较为典型的王桥和王文杰(2006)建立的中国生态分类遥感分区等级体系中，不仅以1km分辨率的NOAA AVHRR和30m分辨率的TM影像提取的土地利用数据作为一级分区指标之一，并且最后通过比较遥感影像的光谱特征对分区结果进行检验；除此之外，Coops等(2009)尝试基于多源遥感影像数据获取综合指标开展生态土地分类，以改善传统的基于专家知识分类结果的主观性和不可重复性。Olaf Bastian等(2000)从物理地理的角度出发对德国萨克森州景观进行了分类，利用GIS对景观单元(微地理域)进行了分类和制图，来评价人类活动对自然景观单元的适宜性、景观自然平衡的功能和景观的承载力，并进一步制定景观管理的分区化目标，从而把景观分类作为区域规划的一个有效的工具，这些均不断扩展了遥感技术在景观生态分类中的应用途径。与此同时，一些计算机、数学等相关学科比较成熟的研究方法被引入景观生态分类过程中，如二元指示种法(陈仲新等，1994、1996；Carter *et al.*，1999；Hutto *et al.*，1999)、多变量聚类方法(Wolock *et al.*，2004；Hargrove，2005；Wang *et al.*，2006；Coops *et al.*，2009)、模糊聚类方法(Burrough *et al.*，2000、2001)、模糊逻辑(Macmillan *et al.*，2000)、神经网络(Walley，2001；赫成元等，2008)、小波变换(李双成等，2008)等，以及尝试将多种方法相结合进行分类(Bryan，2006)。

7.1.3　景观制图

景观生态学的理论、方法与应用等方面的研究，一直与景观生态分类和制图同步进行着。因此，可以说景观制图是景观生态特征的一种直观表示方法。自20世纪30年代德国地植物学家特罗尔通过对航片的解译，首次把景观的区域差异与生态系统的结构、功能联系起来开始，一直到1983年荷兰为发展和评价全国的土地利用计划首次建立了景观生态数据库之后，景观生态制图便相继在其他各国陆续开展。而中国的景观制图始于20世纪

80年代1∶100万景观要素图的制作，如土地类型、植被、土壤、地貌、土地利用等。

根据景观生态分类的原则，景观制图应能综合地表现景观生态各要素之间相互关系，并通过各类景观生态单元的区域组合，反映其空间分布特征。景观制图实质上就是用景观生态学观点对土地类型进行制图的一种新方法，是以图形的方式客观而概括地反映自然景观生态类型的空间分布形式和面积比例关系。在制图过程中，应根据景观生态学原理，坚持综合性原则、发生统一原则、主导因素原则以及区域性原则。其依据是：制图单元以景观生态类型相应级别的分类单元或分类单元之组合为基础；以图斑结构和图斑之间的组合以及景观生态类型分布规律为依据，区域性特征根据制图单元的内容、细度及组合形态来体现。景观制图的基本图件是景观生态类型图。从景观类型图可派生出景观生态区划图、景观要素图及特定景观类型图，如湿地景观生态类型分布图。目前最常见的景观制图有两类，一类是景观形态图，包括地貌类型图、土壤类型图、气候类型图等；另一类是景观功能图，包括生物系统图、自然系统图、景观系统图等。

景观制图流程如图7-1所示。从景观流程图可以看出，由于制图过程需要对各种景观要素逐一作功能分类，然后把各类单元叠加、合并在一起，从而最终形成的景观制图成图单元非常破碎，而且各要素分类非常复杂，完成一幅图件需要较长时间，故目前利用遥感影像制作景观类型图过程中，只考虑人类干扰最强烈的土地利用和土地覆盖变化。因此，由某一要素得出的景观制图可称为单要素景观图，如土地利用景观类型图、土壤景观图、植被景观图、地貌景观图等。以这些景观制图为基础，按照某些模式计算规划得出的景观发展趋势图为景观规划图或景观评价图。

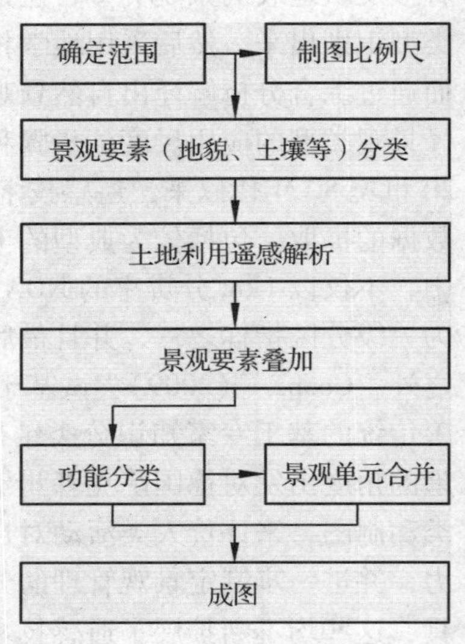

图7-1　景观制图流程

最后值得注意的是，在景观制图过程中采用土地利用/土地覆盖类型图为制图参照来源，从景观的组成要素分析的方法并不合理。因为景观是某一区域各种生态系统的综合体，景观的变化不仅反映地表植被的变化，其气候、土壤、地貌、水文、土地利用等也相应在发生变化，只是在短时间尺度上其地貌、气候、土壤、水文可以视为不变或变化微小而已(可作为底图，将变化较大的植被、土地利用/土地覆盖作为主要变化指标，可较完整地制作出某一区域的景观生态类型综合图)。因此，多时相的高分辨率遥感影像不但反映了人类对自然的干扰，同时也反映了土地利用/土地覆盖的变化。

7.1.4　几种典型的景观类型及其特征

Forman 和 Godron(1986)根据人类对自然景观的干扰程度，把景观分为5类。

(1)自然景观

自然景观可分为原始景观和轻度人为干扰的自然景观两类。原始景观包括高山、极地、荒漠、沼泽、苔原、热带雨林等尚未受到人类活动的扰动的景观。当然，这种自然景观只有相对的意义，因为完全不受人类影响的景观寥寥无几。这里所说的没有明显的人类影响指的是人类的干扰没有改变自然景观的性质。而轻度人为干扰的自然景观包括范围较广，如许多森林草地、湿地等均可归入这一类。

(2)经营景观

经营景观可分为人工自然景观和人工经营景观，人工自然景观为非稳定成分——植被的被改造，物种中的当地种被管理和收获，如采伐林、放牧场、有收割的芦苇塘等。人工经营景观则体现为景观中较稳定的成分——土壤被改造，最典型的莫过于各类农田、果园(和人工林地)组成的农耕景观。在这里，景观构图的几何化与物种的单纯化是其显著特征。

(3)耕作景观

耕作景观即种植的农田及与之相伴的村庄、树篱、道路、水塘等形成的景观。其最重要的特征是，不同的农田类型，意味着不同的耕作方式、管理措施和物流能流过程。而且，其引入新物种满足人类的物质和精神需求的同时，也将改变着原有景观格局，形成了新的耕作景观特色。

(4)城郊景观

城郊景观指城镇和乡村地区，并交错分布有住宅区、商业中心、农田、人工植被和自然地段。城郊景观是产业结构、人口结构和空间结构逐步从农村向城市特征过渡的地带，具有强烈的异质性，是典型的生态脆弱带。

(5)城市景观

城市是人类文明发展到一定阶段的产物，因此，其产生的景观也可谓人类文明景观,是由于人类活动所创造。近几年,运用多种手段开展城市景观分类的研究较为频繁,其特征是:

①整体性　城市兼顾不同时间、空间中以人类居住区为核心的各类资源，兼顾社会、经济和环境三者的整体效益，具有地理、水文等生态系统及文化传统的空间及时间连续性、完整性和一致性，强调人类与自然系统在一定时空整体协调的新秩序下寻求发展，是社会-经济-自然复合的生态系统。

②多样性　城市中的大量人工建筑物，如街道、绿化带、商业区、文教区、工业区等成为景观的基质，改变了原有的地面形态和自然景观，是各种人工景观的高度集合。其系统内部进行多样性重组，因此，它的多样性不仅包括生物多样性，还包括文化多样性、景观多样性、功能多样性、空间多样性、建筑多样性、交通多样性、选择多样性等更广泛的内容。

③功能性　城市作为一个复杂的社会—经济—自然复合生态系统，系统内部之间及与系统外部间存在大量的物质、能量、信息的流动，故不再构成封闭系统，同时整个复合系统的易变性和不稳定性也相应增大。人类所创造的特殊信息渗透到一切过程，许多原有的自然规律正在经受新的检验(城市规模越大，聚散程度越高。大量高新技术产品输出，形成城市物流能流的主导方向；大量废弃物形成，运输到偏远郊区进行垃圾或污水处理，对区域形成负面的生态效应)。人工景观的共同特征和研究重点是规则化的空间布局。显著的经济性和很高的能量效率，高度物化的功能和巨大的转化效率以及景观的视觉多样性追求等。

而其中，城郊景观是一类特殊的人工经营景观，位于城市和乡村的过渡地带，具有很大的异质性。在这里大小不一的住宅和农田混杂分布,既有商业中心、工厂,又有农田、果园。

除以上分类系统外，还有从生态学、地理学、景观功能和土地利用/覆盖角度进行景观生态分类。但从发展趋势看，按照人类影响强度划分景观渐成主流。根据人类对自然景观的干扰程度，也可把景观分为4大类：自然景观(如森林景观、荒漠—绿洲景观和湿地景观)、半自然景观(人工林和草地景观)、农业景观和城市景观，该分类系统已被广泛应用(Wu，2013；曾辉等，2017)(图7-2和表7-1)。

图7-2　常见景观类型

(a)森林景观　(b)草地景观　(c)荒漠—绿洲景观　(d)湿地景观　(e)农业景观　(f)城市景观

表7-1　6种典型景观的特征对比

景观类型	环境特征	生态特征	空间特征	动态特征
森林景观	森林形成和种类组成主要受非生物因子、生物因子和历史起源的影响。大尺度的环境要素控制森林的区域分布，形成区域性森林类型；中小尺度环境变化影响森林结构组成，继而影响森林物种分布格局。	森林是由具有特定外貌特征的植物种类构成，不同的森林群落类型其物种组成和外貌结构不同。各种森林斑块组合在一起，必然发生相互联系。此外，环境过程也会产生外貌、物种构成和年龄等不均一的森林结构	森林景观空间结构特征，即由不同类型、大小、形状的森林斑块所形成的空间分布与构型等	森林景观的动态变化包括随着植物生长的季节变化以及环境因子和人类活动所引起的森林变化，如火烧、雪灾和砍伐等。这种变化的速率有快有慢，若这些变化与森林群落类型的替代有关就称为演替

续表

景观类型	环境特征	生态特征	空间特征	动态特征
草地景观	草原和草甸的环境特点不一致。草原主要分布在温带和热带区域，环境特点是多大陆性气候，蒸发量大，往往超过降雨量；而草甸不呈地带性分布，主要分布在温带和山地	不同草地类型其物种组成不同。草地斑块的组合会发生物质、物种、能量流动等相互作用。草地斑块与环境斑块的形成、大小、形状、空间布局等关联，受气候、地形、土壤等自然环境因子和人类活动共同影响	草地一般没有显著的垂直结构；而与局部地形相关的小气候和土壤水分条件以及动物啃食、踩踏所造成的局部退化，往往会形成不同群落斑块构成的水平异质格局。在森林草原和荒漠草原过渡带，草地与森林、灌丛斑块之间会形成明显的破碎化镶嵌格局	草地景观的动态变化主要包括随植物生长的季节变化以及环境因子和人类活动所引起草地景观变化，如火烧、雪灾和放牧等。如果这些变化与其他群落类型发生转换，也被称为演替
荒漠—绿洲景观	荒漠显著的环境特点是降水稀少、蒸发量大，极端干旱的强大陆性气候区，地表植被稀疏；而荒漠中相对水分条件较好的区域（如河流、湖泊等）往往会形成绿洲	荒漠—绿洲景观中各景观单元镶嵌组合在一起，彼此之间发生物质、物种、能量流动等相互作用关系。该景观中啮齿类动物种类丰富，是这一特定景观系统的重要特征	荒漠—绿洲景观空间结构特征，即荒漠基质中不同类型的绿洲斑块（旱化荒漠植被、盐生和沼泽草甸、乔灌木林等）的大小、形状、空间布局排列等。干旱气候条件产生的各类植被交错分布，没有明显的斑块边界	荒漠—绿洲景观最明显的时空变化是植被格局变化，主要包括随植物生长的季节变化以及环境因子和人类活动所引起荒漠—绿洲的景观变化的主要因素
农业耕作景观	农业环境是指影响农田生物生存和发展的各种天然的、经过人工改造的自然因素的总体，包括农业用地、用水、大气、生物、地形等	为了获得高产农业，需要不断对农业生态环境进行物质、物种、能量的投入，而过多的化肥农药投入会产生环境污染。农业景观与其相邻的其他景观间的能量和物质流动过程以及所产生的环境问题，已引起广泛关注	农业耕作景观空间结果特征，即农田斑块大小、形状、空间布局排列等。农业景观空间布局以及斑块形状都相对比较规则	农业景观的时空变化主要包括随作物生长的季节变化以及人类不同耕作方式引起的农业景观变化，如云南山地民族的刀耕火种
城市景观	城市环境包括社会环境和自然环境。社会环境由经济、政治、文化、历史、人口、民族、行为等要素构成；自然环境包括地质、地貌、水文、气候、动植物、土壤等诸要素。城市景观人为干扰最强，是社会—经济—环境耦合的复杂系统	城市绿地中物种的定居和迁移与景观格局以及城市居民有着密切的关系。城市景观中的廊道效应以及结构优化等也受到景观生态学家们的关注。城市规模越大，物质和能量的聚集程度越高，城市越成为物质和能量聚散中心	城市景观的空间特征包括区域尺度上城市斑块的大小、形状、空间布局排列以及城市尺度大量规则的人工景观要素，如道路、绿化带、公园、商业区、生活区、工业区等	随着城市人口的剧增，城市景观也处在不断的时空变化中，主要包括城市斑块面积的不断扩大和高度聚集以及城市内部结构的不断变化，如道路建设、城市功能区调整等

续表

景观类型	环境特征	生态特征	空间特征	动态特征
湿地景观	湿地的水文条件是其环境决定因素，如水的来源(如降水、地下水、潮汐、河流、湖泊等)，水深和水流方式，以及水的持续期和频率等决定了湿地的多样性	湿地景观单元间会产生如物质、物种、能量流动等过程，包括重金属和有机污染物吸收螯合、转化和富集等过程以及物种迁移、栖息等。湿地还具有环境调节功能，如提供水资源、涵养水源等生态系统服务	湿地景观有斑块镶嵌分布的格局特征；有些湿地是典型的过渡带，没有明显的斑块边界，存在渐变梯度分布格局	湿地景观最明显的时空变化包括环境因子变化引起水文环境变化，从而引起湿地景观变化，以及人类活动引起湿地景观变化，尤其是过度利用水资源将大量的湿地景观转变成农田和城镇等非湿地景观

注：引自曾辉等，2017。

随着"3S"技术的发展，景观生态分类研究逐步侧重于利用定量化数学方法和"3S"技术的结合及土地属性和土地覆被特征的研究，进行景观生态分类(李振鹏等，2004)。Lioubimtseva等(1999)基于空间数据库和等级理论对欧洲的景观进行了分类研究；德国的Bastian等(2000)从物理地理的角度出发对德国萨克森州景观进行了分类，利用GIS对景观单元(微地理域)进行了分类和制图，以评价人类活动对自然景观单元的适宜性、景观自然平衡的功能和景观的承载力，进一步制定景观管理的分区化目标，从而把景观分类作为区域规划的一个有效的工具。王兮之等(2002)借助于SPOT4多光谱遥感数据、GPS测定的地面控制点和地面景观类型调查数据，应用ERDAS图像处理软件对卫片进行处理，对策勒绿洲景观进行了分类，并形成了荒漠—绿洲景观的分类图。陈仲新等(1996)在对毛乌素沙地景观生态类型研究中，引入了广泛应用于植物科学的数量分类方法，以TWINSPAN为工具，对毛乌素沙地景观生态类型进行了自上而下的等级式的数量研究，并提出了毛乌素沙化草地景观生态分类系统。

我国的景观生态分类也基本上是在土地—生态分类基础上发展起来，特别是进入20世纪90年代，开始研究国外景观生态分类，并进行了探讨(王仰麟，1996；肖笃宁等，1998；程维明，2004)。在借鉴国外经验的同时，也应该考虑到我国的具体情况。例如，结合我国国情的乡村景观分类的方法和理论的研究应该成为我国景观生态学研究的一个重要方面，特别是景观变化比较剧烈的城市郊区和生态脆弱区的景观研究。景观生态分类不但要考虑到大、中尺度景观的宏观分类，而且也要涉及小尺度景观的详细划分，大、中尺度景观的分类可以宏观地协调景观生态系统的平衡，小尺度的景观生态分类则直接为景观的规划与设计来服务，这就要求小尺度的景观类型单元的划分应具有相对单一的土地利用方式和明显的空间形态特征。我国乡村生态环境问题日益突出，已直接影响到我国乡村的发展。例如，农药化肥的大量使用和机械化耕种造成耕地有机质减少、土壤板结和污染等现象，致使乡村生态负荷严重。长时期、高强度的土地利用和小城镇化的发展，致使乡村中的自然板块日趋减少，生态系统遭到严重破坏，乡村生态功能和美学价值下降。所以运用景观生态学原理，进行乡村景观分类研究，对有效开展乡村景观规划与设计，协调好乡村的生产、环境服务和文化支持三大功能，促进资源合理利用，实现农业和农村的持续发展，具有重要的现实意义(李振鹏，2004)。

除此之外，文化景观与自然景观研究应进一步相结合。景观不仅包括自然景观，而且也包括文化景观。但是，目前作为景观重要构成部分的文化景观的研究与自然景观的研究是分离的。地理学者和生态学家主要侧重自然景观研究，而对文化景观的研究有所忽略或者均未涉足；而人文地理学家相反则主要侧重研究文化景观。由于人类活动的广泛性，自然景观的人文化程度在不断加深，所以地理学者在许多情况下使用的“景观”一词，几乎都扎根于文化景观的概念。文化景观是人类文化与自然景观相互影响、相互作用的结果，所以其由自然和人文两大类因素组成。因此，在进行景观分类研究时，不能把自然景观类型的划分方法照搬到文化景观，更不能把两者分离、独立，应把它们统一纳入到景观的范畴中，考虑两者之间的差别与联系，将两者的研究有机结合。

7.2　景观生态评价

7.2.1　景观评价概述

景观评价既是景观分类工作的延续，又是景观规划的基础和前提，是景观生态规划、管理和建设实践的必要环节。

7.2.1.1　景观评价的概念

(1)评价

评价即是主体在对价值客体属性、本质、规律等知识性认识的基础上，对价值客体能否满足并在何种程度上满足价值主体需要作出判断的活动。主体自身的需要是主体对客体进行评价的出发点，而主体的需要是多方面、多层次的。主体选择评价标准与手段的实质，就是在选择与主体某种需要相联系的价值关系作为评价活动的反映对象。因此，所谓评价就是按照明确目标测定对象的属性，并把它变成主观效用(满足主体要求的程度)的行为，即明确价值的过程。

(2)景观评价

尽管各国学者在价值观、方法论上存在差异，从而导致对景观评价的看法各异，但在许多方面已经达成一些共识，其一是景观评价必须依据一定的评价标准；其二是景观评价是一个系统分析的过程，即必须作出事实的判断；其三是景观评价的本质是对景观功能价值进行判断。景观评价是对景观属性的现状、生态功能及可能的利用方案进行综合判定的过程。通过景观评价，可以对景观状况、景观及其组成要素的敏感性、干扰状况等级、景观抗性阈值及其等级分布、景观功能大小和景观格局等有一个全面的认识，从而为景观规划、景观管理提供科学依据。景观评价主要是在景观层次上对景观功能的综合辨识，而与对生态系统甚至以下层次的评价(如土地评价、环境评价等)有所不同。

7.2.1.2　景观评价的特点

景观评价的特点主要表现在4个方面。

(1)评价研究对象的特定性和针对性

景观评价的价值主体是人类，其价值取向是满足人类对生存环境和生态状况方面的需求，研究对象是特定的景观类型。

(2)评价标准的相对性和发展性

景观评价可以通过建立反映景观形成因子及其综合体系质量的评价指标，来定量地评价某一特定景观满足人类需求的状况。不同的评价因素，对人类生存和发展的满足程度不同，景观评价体系对景观的综合评价也不同。景观稳定性是相对的，评价指标也不是一成不变的，需要随景观形成因素和评价目的变化而变化。

(3)评价指标和结果的时空尺度性

由于景观时空尺度性，在同一等级水平上主要景观生态过程的发生范围会随着空间范围的扩大而减弱；景观的稳定性、完整性、受严重干扰时的恢复能力等与时间的长短密切相关。因此，景观评价也是相对一定的时空尺度而言。采用不同的时空尺度对景观的稳定性、敏感性、多样性、抗性、完整性等进行评价时，采用的指标和评价结果就会不一样。景观的复杂性及多尺度性往往会增大景观评价活动的难度。

(4)评价指标的可调控性

影响景观评价的因素很多，但景观评价的归宿是景观规划与管理。因此，景观评价标准和指标因子应具实用性和可操作性。

7.2.1.3 景观评价的内容

景观评价的内容主要包括3个方面。

(1)景观质量现状的评价

景观质量现状的评价包括景观自然属性的评价和景观人文属性(美学质量)的评价。

(2)景观的利用开发评价或适宜性评价

景观的利用开发评价或适宜性评价包括根据对景观组成、结构、功能、动态的分析，结合一定的景观功能需求，提出并比较不同规划与利用方案优劣的评价过程。

(3)景观功能价值评价

对景观功能进行价值评估，甚至将景观功能货币化。

景观质量评价、景观适宜性评价和景观功能价值评价，三者在许多方面有相同之处，如都涉及对景观生态过程的认识，而且景观生态过程是景观评价的关键，但是评价的目的性却有差异。景观质量评价是通过评价景观的自然属性健康状况及视觉美学意义，对景观的保护和开发提出建设性建议；景观适宜性评价则主要通过对景观可能的若干利用方案进行适宜性评估，更多的是为了发展生产的需要；而景观价值评价则是景观资产评估的过程，实质上是对景观质量、景观生产价值进行综合并货币化的过程，注重景观价值潜力的转化过程。

7.2.1.4 景观评价的基本方法

除了一些传统的景观质量评价方法外，景观评价还用到多种技术手段。由于评价时一般要用到大量的图形资料，而且涉及的时空尺度较大，信息量丰富，因此，RS、GIS、GPS往往是景观评价不可或缺的数据采集、处理、结果输出的技术支撑。此外，类似于统计学零假设的中性模型，景观组成、结构的计量方法，研究空间自相关的分形几何学，研究复杂多元属性的模糊数学方法，在景观评价中都可以广泛应用。

景观评价的内涵是多方面的，评价的方法也不尽相同。对景观这样一个复杂巨系统进行评价，各种不同的评价方法在技术体系和操作上都有一定的共同性，在对具体景观评价的实际工作中，可以根据评价目的和对象的不同，选择合适的评价方法。

7.2.1.5　景观评价的程序与一般步骤

景观评价的步骤总体上可按以下程序进行(图7-3)。

(1)确定待评价景观的空间地理范围及时间跨度

空间范围和时间跨度主要取决于景观功能流发生的时空范围。

(2)收集资料，构建景观信息系统，划分景观类型

根据评价目的及景观所在地区的自然、经济和社会背景，收集资料，研究与景观评价相关的景观过程及主要问题，划分景观类型。通过航空相片、卫星影像判读和立体绘图技术，借助于GPS、RS、GIS等技术手段，结合传统的调查途径，收集影响景观形成及其动态的气候、土壤、水文、生物组成等自然背景资料，以及国民生产总值、生活水平、交通条件、社会经济条件等数据资料。在分析景观主要生态过程的基础上，对景观进行分类。

(3)构建景观评价的指标体系，分析景观属性

根据评价目的，选择有代表性的评价指标，构建其评价指标体系，并围绕评价指标，分析景观属性。

(4)景观健康或景观适宜性或景观评价及等级区划

综合上述分析结果，对景观作综合辨识，确定评价等级。

(5)报表及景观评价图的编制

将景观结果用报表形式表达，并编制相应的景观评价图，提交评价结果，为政府决策部门进行生态、景观规划等提供依据。

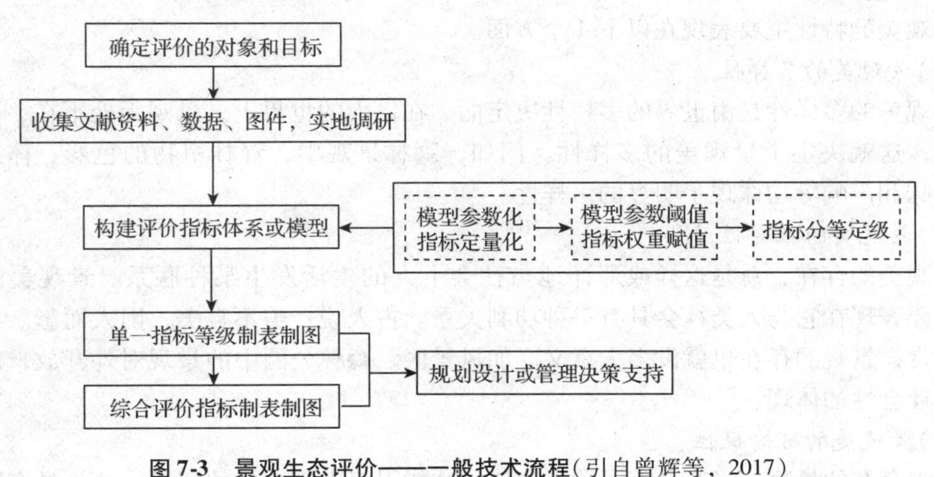

图7-3　景观生态评价——一般技术流程(引自曾辉等，2017)

7.2.2　景观美学质量评价

7.2.2.1　景观美学的概念

从美学的意义上讲，景观是指环境中具有审美属性和价值的景色或景物。美学上所指的景观突出了景色和景物的观赏性，并把这种观赏性归结为对象所具有的审美属性和价值。同时，景观范畴还有一个从单纯的自然景观向包含了自然和人文景观的扩展过程，自

然界绝大部分景观都在不同程度上受到人类的各种干扰，景观不单纯是一种自然综合体，而且往往被人们注入不同的文化色彩，即景观不仅具有自然性，也具有文化性，自然景观与人文景观常常融合在一起，很难将它们截然分开。因此，美学意义上的景观概念不完全是学科的概念，它总是同观赏者的情感体验和评价直接关联，因而也不是纯客观的。这是因为作为审美对象的景观是以其审美属性和价值为基本性质和特征的，而审美属性和价值是相对于审美主体而言的，不同于景观自身单纯的物质属性和构造。而且，由于景观(特别是自然景观)的欣赏在相当程度上依赖于主体的观念和原创性，所以景观是一个偏向于主体的文化概念。

由于城市、环境等景观建设的需要，美学同某些自然科学和社会科学的交叉，形成了专门研究景观的美学分支，景观才成为美学专门研究的对象。地理学中关于景观的研究同美学研究的合作、交叉，产生了景观美学。

景观美学是研究景观美化和景观美感的一般规律和基本原则的软科学。随着环境科学、生态学的发展和美学研究范围的拓宽，产生了一个范围更宽的交叉学科——环境美学，景观又被纳入环境美学、生态美学的范围之中，含义更加深广了。景观美学的研究涉及各个领域，从不同角度分别对景观美学展开了研究。例如，吴家骅认为景观美学的研究主要包含心理学美学和生态环境美学2个方面(吴家骅，2000)；陶济认为，景观美学研究的主要内容包括景观的审美构成和审美特征，景观审美的心理结构和特征，景观审美关系形成和发展的基础及其在审美意境中的积淀，景观开发、保护、利用和管理的美学原则等方面(陶济，1985)。

7.2.2.2 景观美的特性

景观美的特性主要表现在以下4个方面。

(1)景观美的多样性

景观美的多样性是由世界的多样性决定的。在偌大的世界上，景观无处不在，而且丰富多彩，这就决定了景观美的多样性。例如，森林景观中，森林植物的色彩、体态、形状、气味和声响等均体现了明显的多样性。

(2)景观美的社会性

景观美的存在，总是这样或那样地与社会上人的生活发生某种联系。景观美的社会性，主要表现在它与人类社会具有一种功利关系。古人说：美不自美，因人而彰。如果没有人欣赏，景观的存在也就没多大意义。如风景区、森林公园中的景观对外开放，就是景观美的社会性的体现。

(3)景观美的可愉悦性

客观存在的景物，只有具有了欣赏价值，才能引起人们愉悦的情感。凡是具有欣赏价值的景物，它必定具有某种程度的诱引性，刹那间就能激起人们的审美注意，就能触景生情，人的感官就会获得一种满足，从而产生审美的愉悦感。

(4)景观美的时空性

在一定区域内的景观会随时间的变化而发生变化，这种变化可以是长期、中期和短期变化。如自然景观的演变主要受自然力的作用，变化相对缓慢，在短时间内不易被人们所觉察，这种变化属于长期变化；而江河中的浪花则是短期的变化。同一种景物，在不同的时间里，也会呈现不同的美。此外，任何景观的存在，都依赖于三度空间的关系，都有一定的空间性，不同的空间组合形式会创造出不同的空间感，这在园林当中表现得更为显著。

值得一提的是，景观美还有一个特殊性，表现在它所从属的类别这个问题上。按照通常的美学分类方法，把美分为现实美和艺术美，现实美又有自然美和社会美之分。自然美是不依赖于人类社会而客观存在的、有序、均衡、和谐、完善、符合进化演替规律的事物。社会美是依赖于人类社会而存在的、符合社会进步和发展规律的事物。艺术美来源于现实美，但又不同于现实美，它是人们通过劳动和创造，把现实美进行加工、抽象、使之典型化，把现实美加以再现。由于景观出现在许多领域中，在自然界里，在社会生活中，在艺术领域内，都有景观美，所以，景观美不能单独构成一类，也不能只从属于某一个美的门类。景观美是一个开放的概念，它包容极广，是一种综合性的美。

7.2.2.3 评价的基本原则

(1) 直觉性原则

在景观审美中，美感直觉就是人们不假思索地赞赏美的对象，而一下子又说不出为什么美的感受，这就是美感的个人直觉性。审美感受的直觉性，表现为审美感受是直接的、直观的，审美过程必须始终面对审美对象，直接进行具体的感受。不过，审美感受虽然是以直觉的形式表现出来的，但其中也包含着理性的内容，因为在审美活动中的一刹那间的判断，尽管好像并不存在理智活动、不存在抽象的思考，但以前的经历等却会制约着人们的审美感受，事实上刹那间的判断是以以往生活经验和人类历史文化传统为基础的。

(2) 功利性原则

在审美感受中具有不与直接功利联系的一面，人们在进行审美活动的时候，并不是为了一个实际的目的，没有直接的实用目的，没有个人的狭隘功利要求。然而，就社会而言，个人的无功利之中，却潜藏着社会的功利性。也就是说，它在更为普遍的程度上肯定了审美感受的功利性，只是这种功利性经过历史的长期积累和演变，常常不为审美的个人所觉察罢了。审美感受的社会功利性，更普遍地表现为满足人们的精神生活的需要。人们在审美过程中，陶冶了情操，愉悦了精神，从而更有利于人们从事各种实践活动，这是一种充满社会内容的功利。总之，审美感受是在不与个人直接功利联系的后面，包含着社会功利的满足。

(3) 功能性原则

毫无疑问，进行景观美学质量评价首先是方法要科学，但在充分尊重科学规律的前提下，必须指出景观美学质量评价中功能性因素的重要性。实际上，对景观进行美学质量评价，往往是有着某种评价的目的，如为了景观的规划、营造、恢复或改造等进行的。为满足不同的功能，其评价指标的选择或方法等有所不同。从规划设计的角度来看，评价景观设计的优劣，不仅在于景观好看与否，更重要的是其是否解决了功能的问题，是否形成了适宜的场所感，使用上是否方便舒适，与周围环境是否和谐等。形式美也只有和功能密切结合，才具有理性的根基，只有在功能与形式的相互协调中才能充分体现景观的美学价值。

7.2.2.4 景观美学质量评价方法

景观美学质量评价就是找出景观被感受的美感，主要根据视觉品质排定景观的等级、表达对不同景观的偏好。由于景观美内涵的丰富，以及美学质量的高低不仅依赖于景观资源本身的特性及其深广的内涵，而且很大程度上还取决于观赏者的主观评定标准，所以，与景观资源其他内容的评价相比，对其美学质量评价的难度较大。

国外对风景资源的系统分析和研究主要从20世纪60年代开始，经过几十年的发展，以自然风景为主要研究对象的风景评价领域在方法和技术方面日趋成熟，形成了专家学派、认识学派(心理学派)、经验学派(现象学派)和心理物理学派(Daniel，1976)。国外景观审美研究基本上有两种主流，一种是以专家意见作为判断基础；另一种则以非专家或基层民众的意见作为判断基础。专家方法应用的原则是专家或专业技术人员假定他们的分析是客观的，其对美丑的解释判断可直接应用在景观资源规划上；非专家方法的理论基础是实验心理学，主张通过具有审美特性的"环境刺激物"来与观众产生感应，而以反应结果作为景观品质和景观偏好的测度。迄今为止，国外对于景观资源美学质量评价方法大致采用了3种，即描述因子法、调查问卷法和直观评价法。

(1)描述因子法

描述因子法(descriptive inventories)是通过对景观的各种特征或成分的评价获得景观整体的美景度值。此法首先选择和定义一系列被认为与美景度有关的景观特征或构景成分；然后从这一系列构景要素上对每个具体景观作出评价。记录每个景观中各种特征的存在与否，并统计其数目，在有的情况下，给每种特征赋予一个数值；最后将每个景观的构成特征与美景度联系起来。有时只是单纯地对记录结果求和，有时则是综合各种特征或特征值，从而获得一个美景度指数。

描述因子法在具体方法之间还存在很大的差异。有的人选择像热烈、多样性、和谐等高度主观性的、定义模糊的景观特征因子，但后来逐步发展到采用比较客观的、有明确定义的景观特征因子。此法的难点就在于所选择的景观特征要适用于多种不同的特征，同时又能充分地把多种不同的景观区分开来。Litton(1974)指出描述因子法不仅适用于各种尺度的景观评价，而且同时适用于规划或设计服务的景观评价。因此这种方法在景观质量评价中得到了广泛应用。尽管如此，描述因子法也存在两个缺陷：一是其有效性在很大程度上依赖于应用者的专业知识和判断，以及依赖于所选择的描述性特征与美景度之间的相关性；二是这种方法难以直接将各种景观特征与美景度之间的关系表达出来，亦即很难建立起景观特征与美景度之间的关系模型。

(2)调查问卷法

调查问卷法(surveys and questionnaires)实际上是一种实验心理学的方法。它是通过向公众提问(可以是口头或表格等方式)汇总的结果来评价公众对景观的满意程度或可接受程度。这种方法是建立在一个重要的但通常没有明确提出的假设之上，即受调查人所表达的对景观的喜好程度是与景观美相关联的，即人们越喜欢的景观就是越美的景观。

这种方法的优点在于把多数人的意见作为评价的标准，同时比较方便、经济，只需整理一套问题清单并做成问卷即可，不需要进行艰苦的野外工作和图片处理，对问题的选择不受森林资源现状的限制，并且问题的大小完全可以根据目的任意确定。但此法也有它的不足之处，对同一内容在不同的问法下可能会得到完全不同的反应，因此，如何措辞显得很关键。此外，这种方法的调查工作需要得到公众的理解和支持，而且有时候公众在回答问题时所作的选择与面对景观实体或图片时所作出的选择相互矛盾。

(3)直观评价法

直观评价法(perceptional preference assessment)在很多方面与问卷法相似，都是通过公众的评判来评价景观质量。但这种方法是从心理物理学理论衍生而来的。心理物理学是一门研究建立环境刺激和人们感觉、知觉和判断之间关系的理论和手段的学科。景观美学评价中正是运用了该学科的主要思想，把景观与审美的关系理解为刺激与反应的关系。因此，这种方法通常又称心理物理学方法(psychophysical method)。用心理物理学方法建立景观评价模型包括3部分内容：一是测定公众的审美态度，即获得美景度量值；二是将景观进行要素分解并测定各要素量值；三是建立美景度与各要素之间的关系模型。通常通过公众对制作的景观彩色相片或幻灯片(也可到现场)的观感来确定景观的优美程度，探求景观特征与人们审美评判反应之间的数量关系，建立景观要素与美景度之间的关系模型。

显然，心理物理学方法评价景观价值高低具有两个明显的特点：一是以公众评判为依据，而不是依靠少数专家；二是景观的物理特征能够客观地加以测定，这样就避免了大量运用诸如多样性、奇特性等形式美原则或其他生态学原则所带来的不便。由此可见，心理物理学方法更能客观反映景观的实际美学价值，是较盛行的一种评价方法。

由于美景度的测定方法和数据处理手段不同，心理物理学方法又派生出多种方法。到目前为止有2种方法在景观评价中应用最多并且认为最有效。一是Daniel和Boster(1976)提出的美景度评判法(scenic beauty estimation，SBE)；二是Buhyoff和Leuschner(1978)提出的比较评判法(law of comparative judgement，LCJ)。Hull等(1984)从理论和经验两方面对这2种方法曾进行过深入的分析比较。SBE法多以幻灯片作为评判测量的媒介，通过逐个评分(五分制或十分制)制定一个反映各风景优美程度的美景度量表，其最大优点是能对大量风景进行评价，并且省时、较经济，因为每个人对某一评判景观只看一次。但它有一个致命的缺点，就是各风景之间缺乏相互比较的机会；LCJ法以风景之间比较为基础，这是与SBE法最基本的区别。根据不同的比较方法，LCJ法又分为两种：一种是将所有评判景观作两两比较，即对于n个景观要作$[n(n-1)]/2$次比较，称为成对比较法(full pair comparison)；另一种是将所有景观经比较后按美景度高低排成序列，称为等级法(rank order method)。成对比较法所提供的信息量最大，精度最高，是最稳定的一种方法，但因工作量太大而限制了景观样本数目；而等级法因为人的辨别能力的局限性，同样限制了景观样本的数目。通常LCJ法的供试景观数量最多不超过15种。

7.2.2.5　案例分析——婺源县天然阔叶林景观美学质量评价

(1)评价材料

评价材料取自江西婺源县主要旅游景区具有代表性的30个天然阔叶林景观样地的夏、秋两季近景景观，对每块景观样地进行摄影与调查。调查的主要内容包括树种组成、大小、密度、树干形态、自然整枝、林内透视距离(通视性)和林下层的组成、盖度与高度，以及林下层统一度(用于反映林分下层的统一性和变异性特征)等景观要素。

(2)评价方法

①景观评判　采用1张相片代表1个景观，以138名大学生作为评判者，选用幻灯片方式进行室内评判。评判时采用十分制评分标准，即0~9，数值越大，表示风景越美、质量越高；数值越小，表示风景越差。

②美景度的计算　美景度是用来反映景观美学质量高低的数值。Daniel 和 Boster 等学者认为 *SBE*(scenic beauty estimation)值是不受评判标准和得分制影响的理想的美景度代表值。本案例基于不同评判者对某一景观的幻灯片的评判值计算每张幻灯片(即每个景观)的 *SBE* 值，其过程包括：按等级值的大小顺序统计各等级值的频率(f)；计算累积频率(cf)；累积频率除以评判者总人数得累积概率(cp)；根据累积概率查正态分布单侧分位数值(z)；计算 z 的平均值($\bar{z}$)：由于累积过程，在最低等级值必定 $cp=1$，$z=\infty$，所以这等级的 z 值不予考虑，z 平均值则按比等级数少1来计算(本例中按9个值计算平均值)。而在其他等级值中出现 $cp=1$ 或 $cp=0$($z=\pm\infty$)时，将采用 $cp=1-1/(2N)$ 或 $cp=1/(2N)$ 计算 z 值，其中 N 为评判者人数；随机选取一个景观作为对照景观，并令其 $SBE=0$，其他景观的 *SBE* 值为这一景观的 $\bar{z}$ 值减去对照景观的 $\bar{z}$ 值再乘以100。计算结果见表7-2。

表7-2　景观美景度值计算结果

景观号	*SBE* 值	景观号	*SBE* 值	景观号	*SBE* 值
1	0.0	11	-16.4	21	-0.3
2	-0.2	12	-27.2	22	-24.0
3	27.0	13	-39.8	23	66.6
4	8.6	14	-36.2	24	55.3
5	11.9	15	67.8	25	46.8
6	-13.2	16	24.5	26	32.3
7	66.4	17	8.2	27	48.8
8	69.3	18	30.2	28	-5.1
9	84.7	19	6.7	29	7.7
10	-16.5	20	3.0	30	-8.5

注：引自欧阳勋志等，2007。

③景观要素分解　根据天然阔叶林的特征，经分析整理，选择影响近景景观美学质量的14个景观要素(表7-3)。

表7-3　近景景观要素分解

编号	项　目	类目			
		1	2	3	4
1	树种组成	优势树种小于50%	优势树种占50%~80%	优势树种大于80%	—
2	树干形态	弯曲	一般	通直	—
3	树木排列	丛状	自由式		—
4	树木大小变异	不明显	明显	极明显	—
5	色彩丰富度	几乎单一	较丰富	丰富	—
6	林木密度	较稀	中等	密	很密
7	自然整枝	几乎没有	明显	极醒目	—

续表

编号	项 目	类目 1	类目 2	类目 3	类目 4
8	林下层统一度	不统一	较统一	统一	—
9	林下层总盖度	<30%	30%~60%	60%~90%	>90%
10	林下层高度	<0.5m	0.5~1.0m	1.0~1.5m	>1.5m
11	枯落物	几乎看不到	局部可见	均匀分布	—
12	通视性	<10m	10~20m	20~30m	>30m
13	郁闭度	<0.3	0.3~0.7	0.7~0.9	>0.9
14	平均胸径	—	—	—	—

注：引自欧阳勋志等，2007。

④模型建立　以各景观的 *SBE* 值为因变量，以各景观的要素值(包括定性和定量项目)为自变量，运用多元数量化模型Ⅰ，最后筛选出树干形态、色彩丰富度、林木密度、自然整枝、林下层总盖度和林下层高度6个景观要素，建立了天然阔叶林近景景观美景度模型：

$$SBE=83.09-44.1x_{11}-32.01x_{12}-21.75x_{21}-14.69x_{22}-5.51x_{31}-12.21x_{32}+19.36x_{33}-27.54x_{41}-20.13x_{42}-22.07x_{51}-2.27x_{52}+4.88x_{53}-13.82x_{61}+10.66x_{62}+9.08x_{63}$$

在模型检验中，偏相关系数采用 t 检验，检验结果均为极显著或显著；复相关系数用 F 检验，检验结果为极显著。所以筛选出的6个因子与天然阔叶林近景景观美景度之间具有极显著的关系。模型运算结果及各类目得分值和项目分值极差见表7-4。

表7-4　模型运算结果

项目名称	项目代号	类 目	得分值	分值极差	偏相关系数	t 检验
树干形态	x_1	1	-44.10	44.10	0.772 4	5.832 3**
		2	-32.01			
		3	0			
色彩丰富度	x_2	1	-21.75	21.75	0.448 2	2.404 5*
		2	-14.69			
		3	0			
林木密度	x_3	1	-5.51	31.57	0.607 0	3.663 1**
		2	-12.21			
		3	19.36			
		4	0			
自然整枝	x_4	1	-27.54	27.54	0.560 5	3.245 8**
		2	-20.13			
		3	0			

续表

项目名称	项目代号	类目	得分值	分值极差	偏相关系数	t 检验
林下层总盖度	x_5	1	-22.07	26.95	0.596 0	3.559 6**
		2	-2.27			
		3	4.88			
		4	0			
林下层高度	x_6	1	-13.82	24.48	0.574 8	3.368 8**
		2	10.66			
		3	9.08			
		4	0			
SBE 方差	0.122 4	剩余方差	1.174 7E-02	复相关系数	0.950 8	$F=36.11^{**}$

注：引自欧阳勋志等，2007。*表示在0.05水平上显著；**表示在0.01水平上显著。$t_{0.05}(23)=2.069$；$t_{0.01}(23)=2.807$；$F_{0.01}(6,23)=3.71$。

(3)评价结果

①树干形态对天然阔叶林景观质量的影响　由表7-3可知，树干形态对天然阔叶林近景景观美景度贡献率最大，以“通直”干形最好，“弯曲”干形最差。这是因为干形通直的林分景观在整体上给人们一种挺拔、整齐之美；而干形弯曲的林分往往使景观整体显得杂乱，有序度低。另外，干形通直的林分具有较好的通视性和可及性。因此，在景观林改造中，择伐对象应为树干弯曲等有碍风景的树种或个体，为干形通直的林木创造良好的生长空间。

②林木密度对天然阔叶林景观质量的影响　林木密度对天然阔叶林景观质量的影响位居第二。其大小以“密”最好，其次是“很密”“较稀”，“中等”最低。这是由于密度大的林分有着浓厚的森林气氛，易使人们产生一种回归自然之感；但密度过大往往会使人产生一种压抑感，因而相对降低了人们的喜好程度；密度较稀的林分之所以高于密度中等的林分，可能是因为密度较低的林分往往是一些立地条件较差的林分，灌木覆盖度高，乔木树冠发达，灌木与乔木之间形成鲜明的对比，容易产生一种层次感。为此，对密度过大的景观林分，宜采取适当强度的透光伐，增加通透性，以创造观察森林深处的条件；而对密度较稀的景观林分，宜采取人工补植阔叶树或人工促进阔叶幼树生长等措施。

③林下层总盖度和高度对天然阔叶林景观质量的影响　林下层总盖度以“60%~90%”最好，其次是“>90%”和“30%~60%”，最后是“<30%”。从总的情况看，林下灌草的覆盖度高有利于提高美景度，覆盖度越低，美景度值也越低。但过于稠密的林下层易使景观显得荒凉、阻碍视线、可及性差，因而影响了人们的喜好程度。因此，在经营中，林下层总盖度以80%左右为宜。

林下层高度以“0.5~1.0m”最好，其次是“1.0~1.5m”和“>1.5m”，“<0.5m”最差。

总的来说，林下层过高或过低都会降低人们的喜好程度，中等高度有利于提高美景度值。高灌木能形成四周封闭，>1.5m时会严重阻碍人们的视线，影响林分的美学价值；而<0.5m，不易遮挡林地上的枯枝，往往易给人一种荒凉之感，因而其美学质量相对于其他高度来说要低。因此，在景观经营中，应定期或不定期进行刈割，以控制林下层的高度与盖度，提高林下层的统一度。

④自然整枝对天然阔叶林景观质量的影响　自然整枝情况以“极醒目”最好，“几乎没有”最差。这说明自然整枝越明显，人们的喜好程度越高，美景度越大。自然整枝良好的林分，往往给人一种宽敞的绿色空间，通视性较好，不易产生压抑感；而自然整枝差的林分，容易使景观显得杂乱无章，阻挡视线，从而影响观赏效果。这一结果反映了对景观林林木进行适当人工修枝、整枝是必要的。

⑤色彩丰富度对天然阔叶林景观质量的影响　从色彩丰富度来看，“丰富”的林分最好，“几乎单一”的林分美景度最差，“较丰富”的中等。这表明林分色彩越富于变化、丰富多彩，人们的喜好程度越高。这是因为丰富的色彩能创造一种强烈、轻松欢乐的气氛，能激发人们的视觉效果，从而产生更美的感受。所以，对色彩单一的景观林分，宜采用以色相变化为主的林分改造技术，适当补植色叶树种，如枫香、红叶石楠、檫树、香果树和蓝果树等。

由于本案例选择的样地主要分布在旅游区内，集约经营管理程度较高，没有发现有典型枯倒木及采伐剩余物的现象，因此没有考虑这一景观因素。而国内外有关研究表明，林分内的枯倒木及采伐剩余物会产生负面影响，与美景度呈负相关。另外，在建模运算过程中发现，虽然“平均胸径”与美景度之间呈正相关，但由于景观样地布设时未能找到直径大的林分，林分平均胸径差异不是很大，基本上在10~26cm，其偏相关系数较小，不能充分表现出直径大小对美景度的影响。

7.2.3　生态系统服务功能评价

7.2.3.1　生态系统服务功能的内涵

地球生态系统被誉为生命之舟，它不仅为人类提供了食品、医药及其他生产生活原料，还创造与维持了地球生命保障系统，形成了人类生存所必需的环境条件，是人类赖以生存的自然环境条件与效用。

生态系统服务功能主要表现为提供保存生物进化所需要的丰富的物种与遗传资源、太阳能、二氧化碳的固定、有机质的合成、区域气候调节、维持水及营养物质的循环、土壤的形成与保护、污染物的吸收与降解及创造物种赖以生存与繁育的条件，维持整个大气化学组分的平衡与稳定，以及由于丰富的生物多样性所形成的自然景观及其具有的美学、文化、科学、教育的价值。生态系统的这些功能虽不表现为直接的生产与消费价值，但它们是生物资源直接价值产生与形成的基础。可以说，正是生态系统的服务功能，才使人类的生态环境条件得以维持和稳定，这也是生态系统服务的内涵所在。

Costanza等(1997)把生态系统服务分为以下17种，见表7-5。

表 7-5 生态系统服务项目一览表

序号	生态系统服务	生态系统功能	举 例
1	气体调节	大气化学成分调节	CO_2/O_2平衡，O_3防紫外线、SO_2平衡
2	气候调节	全球适度、降水及其他由生物媒介的全球及地区性气候调节	温室气体调节，影响云形成 DMS 的产物
3	干扰调节	生态系统对环境波动的容量衰减和综合反应	风暴防止、洪水控制、恢复等生境对主要受植被结构控制的环境变化的反应
4	水调节	水文调节	为农业、工业和运输业提供用水
5	水供应	水的贮存和保持	向集水区、水库和含水岩层供水
6	控制侵蚀和保肥保土	生态系统内的土壤保持	防止土壤被风、水侵蚀，把淤泥保存在湖泊和湿地中
7	土壤形成	土壤形成过程	岩石风化和有机质积累
8	养分循环	养分的贮存、内循环和获取	固 O、N、P 和其他元素及养分循环
9	废物处理	易流失养分的再获取，过多或外来养分、化合物的去除或降解	废物处理，污染处理，解除毒性
10	传粉	有花植物配子的运动	提供传粉者以便植物种群繁殖
11	生物防治	生态种群的营养动力学控制	关键捕食者控制被捕食者群，顶位捕食者使食草动物减少
12	避难所	为常居和迁徙种群提供生境	育雏地、迁徙动物栖息地、当地收获物种栖息地或越冬场所
13	食物生产	总级生产中可用作食物的部分	通过渔、猎、采集和农耕收获的鱼、鸟兽、作物、坚果、水果等
14	原材料	总级生产中可用作原材料的部分	木材、燃料科学产品
15	基因资源	独一无二的生物材料和产品的来源	医药、材料科学产品，用于农作物抗病和抗虫的基因，家养物种(宠物和植物栽培品种)
16	休闲娱乐	提供休闲旅游活动机会	生态旅游、钓鱼运动及其他户外游乐活动
17	文化	提供非商业性用途的机会	生态系统的美学、艺术、教学、精神及科学价值

注：引自 Costanza *et al.*，1997。

显然，生态系统服务的内容广泛而丰富，此概念一经提出，就已引起生态学界的重视，许多学者先后发表文章加以论述。生态系统服务在狭义上一般是指生命支持功能，而不包括生态系统服务功能和生态系统提供的产品。但服务、功能与产品三者是紧密联系的。生态系统功能是构建生物有机体生理功能的过程，是维持人类提供各种产品和服务的基础。生态系统功能的多样性对于持续地提供产品的生产和服务是至关重要的。产品是指在市场上用货币表现的商品。服务不能够在市场上买卖，但它具有重要的价值。而随着市场经济的发展，更多人主张生态系统服务应包容产品。Costanza 等(1997)把生态系统提供的商品和服务统称为生态系统服务。

生态系统的服务功能可以分为4个层次：生态系统的生产(包括生态系统的产品及生物多样性的维持等)、生态系统的基本功能(包括传粉、传播种子、生物防治、土壤形成等)、生态系统的环境效益(包括缓减干旱和洪涝灾害、调节气候、净化空气、处理废物等)和生态系统的娱乐价值(休闲、娱乐、文化、艺术素养、生态美学等)。

生态系统的服务功能与生态系统的功能所涵盖的意义不同，服务功能是针对人类而言的，但值得注意的是生态系统的服务功能只是一小部分被人类利用。但对于人类来说，生态系统的功能也有直接和间接之分，这里面存在着非常复杂的关系。如何充分利用生态系统的服务而又不导致生态失衡，是生态系统管理的目标之一。

7.2.3.2　生态系统服务功能的基本原则

生态系统服务功能具有十分重要的意义。离开了生态系统这种生命支持系统的服务，全人类的生存就会受到严重威胁。所以，从一定意义上说，生态系统服务的总价值是无限大的。全人类的生存依赖于生态系统服务，反过来，人类社会经济活动又会对整个自然生态系统产生影响。人工生态系统与自然生态系统提供的生态系统服务是不同的，人工生态系统通常仅在一个较小尺度和有限时段内更为有效地提供一种生态系统服务。而自然生态系统服务功能的基本原则主要体现在如下几方面：

(1)自然生态系统服务性能是客观存在的，不依赖于评价的主体

正如 Wilson 所指出那样："它们并不需要人类，而人类却需要它们。"尽管自然系统服务的性能和功益(benefit)可以被人和有感觉能力的动物感觉到，但不能说感觉不到自然服务功益就不存在，就没有意义。即使在人类出现之前，自然系统早就存在，在人类出现之后，自然生态系统服务性能就与人类的利益相联系。

(2)生态系统服务功能与生态过程紧密地结合在一起，它们都是自然生态系统的属性

自然生态系统中植物群落和动物群落，自养生物和异养生物的协同关系，以水为核心的物质循环，地球上各种生态系统的共同进化和发展等，均包含着各种各样的生态过程，也就产生了生态系统的功益。

(3)自然作为进化的整体，是生产服务性功能效益的源泉

自然生态系统是在不断进化和发展中产生更加完善的物种，演化出更加完善的生态系统，这个系统是有价值的，能产生许许多多功能效益性能。自然生态系统的进化过程维护着它派生出的性能，并不断促进这种性能的进一步完善。其潜力是非常强大的，它趋向于向更高、更复杂、更多功能效益方向运动。

(4)自然生态系统是多种性能的转换器

自然生态系统在自然进化的过程中，产生了越来越丰富的内在功能。个体、种群的功能是与它在生物群落共同体相联系的。这样，又使它自身的性能转变成集合性能。例如，当绿色植物被食草动物取食，食草动物又被食肉动物取食；动植物死后又被分解者分解，最后进入土壤中。这些个体生命虽然不存在了，但其物质和能量转变成别的动物或者在土壤中贮存起来。经过自然网络转换器的这种作用就周而复始地在全球系统中运动。

7.2.3.3　生态系统服务功能价值评估

(1)生态服务功能的价值分类

根据生态服务功能和利用状况，可以将服务功能价值分为4类：第一，直接利用价值，主要指生态系统产品所产生的价值，可以用产品的市场价格来估计。第二，间接利用价值，主要指无法商品化的生态系统服务功能，如维护和支撑地球生命支持系统功能。间接利用价值通常根据生态服务功能的类型来确定。第三，选择价值，它是人们为了将来能够直接利用与间接利用某种生态系统服务功能的支付意愿。例如，人们为了将来能利用河流生态系统的休闲娱乐功能的支付意愿；第四，存在价值(又称内在价值)，它表示人们为确保这种生态服务功能继续存在的支付意愿，它是生态系统本身具有的价值，如流域生态

景观的多样性，与人们是否进行消费利用无关(欧阳志云等，1999)。

(2)生态服务功能的评价方法

生态系统的服务未完全进入市场，其服务的总价值对经济来说也是无限大的。但是对生态服务的"增量"价值或"边际"价值(价值的变化和生态系统服务从其现有水平上的变化的比率)进行估计是有效益的。许多研究者对生态服务的经济价值进行了评估，对于不同的生态系统来说，评价的指标不尽一致，但总体的评价方法有如下几种：

①直接市场价格法　是指生态系统提供的产品和服务在市场贸易中所产生的货币价值。它又可分为市场价值法和费用支出法。市场价值法以生态系统提供的商品价值为依据，如提供的木材、鱼类、农产品等，即当前人们普遍观念上的生物资源价值。费用支出法用来描述生态系统服务价值，它以人们对某种环境效益的支出费用来表示该效益的经济价值，如游览景点所用的交通费、饮食费、住宿费、门票等。

②替代市场价格法　当一项产品或服务的市场不存在，没有市场价格时，替代市场价格可以用来提供或推出有关价值方面的信息，它以"影子价格"和消费者剩余来表达生态服务功能的经济价值。方法是通过分析某种与环境效益有密切关系、并且已在市场上进行交易的东西的价格来替代，有时必须作出某些人为的调整。替代市场价格法一般包括市场价值法、机会成本法、旅行费用法、规避行为与防护费用法、享乐价格法等。其中市场价值法可适合于没有费用支出但有市场价格的生态服务功能的价值评估；规避行为和防护费用法是指通过观察人们为防止实际或潜在的环境质量退化所愿意花费的费用来获得信息；旅行费用法是估价未明码标价的自然景观或环境资源的一种方法，以参观游览自然风景点所花费的时间或费用来代替进入此景点的价格；享乐价格法的出发点是某一财产的价格反映了它所处的环境质量，即人们赋予环境质量的价格可能通过他们为包含环境属性的商品所支付的价格来推断，分析中常常使用房地产市场作为研究对象。

③权变估值法　也叫条件价值法、调查法或假设评价法。适用于各种"公共商品"的无形效益评估。它评价范围广，从种种使用价值、各种非使用价值到各种可用语言表达的无形效益，是公共商品评价领域最有前途的方法。权变估值法属于间接方法，它应用模拟市场技术，假设某种"公共商品"存在并有市场交换，通过调查、询问(直接询问、电话询问、信函询问等)、问卷、投标等方式来获得消费者对该"公共商品"的支付意愿或消费剩余，综合所有消费者支付意愿或消费者剩余，即可得到环境商品的经济价值。

权变估值法按调查方式的不同又可分为4类：

a. 报价法：先假设"环境商品"存在并给出其一定的供给水平，再要求消费者回答获得该"公共商品"的支付意愿。

b. 取舍实验法：把被调查者分为几个样本，向每一个样本提出同样的问题，但开价不同，然后要求消费者对开价作出取舍。

c. 交易法：给消费者2种不同的选择，一种是一定数量的钱；另一种是环境商品，然后要求消费者作出取舍。

d. 德尔菲法：调查的对象是专家，而不是消费者。首先要求每个专家分别对某一"环境商品"进行估价，然后大家一起讨论。在考虑了所有的意见之后，每个专家修改自己以前的看法，重新进行估价，最后达成共识。

④生产成本法　在资源环境对人类产生净效益的同时，也存在着人类合理开发利用而带来的生态影响，即生态破坏的经济损失以及为消除这些损失而需支付的费用，统称“生态代价”。生产成本就是指为恢复、保护或重建这些损失而需要的花费。常用的生产成本法有机会成本法、成本有效性分析法、减轻损害的费用法、影子项目法、替代费用法。

a. 机会成本法：指人们使用或开发某一资源所必须舍弃的经济上或财务上有价值的机会。如保护某一天然区域的机会成本包括放弃采伐该地区生长的木材所产生的收益及其他商业性开发选择所产生的收益。

b. 成本有效性分析法：如果某一政策目标十分重要，但达到此目标的效益却无法估计，就不应把注意力集中在效益估价上，而应放在如何以最节省的费用来达到这一目标。采用成本有效性分析法，首先应确定一个目标，然后分析达到这一目标的不同方法。还可以用成本有效性分析法来分析如何分配现有资金，使其最有效地发挥作用。

c. 减轻损害的费用法：可用来分析需花费多少钱才能减轻或逆转破坏所需劳力及物资的费用。

d. 影子项目法：指在生态环境功能被破坏，需要重建这种功能时所花的费用。例如一片森林被毁坏，使涵养水源功能丧失或造成荒漠化，就需要建设一个水库或防风固沙工程等。

e. 替代费用法：可用来分析需花费多少钱才能替代某一开发项目对生产资料所造成的损害，然后必须把这些费用与防止环境损害发生的费用相比较。如果替代的费用大于预防的费用，那么，环境破坏就可以避免。例如毁林可能造成雨季山涧流量的增加，加上洪水会对下游造成损失，如冲毁道路、桥梁等，就必须将替换这些建筑的费用与预防环境破坏所发生的费用相比较。

⑤实际影响的市场估值法　这种方法通过观察环境的实际变化，并估计此种变化对商品或服务价值有多大影响，反过来估值环境变化。如水污染能够减少捕鱼量，空气污染能够影响农作物的生产。在这些情况下，环境变化导致了市场产出减少。实际影响的市场估值法有几种类型，它们是剂量响应法、损害函数法、生产函数法、人力资本法。

a. 剂量响应法：用来估算环境变化对受体的实际影响，例如空气污染对材料腐蚀、酸雨对农作物产量，或者水污染对游泳者的健康。

b. 生产函数法：通过计量经济的方法将投入与产出联系，显示出产出随着各种投入的变化而改变的状况，例如劳动力、土地、资本的变化去引起产出的某一变化。

c. 损害函数法：使用剂量响应的数据，来估算环境变化的经济费用。环境变化产生的实际或影响通过单位产量的市场价格转换为经济价值。

d. 人力资本法：测算环境变化引起的人们健康恶化的费用。从流行病数据、控制组实验或通过对环境质量对人们健康的影响的观察可以获得证据。通过对工人劳动生产率的测算可得到人们健康恶化的经济成本。

7.2.3.4　案例分析——中国森林生态系统服务功能及其价值评估

(1)概述与方法

森林生态系统具有涵养水源、保育土壤、固碳释氧、积累营养物质、净化大气环境、生物多样性等多种服务功能。我国自20世纪80年代初开始进行森林生态系统服务功能评估工作，并对森林生态系统服务功能的价值研究做了很多有益的探索。但要科学地评估森林生态系统服务功能，尚存在森林生态系统服务功能机制研究较缺乏、评估理论与评估方法不够完善、生态学研究与经济学研究未能有机融合、缺乏统一的评价方法和指标体系等问题。为此，2006年以来，国家林业局开始着手森林生态系统服务功能评估标准制定工作，并于2008年3月颁布出版了中华人民共和国林业行业标准《森林生态系统服务功能评估规范》(LY/T 1721—2008)，该规范规定了森林生态系统服务功能评估的数据来源、评估指标体系及评估公式等，评估指标体系包括涵养水源、保育土壤、固碳释氧、积累营养物质、净化大气环境、森林防护、生物多样性保护和森林游憩8项功能14个指标(表7-6)。

表7-6 森林生态系统服务功能评估指标体系

指标类别	评估指标	指标类别	评估指标
涵养水源	调节水量	净化大气环境	提供负氧离子
	净化水质		吸收污染物
保育土壤	固土		降低噪声
	保肥		滞尘
固碳释氧	固碳	森林防护	森林防护
	释氧	生物多样性保护	物种保育
积累营养物质	林木营养积累	森林游憩	森林游憩

注：引自王兵等，2011。

本次中国森林生态系统服务功能价值评估参照中华人民共和国林业行业标准《森林生态系统服务功能评估规范》(LY/T 1721—2008)，选择的评估指标包括涵养水源(调节水量指标和净化水质指标)、保育土壤(固土指标和保肥指标)、固碳释氧(固碳指标和释氧指标)、积累营养物质(林木积累N、P、K指标)、净化大气环境(提供负离子指标、吸收污染物指标和滞尘指标)和生物多样性保护(物质保育指标)6项功能11个指标，指标的计算公式均来自于《森林生态系统服务功能评估规范》(LY/T 1721—2008)。由于森林防护、降低噪声和森林游憩等指标计算方法尚未成熟，因此本文未涉及森林防护、降低噪声和森林游憩的功能和价值评估。基于同样原因，在吸收污染物指标中不涉及吸收重金属的功能和价值评估。此外，由于欠缺港澳台地区的相关数据，本次全国森林生态系统服务功能评估不含以上地区。

本评估的数据来源：一是中国森林生态系统定位研究网络(CFERN)所属的森林生态站，包括200多个辅助观测点和500多个补充观测点按照森林生态系统定位观测指标体系(LY/T 1606—2003)进行检测获得的长期定位观测数据，基本覆盖了中国主要的地带性植被分布区；二是国家林业局第7次(2005—2009年)森林资源清查数据；三是我国统计局、物价局等权威机构公布的社会公共数据，本次计算参照《森林生态系统服务功能评估规范》(LY/T 1271—2008)中推荐使用的社会公共数据。

(2)评估结果与分析

对涵养水源、保育土壤、固碳释氧、积累营养物质、净化大气环境和生物多样性保护6项功能11个指标的评估结果如下：

a. 涵养水源功能：我国森林生态系统涵养水源总量为 4 947.66 × 10^8 m^3/a，调节水量价值为 30 233.68 × 10^8 元/a，净化水质价值为 10 340.62 × 10^8 元/a，总涵养水源价值为 40 574.30 × 10^8 元/a。

b. 保育土壤功能：我国森林生态系统固土能力为 70.35 × 10^8t/a，固土价值为 861.52 × 10^8 元/a，保肥价值为 9 059.04 × 10^8 元/a，保育土壤价值为 9 920.59 × 10^8 元/a。

c. 固碳释氧功能：我国森林生态系统固碳物质量为 3.59 × 10^8t/a，固碳价值为 4 303.42 × 10^8 元/a，释氧物质量为 12.24 × 10^8t/a，释氧价值为 11 290.13 × 10^8 元/a，固碳释氧价值为 15 593.55 × 10^8 元/a。

d. 林木营养积累功能：我国森林对 N、P 和 K 的积累量分别为 981.43 × 10^4t/a、125.81 × 10^4t/a 和 542.38 × 10^4t/a，得出林木营养物质积累价值为 2 077.06 × 10^8 元/a。

e. 净化大气环境功能：中国森林生态系统生产负氧离子量为 168.09 × 10^{25}个/a；吸收二氧化硫 297.45 × 10^8 kg/a，氟化物 10.81 × 10^8 kg/a，氮氧化物 15.13 × 10^8 kg/a；滞尘量为5 014.13 × 10^8 kg/a，森林生态系统净化大气环境价值为 7 931.90 × 10^8 元/a。

f. 生物多样性保护功能：中国森林生态系统生物多样性保护功能价值为 24 050.23 × 10^8 元/a。

综上所述，2009 年中国森林生态系统服务功能总价值为 100 147.61 × 10^8 元/a。6 项功能价值表现为涵养水源 > 生物多样性保护 > 固碳释氧 > 保育土壤 > 净化大气环境 > 积累营养物质，各单项服务功能占总价值量的比例分别为 40%、24%、16%、10%、8% 和 2%。各行政区森林生态系统服务功能价值排序见表 7-7。

表 7-7　中国森林生态系统服务功能价值排序

行政区	单位面积价值	单位面积价值排序	总价值	总价值排序	行政区	单位面积价值	单位面积价值排序	总价值	总价值排序
北京	2.61	28	235.40	28	湖北	4.54	11	3 283.13	11
天津	2.33	29	26.11	30	湖南	4.45	12	4 844.73	9
河北	3.31	20	1 598.09	19	广东	6.05	2	5 545.73	6
山西	3.13	23	1 053.95	24	广西	6.05	3	7 740.20	4
内蒙古	2.98	26	7 156.61	5	海南	6.26	1	1 126.59	22
辽宁	4.19	16	2 273.55	16	重庆	4.88	9	1 539.60	20
吉林	4.10	17	3 081.32	12	四川	5.19	5	10 590.48	1
黑龙江	4.44	14	8 579.18	3	贵州	4.30	15	2 515.11	15
上海	3.67	18	23.09	31	云南	5.06	6	10 257.22	2
江苏	4.66	10	506.08	27	西藏	3.23	22	5 480.44	7
浙江	4.93	8	3 037.16	13	陕西	3.08	25	2 684.48	14
安徽	4.44	13	1 754.73	18	甘肃	3.09	24	1 802.37	17
福建	5.05	7	3 975.86	10	青海	2.10	30	761.25	26
江西	5.25	4	5 213.59	8	宁夏	2.87	27	153.33	29
山东	3.56	19	935.82	25	新疆	1.61	31	1 070.25	23
河南	3.27	21	1 302.15	21	全国	4.26		100 147.61	

注：①引自王兵等，2011；②单位面积价值单位为万元/(hm^2 · a)；③总价值的单位为亿元/a；④因香港、澳门特别行政区和台湾省数据缺乏，未列。

总体来说，总价值量和单位面积价值量表现为我国南方地区高于北方地区，东部地区高于西部地区；海南和新疆单位面积的价值差别最大，海南省单位面积价值约为新疆自治区单位面积价值的4倍。森林生态系统服务功能的价值与森林面积、森林类型以及森林质量有着密切关系，这也是造成我国各省级行政区森林生态系统服务功能价值分布不均的主要原因。森林植被的年生长量是决定森林发挥生态系统服务功能大小的主要因子。目前森林碳储量估算的普遍方法是直接或间接测算森林生物量再乘以生物量中碳元素的含量(含碳系数)，国际上常用的含碳系数为0.45~0.5，中国森林生态系统服务功能空间分布规律和中国森林植被碳库的空间分布规律基本一致。

森林生态系统服务功能价值和森林生产力也有一定的关系。生产力高、林分质量高、健康状况良好的森林所产生的服务功能就高。长白山地区云杉(*Picea jezoensis* var. *komarovii*)+冷杉(*Abies nephrolepis*)林年生产力为6.3 t C/(hm^2·a)，黑龙江落叶松(*Larix gmelinii*)林地的年生产力达9.6t C/(hm^2·a)，均高于暖温带地区典型森林生态系统的年生产力，如北京地区辽东栎(*Quercus wutaishanica*)林年生产力为4.8 t C/(hm^2·a)，秦岭油松(*Pinus tabulaeformis*)林年生产力为3.6t C/(hm^2·a)。我国森林生态系统健康指数高的地区主要分布在热带雨林季雨林以及天然林分布的区域，而蒙新地区和暖温带林区的健康指数较低，且在全国区域内由南到北逐渐降低。温度、降水等自然条件以及森林面积和健康状况是造成各省级行政区森林生态系统服务功能差异的主要原因。

中国森林生态系统服务总价值空间格局分布特点为：森林生态系统服务价值较大的区域主要分布在我国西南部地区(四川和云南)和东北地区(黑龙江和内蒙古)以及南部地区(广东、广西和福建)，我国北方地区总价值普遍低于南方地区，东部地区普遍高于西部地区；单位面积价值量较高的区域主要分布在南部沿海地区(海南、广东和广西)，较低的区域主要分布在西北地区(甘肃、青海、宁夏和新疆)和中部地区(天津、北京和河南)。

森林生态系统价值评估对于森林保护、森林可持续经营以及生态补偿有着重要意义。森林生态系统服务功能及其价值评估有利于较好地解决生态效益补偿的定量化问题。对森林生态系统服务进行有效补偿，可对森林特别是私有林经营与保护提供资金来源，实现经济效益与环境效益双赢。

由于受学科背景、技术方法、研究区域资料收集等因素限制，更深入地研究森林生态系统服务功能评价工作仍面临一些问题。对森林生态系统结构和功能生态过程的研究有助于提高森林生态系统功能评估的准确性，因此有必要加强对森林生态系统的长期定位研究。本案例中森林生态系统服务功能评估工作是按国家林业和草原局颁布实施的统一标准进行的，并未考虑林龄、林分起源类型等因素，因此，评估指标体系和方法完善仍是今后森林生态系统服务功能评价的研究重点。

7.2.4 生态系统健康评价

7.2.4.1 生态系统健康的内涵

生态系统健康是生态系统的综合特征，它具有活力、稳定和自我调节能力。换言之，一个生态系统的生物群落在结构、功能与理论上所描述的相近，那么它们就是健康的，否则就是不健康的。一个不健康的生态系统往往是处于衰退、逐渐趋向于不可逆的崩溃过程。健康的生态系统具有弹性，保持着内稳定性。如果系统中任何一种指示物的变化超出正常幅度，系统的健康就受到了损害。当然，并不是说所有变化都是有害的，它与系统多样性相联系，多样性是易于度量的。事实上，生态系统健康可能更多地表现于系统创造性地利用胁迫的能力，而不是完全抵制胁迫的能力。健康的生态系统对干扰具有弹性，有能力抵制疾病，是系统在面对干扰时保持其结构和功能的能力。弹性能力越大，系统越健康，弹性强调了系统的适应属性，而不是摆脱它。

生态系统健康是一个尚未规范化的概念，不同学者的理解也有差异。目前已经存在的概念主要有：生态系统健康是生态系统的自动平衡；生态系统健康就是生态系统不发生疾病；生态系统健康是多样性与复杂性；生态系统健康是稳定性和弹性；生态系统健康是生长的活力和生活幅；生态系统健康是系统组分之间的平衡；生态系统健康是生态系统整合性。一般广义的生态系统健康是指一个生态系统在保障正常的生态服务功能，满足合理的人类需求的同时，维持自身持续向前发展的能力和状态；或者对目前绝大多数受到胁迫的生态系统来说，是一种需要恢复的理想化目标(陈高等，2002)。

生态系统健康是生态系统发展的一种状态。在此状态下，地理位置、光照水平、可利用的水分、养分及再生资源量都处于适宜或十分乐观的水平；或者说，处在可维持该生态系统生存的水平。生态系统有能力供养并维持一个平衡完整、适应的生物群落。此群落由若干物种组成并且构成一个有功能的组织。健康是一种状态(Karr，1999)，在此状态中，生态系统为人类提供需求的同时，维持着系统本身的多样性特征。健康也是一种程度，是生态可能性与当代人需要之间的重叠程度。如果一个生态系统有能力满足我们的需求并且在可持续方式下产生所需要的产品，这个系统就是健康的。生态系统健康将人类的生存和社会需求紧密地联系在一起。

生态系统健康是环境管理的目标和可持续发展的基础。由于环境质量的下降，生物圈面临重重威胁，至今仍未有有效措施可以制止这种状况的恶化。人类通过较为漫长的时间才意识到由于自身的粗心大意造成的影响正逐渐增长，且不可逆转地威胁着地球上的生态系统。20世纪90年代初，美国一些机构，特别是环境保护局科学顾问委员会承认，过去执行的计划还未能切实阻止国家环境质量的下降。为此，要求尽快制止生态系统的恶化，强调应用保护人类健康的范例来保护生态系统健康，而且环保机构根据人类健康的隐喻建立了生态健康目标，试图治疗地球生命支持系统。1990年10月和1991年2月分别在美国马里兰和华盛顿召开了生态系统健康的专门会议。会议共同的意见是确立生态系统健康成为环境管理的目标。管理是着眼于维持生态系统的结构、功能的可持续性，保证生态系统健康。

7.2.4.2　生态系统健康的管理原理

生态系统健康的管理具有以下若干原理。

(1)动态性原理

生态系统总是随着时间而变化，并与周围环境及生态过程相联系。生物与生物、生物与环境之间的联系，使系统输入、输出过程中，有支有收，维持需求的平衡。生态系统动态，在自然条件下，总是自动向物种多样性、结构复杂化和功能完善化的方向演替。只要有足够的时间和条件，系统迟早会进入成熟的稳定阶段。生态系统健康管理中要关注这种动态、不断调整管理体制和策略，以适应系统的动态发展。

(2)层级性原理

系统内部各个亚系统都是开放的，许多生态过程并不都是同等的，有高层次、低层次之别；也有包含型与非包含型之别。系统中的这种差别主要是由系统形成时的时空范围差别所形成的，管理中时空背景应与层级相匹配。

(3)创造性原理

系统的自调节过程是以生物群落为核心的，具有创造性。创造性的源泉是系统的多种功能流。创造性是生态系统的本质特性，必须得到高度的重视，从而保证生态系统有充足的资源和良好的系统服务。

(4)有限性原理

生态系统中的一切资源都是有限的，并不是"取之不尽，用之不竭"，因此，对生态系统的开发利用必须维持其资源再生和恢复功能。生态系统对污染物也有一定限量的承受能力，因此，污染物是不允许超过该系统的承载力或容量极限的。当越过限量其功能就会受损，严重时系统就会衰败，甚至崩溃。为此，对生态系统各项指标(功能极限、环境容量等)都应认真加以分析和计算。

(5)多样性原理

生态系统结构的复杂性和多样性对生态系统是极为重要的，它是生态系统适应环境变化的基础，也是生态系统稳定和功能优化的基础。维持生物多样性是生态系统管理计划中必不可少的部分。当多物种研究方法不能为生态系统管理提供所需完整信息时，单一物种或少数物种的研究有可能提供有价值的信息。因为：①将重点放到单一物种研究上，便可对结构的许多方面有影响的单个物种处取得大量数据，当把这些数据引申到更广阔的框架中时，会提供非常有用的信息。②被选物种的研究在生态系统方法上也是十分重要的。一个群落关键种或敏感种机理上的作用将有利于管理者对该生态系统的理解。③了解某一种区内引起某一物种受威胁的因素，对于管理的实践和设计有效的管理是极为重要的。

(6)人类是生态系统的组分原理

人类地位有两重性，包括人对其他对象的管理和人接受管理。管理是靠人去推动和执行的。

7.2.4.3 生态系统的健康评价

(1)生态系统健康评价的要点

第一，生态系统健康评价不应该建立于单个物种的存在、缺失或某一状态为基础的标准上。不应该仅停留在对物种大量的调查或统计的基础上。同时，应有实验室的工作配合。

第二，系统健康评价应该能反映人们对生态系统可能发生的相应变化的认识。

第三，虽然作为最佳的健康评价度量应该是最简单的、可以系列化、有可分辨的变化状态，然而生态系统健康不是一个单一的数值。因为单一数值将多个维度(一维度代表一类型项目)压缩到了一个几何级数上、维度为零的程度。

第四，系统健康评价的标准应该与在数量值上的变化相对应，即使给几十年，发生的数量改变也不应该出现间断。健康的度量应该具有统计学属性。

第五，考虑到最小数量的观察，系统健康的度量应该与观察次数不具相关性。

(2)生态系统健康的监测指标

生态系统健康监测可参考人类健康检查的实践来进行。医学诊断一般是：医生检查并确定症状；检测症状的主要指标；作出初步诊断，进行进一步检测；根据以上检测报告综合判断；提出治疗方案。这样的健康检测和评价模式基本上可应用于生态系统。遗憾的是，现在并没有完整的生态系统疾病史及其造成病症的胁迫资料作为依据。

这里列举已被公认为生态系统敏感性的指标：

①生态系统中某些绿色植物防御性次生代谢物减少，处于患病、鼠害和虫害严重、光合作用受阻、生长速率下降的濒危境地。

②物种生态对策改变和多样性的下降。生物多样性贫乏，极端的例子是转变成单一优势物种或物种组分向具有忍受更多压力的方向，或向 *r* 对策转变。

③生态系统净初级生产量和生物量下降。

④植物根系互惠共生微生物减少，对生物生长不利的微生物增多。

⑤外来种的入侵，造成系统波动及稳定性的变化。

⑥污染物的排放：湖泊的富营养化，海洋的赤潮，大气和固体废弃物的负效应。

⑦生态系统中限制植物生长的营养物的流失量增加，因此，系统无法利用和保护。

⑧植物体或生物群落的呼吸量有明显增加。

⑨系统内产品转化率低和分解速率增加，枯枝落叶层的积累明显下降。

⑩系统中水和营养物质的瓶颈效应及土壤的物理化学条件变劣、生态平衡失调，以非良性循环为主。

(3)生态系统健康的度量

由于生态系统是多变量的，那么，生态系统健康标准也是多尺度的、动态的，它是有结构(组织)的、有功能(活力)的、有适应(弹性)的。综合这3方面，组织、活力和弹性就是系统健康的具体反映。换句话说，健康就是由复杂系统所表现的3项测量标准(Costanza *et al.*, 1992)。它作为生态系统健康度量的标准暗示了一个被加权的总结或一个对组分更加复杂的操作运算，加权中考虑了每一组分对整个系统功能的相对重要性的评估，这个评估就成为价值。随着人们对生态系统更加深入的了解和认识，这个价值就能从主观的、表明的数量化中转化为较客观的、更本质的丰富内涵。表7-8列出了生态系统健康度量3项指标的有关概念和度量法。

表7-8 生态系统健康度量成分、有关概念及方法

健康的成分	有关概念	相关度量	起源领域	可能的方法
活力	功能	GPP，NPP	生态学	度量法
	生产力	GNP，GEP	经济学	
	通过量	新陈代谢	生物学	
组织	结构	多样性指数	生态学	网络分析
	生物多样性	平均互信息可预测性	生态学	
弹性		生长范围	生态学	模拟模型
联合性		优势	生态学	

注：引自 Costanza *et al.*,1992。GPP 总初级生产力,NPP 净初级生产力,GNP 国民生产总值,GEP 生态系统生产总值。

下面提出一个生态系统健康指数 *HI*(health index)的初步形式：

$$HI = V \cdot O \cdot R \tag{7-1}$$

式中 HI——系统健康指数，也是可持续性的一个度量；

V——系统活力，是系统活力、新陈代谢和初级生产力主要标准；

O——系统组织指数，是系统组织的相对程度0~1间的指数，包括它的多样性和相关性；

R——系统弹性指数，是系统弹性的相对程度0~1间的指数。

从理论上，根据上述3个方面指标进行综合运算就可确定一个生态系统健康状况，可是，在实际操作中常常是很复杂的。因为：①每个生态系统都有许多组分、结构和功能，各有一套独自的系统，许多功能、指标都难匹配。必须对每个生态系统的健康成分单独加以具体的度量。②系统是动态的，在变化了的新条件下，生态系统内敏感物种能动性发生相应变化。③度量本身往往因人而异。

事实上，每一位科学家都有自己的专长、特殊兴趣与追求，常用自己熟悉的专业技术去选择不同方法。显然，生态系统健康的度量还未完善，尚需做更多的工作，有待新的发展。

7.2.4.4 案例分析——信丰国家森林健康示范区生态公益林健康经营评价

(1)概述

①示范区概况　信丰县位于江西省南部，属贡水支流(桃江中游)，地理位置，114°34′E~115 °19′E，24 °59′N~25°33′N。以信丰国家森林健康示范区二期工程为研究对象，位于信丰县西南部的万隆长防林林场经营总面积为5 486.7hm^2，属于中亚热带季风湿润气候区，主要分布于海拔200~540m，土壤以红壤、黄红壤为主。示范区生态公益林主要有常绿阔叶林、马尾松(*Pinus massoniana*)林、毛竹(*Phyllostachys pubescens*)林、杉木(*Cunninghamia lanceolata*)林、湿地松(*Pinus elliottii*)林和火炬松(*Pinus taeda*)林等。

②生态公益林健康经营的内涵　森林生态系统健康研究需要自然科学、社会科学和健康科学的综合研究。生态系统健康是一种生命状态，是动态变化的，其健康状态与所采用的经营措施有着密切的关系。因此，从健康经营的角度评价生态公益林的健康状态。生态公益林健康经营就是通过经营管理而合理地调整生态公益林的森林结构、环境、功能之间的关系，从而达到立地环境、系统结构、系统功能的统一，使其具有较好的自我调节并保持系统稳定的能力，并针对不健康或亚健康森林存在的主要问题采取相应恢复健康的措施，以提高生态公益林的稳定性和功能多样性。

③数据获取和处理　评价数据的获取主要通过3个方面：一是设置标准地进行调查；二是根据森林资源二类调查数据确定火灾、病虫害发生程度等指标值；三是通过查阅和访问的方法获取相关指标的状况。

(2)评价指标体系的构建

①评价指标体系的构成　从生态公益林的主导功能及健康经营的内涵出发，将其健康经营评价指标分为3个层次：一是森林生态系统自身健康，它是生态公益林健康的内在条件和健康经营的基础；二是森林经营健康，是森林健康的外在条件，因为生态公益林与人类社会经济活动有着密切相关，不具备良好的社会经济环境、合理的经营措施和较高经营管理水平等条件，森林生态系统自身健康也难于维持；三是森林效能健康，这是反映生态公益林主导功能的大小，是健康经营的目标所在。在遵循科学性、可操作性、代表性和系统性等原则的基础上，通过理论分析及专家咨询，最后确立了包括27个指标的生态公益

林健康经营评价指标体系(表7-9)。

②指标权重的确定 采用层次分析法(AHP)确定各指标体系的权重。经过不断调整，并经一致性检验，得到各层及各指标的权重值，结果见表7-9。

表7-9 信丰生态公益林健康经营评价指标层次结构、指标权重值及评价值

总目标层	准目标层(权重)	类目标层(权重)	指标层(权重)	权重总排序	评价值(无量纲化值)						
					常绿阔叶林	毛竹林	杉木林	马尾松林	湿地松林	火炬松林	疏林地
生态公益林健康经营评价指标	森林生态系统自身健康 B_1(0.492 1)	生产力 C_1(0.076 0)	平均胸径 D_1(0.333 3)	0.012 5	0.45	0.70	0.75	0.42	0.91	0.82	0.75
			蓄积量 D_2(0.666 7)	0.024 9	0.16	0.61	0.19	0.07	0.31	0.24	0.03
		群落结构 C_2(0.531 7)	层次结构 D_3(0.250 5)	0.065 5	1	1	0.67	1	1	1	0.33
			郁闭度 D_4(0.088 7)	0.023 2	0.88	1	1	0.85	1	1	0.14
			生物多样性指数 D_5(0.430 7)	0.112 7	1	0.97	0.87	0.75	0.66	0.55	0.93
			林下层植被盖度 D_6(0.047 0)	0.012 3	1	0.63	0.9	0.92	0.93	0.77	0.84
			林下更新能力 D_7(0.183 1)	0.047 9	0.15	0.04	0.03	0.10	0.02	0.01	0.21
		土壤状况 C_3(0.270 2)	土壤厚度 D_8(0.333 3)	0.044 3	0.81	0.81	0.88	0.69	0.71	0.63	0.63
			腐殖质层厚度 D_9(0.666 7)	0.088 7	0.70	0.50	0.55	0.60	0.45	0.40	0.50
		抵抗胁迫能力 C_4(0.122 1)	人为干扰强度 D_{10}(0.625 0)	0.037 6	0.50	0.16	0.20	0.50	0.25	0.25	0.25
			火灾发生程度 D_{11}(0.238 5)	0.014 3	0.75	0.25	0.50	0.25	0.50	0.50	0.25
			病虫害发生程度 D_{12}(0.136 5)	0.008 2	0.75	0.75	0.75	0.25	0.25	0.25	0.50
	森林经营健康 B_2(0.372 5)	社会经济环境 C_5(0.319 6)	政策完善度 D_{13}(0.160 3)	0.019 1	0.9	0.7	0.7	0.7	0.7	0.7	0.5
			产权明晰度 D_{14}(0.277 6)	0.033 1	0.95	0.95	0.95	0.95	0.95	0.95	0.95
			林农参与度 D_{15}(0.095 3)	0.011 3	0.25	0.75	0.75	0.5	0.75	0.75	0.25
			生态效益补偿金 D_{16}(0.466 8)	0.055 6	0.22	0.22	0.22	0.22	0.22	0.22	0.22
		采伐与经营 C_6(0.558 4)	森林采伐 D_{17}(0.539 6)	0.112 2	0.75	0.50	0.50	0.75	0.50	0.50	0.25
			封育改造 D_{18}(0.297 0)	0.061 8	0.75	0.75	0.25	0.75	0.25	0.25	0.5
			森林保护 D_{19}(0.163 4)	0.034 0	0.75	0.75	0.5	0.75	0.5	0.5	0.5
		管理与监测 C_7(0.122 0)	专业技术人员比例 D_{20}(0.666 7)	0.030 3	0.4	0.4	0.4	0.4	0.4	0.4	0.4
			监测管理水平 D_{21}(0.333 3)	0.015 1	0.33	0.33	0.33	0.33	0.33	0.33	0.33
	森林效能健康 B_3(0.135 4)	经济效能 C_8(0.104 7)	木质产品生产能力 D_{22}(0.333 3)	0.004 7	0.70	0.80	0.80	0.70	0.55	0.55	0.30
			非木质产品生产能力 D_{23}(0.666 7)	0.009 5	0.80	0.70	0.30	0.50	0.35	0.30	0.10
		生态保护效能 C_9(0.637 0)	水源涵养能力 D_{24}(0.666 7)	0.057 5	0.75	0.50	0.70	0.60	0.55	0.45	0.65
			水土保持能力 D_{25}(0.333 3)	0.028 7	0.72	0.40	0.60	0.73	0.62	0.50	0.70
		景观环境效能 C_{10}(0.258 3)	风景林比例 D_{26}(0.666 7)	0.023 3	0.40	0.20	0.05	0.20	0.04	0.04	0.10
			自然保护林比例 D_{27}(0.333 3)	0.011 7	0	0	0	0	0	0	0

注：引自杨媛媛等，2010。

③评价方法

a. 基准值的确定。鉴于构成森林健康经营评价指标体系指标的复杂性，统计数据的不完全性，考虑从多元的角度确定指标基准值：参照国内外同类指标确定；采用比重的指标取100%作为标准；参考行业考核标准；对难以量化的指标，通过具体分析、实地考察与专家评判综合确定。

b. 综合评价计算方法。本研究采用均值化方法进行无量纲处理；根据各指标的评价值及指标的权重，采用加权合成法计算森林健康经营的综合评价值；依据综合评价值的大小，将森林健康的程度划分为健康、亚健康、中等健康、不健康4个等级，其对应的综合评价值范围分别为0.80～1.00、0.60～0.79、0.40～0.59和0～0.39。

④评价结果　评价结果详见表7-9、表7-10。从表7-10中可以看出，常绿阔叶林、马尾松林、毛竹林都处于亚健康状态，并且毛竹林的健康指数值刚刚接近亚健康值，杉木林、湿地松林、火炬松林和疏林地处于中等健康状态。示范区内生态公益林健康经营程度为：常绿阔叶林>马尾松林>毛竹林>杉木林>湿地松林>火炬松林>疏林地。

表7-10　森林健康项目信丰示范区生态公益林健康经营综合评价结果

评价指标	综合评价值						
	常绿阔叶林	毛竹林	杉木林	马尾松林	湿地松林	火炬松林	疏林地
森林生态系统自身健康 B_1	0.361 4	0.327 6	0.300 3	0.301 1	0.284 6	0.258 9	0.249 5
森林经营健康 B_2	0.235 6	0.210 5	0.171 1	0.235 4	0.171 1	0.171 1	0.148 7
森林效能健康 B_3	0.084 0	0.055 3	0.065 3	0.068 2	0.056 3	0.046 6	0.062 2
生态公益林健康经营A	0.68	0.60	0.54	0.61	0.51	0.48	0.46
评价结果(等级)	亚健康	亚健康	中等健康	亚健康	中等健康	中等健康	中等健康

注：引自杨媛媛等，2010。

从表7-10可知，常绿阔叶林生态系统自身健康指标总得分高于其他森林类型，示范区的常绿阔叶林多处于演替中期，林分的层次结构完整，生物多样性高，具有较高的生产能力，森林火险等级低，抗病虫害的能力强；但与顶极群落相比，其树木个体等一些指标仍然偏低，加上森林经营方面不够理想，所以其总体上森林健康经营状况还是处于亚健康状态，可开展以功能健康为导向的近自然化森林健康经营活动，调整结构，逐步使森林的树种结构和层次结构向稳定的森林生态系统发展，促进森林的进展演替。马尾松林基本上都是天然林，处于亚健康状态，其森林采伐与经营措施相对较合理，但病虫害等灾害发生率较高，所以在经营中，还应适当补植一些乡土阔叶树，增加树种多样性，以提高抵抗病虫害的能力，加强对重点病虫害的监控与防治。毛竹林集约经营程度较高，实施施肥、清除杂灌等经营措施，发笋率高，竹林长势良好，但由于林下层植被盖度较低等因素，在生态效能方面的得分不够理想，总体上处于亚健康状态。

示范区的杉木林、湿地松林、火炬松林和疏林地都处于中等健康状态。杉木林为人工林，其立地条件较好，土层深厚，但还是处于中等健康状态，究其原因可能主要是因为当时是为用材而栽，尽管现在为生态公益林，其采伐与培育还是比较忽视生态公益林的培育目标，经营措施不够合理，导致层次结构不完整，林下更新能力差，应通过调整林分树种结构、密度、更新补植阔叶树等措施，以提高其生态质量。湿地松林全部为人工林，且大多数为幼中林，林下更新能力差，健康经营力度不够，其最大的健康影响因素是病虫害发生率较高，特别是萧氏松茎象危害较为严重。示范区的火炬松林也为人工林，与湿地松林相比，其物种多样性程度、林下层植被盖度都明显较低，处于中等健康状态。疏林地主要由于立地条件较差或过度采伐形成，蓄积量及郁闭度低，但有不少阔叶幼树或幼苗，林下层植被盖度高，使其森林效能方面的指标如水源涵养能力、水土保持能力等相对较高，总体处于中等健康状态，宜采取留阔叶树、适当砍伐杂灌木等措施，以改善其健康状态。

7.2.5 生态安全评价

7.2.5.1 生态安全的概念与特点

生态安全问题的提出最早始于20世纪80年代，随着日渐凸显的跨越国界的全球性环境问题的不断出现，生态安全问题逐渐受到广泛关注和重视(Miranda *et al.*，1998)。其有广义和狭义两种理解，前者以1989年国际应用系统分析研究所(IASA)的定义为代表：生态安全是指在人的生活、健康、安乐、基本权利、生活保障来源、必要的资源、社会秩序、人类适应环境变化的能力等方面不受威胁的状态，包括自然生态系统、经济生态安全和社会生态安全，组成一个复合人工生态安全系统，这也是首次生态安全的概念的提出。狭义的生态安全则指自然和半自然生态系统的安全，是生态系统完整和健康的整体水平反映。经过多年发展，生态安全尚未有统一的概念。如肖笃宁等从人类对生态安全的能动性角度，把生态安全定义为人类生产、生活和健康等方面不受生态破坏和环境污染等影响的保障程度，包括引用水与食物安全、空气质量与绿色环境等基本要素，将生态安全置于以人类安全为核心的范畴中(肖笃宁等，2002)。王根绪等(2003)认为生态安全概念可以用生态风险(ecological risk)和生态健康(ecological health)两方面来定义，生态安全与生态风险互为反函数，与生态健康呈正比关系。生态风险与生态健康共同组成生态安全的核心，利用生态风险或者生态健康的任何一方面均可以表征系统的安全性质，二者密切联系又有区别。生态风险强调了生态系统状态的外界影响和潜在的胁迫程度；而生态健康则反映了系统内在的结构、功能的完整程度及所具有的活力与恢复力状态。健康的生态系统并不一定是安全的系统，需要与生态系统所处的风险状态相联系。王晓峰等(2012)认为生态安全是指一个区域人类生存和发展所需的生态系统服务能力处于不受或少受破坏与威胁的状态，使生态环境保持既能满足人类和生物群落持续生存与发展的需要，又能使生态环境自身的能力不受损害，并使其与经济社会处于可持续发展的良好状态。从国家角度，生态安全是国家安全的有机组成，是指一个国家生存和发展需要的生态环境处于不受或少受破坏和威胁的状态。2014年，中国明确将生态安全纳入国家安全体系，生态安全与政治安全、军事安全和经济安全一样是国家安全的重要组成部分。生态安全是我国推进生态文明建设，实现可持续发展的重要基础，为平衡经济发展和生态环境保护，生态安全成为国际社会学术界和管理者共同关注的热点焦点(张琨等，2018)。

生态安全概念还处在发展之中，尚无统一的认识，但以下方面逐渐达成共识：

①生态安全是一个复合的安全系统　它是由生物安全、环境安全和生态系统安全构成，其中生态系统安全是核心，是决定生物安全和环境安全的基础。

②生态安全的相对性　生态安全的度量是相对的，带有主观意识性。

③生态安全具有动态性　生态安全会随着其影响要素的变化表现出安全水平。

④以人为本　生态安全是基于人类视角所提出的概念。保障生态安全并不是以社会经济发展的停滞为代价，而是以生态系统满足人类生存发展的基本资源需求为前提。

⑤生态安全是可调控性　人类可以通过整治不安全因素为安全因素，改变不安全的状态。

7.2.5.2　生态安全与生态系统服务的关系

生态安全与生态系统服务功能有着紧密的关联，即生态系统服务是生态安全的正向测标。生态环境良好的地区生态系统服务越强，生态安全程度越高，反之则存在生态安全隐患。主要表现在：

①生态安全是人与自然和谐及社会稳定的基础　生态环境对人类发展具有一定的限制作用，这种限制作用不可忽视。生态安全一开始就将人类福祉和自然生态安全放在同等重要的位置上，要求在两者之间找到均衡点，生态安全的最终目的是为了更好地实现人类福祉和自然环境的可持续发展(王晓峰等，2012)。

②生态系统服务是生态安全的前提和保障　生态安全的前提是保证生态系统服务正常发挥，或者在一定的弹性范围内正常发挥。生态系统服务与人类福祉有着紧密的联系，生态系统服务的变化可以直接或间接地影响人类福祉的所有组成要素，某些生态系统服务的变化可以提高人类福祉水平，而另一些生态系统服务的变化则对人类福祉造成严重损害；同时，人类福祉的变化直接或间接影响生态系统的变化，进而影响生态安全的水平。

③人类干扰是生态系统服务退化的主要因素　作为一个独立运转的开放系统，生态系统具有保持或恢复自身结构和功能相对稳定的能力，并且具有一定的服务功能，该功能对人类社会具有重要作用。人类活动对生态安全是一把双刃剑，积极的人类活动能够保育生态系统，促进区域生态安全；反之，人类活动将对生态系统正常运转产生不利影响，对生态安全构成威胁。

7.2.5.3　生态安全与可持续发展的关系

“可持续发展”(sustainable development)一词最最早应源于1987年世界环境与发展委员会在《我们共同的未来》中表述：可持续发展是“即满足当代人的需要，又不对后代人满足其需要的能力构成危害”的发展(WCED，1987)，其基本点有包括3个方面：一是需要，即发展的目标是要满足人类需要；二是限制，强调人类的行为要受到自然界的制约；三是公平，强调代际之间、当代人之间、人类与其他生物种群之间、不同国家和不同地区之间的公平(李新琪，2008)。可持续发展的核心是发展，这种发展要求在严格控制人口、提高人口素质和保护环境、资源永续利用的前提下发展经济和社会。

生态安全与可持续发展的关系体现在以下两方面：

①生态安全与可持续发展内涵和目标的一致性　生态安全不否定经济增长，维护人类的生计安全的需要既要满足人类的生存和发展不受危害的需要，又不损害自然生态系统的健康和持续性。持续地满足人类的需求又是可持续发展的基本目标，可持续发展的实现又加强了生态安全保障的能力。只有实现生态安全，才能实现经济增长，才能有利于人的健康状况改善和生活质量提高，避免自然资源枯竭、环境污染与退化对社会生活和生产造成

的灾难和不利影响，最终实现经济社会的可持续发展。可见，生态安全既是可持续发展的目标又是实现可持续发展的保障，没有生态安全就没有可持续发展。

②生态安全是对可持续发展概念的补充和完善　可持续发展不能仅局限在环境与发展上，还应包括发展、环境、文化、伦理、和平与安全等范畴。生态安全突出“安全”是对可持续发展概念的补充。另外，可持续发展更多的是从人类的需求角度出发的，在考虑人类安全与自然生态安全时，优先考虑人类安全。尽管可持续发展也要求保护自然生态系统的健康，但这种保护总显得被动或效果不佳，而生态安全从一开始就把人类安全和自然生态安全放在同等重要的位置上并将他们视为共同体，要求在人类安全和自然生态安全之间找到均衡点，这就从根本上改变了自然保护的被动性或效果不佳的局面(崔胜辉等，2005)。

7.2.5.4　案例部分——闽东地区生态安全动态评价

宁德市俗称闽东，位于福建省东北部，北连温州，南靠福州，西部是广大的山区，东临东海。海岸线长 878.16km，占福建省 1/3，海域面积 4.45×10^4 km^2，占全省 1/3。土地面积 1.35×10^4 km^2，其中，山地面积 777×10^4 hm^2，耕地面积 106.55×10^4 hm^2(人均耕地 0.003 3 hm^2)，其中，水田 84.24×10^4 hm^2，旱地 22.03×10^4 hm^2，素有“七山二水一分田”之称。沿海县(市、区)有大面积的滩涂分布，浅海面积 9.34×10^4 hm^2，滩涂面积 4.36×10^4 hm^2。水产资源极为丰富，拥有海洋生物 600 多种。盛产着大黄鱼、对虾、石斑鱼、二都蚶、剑蛏等海味珍品。海域分布大小岛屿 344 座，港湾 29 个，是开发滨海旅游业的理想场所。近年来随着海峡西岸经济区建设大力推进，区位条件优越、成为经济发展最具活力的区域之一。

(1)景观生态安全评价方法

长期的自然或人为的各种干扰，导致景观生态环境由单一向复杂、均质向异质、连续向不连续变化，干扰的程度越大，景观生态环境的安全程度就越低，景观受干扰的程度表征在各种景观异质性、多样性指数的变异上，如景观的破碎程度、景观分离度、景观的优势度，同时还与景观本身易损性质有关。为此，采用各景观类型受干扰程度和景观本身的易损程度来表征景观类型生态安全程度(郭泺，2008)。

①景观干扰指数　在自然、人为干扰下，景观一般由单一、连续和均质的整体向复杂、不连续和异质的斑块镶嵌体变化，以景观的破碎度、分离度和优势度为基础构建景观干扰指数，其公式如下(谢花林，2008)：

$$E_i = aC_i + bS_i + cD_i \tag{7-2}$$

式中　E_i——景观干扰指数；

C_i——类型斑块破碎度；

S_i——类型斑块分离度；

D_i——类型斑块优势度；

a，b，c——分别为破碎度、分离度和优势度的权重。

a. 类型斑块破碎度(C_i)：在自然或人为干扰下景观趋向于复杂、异质和不连续，景观破碎化是破坏了生物赖于生存的环境，是导致生物多样性丧失的因素之一，和自然资源环境保护密切相关，公式详见第 3 章内容。

b. 类型斑块分离度(S_i)：类型斑块分离度指某景观类型中不同斑块的分离度，公

式为:

$$S_i = \frac{\sqrt{C_i}}{2p_i} \tag{7-3}$$

式中 S_i——某一景观的分离度;

C_i——类型斑块破碎度;

p_i——某一景观的面积占区域景观面积的比例。

c. 类型斑块优势度(D_i)。类型斑块优势度可以用来度量斑块在景观中重要程度的一个指数,其值大小直接反映了斑块对景观格局形成和变化的影响的程度。类型斑块优势度通过40%相对密度(PD_i)和60%相对盖度(P_i)来构建。

破碎度、分离度和优势度的权重表征了对景观生态环境不同影响程度,根据相关研究成果,同时充分考虑实际状况,认为破碎度最为重要,其次为分离度和优势度,其权重分别为0.5、0.3和0.2(李月臣,2008);但对未利用地(研究区主要为裸岩、沙地)破碎度、分离度变化不明显,在没有较大的干扰下,未利用地具有一定的稳定性,而优势度对未利用地影响比破碎度和分离度大,对3个指数权重赋值为0.3、0.2和0.5。

②景观脆弱性指数 不同生态系统在维护生物多样性、维持系统结构和功能、促进景观结构自然演替等方面的作用是不同的,同时抵抗外界干扰能力和对外界敏感程度存在差别,与自然演替过程中所处的阶段有关。人类活动作为区域生态系统的主要干扰因素之一,而土地利用变化不仅反映了其自然属性,也反映了人为与自然因素的综合作用。研究中将土地景观类型与景观脆弱性联系,借鉴他人研究成果(许学工,2001),对土地景观类型赋权重,表征其脆弱程度:未利用为6,水域为5,耕地为4,林地为2,建设用地为1,其中,建设用地最稳定,未利用地最为敏感,将土地景观类型的权重标准化作为其脆弱度(F_i)。

③区域景观生态安全指数构建 在充分考虑景观结构特征的基础上,构建的景观综合指数,引入景观生态安全指数,将景观干扰指数和景观脆弱性指数有机相结合,有效将景观结构与区域生态环境状况相联系,把景观的空间结构特征转化为能反映区域景观生态安全特征的生态安全指数。

a. 评价单元的确定:本文运用点状栅格单元与行政边界面状矢量单元相结合的方法来确定研究区的评价单元,其中点状栅格单元作为数据存储和分析基本单元,行政单元为综合评价单元,二者之间相互关联。研究中采用3km×3km网格对景观综合指数进行空间化,采用等间距采样,计算每一样区的景观安全指数。

b. 区域景观生态安全指数:利用采样区的面积与景观面积的比例来计算景观生态安全指数,公式如下:

$$ES_k = \sum_{i=1}^{m} \frac{A_{ki}}{A_k}(1 - 10 \times E_i \times F_i) \tag{7-4}$$

式中 ES_k——第k样区景观生态安全指数;

m——区域景观总样方数;

A_{ki}——样区内景观类型i面积,A_k为评价单元k区的面积;

E_i,F_i含义同上。

ES_k越大景观生态安全程度越高；反之，生态安全程度越低。

(2)景观生态安全时空动态分析

①土地利用类型干扰度现状及动态变化分析　从2007年闽东土地利用类型干扰程度现状来看(表7-11)，各土地景观类型干扰度在0.073 9~0.187 2之间，大小依次为未利用地>水域>林地>耕地>建设用地，受干扰最强为未利用地(0.187 2)，主要是由于其破碎度(0.347 4)和分离度(0.217 3)较高，一方面由于建设用地扩张挤占未利用地，同时人类植树造林加强对未利用地改造和利用，导致未利用地斑块被严重分割，斑块分布格局趋于零星化，致使未利用地在土地景观中干扰程度最强；其次为水域，研究区国土面积80%以上为山区，地形复杂，河流蜿蜒曲折，导致河流景观破碎化程度高；建设用地干扰程度最小，另一方面由于人类对建设用地迫切需求，建设用地规模化加强，同时其优势度在所有景观类型中最小，综合导致建设用地受干扰程度最小。1990—2007年土地利用类型干扰度动态变化来看，建设用地和耕地的干扰度下降，建设用地下降幅度最大(69.63%)，由1990年的0.243 4下降到0.073 9，耕地下降幅度为42.32%，林地为先降后升，总体保持平稳，水域和未利用地为先升后降，下降幅度分别为38.27%和13.13%，但未利用地干扰度维持较高水平。

表7-11　不同时期各土地利用类型生态安全

年份	土地类型	PD_i	P_i	C_i	S_i	D_i	E_i	ES_i
1990	耕地	0.429 7	7.87	0.265 2	0.032 7	0.219 1	0.186 2	0.822 7
	林地	0.092 1	85.75	0.005 2	0.000 4	0.551 3	0.113 0	0.865 5
	水域	0.123 1	2.05	0.291 8	0.131 9	0.061 5	0.197 8	0.568 7
	建设用地	0.062 8	0.99	0.307 0	0.278 9	0.031 1	0.243 4	0.884 2
	未利用地	0.292 3	3.34	0.425 0	0.097 6	0.137 0	0.215 5	0.384 3
2001	耕地	0.483 7	9.72	0.232 9	0.024 8	0.251 8	0.174 2	0.834 1
	林地	0.092 5	85.23	0.005 1	0.000 4	0.548 4	0.112 3	0.866 3
	水域	0.146 4	1.98	0.346 2	0.148 6	0.070 4	0.231 8	0.494 5
	建设用地	0.069 9	1.29	0.253 3	0.194 7	0.035 7	0.192 2	0.908 5
	未利用地	0.207 6	1.78	0.547 0	0.208 1	0.093 7	0.252 6	0.278 4
2007	耕地	0.445 9	10.97	0.108 1	0.015 0	0.244 2	0.107 4	0.897 8
	林地	0.170 0	83.43	0.005 4	0.000 4	0.568 6	0.116 6	0.861 3
	水域	0.142 5	2.32	0.163 5	0.087 3	0.070 9	0.122 1	0.733 6
	建设用地	0.062 6	1.91	0.086 9	0.077 0	0.036 5	0.073 9	0.964 8
	未利用地	0.178 9	1.37	0.347 4	0.215 3	0.079 8	0.187 2	0.465 2

②土地利用类型生态安全现状及动态变化分析　任何事物状况不仅取决于外界事物对它的影响程度，同时也决定于该事物本身对外界影响的敏感程度，因此土地景观类型的生态安全可以理解为土地景观类型干扰度和土地景观类型脆弱度(或称其土地景观类型抗干扰能力)来表示构建的以景观生态风险反表征的土地景观类型生态安全度。

从2007年土地景观类型生态安全现状来看(表7-11)，各土地景观类型生态安全范围在0.465 2~0.964 8之间，生态安全对主要分布在0.4~0.9级范围内。生态安全度最大土地类型为建设用地(0.964 8),其次为耕地(0.897 8),未利用地生态安全度最小(0.465 2),生态安全状况最差,由于其受人为活动的干扰加强,同时其抗干扰能力最弱。从1990—2007年闽东土地景观类型生态安全动态变化来看,近20年来,除林地外,其他土地利用类型生态安全均有不同程度提高,依次为水域(29%),未利用地(21.05%),耕地(9.12%)和建设用地(9.11%)。林地作为研究区土地景观基质,面积最大,因此强化林地资源合理利用和开发意识,维持其生态安全稳定状况,对实现整个区域景观生态安全有着重要现实意义。

③闽东区域景观生态安全分布及其动态变化 从表7-12中可以看出,闽东各县市景观生态安全值均大于0.8,表明闽东区域景观生态安全维持在一个较高水平。同时不同区域之间存在差异,表现为内地山区县市生态安全值高于沿海县市,表明内地县市景观生态安全状况要好于沿海县市,从闽东各县市区域景观生态安全动态变化来看,1990—2007年,总体上闽东各县市景观生态安全状况逐渐改善,改善幅度最大为霞浦县,区域景观生态安全值由1990年的0.800 9,上升到2007年的0.859 4,改善幅度为7.3%;改善幅度其次为福安和蕉城区,分别为4.15%和3.8%;寿宁变化最小,景观生态安全一直维持较高水。

表7-12 不同时期闽东各县(市)区域景观生态安全评价结果

年份	古田	寿宁	屏南	柘荣	周宁	蕉城	福鼎	霞浦	福安	闽东
1990	0.841 9	0.862 5	0.844 7	0.858 4	0.854 1	0.831 3	0.855 2	0.800 9	0.830 5	0.812
2001	0.838 7	0.857 0	0.851 5	0.852 6	0.859 5	0.854 6	0.859 7	0.815 9	0.843 9	0.817
2007	0.852 4	0.863 1	0.865 8	0.866 2	0.861 5	0.862 9	0.861 6	0.859 4	0.865 0	0.846

本章小结

景观生态分类实际上是从功能着眼,从结构入手,对景观生态系统类型的划分。景观分类过程包括单元的确定和类型的归并,前者以功能关系为基础,而后者以空间形态为指标。景观生态分类在遵循景观生态学结构和功能原理、景观动态原理等基本原理的基础上,在具体实施分类过程中首先要根据研究目标和尺度,确定景观单元的等级,再根据不同的空间尺度或图形比例尺确定分类的基础单元;其次,景观生态分类应体现出景观的空间异质性和组合,即不同景观之间相互独立又相互联系;景观分类要反映出控制景观形成过程的主要因子。最后,应包括单元确定和类型归并,最后形成景观类型图。

景观制图是以图形的方式客观而概括地反映各类景观生态类型的空间分布形式和面积比例关系的方法。在制图过程中依据制图单元以景观生态类型相应级别的分类单元或分类单元之组合为基础,图斑结构和图斑之间的组合以及景观生态类型分布规律为依据,区域性特征则根据制图单元的内容、细度及组合形态来体现。常见的景观制图包括景观形态图(如地貌类型图、土壤类型图、气候类型图等)以及景观功能图(如生物系统图、自然系统图、景观系统图等)。

景观评价是对景观属性的现状、生态功能及可能的利用方案进行综合判定的过程，评价内容主要包括景观质量现状的评价、景观的利用开发评价或适宜性评价以及景观功能价值评价，依据其评价目的和对象的不同，评价的方法也不尽相同。景观美学质量是找出景观被感受的美感，主要根据视觉品质排定景观的等级、表达对不同景观的偏好，景观美具有多样性、社会性、可愉悦性和时空性的特性，其评价方法主要有描述因子法、调查问卷法和直观评价法。生态系统服务功能主要表现为提供保存生物进化所需要的丰富的物种与遗传资源等方面，其服务功能价值包括直接利用价值、间接利用价值、选择价值以及存在价值，评价方法多种多样。生态系统健康是指一个生态系统在保障正常的生态服务功能，满足合理的人类需求的同时，维持自身持续向前发展的能力和状态，评价标准是多尺度的、动态的。生态安全有广义和狭义两种理解：广义的生态安全是指在人的生活、健康、安乐、基本权利、生活保障来源、必要的资源、社会秩序、人类适应环境变化的能力等方面不受威胁的状态，包括自然生态系统、经济生态安全和社会生态安全，组成一个复合人工生态安全系统，这也是首次生态安全的概念的提出。狭义的生态安全则指自然和半自然生态系统的安全，是生态系统完整和健康的整体水平反映。生态安全与生态系统服务功能有着紧密的关联，即生态系统服务是生态安全的正向测度指标。生态环境良好的地区生态系统服务越强，生态安全程度越高；反之，则存在生态安全隐患。生态安全与可持续发展的关系体现在：生态安全与可持续发展内涵和目标的一致性；生态安全是对可持续发展概念的补充和完善。

思考题

1. 什么是景观生态分类？与土地分类有哪些异同？
2. 主要的景观生态分类方法有哪些？景观生态分类的指标如何确定？
3. 简述景观制图步骤，并举例说明。
4. 何谓景观评价？简述景观评价的特点及其主要内容。
5. 景观美具有哪些特性？其评价的基本原则有哪些？
6. 景观美学质量评价方法有哪些，试述各方法的主要步骤及其优缺点。
7. 简述生态系统服务功能的内涵及其基本原则。
8. 生态服务功能价值通常可分为哪几类？
9. 如何理解生态系统健康？并简述生态系统健康评价的要点。
10. 何谓生态安全？它与可持续发展的关系如何？

推荐阅读书目

景观生态学. 曾辉，陈利顶，丁圣彦. 高等教育出版社，2017.

景观生态学(第 2 版). 肖笃宁，李秀珍，高峻，等. 科学出版社，2010.

自然景观赏析. 吕惠民. 浙江大学出版社，2009.

景观生态学. 郭晋平，周志翔. 中国林业出版社，2007.

景观生态学——格局、过程、尺度与等级(第2版). 邬建国. 高等教育出版社, 2007.

景观美学. 王长俊. 南京师范大学出版社, 2002.

景观生态学原理及应用. 傅伯杰, 陈利顶, 马克明, 等. 科学出版社, 2002.

实用景观生态学. 赵弈, 李月辉. 科学出版社, 2001.

森林景观生态研究. 郭晋平. 北京大学出版社, 2001.

景观形态学——景观美学比较研究. 吴家骅. 中国建筑工业出版社, 2000.

景观:文化、生态与感知. 俞孔坚. 科学出版社, 1998.

景观生态分类的理论方法. 王仰麟. 应用生态学报, 1996, 7(增): 121-126.

景观生态规划与设计

【本章提要】

景观生态规划与设计是景观生态评价的延伸与拓展，也是景观保护、利用、建设和管理的首要任务。本章简要介绍了景观生态规划的发展现状，景观生态规划的内容、原则和基本方法，景观生态设计基本原理。并以自然保护区和森林公园为例进行景观生态规划方面的应用与探索。

8.1 景观生态规划概述

8.1.1 景观生态规划起源与发展

景观生态规划是 20 世纪 50 年代以来从欧洲及北美景观建筑学中分化出来的一个综合性应用科学领域。它不仅一直作为景观建筑学的一个重要分支，由于其对自然特性和过程的综合性要求，它也是地理学的一个重要研究和应用领域；且随着景观生态学向应用领域的发展，也逐渐将景观规划作为其主要应用方向，并已形成景观生态规划方法体系。景观规划不但与人类日常生活、生产活动直接相关，同时又基于人们对景观形成的自然过程和作用规律的深刻理解。因此，景观生态规划是一个多学科的综合性应用领域，是连接地质学、地理学、景观生态学、生态学、景观建筑学等学科，以及社会、经济和管理等学科领域的桥梁。

8.1.1.1 景观规划思想的萌芽

18 世纪的大工业革命以后，摆脱了“神本位”的人类，将人类利益置于至高无上的地位，借助科学技术的力量以自我为中心，肆意改造自然、索取自然，试图使自然臣服于人类脚下。然而随着工业飞速发展，城市规模急剧扩张，一系列的环境问题日益凸显。随着各种环境污染的加剧，城市变得越来越拥挤、杂乱、肮脏，不利于人类居住和工商业发展；同时，自然资源的日益紧缺也使人们感到了肆无忌惮地索取自然是不可行的，人们开始重新定位人与自然的关系。人们开始意识到对聚居地整体进行合理的规划利用才是解决城市膨胀所带来问题的有效途径，景观规划的思想由此萌芽(刘茂松等，2004)。

8.1.1.2 景观规划概念的形成

景观生态规划与设计是在风景园林学、地理学和生态学等学科基础上孕育和发展起来的，和土地规划与设计、自然保护、资源环境管理及旅游发展等实践活动密切相关，并深深扎根于景观生态学，从中不断汲取营养，成为景观生态学的有机构成，属于景观生态学的应用部分。它随着社会、经济和文化的发展而发展，反映了人类对人与自然景观关系认识的不断深化，并与生态规划有紧密的联系。

景观生态规划与设计思想的产生可以追溯到19世纪末，那时人们对自然界的认识比较贫乏，人类为了生存，从自然中不断索取，对自然资源的开发近乎掠夺性，如砍伐、焚烧森林和填湖造地用于发展农业，建立了农业景观，导致了自然景观要素的变化，尤其是自然景观功能的变化。

1939年，德国著名地植物学家特罗尔在利用航片研究东非土地利用问题时提出"景观生态学"名词，此后的研究为景观规划与设计注入了新的活力。第二次世界大战后，德国、荷兰、捷克斯洛伐克成为景观规划与设计的中心，如德国的景观护理和自然保护研究所、联邦自然保护和景观生态学研究所等，荷兰的国际空间调查和地球科学研究所及Leerson的自然管理研究所，以及捷克斯洛伐克科学院的景观生态学研究所，他们的工作除了景观生态学的理论和方法研究外，更多地涉及在实践中的应用——景观规划与设计，这些都表明了景观生态规划与设计的思想开始逐步形成(傅伯杰，2001)。一些学者逐渐认识到自然保护的重要性和景观价值，Marsh(1965)在研究地中海地区的环境变化时，认识到人类对环境影响的巨大，从而促使他进一步研究人与环境的关系，探讨"自然恢复的重要性与可能性"。

8.1.1.3 景观规划与生态规划思想的融合

20世纪中期以后，随着新技术和手段的发展，人类提高了对自然干预的能力。一方面，人类利用新技术和手段在资源开发和寻求经济高速增长的同时，无视自然过程，大规模开发资源、破坏自然环境，极大地改变了景观结构；自然界给人类生存提供了实用的利益，又以其特有的方式对人类进行报复——环境污染、全球变化和物种灭绝速度加快等，使人类生存受到进一步威胁，引起了人们的普遍关注，掀起了广泛的环境运动。环境运动在促使人们认识人类活动对自然造成巨大危害和破坏的同时，也启发人们重新思考人与自然的关系，重新探讨协调人类活动与自然过程的途径，这为景观生态规划与设计的发展提供了又一次机遇。另一方面，遥感和计算机等新技术在景观研究和规划中得到初步应用，产生了一系列数据和自然要素图，为景观生态规划与设计的进一步发展创造了条件。

同时，人们旅游、娱乐和亲近与回归自然的愿望也越来越强烈，景观生态规划与设计涉及农业、林业、自然保护、旅游和交通等方面。被誉为生态规划设计之父的Mcharg是这一时期的代表，他把环境科学如土壤学、气象学、地质学和水资源学等学科综合考虑，应用到海岸带管理、城市开阔地的设计、农田保护、高速公路和流域综合开发景观规划中，对景观生态规划与设计的工作流程及方法作了较全面的研究，提出了自然设计(design with nuture)模式。这一模式使景观生态规划前进了一大步，它突出各项土地利用的生态适应性和体现自然资源的固有价值，重视人类对自然的影响，强调人类、生物和环境三者是合作伙伴关系。与此同时，70 年代初在东欧捷克和斯洛伐克的 Mazur 和 Ruzicka 等景观生态学家通过景观综合研究，逐步发展并形成了比较完整的景观生态规划理论方法，作为国土规划的一项基础性研究(傅伯杰，2001)。

8.1.1.4　景观生态规划思想的发展

进入 20 世纪 80 年代，随着地理学和生态学等学科的发展，景观生态学成为一门独立的学科，形成了自己的一套理论和方法，为景观生态规划与设计进一步发展提供理论指导。另外，遥感技术、地理信息系统和计算机辅助制图技术的广泛应用，使景观规划与设计走向系统化。景观生态规划与设计发展成为综合考虑景观的生态过程、社会过程和它们之间的时空关系，利用景观生态学的知识及原理经营管理景观以达到既要维持景观的结构、功能和生态过程，又要满足土地持续利用的目的。哈佛大学的 Forman(1995)强调景观空间格局对过程的控制和影响作用，通过格局的改变来维持景观功能、物质流和能量流的安全，他们的规划思想是景观生态规划方法论的又一次思维转变。与此同时，景观规划与设计教育在世界范围内也普遍展开，德国的汉诺威技术大学和柏林技术大学，荷兰的阿姆斯特丹大学和美国的哈佛大学以及中国的北京大学等，都开设了和景观规划与设计相关的课程及专业。景观生态规划与设计研究也十分活跃，曾是多次国际景观生态学会议的主题之一，也是景观生态学文献中的重要内容。1974 年创刊专门性的《景观规划》杂志，1986 年与《城市生态学》合并成《景观与城市规划》(*Landscape and Urban Planning*)杂志。这一切说明景观规划与设计已经走向全球化(傅伯杰，2010)。

8.1.2　景观生态规划的目的和任务

对于景观生态规划的目的和任务，不同人有着不同的理解。例如我国学者傅伯杰院士认为："景观生态规划是通过分析景观特性以及对其判断、综合和评价，提出最优利用方案。其目的是使景观内部社会活动以及景观生态特征在时间和空间上协调化，达到对景观的优化利用。"王仰麟认为："景观生态规划是以生态学原理为指导，以谋求区域生态系统的整体优化功能为目标，以各种模拟、规划方法为手段，在景观生态分析、综合及评价基础上，建立区域景观优化利用的空间结构与功能的生态地域规划方法，并提出相应的方案、对策及建议。"

虽然对景观生态规划的目的有不同的表述，但都围绕着以下 3 个核心内容：①景观的结构与功能的协调；②景观的最优化利用；③景观的维持与发展。由于景观生态学与景观规划的理论与实践都还处于一个不断发展的过程中，相信随着规划实践的发展，景观生态规划的理论与概念也将会有所发展。景观生态规划的最终目标是人与自然关系的协调，时空结合意义上的可持续发展，即建立生态可持续的景观。因此，景观生态规划也是区域可持续发展的重要组成部分。通过经济规划、环境规划与景观设计的结合，使区域开发、资源利用与生态保护相衔接与配合，生产建设、生活建设与生态建设相适应，达到经济效益、社会效益与生态效益的高度统一(肖笃宁等，1998)。

8.2 景观生态规划的内容和原则

8.2.1 景观生态规划的内容

傅伯杰认为，景观生态规划与设计的基本内容应包括景观生态分类、景观生态评价、景观生态设计、景观生态规划和实施4个方面的内容(傅伯杰，1991)。王仰麟则把景观规划与设计的基本内容表述为区域景观生态系统的基础研究、景观生态评价、景观生态规划与设计生态管理建议4部分。捷克斯洛伐克的景观生态规划研究则主要包括景观生态分析、景观生态综合、景观数据的解释、景观生态评价、景观优化利用建议前提等几方面内容。综观研究内容的描述可以看出，其研究内容均是大同小异的，故总体可归为以下几方面：

首先，景观生态学基础研究，包括景观的生态分类、格局与动态分析、功能分化等内容，是从结构、功能、动态等方面对其景观生态过程予以研究。

其次，景观生态评价，包括经济社会评价与自然评价两方面内容。即评价景观对现在用地状况的适宜性，以及对于已确定的将来用途的适宜性。

再次，景观生态规划与设计。根据景观生态评价的结果，探讨景观的最佳利用结构。

最后，景观管理。一方面是负责景观生态规划与设计成果的实施；另一方面对于实施过程中所出现的问题，应及时反馈给景观生态规划与设计人员，使其对于规划与设计能够不断进行修改，使之完善。

值得注意的是景观生态规划客体的价值的多重性及空间分异。不少自然景观，如森林、湖泊等，都具有生态保护、旅游及经济开发等多重价值；同时，不少人类管理景观，如农业景观等，除提供农产品外也具有生态保护及旅游观光等多种潜在价值。但在同一时空条件下，这些价值往往是相互冲突的，如何考虑规划客体的空间分异规律，寻求缓解、协调这些价值冲突的空间解决途径，使景观最大限度地发挥其具有多重价值的功能及潜力，这正是景观生态规划所要解决的问题。很多生态学者和非生态学领域的专家学者都对此进行了多样化的探索，如上海张江高科技园区农业生产与旅游观光相结合的实践、农村园林化的探索等(周武忠等，1998)。

8.2.2 景观生态规划的原则

(1)自然优先原则

保护自然景观资源和维持自然景观生态过程及功能，是保护生物多样性及合理开发利用资源的前提，是景观持续性的基础。自然景观资源包括原始自然保留地，历史文化遗迹，森林、湖泊以及大的植被斑块等，它们对保持区域基本的生态过程和生命维持系统及保存生物多样性具有重要的意义，因此，在规划时应优先考虑。

(2)持续性原则

景观的可持续性可认为是人与景观关系的协调性在时间上的扩展，这种协调性应建立在满足人类的基本需要和维持景观生态整合性之上，人类的基本需要包括粮食、水、健康、房屋和能源，景观生态整合性包括生产力、生物多样性、土壤和水源(Forman, 1995)。因此，景观生态规划的持续性以可持续发展为基础，立足于景观资源的持续利用和生态环境的改善，保证社会经济的持续发展。因为景观是由多个生态系统组成的具有一定结构和功能的整体，是自然与文化的载体，这就要求景观生态规划把景观作为一个整体考虑，对整个景观综合分析并进行多层次的设计，使规划区域景观利用类型的结构、格局和比例与本区域的自然特征和经济发展相适应，谋求生态、社会、经济三大效益的协调统一与同步发展，以达到景观的整体优化利用。

(3)针对性原则

不同地区的景观有不同的结构、格局和生态过程，规划的目的也不尽相同，如为保护生物多样性的自然保护区设计，为使农业结构合理的农业布局调整，以及为维持良好环境的城市规划等。因此，具体到某一景观规划时，收集资料应该有所侧重，针对规划目的选取不同的分析指标，建立不同的评价及规划方法。

(4)异质性原则

异质性是景观的最重要特性之一，景观空间异质性的维持与发展应是景观生态规划与设计的重要原则。

(5)多样性原则

多样性指一个特定系统中环境资源的变异性和复杂性。景观多样性是指景观单元在结构和功能方面的多样性，它反映了景观的复杂程度，包括斑块多样性、类型多样性和格局多样性(傅伯杰，1996)。多样性既是景观生态规划的准则，又是景观管理的结果。

(6)经济性原则

各景观单元的经济活动是其生存命脉，也是景观生态规划的物质基础，产生的经济效益是景观生态规划的根本目标之一。景观生态规划应以促进经济发展为一项发展目标，而不是抑制生产、阻碍经济发展；景观生态规划一方面要体现经济发展的目标要求，另一方面又要受生态环境持续发展目标的制约。对从经济性原则出发进行生态规划，可从景观能流研究入手，分析景观内景观单元间能量流动规律、对外界依赖性、时空变化趋势等，由此提出提高能量利用效率的途径和方法。

(7)社会性原则

生态规划重点强调人类集聚和人类的创造性，人的社会行为、价值观和文化观念直接影响着景观生态系统的动态变化的方向和进程。景观生态规划是对景观进行有目的的干预，干预的依据是内在的景观结构、景观过程、社会-经济条件以及人类价值的需要。这就要求在全面和综合分析景观自然条件的基础上，同时考虑社会经济条件，如当地的经济发展战略和人口问题，还要进行规划实施后的环境影响评价；应以人类对生态的需求值、价值观为出发点，树立以人为本的观念，充分考虑公众的利益和需求，制订的方案应被公众接受和支持，只有这样，才能客观地进行景观规划，增强规划成果的科学性和实用性。

(8)整体优化原则

景观是由一系列生态系统组成的具有一定结构与功能的整体，景观单元是其有机组成成分。景观规划与设计应把景观作为一个整体单位，把景观单元视为景观生态系统内有机联系的单元来考虑，以达到最佳状态。例如，在城市规划与设计中应组织和谐一致的土地使用，取消功能混杂、相互干扰的布局；土地开发要考虑水源、大气、生物、噪声和侵蚀等环境问题，在城市内部建立区域开放空间系统，使旷地、绿地均匀分布。

(9)景观个性原则

每一景观都有与其他景观不同的个体特征，这些个体特征的差异又反映在景观的结构与功能上。因此，景观生态规划与设计要因地制宜，体现当地景观的特征，这也是地理学上地域分异规律的客观要求(傅伯杰，2001；余新晓等，2005)。

8.3 景观生态规划方法

8.3.1 景观生态规划方法的历史演变

景观生态规划作为一个学术术语来自于捷克斯洛伐克景观生态学家的工作成果。随着景观生态规划的出现，其相应的应用方法也随之提出。自20世纪60年代起，各种景观生态规划方法理论相继出现，都是对一定的景观区域提出相适宜的方法。捷克景观生态学家Ruzicka和Miklo致力于景观生态学的研究并提出了景观规划的LANDEP体系，该体系是通过对区域景观生态特征进行分析、解释和综合评价，研究景观生态的最优模式，提出景观规划和开发的建议，最终达到人类活动与景观之间的统一和谐；荷兰景观生态学家提出GEM模式(通用生态模式)；以及McHarg提出的基于适宜性分析的规划模式和Odum提出的生态规划分室模型。70年代美国生态学家以波士顿大城市区域作为实例研究出METLAND大城市景观规划模式。此后，景观规划方法进一步发展完善，荷兰景观生态学家发展了景观生态决策与评价支持系统(LEDESS)，Forman设计了集中与分散相结合的景观格局模式。

景观规划生态方法由最初的简单不完善逐渐发展为更加的具体详细完善，更有针对性，逐渐成为景观生态规划的指导理论。

8.3.2 国内外常用的景观生态规划方法

8.3.2.1 景观生态规划方法和步骤

随着景观生态学的发展，景观生态学原理不断应用到景观生态规划和设计中，并形成了各具特色的方法和模型。经典的景观生态规划方法有：McHarg基于适宜性分析所形成的规划模式，Odum以系统论思想为基础提出的区域生态系统发展战略，Forman以空间格局优化为核心的景观格局规划模式，以及基于景观生态背景、格局与过程的定量化分析建立的景观生态规划模型，如捷克的LANDEP模型、荷兰生态学家发展的景观生态及评价决策及评价系统(LEDESS)、美国的大城市景观规划模型(METLAND)、澳大利亚的南海岸研究模型等。

(1)McHarg的景观规划方法

20世纪60年代以来，McHarg的《设计结合自然》(*Design with Nature*)一书的出版及其规划实践活动对于生态规划的发展起了很大的促进作用。在该书中，他所建立的以区域自然环境与自然资源适宜性等级分析为核心的生态学框架一直是研究者所遵循的基本准则（图8-1），至今仍在土地利用生态规划中发挥着作用。McHarg的规划方法包括以下步骤：

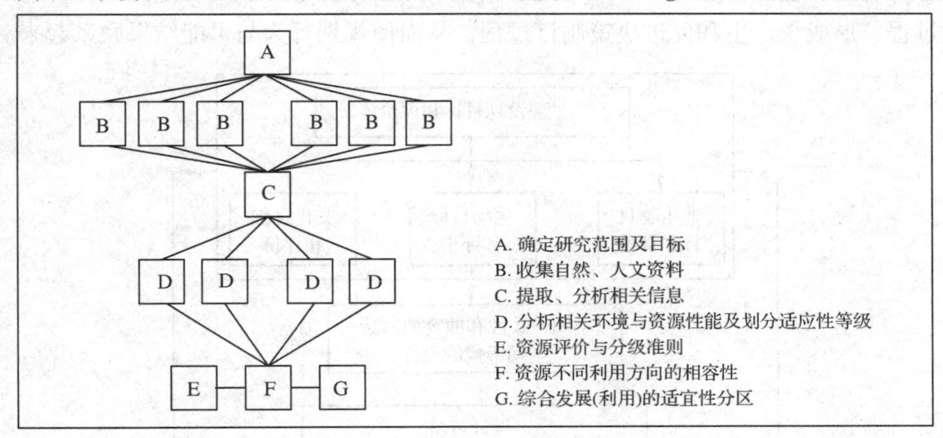

图8-1 McHarg景观生态规划工作程序（引自McHarg，1969）

①确定规划目标与规划范围，进行生态调查与区域数据分析　在规划范围与目标确立之后就应广泛收集规划区域内的自然与人文资料，并将其尽可能地落实在地图上，之后对各因素进行相互间联系的分析。

②适宜性分析　对各主要因素及各种资源开发利用方式进行适宜性分析，确定适宜性等级。在这一过程中，常用的方法有地图叠置法、因子加权评分法、生态因子组合法等，这是McHarg方法的核心。

③方案的选择　以规划研究目标为基础，基于适宜性分析结果，针对不同的社会需求，选择一种与实施地适宜性结果矛盾最小的方案，作为实施地的最佳利用方式。

④规划结果的落实　使用不同的策略、手段和过程以实现被选择的方案。

⑤规划的管理　在规划结果得以落实之后，进一步的管理是必需的，这可以由公共机构工作人员或市民委员会来完成。

⑥规划的评价　对规划结果进行动态评价，并做一些必要的调整。随着时间的变化，原来规划时段的一些基本的社会、经济及环境参量将会发生变化。如果规划不做相应调整，将会影响到规划方案的正确性。

Steinitz（1990）发展了McHarg的生态规划模型，提出了非生物、生物和文化的多重目标，并主要关注土地利用的配置。该模型有11个程序，主要研究一个地区/景观的生物物理和社会文化系统，进而揭示哪一种是最成熟的土地利用形式。在整个过程中，生态规划模型通过系统教育让市民参与到其中，以目标制定、实施、管理和公众参与为重点。当它使专业人员、专家和公民实现高度互动时，便被认为是跨学科的。生态规划模型已在多种文化和环境背景下得到有效的应用。

Ahern（2006）在此基础上，提出了可持续景观生态规划框架（图8-2），该框架被认为是一个线性过程，但实际上它是非线性的、循环的和反复的，能够加入到过程中的任何一个阶段（如以对现有规划的再评价开始一个新的规划）。它是跨学科的，因为它包括来自自然科学、规划、利益相关者和公众的知识。它明确说明了策略的应用条件并依靠空间概念解决了空间兼容性和冲突的格局问题。框架法主要基于景观生态理论和概念，通过空间评价和空间概念来理解和应用。与 Steinitz 的方法一样，该框架通过一系列可选择的未来假设来指导规划过程，形成、产生和促进决策制订过程，从而使规划行为与可能结果联系起来。

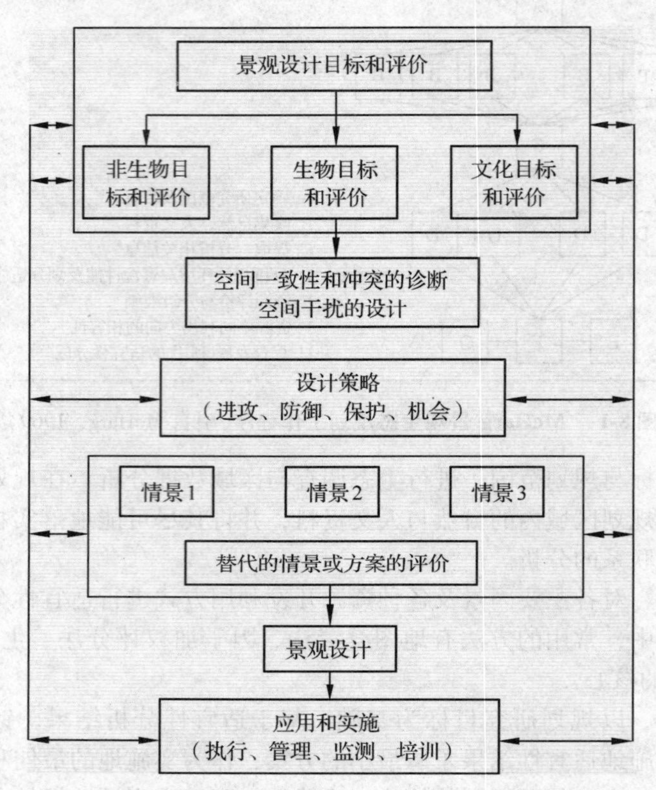

图8-2　可持续景观生态规划框架(引自 Ahern，2006)

(2)Odum 的生态规划分室模型

分室方法是 Odum 于 1969 年提出的。Odum 认为，所有的土地利用都可以划入他的生态系统分室模型中的 4 个分室中的一个，他进一步提出了可用作分室分类标准的一系列参数。这些参数又被划分为 6 组，即群落能量学、群落结构、生活史、氮循环、选择压力、综合平衡。实际上，其中很多参数是很难量测的，在区域景观尺度上尤其如此。由于农业生产和天然生物生产有较大的区别，为表述这种差别，又可以把上述 4 个分室模型扩展为 5 个分室，即把原来的生产性土地利用分室再分为农业生产土地利用分室与自然生产土地利用分室。

分室模型的应用，可按 3 步来完成：①根据上述的参数组，选择一定的数学方法(如判别功能分析的多变量统计技术等)，把规划区域内的各类土地利用归入 5 个分室中去。②计算相同土地利用类型的利用效果，包括经济效益和生态效益。经济效益是指利用后能获得的生物收获量；生态效益是指假设利用后的分室破坏作用等，据此，确定利用后的区域生态效应。③计算生态匹配值(表 8-1)。它的基本假设是：在文化景观的生态特征与自然景观的基层特性之间存在着一种联系，而匹配的过程可以看作是最适即最好的量度。在这一步骤中，先根据区域不同分室的自然基质功能与土地用途建立生态匹配等值计算表；建立匹配表之后，把规划用地分别置于表中计算生态匹配值，从而可以判断目前利用状态与规划后利用状态的生态适宜程度和生态效果，确定开发利用方案的总体生态效益。

(3)德国景观生态规划

德国的景观生态规划主要由 G. Olshowy 领导的自然保存和景观生态学研究所和由 W. Haber 所在的慕尼黑技术大学农学院的景观生态学研究小组所创立。其基本任务有 3 个方面：首先，按照受影响的生态系统的敏感性来鉴别、降低和缓和环境影响；其次，维持或加强区域的景观多样性；最后，保护稀有的和较敏感的生态系统组合。

表8-1　生态匹配等值计算表

项　目	保护	高生产	高农业生产	生产	高自然生产	农业生产	自然保护	商业
保护性土地利用	+3	0	0	0	0	0	0	0
农业生产性土地利用	-2	+3	+3	+2	-1	+1	-1	-1
自然生产性土地利用	-1	+2	-1	+2	+3	-1	+1	-1
调和性土地利用	-2	-3	-3	-2	-2	-1	-1	+3
城镇-工业土地利用	-3	-3	-3	-2	-2	-2	-1	+3

注：+3 表示很适宜；+2 表示中等适宜；+1 表示轻微适宜；0 表示中性；-3 表示非常不适宜；-2 表示中等不适宜；-1 表示轻微不适宜。

规划可以分土地利用类型、空间格局、环境影响敏感性调查、空间连锁和环境影响结构 5 个步骤。

①土地利用类型　在每一个区域自然单元中，鉴别主要土地利用类型，并且按照自然性降低和人工性增强排列，对各土地利用类(和亚型)列出它产生的环境影响(物质和非物质)及其效果。

②空间格局　对土地利用类型的空间分布格局进行评定并制图，计算面积百分比，以得出景观多样性指标。大多数区域自然单元都是以某一种人类控制的土地利用类型占优势，而其他景观则镶嵌其间；以农田为主的景观区可采用作物品种多样化和减小地块面积(每块不超过 $8\sim10\text{hm}^2$)的办法来加强多样性。

③环境影响敏感性调查　对环境影响敏感并且值得保护的近天然和半天然景观进行调查并制图。如德国巴伐利亚乡村的近天然生态系统景观占 4%~15%。

④空间连锁　对每个区域自然单元的所有景观类型及景观之间的相关性进行评估，特别着重对于连接性和相互依赖性进行研究。这种连接性和依赖性可能是直接或间接的，有的甚至是空间相邻。在大多数情况下，物质的运输是必要的，因此，还需考虑该景观的可达性。

⑤环境影响结构　人类控制的生态系统或土地利用类型既是环境影响的来源，又是受

影响的对象，要区分系统内的影响和系统间的影响。如土壤因重型机械压实而变紧，是系统内的影响，但土壤侵蚀则不仅是系统内的影响，而且也是系统间的影响，因为冲走的土壤要进入溪流。此外可按照媒介的传送能力而得出影响等级，大气影响最重要并且害处最大，其次是河流影响，再次是土壤影响。

(4)集中与分散相结合方法

Forman(1995)按“集中与分散相结合原则”设计了一种理想的景观格局模块(图8-3)。图中小圆圈、三角形和小黑点分别表示农业区、建成区和自然植被区的碎部。

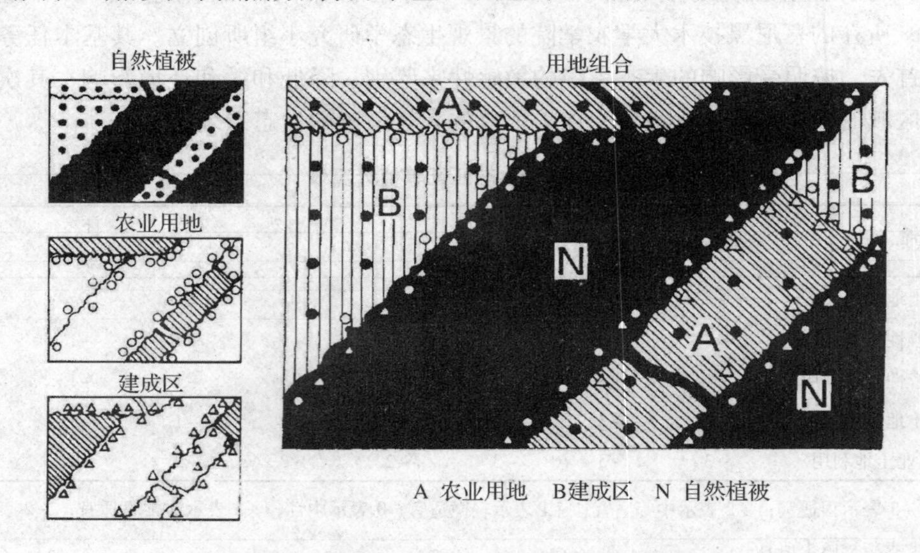

图8-3 按“集中与分散相结合原则”设计的理想景观模式

该模式强调集中土地利用，同时在一个被全部开发的地区，保持廊道和自然小斑块，以及把人类活动沿着主要边界在空间上分散安排。在具体操作过程中，要考虑7个景观生态学特性，即大的植被自然斑块、粒度大小、风险的扩散性、基因变异性、交错带、小的自然植被斑块和网络。

大型自然植被斑块至少在6个方面具有生态学上的重要性：保护低等级溪流网络，为大型的当地分布物种提供生境，支持内部种的可变种群大小，容许对于种的进化与维持起重要作用的自然干扰特性，保持多生境生活种群微生境上的接近。

按Forman的划分，斑块体在景观中按其大小可分为粗粒与细粒2类，它们在景观中的生态学意义是不同的：粗粒景观为特殊的内部种提供了大型自然植被斑块；而细粒景观占优势的种是泛化种类。

为了防止在一次大的干扰事件中景观被全面破坏，在景观生态规划中有必要考虑危险传播这一因素。

对景观而言，干扰对其异质性的发展与维持有重要的作用，基因的变异性在对干扰的抗性方面是很重要的，所以在景观生态规划与设计时也要考虑这一因素。

小的自然植被斑块在建成区和农业区具有非常重要的意义，它们是对大型自然植被斑块的有益补充，其作用具体包括：①作为物种扩散的脚踏石；②为局地灭绝的物种提供栖息地和落脚点；③提高基质异质性，减弱风速和水土流失；④包含大密度种群的边缘种；⑤具有较高的物种密度。小的自然植被斑块在过度人工化的环境中是非常重要的，它可以保持整个景观的多样性，同时提高景观的异质性与人工环境下人的生存质量。

在明确了规划要考虑因素的意义之后，就要在空间进行基于上述因素的景观生态规划与设计。首先通过集中的土地利用，确保大型自然植被斑块的完整性，以充分发挥其在景观中的生态功能；而在人类活动占主导地位的地段，让自然斑块以廊道或小斑块形式分散布局于整个地段；对于人类居住地，则把其按距离建筑区的远近分散安排于自然植被斑块和农田斑块的边缘，越分散越好。在大型自然植被斑块和建筑群斑块之间，可增加一些小的农业斑块。

(5) 生态网络方法

从生态系统观点，生态网络可以定义为是一个生态系统集，一个通过物种、人类、水流连接的生态系统，并与景观基质相互作用构成的空间网络(Opdam，2003)。对于生物多样性而言，生态系统网络是一个多物种概念。一个丛林网络或许可以像一个生境网络一样可以使许多物种同时生存。一个景观通常包括几个生态系统类型并且最终包括数个生态系统网络。生态系统网络的一个关键特征是可以有不同的配置却有相同的目标。这些都归结于生态系统网络的 4 个基本特征：生境质量、总的网络区域、网络密度和基质的渗透性(Opdam *et al.*，2006)。总之，这些特征构成了景观的空间凝聚力。在规划中，这 4 个特征可以被用作 4 个空间策略：可以被用于设计成满足不同的外形和维度需要的生态系统网络；生态网络的理念已广泛应用于自然保护区规划、城市规划中；原则上，生态功能网络是基于生态跳岛(垫脚石)(stepping stone)或生态网络，即由网络的连接加强景观中物质与能量的交换；除自然生态功能区外，在空间形式上，人工构建的生态功能网络结构元素则以绿带、绿心或其他形式的生态跳岛为主(张小飞等，2005)。

①绿带　绿带的功能最初被用来防止城市的无序蔓延，控制未来的城市成长，以避免城市相互吞并，具有区分城镇与乡村的特性。自 20 世纪 70 年代以来，相关的生态研究赋予其保护与重建的新功能。

②绿心　城市绿心是基于花园城市的概念，其认为完善的城市规划需围绕公园展开并具备中心公园。广义的绿心则包括都市内部及都市间的大型生态斑块。

③生态跳岛　除绿带或绿心等较大的景观廊道或斑块外，其间也存在许多具有生态功能的小斑块，或由小斑块相互串接而成的跳岛系统，可提供物种散布、物质与能量流动通道，进而形成区域生态网络的连接，在生态网络中起着媒介的作用。

在实践上，生态网络概念已广泛应用于空间规划的各个层次中，包括自然规划，经济规划和社会规划。俞孔坚等(2005)在石花洞风景名胜区景观生态规划过程中提出了网络的规划目标与标准(表 8-2)，尽管是个案研究，非一般规律，但仍具有重要的参考价值。

表 8-2 网络的规划目标与规划标准

网络	规划目标	规划标准
大石河水系网络	恢复作为河流廊道的功能，恢复审美和游憩价值功能	(1)大石河以及汇入大石河的支流和地表径流构成一个连续的树枝状网络，沿着整个网络所发生的大水文过程和生态过程高度连续 (2)具有足够的保护宽度，可以最大程度地发挥河流生态廊道的功能 (3)整个水系网络应该尽量维持自然状态，具有良好的植被，适合野生动物栖息和开展一些滨水游憩活动
野生动物生境网络	构建起连续、安全的生境网络，恢复野生动物的生物多样性	(1)对原有和潜在的栖息地进行保护 (2)将栖息地通过安全的生态廊道连接 (3)设置适当的缓冲区，减小人类活动对野生动物生存干扰
风景游赏网络	构建非机动休闲游道网络，整合风景资源	(1)以大石河休闲廊道为主干，建立专用的连接所在重要景点和景区的非机动休闲游道 (2)可游赏各种自然和人文景观，沿途有良好的游览环境 (3)尽量避开机动交通的威胁，确保游人的人身安全
居民生产网络	合理安排居住与生产的空间布局，尽量与自然环境相协调	(1)不破坏山体、土壤、植被和河流廊道，不造成视觉、噪声、粉尘和大气污染 (2)不在类似采空区这种有安全隐患的区域内居住 (3)尽量不影响河流的自然山体功能，不造成水土流失 (4)尽量不切割野生动物的生态廊道，不影响野生动物的生存
机动交通网络	交通流畅，尽量减小对游赏活动的干扰，与自然环境相协调	(1)交通流畅，沿途环境优美，对游赏活动的干扰小，对游人不构成安全威胁 (2)尽量不切割野生动物的生态廊道，不影响野生动物的生存 (3)尽量不压迫河流，维护河流的自然形态和生态功能

注：引自俞孔坚等，2005。

8.3.2.2 国内景观生态规划

我国学者从20世纪80年代开始探讨景观生态规划的方法步骤。王军和王仰麟(2001)在《景观生态学原理及应用》一书中作了比较全面的介绍。

在景观生态规划过程中，强调充分分析规划区的自然环境特点、景观生态过程及其与人类活动的关系，注重发挥当地景观资源与社会经济的潜力与优势，以及与相邻区域景观资源开发与生态环境条件的协调，提高景观持续发展的能力。这决定了景观生态规划是一个综合性的方法论体系，根据各自研究特点和侧重，其内容可分为景观生态调查、景观生态分析与综合以及规划方案分析3个相互关联的方面，包括以下步骤(图8-4)：

(1)确定规划范围与规划目标

规划前必须明确在什么区域范围内及为解决什么问题而规划。一般而言，规划范围由政府决策部门确定。规划目标可分为3类：①为保护生物多样性而进行的自然保护区规划与设计；②为自然(景观)资源的合理开发而进行的规划；③为当前不合理的景观格局(土地利用)而进行的景观结构调整。这3个规划目标范围较大，因而要求将此3个大目标分解成具体的任务。

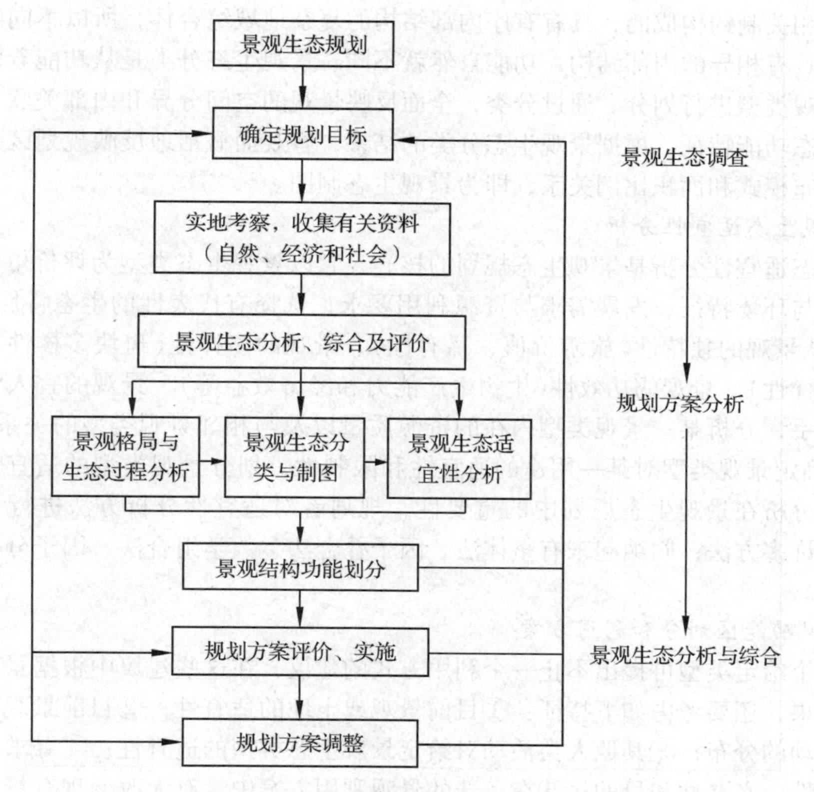

图8-4　景观生态规划流程（引自傅伯杰等，2010）

（2）景观生态调查

景观生态调查的主要目标是收集规划区域的资料与数据，了解规划区域景观结构与自然过程、生态潜力及社会文化状况，从而获得对区域景观生态系统的整体认识，为以后的景观生态分类与生态适宜性分析奠定基础。收集资料不仅要重视现状、历史资料及遥感资料，还要重视实地考察，取得第一手资料。根据资料获得的手段和方法，通常可分为历史资料、实地调查、社会调查和遥感及计算机数据库4类。这些资料包括生物、非生物成分的名称及其评价，景观的生态过程及与之相关联的生态现象和人类对景观影响的结果及程度等。

（3）景观的空间格局与生态过程分析

由于人类活动长期改造的结果，景观总是或多或少与人类有关，景观结构与功能被赋予了一定的人工特征。按照景观塑造过程中人类的影响程度，景观可区分为自然景观、经营景观和人工景观3类，不同的景观具有明显不同的景观空间格局。景观格局与过程分析对景观生态规划有重要的意义，因为景观生态规划的中心任务是通过组合或引入新的景观要素而调整或构建新的景观结构，以增加景观异质性和稳定性，而对景观格局和生态过程的分析有助于人们做到这一点。

（4）景观生态分类和制图

景观生态分类和制图是景观生态规划及管理的基础。由于景观生态系统是由多种要素相互关联、相关制约构成的，具有有序内部结构的复杂地域综合体，所以不同的景观生态系统，由于具有相异的内部结构，功能自然就不同。景观生态分类是从功能着眼，从结构着手，对景观类型进行划分。通过分类，全面反映景观的空间分异和内部关联，揭示其空间结构与生态功能特征。根据景观生态分类的结果，客观而概括地反映规划区景观生态类型的空间分布模式和面积比例关系，即为景观生态制图。

(5)景观生态适宜性分析

景观生态适宜性分析是景观生态规划的核心，它以景观生态类型为评价单元，根据区域景观资源与环境特征、发展需求与资源利用要求，选择有代表性的生态特性(生态服务和健康)，从景观的独特性(旅游价值、稀有性)、景观的多样性(斑块多样性、种类多样性和格局多样性)、景观的功效性(生物生产能力和经济效益等)、景观的宜人性或景观的美学价值入手，分析某一景观类型内在的资源质量以及与相邻景观类型的关系(相斥性或相容性)，确定景观类型对某一用途的适宜性和限制性，划分景观类型的适宜性等级。正因为适宜性分析在景观生态规划中的重要性，规划者对适宜性分析方法进行了大量的探索，创立了许多方法，归纳起来有整体法、因子叠合法、数学组合法、因子分析法和逻辑组合法5类。

(6)景观功能区划分和利用方案

对每一个给定类型可提出不止一个利用方式的建议，在这些建议中根据景观生态适宜性的分析结果，还要考虑如下特征：①目前景观或土地的适宜性；②目前景观的特性、类型和人类活动的分布；③其他人类活动对给定景观生态类型的适宜性；④寻求各种供选择建议的可能性、必要性和目的；⑤在备选的景观利用方案中，有无改变现有景观或土地利用方式的可能，如果有，技术上是否可行。功能区的划分从景观空间结构产生，以满足景观生态系统的环境服务、生物生产及文化支持三大基础功能为目的，并与周围地区景观的空间格局相联系，形成规划区合理的景观空间格局，实现生态环境条件的改善、社会经济的发展以及规划区持续发展能力的增强。

为达到提升生物多样性、维持物质与能量流通、维持景观格局的稳定及提升生活环境品质等目标，要采取扩大核心生态斑块面积、调整植被结构、建立垫脚石、强化及构建联系廊道、设置缓冲区、提升景观异质性及增加绿地覆盖面积等方式(表8-3)，在实际的空间优化时还必须考虑景观类型的空间作用以及景观功能冲突的范围。

表8-3 景观格局优化目标、方法及指标

优化目标	优化方法	评价指标
提升生物多样性	扩大核心生态斑块面积，调整植被结构	最大斑块面积、植被覆盖比例、本地物种比例、景观类型多样性
维持物种能量流通	建立垫脚石，强化和构建联系廊道	斑块密度、周长面积比、廊道宽度、密度、连通度、蔓延度
维持景观格局的稳定	设置缓冲区，提高景观异质性	缓冲区宽度、景观类型多样性
提升生活品质质量	增加绿地覆盖面积	植被覆盖

注：引自张小飞等，2005。

（7）"预案"和"情景"研究方法

"预案"研究方法（scenario approach）作为协助决策的工具可追溯至 20 世纪 50 年代，欧美一些核物理学家率先采用这种方法，通过计算机模拟解决有关概率等非确定性问题；70 年代初，欧美国家的不少公司和政府机构开始将"预案"研究作为规划与决策的一种工具；80 年代，随着生态环境问题的日益突出和可持续发展思想的提出，"预案"研究方法广泛应用于以可持续发展为目标的区域发展、土地利用规划、景观规划与环境管理、规划的实践中。

李晓文等（2001）对"预案"和"情景"相关概念进行了讨论：从决策论角度，"预案"可定义为"决策者对未来所期待的状态的描述，以及相关的系列事件，经由这些事件可将现存状态导向未来的目标"。与传统的预测研究不同，预案研究主要不是回答"将会发生什么"，而是着重"如果……，也许将会发生什么"。因此，预案研究侧重对未来各种可能性的探索并寻求实现的途径，而不仅是对未来的预测。设计"预案"时，首先必须把握现实真实的状况，缺乏现实基础的预案将是一个无法检验的"科学"虚构；同时还必须找到实现的路径，否则，所设计的预案不过是"乌托邦"式的理想。依据可能性与决策之间的关系，可将其划分为如下范畴（图 8-5）：潜在可能的、较可能的（包含于前者范畴内）、所期望的（至少与前两种范畴有部分重叠）。对未来的预测应主要着眼于"较可能"的范畴，而对未来"潜在可能"性的探索则需要通过对未来精心的设计来发掘。"所期望"范畴属于决策的范畴，如果决策者对未来的期望是"较可能的"，则决策是可行的；如果"较可能"范畴并不是决策者"所期望"的，此时就必须在"潜在可能"与"所期望"范畴的交集中寻求解决途径。

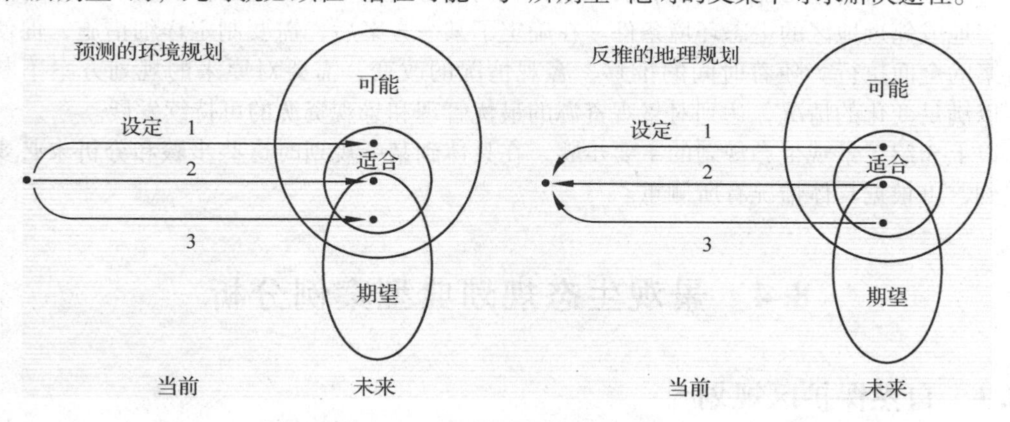

图 8-5　预测性预案（左）与反推式预案（右）

这两种不同类型的预案。预测性预案研究仅将设计的各种可能依现实趋势投射到未来"较可能"的范畴中，大部分的环境规划属于这一类，如预测气候变化对不同生态系统可能带来的影响等。在这类预案研究中，各类预测模型成为确定环境因子变化所导致影响的主要工具。反推式预案研究则首先对决策对象未来潜在可能性进行分析，在此基础进行初步规划设计，再返回现状进行比较，寻找实现途径并最终确定决策者所期望的选择。这种"反推"式的预案研究程序往往是生态与地理规划所采用的，而所谓的决策支持系统（decision support systems，DSS）常作为反推式预案研究的工具。

反推式预案研究方法应用于区域景观规划。其程序如图 8-6 所示：预案的设计、返回现状(一种反推的过程)以寻找并描绘从现状到“所期望”未来的实现途径、对规划与设计的评估(生态后果、经济投入等)。在规划与设计阶段,运用有关生态系统和景观水平的知识寻找和构建解决问题的方法,整体论的方法在此阶段显得尤为重要;而对规划和设计的评价则是一个分析的过程。由于预案研究的整个过程是一个交替循环的过程,因此,评价的结果往往需输入新的一轮规划过程中,以调整预案并重新评价它们,最终完成更为综合性的规划设计。

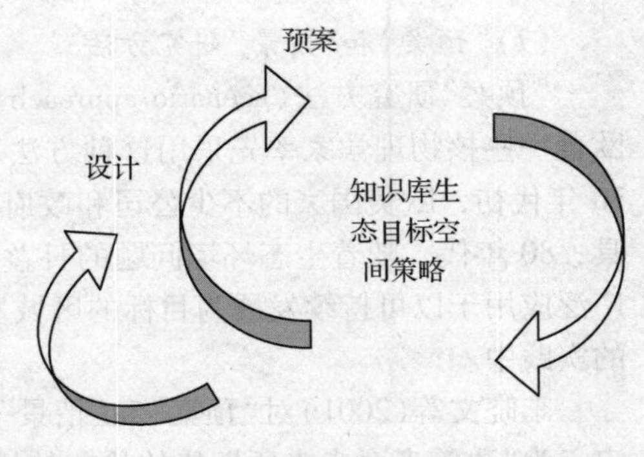

图8-6 反推式预案研究的交替循环程序

(8)景观生态规划规划评价及实施

由景观生态适宜性分析所确定的方案与措施主要建立在景观的自然特性基础之上,然而景观生态规划应是在促进社会经济发展的同时,寻求最适宜的景观利用方式。因此,对备选方案需进行如下分析:

①成本效益分析　规划方案与措施的每一项实施需要有资源及资金的投入,同时,实施的结果也会带来经济、社会和生态效益,对各方案进行成本—效益分析与比较,进行经济上的可行性评价,以选择投入低、效益好的方案。

②对区域持续发展能力的分析　方案的实施必然对当地和相邻区域的生态环境产生影响,有的方案与措施可能带来有利的影响,从而改善当地生态环境条件;有的方案可能会损害当地或邻近地区的生态环境条件。在确定了某一方案后,需要制定详细措施,促使规划方案的全面执行。随着时间的推移、客观情况的改变,需要对原来的规划方案不断修正,以满足变化的情况,达到对景观资源的最优管理和景观资源的可持续发展。

以上介绍了景观生态规划的主要步骤,在具体到某一规划时这些步骤和分析未必要面面俱到,可根据具体情况有所侧重。

8.4 景观生态规划典型案例分析

8.4.1 自然保护区规划

福建省峨嵋峰自然保护区属森林生态系统类型,主要保护对象为森林植被和生物资源,是福建省重要的亚热带天然林区之一,地貌类型以中山为主,山间盆地呈串珠排列,海拔400~1 714 m;总面积5 418.16 hm^2。

8.4.1.1 明确规划问题与机遇

(1)问题

①缺乏有效管理　由于管理制度不健全、管理手段落后、管理设施缺乏和政策法规滞后等,造成峨嵋峰自然保护区缺乏对自然资源开发利用的有效管理;另外,保护区于2001年6月由福建省人民政府批准建立,由于成立时间较短,管理机构不健全,管理人员不足10人,没有从事旅游专业的管理人员,影响了保护区的保护管理。

②景观生态遭受破坏 随着自然保护区旅游业的发展，人造景观和旅游服务设施的建设，使得自然保护区内的人工景观面积过大，自然景观的连通性降低，破碎化提高，干扰斑块和廊道增多，导致局部自然景观生境的退化。

③保护区内交通落后 峨嵋峰自然保护区地处泰宁县的西北边陲，区内仅有一条通往林区的公路，山路坡度大。路面差，而进入保护区只有一个路口，汽车只能到达保护区附近，内部的交通主要依靠林道步行，由于保护区内交通不便，致使泰宁县相关部门在对外设计旅游线路过程中，难以考虑峨嵋峰自然保护区，据统计，保护区的游客中90%以上是本地人。

④旅游接待设施薄弱 峨嵋峰自然保护区旅游处于起步阶段，已开发的旅游项目以风光旅游和野生动植物观赏为主，旅游产品单一，对游客的吸引力不足，经济效益不高，还没有充分发挥出资源和环境等方面的潜在优势。保护区内目前仅有20张床位的接待站和供70人就餐的餐厅，服务对象主要是科考人员和短期的游客，接待档次低，服务体系不完善。据统计，2004年峨嵋峰自然保护区人均旅游消费仅为42.50元/人次，与福建省国内游客人均旅游消费水平和同类型的武夷山、龙栖山等自然保护区人均旅游消费水平相比较，还存在着很大的差距。

(2)机遇

①国内外生态旅游的发展所带来的机遇 随着经济发展、人们生活水平和环境意识的提高以及可持续发展的实施，生态旅游得到了快速发展，据统计，目前世界生态旅游收入年增长率达25%~30%，是旅游业中增长最快的；中国的生态旅游发展势头良好，年旅游人数近2 000万，年旅游收入近5.2亿元人民币。联合国环境规划署将2002年定为“国际生态旅游年”，使生态旅游的发展在世界范围内达到了高潮，国内外生态旅游的发展为峨嵋峰自然保护区发展生态旅游提供了一个良好的社会背景。

②各级政府的政策扶持所带来的机遇 泰宁县政府非常重视旅游业的发展，将旅游业确定为支柱产业，制定了一系列扶持发展旅游业的优惠政策，2005年泰宁县大金湖被评为“世界地质公园”，加上之前的国家重点风景名胜区、国家“4A”级旅游区、国家森林公园、国家地质公园、国家重点文物保护单位、中国生物圈保护区网络成员等国家级品牌，这将提高峨嵋峰自然保护区的知名度、泰宁县旅游资源的品位和档次，促进峨嵋峰自然保护区生态旅游的发展。

8.4.1.2 资料收集与背景分析

峨嵋峰省级自然保护区创建于2001年，属森林生态系统类型，主要保护对象为森林植被和生物资源，是福建省重要的亚热带天然林区之一。保护区内有国家Ⅰ、Ⅱ级保护动物6种和45种，国家Ⅰ、Ⅱ级保护植物3种和14种，被专家誉为野生动植物富集的种群基因库。区内有保存完好的中山沼泽湿地(“东海洋”)，区内山脉纵横，山势高耸，巍峨壮观，溪流汇集，森林覆盖率高，水土流失程度低，山涧溪流清澈见底，松涛碧波万顷，云海汹涌澎湃，日出瑰丽壮观，是登高远望，欣赏天象景观、避暑纳凉的理想场所。区内的庆云寺、电视台转塔、附属观景台、森林宣传教室和闽北乡村聚落中保留着古朴的水车、水龙、笋磨坊、水磨坊、榨油坊、古民居等生活和生产方式，体现了保护区内天人合一的人文生态风貌。保护区地处武夷山中段西南麓，是福建母亲河——闽江的发源地之一，区内年平均气温15.4℃，夏季月平均气温25.3℃，年降水量1 920 mm；区内地形复杂，海拔高低悬殊，具有典型的凉爽、多雾、高湿等山地气候特征，茂密的森林植被、理想的气候和水资源条件以及清幽恬静的环境为开展高山避暑生态旅游、山地度假旅游奠定了良好的基础。

8.4.1.3 景观生态规划与设计

(1)旅游斑块的设计

作为斑块的旅游接待区应既要方便游人，又要分散布点和适当隐蔽，不影响景观的美学功能，还要使斑块面积尽量减小而易于融入基质中，自然保护区旅游斑块设计主要体现在属性选择、实体设计和空间布局3个方面。峨嵋峰自然保护区景观斑块所对应的旅游功能有景点、宿营地、旅游服务设施等，旅游斑块生态化设计构想为：①旅游景点的选择，要根据峨嵋峰自然保护区生态旅游资源特色和市场需求，充分考虑景观固有的结构及其功能，选择那些具有独特性、神奇性、有吸引力的人文、自然景观进行开发，景点的设计要注重同类景观的连续性和完整性、异类景观的镶嵌性和异质性；②宿营地、旅游服务设施建筑的实体设计要与环境融为一体，人工建筑的斑块与天然的斑块相协调，进行生态化设计，达到旅游斑块与生态背景互为借景的丰富而有趣的视觉效果；③旅游斑块的空间设计是峨嵋峰自然保护区内必要的旅游服务设施，采取分散式的设计，使旅游服务设施建筑与周围景观相协调，保护区外旅游消费场所采取集中式的设计，可共享旅游服务基础设施，缓解对自然保护区内资源和环境的压力。

(2)旅游廊道的设计

自然保护区旅游廊道设计主要有区间廊道、区内廊道和斑块内廊道3个层次，旅游廊道的设计除依据其功能层次逐层设计外，还应该加强廊道在输送游客之外的旅游附加功能。峨嵋峰自然保护区廊道所对应的旅游功能有河流、交通路径路网及其两侧的林带等，旅游廊道生态化设计构想为：①区间廊道的设计应该尽量使道路的过客量与环境容量相一致，道路施工尽量利用接近自然的无污染材料；②区内廊道的设计要避开生态脆弱带，尽量选择生态恢复功能较强的区域进行，对生态敏感区应加强生态保护，充分利用现有的自然通道(河流、小路等)，连接各旅游区的廊道长短要适宜，过长会淡化景观的精彩程度，过短则影响景观生态系统的正常运行；③斑块内廊道的设计充分利用自然保护区内的林间小路、河岸等作为旅游廊道，并注意合理组合，互相交叉形成网络；④主旅游线两侧林带的设计要求植物形态、色彩或质感有特殊的视觉效果，且最好由本地植物种类组成，并与作为保护对象的残遗斑块相近似，从而降低生境的孤立，提高视觉质量。

(3)基质的设计

自然保护区的自然背景作为大面积游憩的基质，是自然保护区生态旅游的基调。峨嵋峰自然保护区基质所对应的旅游功能为保护区的自然背景，包括针阔混交林、竹林和常绿阔叶林等，基质设计的构想为：①峨嵋峰自然保护区基质的设计应注重突出背景特色，营造绿色环境，保护生态系统和动植物资源；②自然保护区的基质作为背景具有普遍性，当其背景性消失而特征突出时，就变成新的旅游斑块，自然保护区的生态背景(基质)具有旅游意义。基于斑块和基质之间的递变性，峨嵋峰自然保护区可通过合理的设计，构建具有旅游意义的新旅游景点。

8.4.1.4　缘的设计

峨嵋峰自然保护区缘所对应的旅游功能为保护区外的边缘环境，缘设计的构想为：①营造与自然保护区景观相适宜的生态环境和文化氛围；②峨嵋峰自然保护区及其周边地区进行旅游接待示范乡(镇、街道)和村的生态建设，挖掘当地丰富的文化内涵，形成与自然保护区相得益彰的资源格局，提高其旅游吸引力。

8.4.2　湿地景观规划

辽河三角洲滨海湿地位于辽宁省盘锦市境内，辽河三角洲最南端，双台河口入海口处，为辽宁双台河口国家级自然保护区所辖范围。辽宁双台河口自然保护区是一个以保护丹顶鹤、黑嘴鸥等珍稀水禽及其赖以生存的湿地生态系统为主的国家级野生动物类型的自然保护区(图8-7)。这里分布着世界上最大的芦苇沼泽及大面积的潮间滩涂和浅海湿地，总面积约$8\times10^4hm^2$，这些不同类型的湿地构成了100多种水禽重要的栖息地和繁殖地，既是丹顶鹤在世界上繁殖分布的最南界，也是黑嘴鸥最重要的繁殖地。同时辽河三角洲滨海湿地内坐落着我国第三大油田——辽河油田，并是我国重要的粮食开发及水产养殖基地，因此，自然保护和经济开发的矛盾日益突出。

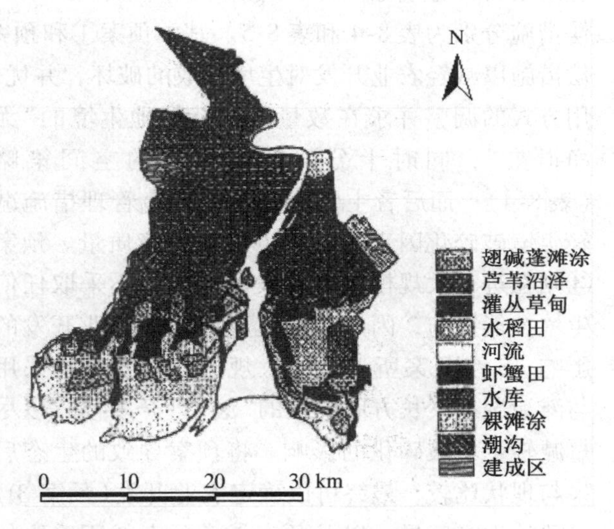

图8-7　辽河三角洲地表覆盖物类型

规划目的是协调辽河三角洲湿地稻田开发、水产养殖、建成区扩展、苇田开发和滩涂鸟类生境保护对土地资源需求的冲突，并寻找合理的空间解决方案及管理模式，在滩涂地区发展苇田及采取一定的措施(如建生境岛)人工恢复、创造翅碱蓬滩涂生境是两个有关生境保护与生境补偿的景观生态规划目标。通过各种可能的湿地调整、生境补偿措施以兼顾湿地生物保护与农业开发和油田生产的需要。在进行预案研究时，采取了"bottom-up"和"top-down"两种互补的方法(Harms *et al.*，1993)。"bottom-up"的方法是同时考虑所有与研究目的相关的景观生态规划的限制因素，以明确规划的各种可能性及供选择范围的边界。这里所考虑的因素有6个：①区域农业开发的强度及其限制；②生物保护、生境补偿的防止及其限制；③与规划目标相关的自然生态单元的适宜性及其被改变的可能性；④所有与目标物种生境需求有关的生境类型；⑤所有有利于实现规划目标的生境管理方式；⑥空间策略及其分布格局。上述6项因素被视为构建景观生态规划预案的基本素材。由于这些因子本身存在一定的变动范围，理论上其不同的组合结果也是极其多样的，而每一项组合结果又并非都是有意义的，因此此时需要采取“top-down”的方法进行筛选。top-down”的方法是基于景观要素设计的一些基本原理和概念，将这些不同因子经过筛选组合成连贯的、有意义的、相互关联的景观要素组合。它强调的是一种整体论的方法，着眼于控制景观结构及其变化的驱动力和过程而非单一的生境因子。在该项研究中，水盐动态导致的生境及其植被演替过程，区域农业开发与生物保护(生境补偿)的矛盾与协调过程被认为是本区研究景观变化的主要驱动因子。

根据上述预案设计的原则，有关假设和限制因子，基于协调农业开发与湿地保护的目标，该研究提出了3个预案：①湿地调整；②生境管理；③农业开发。3个预案的景观生态规划目标分别如图8-8～图8-10所示，各预案的景观生态规划、生境管理目标及生境补偿措施分别为表8-4和表8-5。其中预案①和预案②两个项目都是通过不同方式的生境补偿措施以减轻农业开发对生境造成的破坏，并优化生境质量。但前者涉及大规模的土地利用方式的调整并求在数量上维持湿地生境的“无净损失”，同时十分强调应采取的空间策略(表8-4)；而后者主要依靠各种生境管理措施减轻生境破碎化因素的影响以优化生境质量。预案③则在进行大规模农业开发的同时，不采取任何生境补偿措施，因此该预案可以评估农业开发的影响。3个预案所涉及的大规模农业开发均采用与滩涂湿地淤长方向一致的“滚动”开发模式以尽量减轻生境破碎化的影响。将预案导致的生态后果与现状比较，最终可以确定农业开发(预案③)导致的生态后果，以及预案①、预案②所采取的生境调整和生境管理措施的效果。

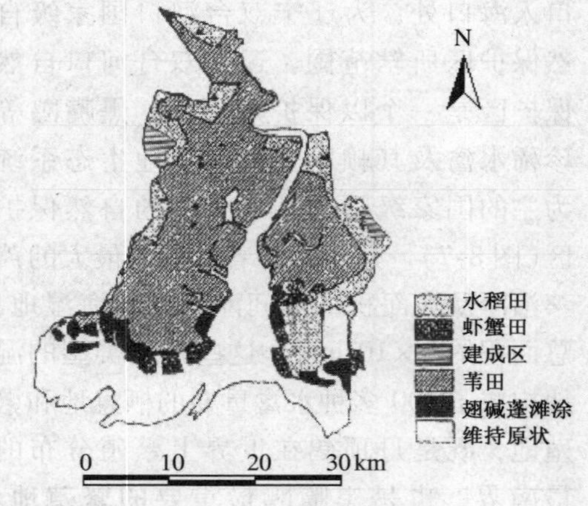

图8-8 预案①景观生态规划图

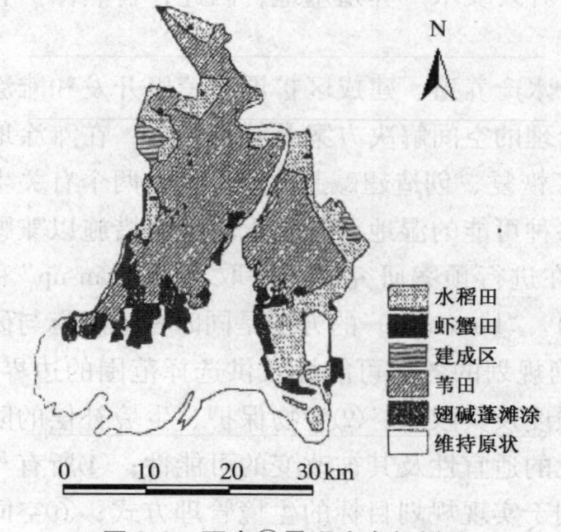

图8-9 预案②景观生态规划图

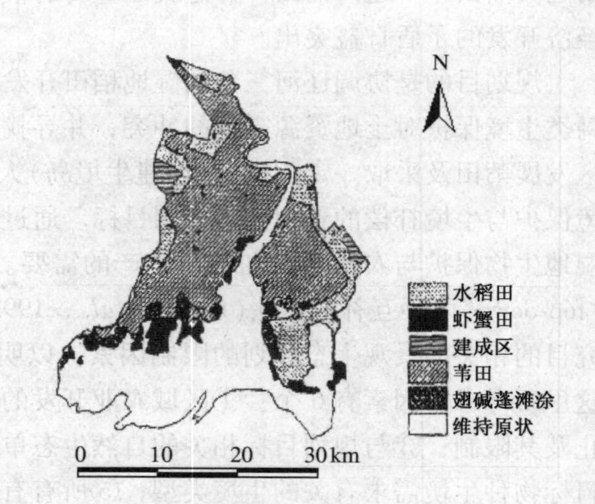

图8-10 预案③景观生态规划图

表8-4 辽河三角洲滨海湿地各预案的景观生态规划和生境管理目标

规划及生境管理目标	预案1	预案2	预案3
水稻田	开发8 000hm²	开发8 000hm²	开发8 000hm²
虾蟹田	维持原有规模	维持原有规模	维持原有规模
建成区	扩展800hm²	扩展800hm²	扩展800hm²
芦苇沼泽	通过生境补偿措施维持芦苇湿地没有净损失，通过生境管理减轻破碎化因素影响	不采取大规模湿地调整等工程措施对生境进行补偿，通过生境管理措施提高生境质量，并对退化的苇田生境进行恢复	维持原状
翅碱蓬滩涂	通过生境恢复及补偿手段维持翅碱蓬滩涂面积上无净损失，并提高其生境质量	不采取大规模湿地调整等工程措施对生境进行补偿，通过生境管理措施提高生境质量，并对退化的翅碱蓬生境进行恢复	维持原状
道路	对核心生境某些路段重新规划	两侧营造防护林减少路面裸露面积，减轻车辆、噪声对水禽生境影响	
油井	在核心区部分，依照立地自然植被对其进行人工伪装，并拆除废弃油井	对所有工作油井进行人工伪装，并拆除废弃油井	维持原状

表8-5 各预案总体目标和生境补偿措施

预案	总体目标	生境补偿措施
湿地整理	在大规模农业开发的背景下，通过湿地整理，生境补偿等措施，维持自然湿地面积无净损失，并优化生境质量	通过区域范围内大规模湿地生态工程对生境进行恢复和补偿，核心区辅以相应的生境管理手段
生境管理	主要通过各种生境管理措施，优化生境质量，以尽量减少、补偿开发农业对生境造成的破坏	不采用大规模湿地生态工程，不涉及大范围土地利用方式的改变，主要通过对湿地生境一系列优化管理措施对生境进行补偿
农业开发	仅以大规模农业开发为目的，不考虑生境补偿	无

8.4.3 城市景观规划

城市景观生态规划的意义在于通过对城市空间环境的合理组织，营造一个符合生态良性循环，与外部空间有机联系、内部布局合理、景观和谐的城市生态系统，以促进城市的可持续发展。下面以福州市为例探讨景观生态初步规划的应用。

(1)福州市景观生态基本特征

福州是福建省省会，是一座有着2 200多年历史的文化名城。城市总体环境和城市景观情况为：福州市地形为盆地，滨江临海，山川总的形势是，“群山环抱，一江横陈(闽江)”。其四周“左旗山、右鼓山、前五虎山、后高盖山”。福州市以自然环境的优势为依托，经过历代人工建设，已形成了“左旗右鼓、三狮五虎、三山二塔一条江”的空间格局；城市发展的演绎，形成了以八一七路的历史传统轴线、古老的街巷、完整的坊里，保存完好的明清民居以及古老传统街坊历史文化名城的风貌。

(2)福州市城市景观生态规划基本原则

①生态原则　尊重自然、保护自然景观、注重环境容量、增加生物多样性，保护环境敏感区，环境管理与生态工程相结合；增强人文景观与自然景观的有机结合，增加景观多样性；建设景观多样性；建设绿化空间体系，增加绿化空间及开敞空间。

②社会原则　尊重地域文化与艺术，使人文景观的地方性与现代化结合；注重城市景观建设与促进城市经济发展结合；改善居住环境、提高生活质量与促进城市文化进步相结合。

③美学原则　就是使城市形成连续和整体的景观系统；赋予城市性质特色；符合美学及行为模式，达到观赏与实用的效果。

(3)福州市城市景观规划基本设想

从城市景观生态学来看，城市是人地关系相互作用形成的最高地域生态系统。城市景观是经济实体、社会实体和自然实体的统一。城市景观规划就要根据景观生态学原理和方法，合理地规划景观空间结构，使廊道、斑块及基质等景观要素的空间分布合理，使信息流、物质流和能量流畅通，使景观不仅符合生态学原理，而且具有一定的美学价值，并适于人类居住。福州市城市景观规划总的目标是改善景观结构，加强城市景观功能，提高城市环境质量，在不影响城市生态环境、不破坏历史文化遗产的基础上，设计具有时代特色的城市形象，展现大都市的风采。

①自然景观与人文景观有机结合　城市的发展本质上可理解为人类在自然环境中创造活动的轨迹。自然环境与人类活动二者在城市构成中相辅相成。城市景观可分为自然景观与人文景观，通常认为自然景观是外界自然赋予人类的发展活动的精华空间，而人文景观则是人类开发、创造文明历程的足迹。自然景观是城市一份不可多得的天然财富，是城市空间构成的基础条件。由于它的存在并因其自身的形状特征，构成了城市美丽景观的环境氛围。福州城区有不少自然景观，以"三山"为首的各大小名山与闽江及42条内河，是福州迷人风貌的重要组成部分。人文景观包括两个内容：一是可视性的具体物质景观，如城市与建筑相关的景观；二是不可视性的、抽象的意识形态景观，包括民俗风情，传统文化等。对于前者景观的要求，重在保护历史发展的有机连续性，也是保护传统风景区、古建筑的重要原因；而后者则继承和发扬民族文化、民俗与城市人文景观的特色。

由于自然景观和人文景观是密不可分的和谐整体，在景观规划上只有将二者综合，相互融入，才是完整的景观体系。一方面体现人类赖以生存的自然环境的神奇、伟大，另一方面充分展示人类创造活动的高超技艺以及与自然和谐一致的能力。福州城市景观规划设计，应充分考虑其特有"左旗右鼓、三狮五虎、三山二塔一条江"的自然景观空间格局与2 200多年文化名城的历史韵味。因此，在福州城市景观规划设计中，应充分保持八一七路、三坊七巷、朱紫坊等福州传统建筑坊街整体格局，使之成为福州历史文化名城的内核；白塔、乌塔、华林寺、开元寺、西禅寺、涌泉寺、欧冶池、�泉及相当部分的名人故居，是体现福州历史文化名城的重要组成部分；另外，福州特有传统民俗风情，也都应加以保护。只有这样，才能体现福州历史文化名城的文化底蕴。在保护好历史文化名城的同时，更应体现福州作为现代化经贸港口城市的现代气息。因此，在福州的五一路、五四路、东大路、台江区等地应结合福州盆地的自然环境特色，对建筑、街区加以改造，建设具有浓烈的现代气息、反映福州改革开放成就和福州特色的现代建筑群、居住小区、主题公园等。对于曾经是"万帆云集"的传统商贸区的福州的内港——台江，应利用改革开放之机，重新定位，再塑辉煌。

②城市廊道的合理配置　在城市景观中，廊道既是各种流的通道(人口流、物质流、能量流、资金流、信息流等都通过廊道穿梭于城市与外围腹地以及城市内各节点和斑块之间，维持整个城市的运作)，又是造成景观破碎的原因和前提，同时它还是决定着城市景观轮廓的主要原因，可以认为，城市廊道的发展引导着整个城市景观格局的发展。城市廊道主要由以交通为目的的公路、街道网格组成，铁路、河渠等也属于城市廊道。

a. 道路(灰轴)廊道：福州是闽江流域乃至福建全省甚至更大区域的物质集散中心，应对福州的城市交通进行整体规划，形成以八一七路、五一路、六一路、二环路等为主体的四通八达的道路网络。城市道路同样直接反映城市的外貌形象，也是构成城市风貌特色的基础。福州的不同道路应当体现不同品位与不同主题。如八一七路为传统商业街，也是福州市发展历史的中轴线，规划就应让其保全文化连续性和历史特色为原则，体现其为"福州历史文化轴"的品位；五一路、五四路、湖东路、东大路、六一路为现代建筑风貌带，就应通过绿化系统、建筑小品、城市雕塑突出福州作为现代化省会城市的文化内涵与定位。

b. 河川(蓝轴)廊道：水象征文明与灵性，水的存在使城市充满灵性与魅力。根据江河不同特点进行规划。如乌龙江是福州城市边缘的河流，起着连接外部环境的作用。在城市景观构成中，属于大环境外部景观。应规划沿江地段开辟大型公园、绿地，形成集休闲、娱乐、疗养为主体的滨水开发区。对于闽江，其两岸是未来城市优美的蓝轴景观带，是城市总体形象的集中代表地段，又是城市各种艺术文化的综合载体，最能代表福州形象的条状文化带。应充分利用各区域的特征，创造完美的闽江滨江大道；结合江滨景观，开辟街头绿地、公园(如江滨公园)、广场、综合雕像体系，营造优美的环境；注重建筑群体与环境的空间组合，开辟优美的天际轮廓线，重点塑造闽江沿岸的空间节点，形成流动起伏的蓝轴景观带。对于像晋安河、白马河、东西河等内河，应引水冲污，改变水质，形成内河通畅的河网；控制临河建筑的面宽和高度，避免高大建筑遮挡水面，影响视廊和破坏景观效果；开辟街头小公园、小绿地，增建建筑小品、休息、娱乐设施等，营造宁静、祥和的"小桥流水人家"的意境。

③绿地(绿轴)廊道　绿轴是指由楔入城市的自然山体和水体，经串联而成连续的绿化走向。将城市中的大小山体和水面(江河、水巷、湖泊、水库)用带状绿地"串联"起来，形成网络绿化(包括绿脉和蓝脉)。绿脉由道路绿化网组成，蓝脉由内河滨水绿化网组成。福州城市的绿地网格根据福州的自然环境、城市布局，绿地结构特征为"一蕊、二环、三轴、四大公园"。一蕊：在台江区、仓山区闽江中段南北岸地段建成城市绿蕊。二环：二环路、三环路建成高强度绿化防护带。三轴：妙峰山至金鸡山连线的山体绿地组成的绿轴。四大公园为西湖公园(包括左海公园)、林辅公园、浦上公园、光明公园。

(4)城市广场的建设

城市广场是城市景观中最重要的斑块之一。城市广场是人流活动集中的开敞空间，广场突出反映城市基本素质与精神象征，广场是一个城市精神的反映和文化的载体。城市文化是城市的内涵，在城市的发展过程中，它对人们的动机、行为有着持久的影响。因此，高品位的城市广场，可成为城市传神的“眼睛”。

综合起来可知，福州城市景观规划设计应在认真了解福州的自然、社会、经济、人文、历史等各方面信息的基础上，结合城市景观生态学原理，突出其作为历史文化名城和现代化省会城市的艺术风貌，并充分利用优越的地理位置、独特的自然环境和有利的自然条件，建设成为依江傍海的山水园林城市。

8.5 景观生态设计

景观生态设计与景观生态规划既有密切的联系，又有一定的区别。如果说景观生态规划是从较大尺度上对原有景观要素的优化组合以及重新配置或引入新的成分，调整或构建新的景观格局及功能区域，那么景观生态设计就是在小尺度上对景观生态规划中划分的功能区域特定功能的实现过程，一般都与具体的工程相联系，以具体的生态技术应用为特征。它与景观生态规划一起构成景观生态学应用领域不可缺少的一部分。景观生态设计是以生态学原理为基础，建立在生物工艺、物理工艺及其他工艺基础上，使人类投入系统内较少的能量与物质，通过系统内部物质循环和能量转换获得较大的生产量、生态效益和社会效益，用具有人工特征的景观来改造、治理以及协调生态环境。

8.5.1 景观生态设计原理

(1)共生原理

共生的概念来源于自然界中植物与动物，指的是不同种生物基于互惠关系而共同生活在一起，如豆科植物与根瘤菌的共生、赤杨属植物与放线菌的共生等。该理论可以使人类通过共生，控制人类—环境系统，实现与自然的合作，与自然协同进化。一个系统内多样性程度越高，其共生的可能性就越大。小尺度空间结构的镶嵌常导致共生，大的单一结构，如集中供热，工业区域或农业中的单一经济，单一居住用地的城镇管理等缺乏共生机制及相应的稳定效应，它们的代价较高，不能产生多重利益。为了获得共生的好处，系统必须着眼于创造小的空间结构，并确保它们之间的相互耦合与镶嵌，使整个反馈向着有利于系统稳定的方向发展。

(2)多重利用原理

多重利用意味着我们生产的东西或做的事情不止一个目标，也意味着可以通过几种局部的方法来解决一个问题，而不是用单一的一揽子方法解决问题。例如，在家庭能源系中来自地面的环境热量，来自废物的沼气、堆肥等组成一个复杂的系统，这种系统具有多种稳定性。

(3)循环再生原理

循环再生原理是多重利用原理的更高层次的体现，世间任一“废物”必然是某一生态过程或生态功能有用的“原料”或缓冲剂，这就需要我们抛弃线性、均衡的因果链的思维模式，以及有限的原因和结果的思维模式。

(4)局部控制、整体调节

景观是有物质和能量联系的多重等级组织，对低等级的局部干扰会影响整体，反之控制局部也可使整体得到调节。尽管目前人类对长时间、大范围的自然控制还无能为力，但对小范围的局部控制与设计是行之有效的。

(5)因地制宜、近远结合

由于景观的多样性和复杂性，决定了景观生态设计时必须注意因地制宜、繁简得当，不可一味地追求“完善”而添加各种枝节，致使整体设计主次不分，降低了可行性。还应该注意近期与远期利益相结合，通过寻求满意设计，逐步逼近最优设计。

8.5.2　景观生态设计的基本程序

由于景观的多样性和复杂性，决定了景观生态设计时必须注意因地制宜、繁简得当，不可一味追求“完善”而添加各种枝节，致使整体设计主次不分，降低了可行性。还应该注意近期与远期利益相结合，通过寻求满意设计，逐步逼近最优设计(图 8-11)。

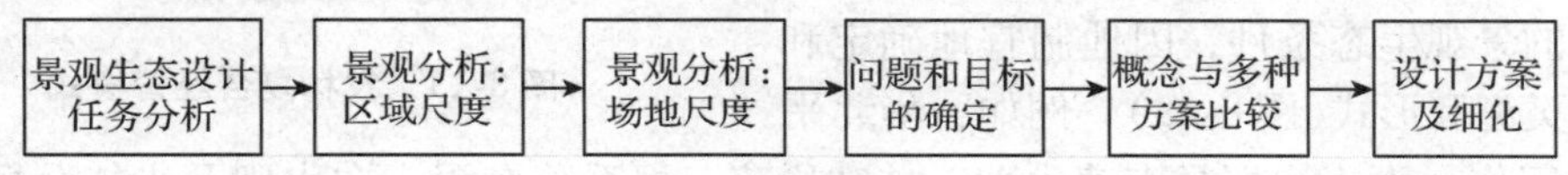

图 8-11　景观生态设计一般流程(引自曾辉等，2017)

景观生态设计目的是设计出具有不同特色的景观生态系统，达到高效、和谐及美观，使景观生态特性与人类社会发展需要协调。根据景观生态设计所依据的原理以及目标，可以将其分为综合利用类型、多层利用类型、补缺利用类型、循环利用类型、自净利用类型、和谐共生类型和景观唯美类型等。以下选择几种景观生态设计类型作为案例加以介绍。

8.5.2.1　多层利用的桑基鱼塘系统

珠江三角洲雨量丰富，地形低洼，河流经常泛滥，属于典型的水陆相互作用的景观。当地人民和科研工作者根据实际情况，创造了这种独特的土地利用模式，它是多层分级利用、生态良性循环的农业景观生态设计。在珠江三角洲河网地带的中心，大小鱼塘星罗棋布，紧密相连，基塘相间，连绵百里，景观独特(钟功甫等，1987)。

桑基鱼塘的景观生态设计主要包括陆基与鱼塘 2 部分，陆基是作物生长的基础，也是整个生态系统中桑、蚕、鱼的营养库，而塘是土地利用的核心(图 8-12)。随土地利用方式、种植作物的不同，基可分为桑基、蔗基、果基和花基等。基面通常宽 8～12m，高 0.5～2m；鱼塘面积 0.13～0.4hm^2，多为长方形，长宽比为 6∶4，水深 1.7～3m。

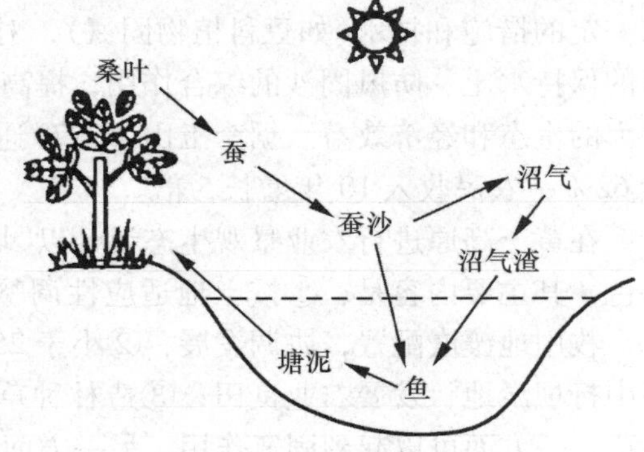

图 8-12　桑基鱼塘系统

桑基鱼塘综合了蔬菜、甘蔗、桑的栽培，养蚕业、鱼类混养以及畜牧业生产，总生物量达 20～40t/(hm^2·a)，它是一种立体配置的生态设计，既有水、陆两种特性，每一层上又具有多个亚层，从而可以充分利用光能，形成多环食物链和多层次种养业，经济效益和社会效益都很高。鱼塘的年产量已经达到7~10t/hm^2；陆基的各种作物依照作物的不同产量在10~80t/hm^2，平均为37t/hm^2。

8.5.2.2 和谐共生的农林复合经营

农林复合经营是一种具有广阔发展前景的农业景观生态设计，其目的在于从木本和草本植物共生、共栖的土地单元内获益；具体设计就是把林木以一定方式种植于农田和牧场。林木进入农田，打破了农作物单一的种植格局，形成了农、林、牧紧密结合的耕作制度和立体种植结构，形成了生态效益和经济效益俱佳的人工景观生态系统，提高了土地利用率、光能利用率和劳动生产率。

农林复合经营的生态设计在我国许多地方存在，南方有池杉—水稻间作，华北平原有农作物—泡桐间作以及东北地区的农作物—杨树间作、林药间作等多种形式，它们是根据当地具体的景观生态条件，因地制宜地确定和设计间作类型和形式(图8-13)。例如，华北平原的农桐间作，由于泡桐具有速生性，枝叶稀疏、根系分布深，在水肥及光能分配与利用方面不与农作物竞争，针对华北平原风沙多的特点，采用5m×4m的大株行距种植，起到农田林网的作用。这几种农业景观生态设计，其共同点就是利用植物和谐共生的特性，多层次地利用光能和水肥，具有明显的生态效益、经济效益和社会效益，并达到三者的统一。据蒋建平(1990)对华北平原的农桐间作研究，农桐间作改善了农田小气候，减少昼夜温差0.5~1.0℃，增加农田相对湿度，显著降低风速，可降低20%~50%，复层的人工群落，较充分地利用了光能，其光能利用率达到1.1%~1.38%，远远高于我国作物光能利用率的平均水平0.4%，这种景观生态系统的净生产力达到15.68~18.98t/(hm^2·a)，高于陆地平均生产力12~15t/(hm^2·a)的标准；其经济效益明显高于对照地；社会效益表现在为农村造就出一批社会适用人才，有力推动了社会的进步和农村科技事业的发展。

图8-13 农林复合经营模式

8.5.2.3 综合利用的农、草、林立体景观设计

黄土高原生态环境的改善和农业发展的核心问题，是控制大范围、严重的水土流失。在陕西、甘肃、山西和宁夏等地，以小流域为单元的农、草、林的景观生态设计，通过采取一定的措施和技术(如豆科植物固氮)，对农作物、林木和草被的空间配置，充分发挥林草的保持水土、防风固沙的综合作用，提高景观生态系统生产力和减少水土流失，取得了巨大的生态和经济效益。据李玉山(1997)通过设计试验研究，试验区内泥沙流失量同期减少62%，农民收入10年增长5倍。

在黄土高原进行农业景观生态设计以“坡修梯田，构筑坝地，发展林草，立体镶嵌”为特色，其主要内容是：①按土地适应性调整农业用地，压缩陡坡耕地，发展林草，使农、林、牧用地镶嵌配置，协调发展；②小于25°的梁峁地修水平梯田，可以培肥地力，在沟谷中打坝淤地，发展农业良田；③造林种草恢复植被，25°~35°的梁峁地种植多年生豆科牧草。一方面可以起到固氮作用，另一方面提供饲料发展畜牧业。沟沿下的沟坡地可栽植灌木固坡保土，因地制宜发展林果业。因此，林草植被恢复是景观生态设计的核心，在具体设计上要严格遵循景观生态特性，根据适地适树，树种选择与种植方式以垂直地形而异，整地可采用水平阶、等高间隔带等方式，以利于拦蓄降水。

8.5.2.4　循环利用的庭院景观生态设计类型

庭院，是农民生活最频繁的地方，也是一种潜在的土地资源，充分开发利用这些资源，可创造明显的经济、生态效益，对于提高土地利用率、发展农村商品生产、推动农村经济发展具有重要的意义。

根据农村庭院具有一定面积、人类活动频繁和水源便利等特点，依据生态设计原理，有以下几种模式可供选择：

①立体栽培模式　主要在庭院实行立体栽培，利用食物链循环原理，进行物质多层循环利用。选用优良品种，应用较先进的饲养、栽培技术，生产无公害的菜、果、肉等。

②四位一体温室模式　这种模式把生产冬季蔬菜和猪圈、厕所、沼气池融为一体，实现养猪、猪粪和人粪入沼气池发酵，沼气池为蔬菜生产供能、供肥。这种模式粪便经过无害化处理，能量得到充分利用，除获得养猪，生产菜的直接效益外，还有节能、节肥等间接效益，同时达到控制蔬菜污染，提高蔬菜品质的目的(图8-14)。

③养牛(家畜)—沼气—果树模式　该模式农户通过养家畜、消化作物秸秆和排出的粪便进入沼气池发酵产气，废料为蔬菜供肥。

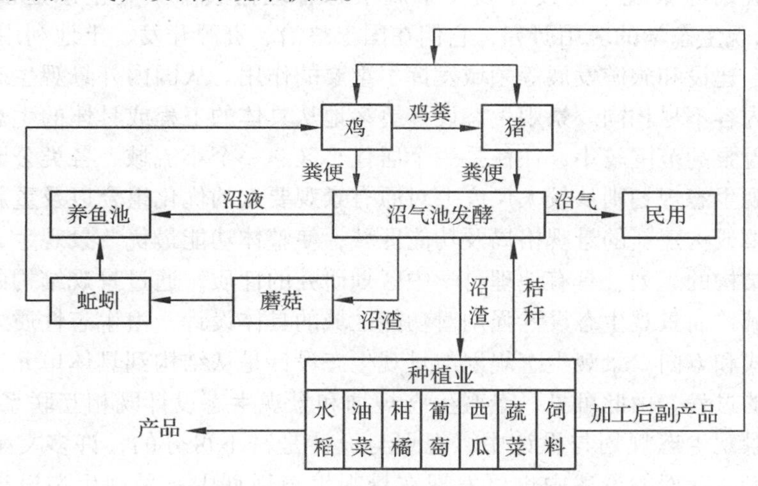

图8-14　四位一体温室模式

以上几种生态设计模式，经济效益明显。从生态效益看，可以调节空气，杀灭细菌，促进健康。其社会效益在为人们提供物质条件和舒适环境的同时，还能促使人们去学科学、用科学。

8.5.2.5　景观唯美的园林风景设计

一个优美的、富有特色的园林风景通常是自然景观与人文景观的综合体，包括地文景观、水文景观、森林景观和人文景观构成的风景资源景观要素，通过适当的空间配置与组合，赋予其相应的文化内涵，以发挥其旅游价值，可供人们进行旅游观光、科学文化教育活动。由此可见，景观的视觉多样性与生态美学原理是风景园林区设计的重要依据与理论基础。

景观外貌可反映其文化价值，而文化习俗也强烈地影响着居住地景观和自然景观的空间格局，如我国云南傣族、新疆维吾尔族的居住地具有独特的景观。人类对景观的感知、认识和评价直接作用于景观，同时也受景观的影响。关于景观美学的量度，人类行为过程模式研究认为，人类偏爱含有植被覆盖和水域特征，并具有视野穿透性的景观；信息论则认为，人类偏爱可供探索复杂性和神秘性的景观，以及有秩序、连贯的、可理解的和易辨识的景观。美国园林景观设计以简洁明快为其特色，为了满足各方面游人的娱乐需要，提供度周末和节假日的优美环境，以及方便周到的道路和设计配置，充分考虑自然美和环境效益，各项活动和服务设施尽可能融化在自然环境中。我国园林景观设计历史悠久，从中国文化艺术传统中吸收了丰富的营养，形成了具有中国文化内涵的鲜明特色。

在具体进行园林景观的设计时，要注意以下几点：①注意发挥地方、民族的特色；②以小见大，精心设计增加景观的内容，增加视觉多样性；③景区建筑物与周围环境保持和谐、协调；④设计要有野趣，力求接近自然；⑤少盖房子多留绿地，以使景观充满生机。

8.5.3 景观生态规划与景观生态设计的关系

景观生态规划与景观生态设计以及景观生态管理构成了景观生态建设(肖笃宁等，1998)，属于景观生态学的应用研究，它们在国土整治、资源开发、土地利用、生物生产、自然保护、城乡建设和旅游发展等领域发挥了重要的作用。从国内外景观生态规划与设计的实践来看，内容不尽相同。景观生态设计更多地从具体的工程或具体的生态技术配置景观生态系统，着眼的范围较小，往往是一个居住小区、一个小流域、各类公园和休闲地等的设计；而景观生态规划则从较大尺度上对原有景观要素的优化组合以及重新配置或引入新的成分，调整或构建新的景观格局及功能区域，使整体功能最优。景观生态规划强调从空间上对景观结构的规划，具有地理科学中区划研究的性质，通过景观结构的区别，构建不同的功能区域，而景观生态设计强调对功能区域的具体设计，由生态性质入手，选择其理想的利用方式和方向。景观生态规划与景观生态设计是从结构到具体单元，从整体到部分逐步具体化的过程。由此可见，景观生态规划和景观生态设计既相互联系又各有侧重，在一个具体的景观生态规划与设计中，规划与设计是密不可分的，许多文献也证明了这点。此外，读者从前面的论述中也可发现在景观生态规划中有景观生态设计的内容和思想，反之亦然，两者相互渗透。

面对全球的生态环境危机和人们追求生活质量的提高，景观生态规划与设计的应用领域将会越来越宽广，并将对实现全球的持续发展作出重要的贡献；同时，持续发展和人类需求也对景观生态规划与设计提出了许多新的要求，即通过合理的规划与设计协调人类活动与自然的关系，使人类达到“以与自然和谐共处的生活方式过着健康而富有的生活”(United Nation，1992)。这就要求景观生态规划与设计在充分认识和理解区域资源与环境特性以及人类活动与自然生态过程的基础上，始终把景观作为一个整体来考虑，从整体上协调人与环境、社会经济发展与自然环境、生物与非生物环境、生物与生物以及生态系统与生态系统之间的关系，建立人与自然关系的新秩序，改变人与自然的对立的状况，在不断变化和不确定因素的干扰下维持景观稳定性和持续发展。

本章小结

景观生态规划与设计是在风景园林学、地理学和生态学等学科基础上孕育和发展起来的，和土地规划与设计、自然保护、资源环境管理及旅游发展等实践活动密切相关，并深深扎根于景观生态学，从中不断汲取营养，成为景观生态学的有机构成，属于景观生态学的应用部分。它随着社会、经济和文化的发展而发展，反映了人类对人与自然景观关系认识的不断深化，并与生态规划有紧密的联系。首先，重点阐述景观生态规划的产生，目的以及原则，结合国内外景观生态规划的研究方法，对自然保护区、湿地、城市等景观进行规划。其次，分析景观生态设计是从小尺度上对景观生态规划中划分的功能区域特定功能的实现过程，并结合典型的景观生态设计案例，如桑基鱼塘系统、农林复合经营体系，庭院景观对景观设计阐述其综合应用性。最后，从总体上把握了景观生态规划与景观生态设计的关系，它们同属于景观生态学的应用研究，它们在国土整治、资源开发、土地利用、生物生产、自然保护、城乡建设和旅游发展等领域发挥的作用将会越来越宽广。

思考题

1. 什么是景观规划？
2. 什么是景观生态规划？
3. 景观规划与景观生态规划有何关系？
4. 试阐述你对生态规划与生态设计工作方法的理解。
5. 结合身边的实例，说明景观规划设计在生活中的应用。
6. 谈谈学习景观规划与设计的思路，并以校园景观设计出自己的规划思路。

推荐阅读书目

景观生态学(第2版). 肖笃宁，高秀珍，高峻，等. 科学出版社，2010.

景观生态学. 郭晋平，周志翔. 中国林业出版社，2007.

景观生态学——格局、过程、尺度与等级(第2版). 邬建国. 高等教育出版社，2007.

景观生态学原理与应用. 傅伯杰，陈利顶，马克明，等. 科学出版社，2002.

生态规划. 刘康，李团胜. 化学工业出版社，2004.

景观：文化、生态与感知. 俞孔坚. 科学出版社，1998.

景观生态学. 余新晓. 高等教育出版社，2006.

景观生态学——原理与方法. 刘茂松，张明娟. 化学工业出版社，2004.

生态规划——理论、方法与应用. 刘康. 化学工业出版社，2011.

景观生态学研究方法

【本章提要】

景观生态学研究方法主要是在对现实景观开展调查、监测基础上，通过景观指数、空间分析和模型模拟等手段揭示景观格局动态及其与生态过程的关系，其目的是找到合适人类需求的区域景观格局优化途径和方法。景观生态学研究方法通常包括野外实地调查、景观指数计算、空间格局分析、尺度分析和景观模型等方法。随着遥感、地理信息系统和全球定位系统等“3S”技术和计算机技术的快速发展，它们在景观格局分析和模型构建中的作用也愈来愈重要。本章较为全面地介绍了景观格局指数计算、空间统计分析和景观模型等常用景观生态学研究方法并辅以案例介绍。同时，介绍了可塑性面积单位问题对空间分析的影响。

9.1 “3S”技术在景观调查中的应用

全球卫星导航系统（global navigation satellite system，GNSS）、遥感（remote sensing，RS）和地理信息系统（geographic information system，GIS）是景观生态学研究中的重要技术工具。在大的空间尺度上，景观生态学研究所需要的许多数据大多是通过遥感手段来获取的。在收集、存贮、提取、转换、显示和分析这些容量庞大的空间数据时，地理信息系统往往作为一个极为有效的、不可或缺的信息处理工具。景观中的组分或过程的具体地理位置是空间数据的重要内容，但这些空间位置往往不易精确而方便地测得，GNSS 使这个问题迎刃而解。随着遥感、地理信息系统和全球卫星导航系统技术的迅速发展，它们在景观格局分析和模型构建中的作用也越来越重要。本节将对这 3 种技术的基本概念及其在景观生态学研究中的应用作一简单介绍。

9.1.1 全球卫星导航系统(GNSS)及其在景观生态学中的应用

9.1.1.1 全球导航卫星系统的概念

全球导航卫星系统(GNSS)是能在地球表面或近地空间的任何地点为用户提供全天候的三维坐标和速度，以及时间信息的空基无线电导航定位系统，它是泛指所有的卫星导航系统。目前美国的全球定位系统(GPS)、俄罗斯的格洛纳斯系统(GLONASS)、欧洲的伽利略系统(Galileo)和中国的北斗系统(BDS)被全球卫星导航系统国际委员会认定为4大GNSS服务供应商。多个国家也计划或正在建设自己的区域导航系统，如日本正在建设的准天顶系统(QZSS)和印度的区域导航系统(IRNSS)。现阶段以发展最早的美国GPS(global positioning system)系统最为成熟、性能指标最为稳定，是世界各国用户量最多的系统。北斗系统是我国自行研制的全球导航卫星系统，相较于美国GPS，中国北斗起步较晚，但发展迅速。北斗系统由空间星座部分、地面监控部分和用户终端3部分构成，可提供定位、导航、授时三大功能。除此之外，其具备双向短报文传通信功能，这是北斗相较于其他GNSS的独特之处。

9.1.1.2 GNSS在景观生态学中的应用

GNSS可在专题地图(生境图、植被图、土地利用分布图等)的制作、航空像片和卫星遥感图像的定位、地面校正和环境监测等方面为景观生态学提供支持(傅伯杰等2001)，归纳起来有以下4个方面：

(1)景观元素定位

主要是利用GNSS测定野外样地定位，也常被用作遥感解译标记及解译结果的核查和补充。例如，在林业资源调查中，以遥感图像和地形图为基础，结合GNSS实地布点调查。在森林景观林区作业中，应用GNSS完成作业区定位，伐区设计、造林设计、抚育采伐设计、林分改造等作业设计的成图和面积求算。

(2)景观中物种运动跟踪

GNSS可应用于景观中的动物活动行踪监测。一方面可以基于GNSS技术的高精度跟踪器应用探测候鸟迁徙路径，另一方面GNSS的高精度定位功能可用于景观中濒危动物运动方式的追踪和制图(卫星项圈、卫星定位器)。例如，野生雪豹在全世界估计只剩下3 500~7 000只，由于它生活的范围常处于海拔较高的地区，采用常规的手段难以对它的生境和行踪进行跟踪。世界自然保护联盟(IUCN)开始利用GPS定位器与红外线照相机，来收集雪豹的活动范围和生活习性等基本信息，并利用这些信息来更好地保护它们。又如，2011年9月4日，新西兰动物研究人员在南大洋海域放生了几个月前误闯新西兰的帝企鹅“快乐的大脚”。放生前，研究人员在企鹅身上安装了一个GPS卫星定位器，用来了解它的行踪，并随时随地地对其进行监测、研究。在我国四川卧龙大熊猫自然保护区，就有一群野生大熊猫戴着卫星项圈在竹林中生活。利用GNSS、野外调查与监测、DNA检测技术等，可以揭示大熊猫的行为模式、汶川地震对大熊猫行为和生境利用的影响，以及野外种群的个体间亲缘关系。

(3)斑块边界与形状识别

高精度差分GNSS技术能够识别微地貌变化，得到坡面沟道的发育过程及其形态变迁的时空动态特征。

(4)在环境监测中的应用

在环境监测中，GPS技术经常与全球移动数字移动通信网络(GSM)相结合，为跟踪定位与远程监控信息的传输提供了可靠的保障。GPS/GSM技术已在环境、气象、土地管理、交通、地质等部门得到广泛应用。例如，在近海海洋环境监测中，特别是突发海洋污染事故(如核辐射事故)，需要将现场数据实时传输，以便决策者做出科学部署。

9.1.2 遥感技术(RS)及其在景观生态学中的应用

9.1.2.1 遥感的概念

遥感是20世纪60年代发展起来的一门对地观测综合性技术，其字面理解即为“遥远地感知”。遥感是指由传感器非接触式地采集目标对象的电磁波信息，通过对电磁波信息的传输、变换和处理，定性、定量地揭示地球表面各要素的空间分布特征与时空变化规律的探测技术。按照遥感获取方式，即按电磁辐射能源的不同，遥感可以分为被动式遥感(passive remote sensing)和主动式遥感(active remote sensing)两大类。被动式遥感系统本身不带有辐射源，在遥感探测时传感器仅接收和记录目标物自身发射或反射来源于自然辐射源(如太阳)的电磁波信息。主动式遥感系统带有人工辐射源，通过向目标物发射一定形式的电磁波，再由传感器接收和记录其反射波。自20世纪80年代以来，遥感技术因感测范围大、宏观观测能力强；获取信息快，信息量大；更新周期短，便于动态监测等技术优势，快速发展并广泛应用于农业、林业、地质矿产、水文、气象、地理、测绘、海洋研究、军事侦察及环境监测等领域，应用领域在不断扩展。

9.1.2.2 RS技术在景观生态学中的应用

RS包括卫星图像、空间摄影、雷达以及用数字照相机或普通照相机摄影的图像(邬建国，2007)。遥感技术的发展使得能够从不同时间和空间尺度获取景观数据，因而已经成为生态空间、生态过程(景观流)研究不可缺少的技术手段。RS在景观生态学研究中的具体应用主要体现在植被和土地利用分类、大尺度生物多样性监测、生态系统和景观特征的定量化及其景观动态方面。定量化特征包括不同尺度上斑块的空间格局；植被的结构特征、生境特征以及生物量；干扰的范围、严重程度及频率；生态系统中生理过程的特征(光合作用、蒸发蒸腾作用、水分含量等)、景观物质流中的水和碳、氮等元素循环。景观动态包括土地利用在空间和时间上的变化；植被动态(包括群落演替)；景观对人为干扰和全球气候变化的响应；基于多源影像源的尺度推移。此外，近来来新发展的激光雷达技术(light detection and ranging，LiDAR)凭借其提供的高精度三维地物信息，已经在林业、气象、测绘和考古等领域得到应用并独具优势。

遥感技术在景观监测方面具有以下技术优势：①不同空间分辨率的遥感图像为识别不同尺度上的景观信息提供了基础，由此可以研究景观动态变化的尺度特征及过程特征；②遥感快速获取技术可以及时地提供不同时期地表景观的信息，由此反映出景观的动态变化规律；③遥感的多光谱特性为识别不同景观信息及其动态变化提供了基础。与传统生态学方法相比，基于RS技术的景观生态学方法具有以下特点：①由于所摄图像是通过不直接接触被测物体获得的，避免了研究者对研究对象的直接干扰，并且允许重复性观察；②

RS技术是大格局动态的唯一监测手段；③可以通过摄影镜头和卫星传感器的不同光谱幅度和空间分辨率，在不同的观测高度上，为景观生态学研究提供所必需的多尺度资料；④遥感数据一般都是空间数据，即所测信息与地理位置相对应，这也是研究景观的结构、功能和动态所必需的数据形式(曾辉等，2017)。总之，遥感成果获取的快捷以及所显示出的效益，则是传统方法不可比拟的，遥感正以其强大的生命力展现出广阔的发展前景。

9.1.3　地理信息系统(GIS)及其在景观生态学中的应用

9.1.3.1　地理信息系统的概念

地理信息系统的定义是由两个部分组成的。一方面，地理信息系统是一门学科，是描述、存储、分析和输出空间信息的理论和方法的一门新兴的交叉学科；另一方面，地理信息系统是一个技术系统，是以地理空间数据库为基础，采用地理模型分析方法，通过收集、存贮、提取、转换和显示空间数据，适时提供多种空间的和动态的地理信息，为地理研究和地理决策服务的计算机技术系统。地理信息系统的主要特征包括：①具有采集、管理、分析和输出多种地理空间信息的能力，具有空间性和动态性；②以地理研究和地理决策为目的，以地理模型方法为手段，强调空间分析，具有多要素综合分析和动态预测能力，能够产生高层次的地理信息；③由计算机系统支持进行空间地理数据管理，并由计算机程序模拟常规的或专门的地理分析方法，作用于空间数据，产生有用信息，完成人类难以完成的任务。GIS具有以下4大基本功能：数据的采集与编辑功能、地理数据库管理功能、制图功能和空间查询与空间分析功能。除了在地理方面应用外，GIS应用范围还广泛覆盖了环境保护、生态监控、城市管理、交通通信、农林牧副渔诸多行业。

9.1.3.2　地理信息系统在景观生态学中的应用

GIS技术在景观生态学中的应用主要体现在收集和管理景观数据、各类景观图的绘制、景观动态与模型模拟和景观评价与规划设计等方面。通过空间叠加操作可以合并不同空间数据库并产生新的数据层和属性；可以分析不同数据层之间的空间交叉及相关关系进而分析空间现象随时间的变化。例如，把景观模式类型与其他地面特征(DEM、土地利用与土地覆盖、道路、河流等)数据层叠加，可以分析河流与道路密度、镶块体大小与分形维数以及土地覆盖与景观模式类型的关系。再如，根据研究需要，采用适宜比例尺的地理底图，通过地面调查或者遥感图像解译，开展不同时期的景观类型制图；并可以在GIS支持下，对不同时期的景观类型图进行数字化与栅格化处理，获取不同时期研究区景观类型的定量信息；通过GIS叠加不同时期景观类典型研究区景观动态变化的特征。此外，在景观评价中，邻近度与缓冲区分析是GIS空间分析的重要手段。工业区选址时，为减少水质污染必须远离某一污染源，则可为此污染源建立一个一定宽度的缓冲区，在此缓冲区内的各点都不能作为工业区地址。在分析某一湖泊周围农田的灌溉便捷度时，对此湖泊建立动态缓冲区，缓冲区内与空间物体距离不同的地方，灌溉便捷度不同，离湖泊越远，便捷度越差。

景观生态学的发展对GIS在调查与监测中提出新的要求，需要能够以等级方式处理一系列尺度生态学数据的GIS软件。具备这种功能的GIS软件应具有几个特点：①具有能够高效地存储和管理大尺度上生态系统资料的数据库结构；②能够方便地进行多尺度(如区域、景观、局部生态系统、样方)的数据聚合和解聚；③能够帮助研究者准确、迅速地确定研究样地或具有某种生态特征地段的地理位置；④能够方便地为生态系统、景观和全球模型提供输人数据，确定空间参数(曾辉等，2017)。

9.2 景观格局分析方法

9.2.1 景观格局分析概述

景观格局是指大小或形状不同的斑块在景观空间上的排列方式或空间分布的总体样式，是生态系统或系统属性空间变异程度的具体表现，是景观过程的产物，它包括空间异质性、空间相关性和空间规律性等内容。对景观格局进行分析的目的，就是为了从似乎无序的景观斑块镶嵌中，发现景观格局潜在的规律性，从而确定决定景观空间格局形成的因子和机制，然后比较不同景观的空间格局及其生态学意义。

景观格局决定着景观资源的分布形成和组分，对景观中的各种过程会产生一定影响，制约着各种生态过程，与干扰能力、恢复能力、系统稳定性和生物多样性有着密切的关系。各种过程反过来也会影响景观的总体格局。景观格局的形成，有可能就是整个景观的自然发展史，也可能就是人类社会的发展史。景观格局受自然和社会两方面因素的影响、干扰或驱动，促使景观生态演变形成新的景观空间格局(何东进等，2004)。不同的景观格局反映了不同的景观过程，并在一定程度上影响着景观变化过程，这种景观过程和景观变化实质上是一个非常复杂的景观演变的历程或过程(邬建国，2007)。

景观水平的研究需要一些方法来定量描述空间格局、比较不同景观、分辨具有特殊意义的景观结构差异，以及确定景观格局和功能过程的相互关系等(Turner and Gardner，1991)。景观格局数量方法之所以重要，主要是因为：景观生态研究的是大时空尺度特征以及多变量和复杂过程，一般的数量化方法无法满足需要；景观生态学大尺度实验困难，特别是跟踪调查需要的时间长、花费大。但是，由于计算机技术、地理信息系统(geographical information system)、遥感技术(remote sensing)和模型方法(modeling)的进步，使得景观生态研究可以通过景观格局指数与模型等数量方法来描述景观格局和过程。

景观格局数量研究方法主要包括：用于景观组分特征分析的景观空间格局指数，用于景观整体分析的景观格局分析模型，以及用于模拟景观格局动态变化的景观模拟模型。这些景观格局数量方法为建立景观结构与功能过程的相互关系以及预测景观变化提供了有效手段。

景观格局的分析研究，除了要了解景观空间格局形成的历史过程外，主要了解景观演变过程中的景观过程、景观变化，以及影响景观演变的驱动因素或形成因素，从而为评价景观格局，规划景观格局奠定基础。

9.2.2 景观格局指数及检验

9.2.2.1 景观指数分类

景观格局指数能够高度浓缩景观格局的信息，并且能够反映其结构组成和空间配置某些方面特征。景观格局指数包括景观要素特征指数(landscape path characteristic index)、景观异质性指数(landscape heterogeneity index)和景观要素空间关系指数(landscape spatial relation index)。景观要素特征指数是指用于描述斑块面积、周长和斑块数等特征的指标；景观异质性指数包括多样性指数(diversity index)、镶嵌度指数(patchiness index)、距离指数(distance index)及景观破碎化指数(landscape fragmentation index)等。景观要素空间关系指数包括同类景观要素的空间关系和异质景观要素之间的空间关系指数，如最近邻体距离面积加权指数、空间关联分析系数等。应用这些指数定量地描述景观格局，可以对不同景观进行比较，研究它们的结构、功能和过程的异同。

9.2.2.2 景观要素斑块特征指数

景观要素斑块特征包括斑块数量、大小、形状和边界特征等。景观斑块的类型、形状、大小、数量的分析是景观格局分析的基础，也是发现景观要素各干扰因子的相互作用，研究区域景观生态格局变化和过程的关键。

(1)斑块面积(patch area)

包括整个景观和单一类型的斑块面积以及最大和最小斑块面积分别具有不同的生态意义。例如，景观斑块总面积，景观分区斑块、类型斑块、不同结构斑块的面积，以及最大、最小斑块面积。

斑块平均面积(average patch area)：斑块面积的平均值。

景观总体斑块平均面积=斑块总面积/斑块总数；景观类型斑块平均面积=类型的斑块总面积/类型的斑块总数量。用于描述景观粒度，在一定意义上揭示景观破碎化程度。

斑块面积的统计分析(statistical distribution of patch area)：研究斑块的面积大小符合哪种数理统计分布规律，不同的统计分布规律揭示出不同的生态特征。

斑块面积的方差(variance of patch area)：通过方差分析，揭示斑块面积分布的均匀性程度。

景观相似性指数(landscape similarity index)：相似性指数=类型面积/景观总面积。度量单一类型与景观整体的相似性程度。

最大斑块指数(largest patch index)：景观最大斑块指数=景观最大斑块面积/景观总面积；类型最大斑块指数=类型的最大斑块面积/类型总面积。显示最大斑块对整个类型或者景观的影响程度。

(2)斑块数

斑块数(number of patches)：可分为整个景观的斑块数量和单一类型的斑块数量。

斑块密度(patch density)：景观的斑块密度(镶嵌度)=景观斑块总数/景观总面积；类型的斑块密度(孔隙度)=类型斑块数/类型面积。这个指标虽与斑块平均面积互为倒数，但是生态意义明显不同。

单位周长的斑块数(number of patches of unit perimeter)，揭示景观破碎化程度：景观单位周长斑块数=景观斑块总数/景观总周长；类型单位周长斑块数=类型斑块数/类型周长。

(3)斑块周长

斑块周长(patch perimeter)：是景观斑块的重要参数之一，反映了各种扩散过程(能流、物流和物种流)的可能性。

边界密度(perimeter density):揭示了景观或类型被边界的分割程度,是景观破碎化程度的直接反映。景观边界密度=景观总周长/景观总面积;类型边界密度=类型周长/类型面积。

形状指标(shape index):周长与等面积的圆周长之比。

内缘比例:斑块周长与斑块面积之比,显示斑块边缘效应强度。

斑块特征指数还包括核心面积(core area)、核心面积数量(number of core areas)、核心面积指数(core area index)等指数(McGgarigal & Marks,1993)。

9.2.2.3　景观异质性指数

景观异质性(landscape heterogeneity)是指景观或其属性的变异程度,景观异质性不仅体现在景观的空间结构变化(即空间异质性)上,还体现在景观及其组分在时间上的动态变化(即时间的异质性)上。景观异质性指数分析是指景观斑块密度、边缘密度、镶嵌度、多样性指数和聚集度等指数的度量。

(1)景观多样性指数

景观多样性指数(landscape diversity index)采用生态系统(或斑块)类型及其在景观中所占面积比例进行计算。景观多样性指数反映一个区域内不同景观类型分布的均匀化和复杂化程度,在景观研究中得到广泛应用(Li,1993;O'Neill,1998;邬建国,2007;傅伯杰,2001)。

依据 Shannon-Wiener 指数,景观多样性指数(H)为:

$$H = -\sum_{i=1}^{m} p_i \cdot \ln p_i \tag{9-1}$$

式中　p_i——第 i 类景观面积比;

m——景观类型数。

H 值越大,景观要素类型越丰富,景观多样性越大,其最大值为:

$$H_{\max} = \ln m$$

(2)景观优势度

景观优势度(landscape dominance)表示为景观最大可能的 Shannon 多样性取值与实际景观多样性指数之差。相对优势度指数则为景观优势度指数与景观最大可能的 Shannon 多样性取值之比的百分数表示。它们均表示少数嵌块体在景观中的支配程度,其表达式为:

$$D = H_{\max} - H = H_{\max} + \sum_{i=1}^{m} p_i \cdot \ln p_i \tag{9-2}$$

$$D_R = \frac{D}{H_{\max}} \times 100\%$$

式中　D——景观优势度;

D_R——景观相对优势度。

D 或 D_R 值大时,表示景观只受一个或少数几个嵌块体类型支配,而 D 或 D_R 值小时,反映该景观是由多个面积大致相当的嵌块体所组成。它与多样性指数恰好相反,对于景观类型数目相同的不同景观,多样性指数越大,其优势度越小。

(3)均匀度

均匀度(evenness)描述景观中不同组分的分布的均匀程度。相对均匀度指数以修正了的 Simpson 景观多样性指数与景观最大可能的景观多样性指数比值的百分数来表示。

优势度与均匀度呈负相关，它描述景观由少数几个景观类型控制的程度。

均匀度(E)用于描述景观里不同景观类型的分配均匀程度，通常采用 Romme(1982)的相对均匀度指数：

$$E = \frac{H}{H_{\max}} \times 100\% \tag{9-3}$$

(4)相对丰富度

丰富度是指在景观中不同组分或景观类型或景观类型的总数。相对丰富度(relative abundance)指数以景观中景观类型数与景观中最大可能的类型数比值百分比来表示。

相对丰富度(R)表示景观中景观类型的丰富程度，其表达式为：

$$R = \frac{M}{M_{\max}} \times 100\% \tag{9-4}$$

式中 M——景观中现有的景观类型数；

$M_{\max}$——最大可能的景观类型数。

R 值越大，相对丰富度越大。

除了景观多样性指数外，优势度、均匀度和丰富度均能从不同侧面刻画景观的多样性或异质性特征。为增强它们之间的可比性，经常使用相对性指数(relative index)，即标准化后取值为0~1(或0~100%)的指数。优势度和均匀度从本质上讲是一样的，二者均是以信息理论为基础，它们要求满足随机分布假定。二者的差异是其生态学意义不同，实际上可以任选其一。

(5)景观破碎度

若某景观内斑块数目增多，单个或某些斑块的面积相对减少，则斑块形状更趋复杂化、不规则化。景观破碎度(landscape fragmentation)的表达式为：

$$I = \frac{1}{A}\sum_{i=1}^{m} N_i \tag{9-5}$$

式中 I——景观破碎度；

N_i——第 i 类景观斑块数；

A——景观总面积。

I 值越大，破碎化程度越高。

(6)景观分离度

景观分离度(landscape isolation)指某一景观类型中不同斑块个体分布的分离程度。景观分离度加剧，导致作为物质和物种流通渠道的廊道被切断，景观中的斑块彼此被隔离，景观整体性削弱。景观类型 i 的分离度常表达为：

$$F_i = \frac{D_i}{S_i} \tag{9-6}$$

其中:

$$D_i = \frac{1}{2}\sqrt{\frac{N_i}{A}};\quad S_i = \frac{A_i}{A}$$

式中 D_i——景观类型 i 的距离指数;
N_i——景观类型 i 的斑块总数;
A——景观的总面积;
S_i——景观类型 i 的面积指数;
A_i——景观类型 i 的总面积。

(7)邻近度指数

景观类型的邻近度指数(mean proximity index, MPI)用以度量同种景观类型各斑块间的邻近程度,反映景观格局的破碎程度。其值越大,表明连接度高,破碎化程度低,计算公式为:

$$MPI_i = \frac{1}{n_i}\sum_{j=1}^{n}\frac{a_{ij}}{h_{ij}^2} \tag{9-7}$$

式中 MPI_i——邻近度指数;
n_i——景观组分的斑块数量;
a_{ij}——i 景观类型的斑块面积(m^2);
h_{ij}——从某斑块到同类斑块的最近距离。

(8)斑块密度指数

斑块密度指数(patch density index)是斑块个数与面积的比值,可以计算整个研究区的斑块总数与总面积之比,也可以计算各类景观斑块个数与其面积之比。

$$B = \frac{N_i}{A_i} \tag{9-8}$$

式中 N_i,A_i 含义同式(9-6)。

B 值越大,破碎化程度越高。用这一指数可以比较不同类型景观或整个研究区域的景观破碎化状况,可以识别不同景观类型受干扰的程度。

(9)镶嵌度指数

镶嵌度指数(patchiness index)是描述相邻景观组分关系的景观异质性指数,是描述相邻景观的对比程度。其表达式如下:

$$PT = \frac{1}{Nb}\sum_{i=1}^{T}\sum_{j=1}^{T}EE(i,j)DD(i,j)\times 100\% \tag{9-9}$$

式中 PT——相对镶嵌度指数(百分数);
$EE(i,j)$——相邻景观类型 i 和 j 之间的共同边界长度;
$DD(i,j)$——景观类型 i 和 j 之间的相异性量度;
Nb——景观类型边界的总长度。

$\boldsymbol{EE}$ 和 $\boldsymbol{DD}$ 均为 $T\times T$ 阶对称方阵。$\boldsymbol{EE}$ 需要从景观数据中量测得到。此外,$\boldsymbol{EE}(i,j)/Nb$ 实际上可以视为是景观类型 i 与 j 相邻概率的估计值。$\boldsymbol{DD}$ 由专家经验确定,或由另外一套独立的数据利用某种数量方法(如排序的主轴值)较客观地确定。不管采用什么方法确定,

$\boldsymbol{DD}(i,j)$的取值必须是在0与1之间。例如，假定某一森林景观中有3种景观类型——天然成熟林、50年人工林和新采伐迹地，则$\boldsymbol{DD}$为3×3阶矩阵。由于$\boldsymbol{DD}$为对称阵[$\boldsymbol{DD}(i,j)=\boldsymbol{DD}(j,i)$]，矩阵主对角线上的元素取值为0，即一个景观类型与其本身的差异为零。根据森林生境质量，我们可以主观地定义：成熟林与采伐迹地之间的差异为1.0，成熟林与人工林的差异为0.4，人工林与采伐迹地的差异为0.5，则$\boldsymbol{DD}$矩阵为：

$$\boldsymbol{DD}=\begin{bmatrix}0.0 & 0.4 & 1.0\\ 0.4 & 0.0 & 0.5\\ 1.0 & 0.5 & 0.0\end{bmatrix}$$

镶嵌度(PT)取值大，代表景观中有许多不同景观类型交错分布，对比度高；反之，PT取值小，代表景观对比度低。

(10)聚集度

聚集度(contagion index)表示景观中不同景观类型的团聚程度，它是描述景观格局的最重要指数之一。聚集度与镶嵌度都包含空间信息。聚集度在景观生态学中应用广泛。Li(1989)修正的聚集度(R_c)的计算式如下：

$$R_c=1-\frac{C}{C_{max}};\qquad C=-\sum_{i=1}^{m}\sum_{j=1}^{m}P_{ij}\cdot \lg P_{ij}\tag{9-10}$$

式中 C——复杂性指数；

P_{ij}——景观类型i与景观类型j相邻的概率；

m——景观中景观类型的总数；

C_{max}——C的最大可能取值，有：

$$C_{max}=2\ln m$$

实际计算中，常采用：

$$P_{ij}=\frac{E_{ij}}{Nb}$$

式中 E_{ij}——相邻景观类型i与j之间的共同边界长度；

Nb——景观类型边界的总长度。

R_c取值大表示景观由少数大斑块组成，取值小则表示景观由许多小斑块组成。景观的聚集度较小，亦即R_c的取值越小，则景观破碎化程度越高。聚集度R_c取值大代表景观由少数团聚的大斑块组成，R_c取值小则代表景观由许多小斑块组成。理论上，聚集度与镶嵌度成反比，主要差异在于聚集度是由相邻概率来表达，而镶嵌度计算不仅使用相邻概率，还使用相邻景观类型的对比度。

(11)距离指数

斑块间的距离是指同类斑块间的距离。用斑块距离来构造的指数称为距离指数。距离指数有2种用途：一是用来确定景观中斑块分布是否服从随机分布；二是用来定量描述景观中斑块的连接度(connectivity)或隔离度(isolation)。最小距离指数(nearest neighbor index)用来检验景观内的斑块是否服从随机分布。

$$NNI=\frac{MNND}{ENND}\tag{9-11}$$

式中 NNI——斑块间最小距离指数;

$MNND$——最近邻斑块间的平均最小距离;

$ENND$——随机分布条件下 $MNND$ 的期望值。

$MNND$ 和 $ENND$ 的计算式如下:

$$MNND = \frac{1}{N}\sum_{i=1}^{N} NND(i); \quad ENND = \frac{1}{2\sqrt{d}}$$

式中 $NND(i)$——斑块 i 与其最近相邻斑块间的最小距离;

d——景观中给定斑块类型的密度。

应该注意,$NND(i)$ 必须是斑块 i 中心到其最近邻斑块中心的距离,因为这里假定斑块为其中心上的一个点,忽略其面积。由于斑块形状常常是不规则的,在实际量测时其中心很难确定,所以,改用斑块重心代替其中心。斑块密度 d 由下式给出:

$$d = \frac{N}{A}$$

式中 N——给定斑块类型的斑块数;

A——景观总面积。

注意 d 和 $NND(i)$ 的量测单位必须一致。若 NNI 的取值为0,则格局为完全团聚分布;若 NNI 的取值为1.0,则格局为随机分布;若 NNI 取其最大值2.149,则格局为完全规则分布。

连接度指数(proximity index)可用来描述景观中同类斑块联系程度(Li,1989)。连接度指数是最近相邻斑块距离的反函数,它使用斑块面积作加权数:

$$PX = \sum_{i=1}^{N}\left[\frac{A(i)/NND(i)}{\sum_{i=1}^{N} A(i)/NND(i)}\right] \tag{9-12}$$

式中 PX——连接度指数;

$A(i)$——斑块 i 的面积;

$NND(i)$——斑块 i 到其相邻斑块的最小距离。

PX 取值从0到1;PX 取值大时,则表明景观中给定斑块类型是群聚的。

(12)生境破碎化指数

生境破碎化是现存景观的一个重要特征,也是景观异质性的一个重要组成。例如,森林破碎化主要表现为:森林斑块数量增加而面积减少,森林斑块的形状趋于不规则,森林内部生境(interior habitat)面积缩小,森林廊道被切断,森林斑块彼此被隔离(Li,1989),形成森林岛屿(island)。Li(1989)建议用不同的破碎化指数来描述生境破碎化的不同组分。他定义的破碎化指数用来描述景观中某一生境类型在给定时间里和给定性质上的破碎化程度。生境破碎化指数(habitat fragmentation index)的取值从0到1;0代表无生境破碎化存在,而1则代表给定性质已完全破碎化。

下面给出3种生境破碎化指数:森林斑块数破碎化指数、森林斑块形状破碎化指数和森林内部生境面积破碎化指数(另外一种生境破碎化指数是森林斑块连接度,前面已讨论)。

①森林斑块数破碎化指数

$$FN_1 = \frac{Np - 1}{Nc}; \quad FN_2 = \frac{MPS(Nf - 1)}{Nc} \tag{9-13}$$

式中 FN_1，FN_2——2个森林斑块数破碎化指数；

Nc——景观数据矩阵的方格网中格子总数；

Np——景观中各类斑块(包括森林、采伐迹地、灌丛、农田和居民区等)的总数；

MPS——景观中各类斑块的平均斑块面积(以方格网的格子数为单位)；

Nf——景观中森林斑块总数。

②森林斑块形状破碎化指数

$$FS_1 = 1 - \frac{1}{MSI}; \quad FS_2 = 1 - \frac{1}{ASI}$$

$$MSI = \frac{1}{N}\sum_{i=1}^{N} SI(i); \quad ASI = \frac{1}{A}\sum_{i=1}^{N} A(i)SI(i) \tag{9-14}$$

$$SI(i) = \frac{P(i)}{4\sqrt{A(i)}}; \quad A = \sum_{i=1}^{N} A(i)$$

式中 FS_1，FS_2——2个森林斑块形状破碎化指数；

MSI——森林斑块的平均形状指数；

ASI——用面积加权的森林斑块平均形状指数；

$SI(i)$——森林斑块i的形状指数；

$P(i)$——森林斑块i的周长；

$A(i)$——森林斑块i的面积；

A——森林总面积；

N——森林斑块数。

注意，$SI(i)$的计算是以正方形为标准的形状指数，因为我们使用的数据是格栅化的，即正方形斑块的形状指数为1，其他形状均大于1。

③森林内部生境面积破碎化指数

$$FI_1 = 1 - \frac{A_i}{A}; \quad FI_2 = 1 - \frac{A_1}{A} \tag{9-15}$$

式中 FI_1，FI_2——2个森林内部生境面积破碎化指数；

A_i——森林内部生境总面积；

A_1——最大森林斑块面积；

A——景观总面积。

森林内部生境是指不受边缘效应影响的森林生境(Forman and Godron，1986)。所以，A_i是森林斑块总面积减去受边缘效应影响的森林面积。

景观空间格局指数十分丰富，除了上面简要介绍的之外，还有一些也广泛应用，有兴趣的读者可参阅景观结构数量化软件包——FRAGSTATS(McGarigal and Marks，1993)。

(13)分形维数(fractal dimension)

$$\ln A(r) = \frac{2}{F_d}\ln P(r) + C \tag{9-16}$$

式中 $A(r)$——以 r 为量测尺度的某景观斑块的面积；

$P(r)$——其周长；

C——截距；

F_d——斜率，分形维数 F_d 的理论范围为1.0~2.0。

此公式根据Mandelbrot(1982)的研究变化而来。F_d 值越大代表图形形状越复杂，F_d 值为1.0代表形状最简单的正方形斑块，2.0表示等面积下周边最复杂的斑块；当 $F_d=1.5$ 时，则代表图形处于布朗随机运动状态，越接近该值，斑块稳定性越差(林绍颜，1997)。为此，斑块稳定性可由 $SK=|1.5-F_d|$ 表示。

(14)斑块扩展度

斑块扩展度(development)。用形状指数来表示，是景观空间格局的一个重要特征，其表达式为：

$$D=\frac{P}{2\sqrt{\pi A}} \tag{9-17}$$

式中 P——斑块周长；

A——斑块面积。

D 值越接近1，斑块与圆形越相似；反之，则斑块形状越不规则。

(15)双对数回归分形维数

双对数回归分形维数(double logarithm fractal dimension)的计算公式如下：

$$DLFD=\frac{2}{\left\{N\sum_{i=1}^{m}\sum_{j=1}^{n}\left[\ln(p_{ij})\ln(a_{ij})\right]\right\}-\left[\sum_{i=1}^{m}\sum_{j=1}^{n}\ln(a_{ij})\right]\left[N\sum_{i=1}^{m}\sum_{j=1}^{n}\ln(p_{ij}^{2})\right]-\left[\sum_{i=1}^{m}\sum_{j=1}^{n}\ln(p_{ij})\right]^{2}} \tag{9-18}$$

式中 $DLFD$——分形维数值；

N——斑块数；

p_{ij}——斑块周长；

a_{ij}——斑块面积；

m——景观类型数；

n——某景观类型的斑块数。

$DLFD$ 的取值范围：$1\leqslant DLFD\leqslant 2$。对二维空间的斑块来说，分形维数 >1 表示偏离欧几里得几何形状(如正方形和矩形)；当斑块边界形状极为复杂时，$DLFD$ 趋于2。

9.2.2.4 景观要素空间关系指数

景观要素的空间关系包括同类景观要素的空间关系和异质景观要素之间的空间关系。同类景观要素斑块的联系程度是用连接度指数，即最近邻体距离的面积加权平均数来描述；而景观中不同属性景观要素的空间关系则通过空间关联分析来研究(邬建国，2007)。

(1)最近邻体距离

最近邻体距离(mean euclidean nearest neighbor distance，MNN)是一个直观的表征邻近程度的指数，其单位是m，它描述的是某种类型斑块间的平均距离。两个斑块间距离该如何计算呢，在它们的质心的连线上，计算斑块边缘到边缘的长度。故该指数能更好地描述均匀分布的、形状不复杂的斑块类型。该指数是指景观中每一个斑块与其最近邻体距离的总和(m)除以具有邻体的斑块总数，无上限。其表达式为：

$$MNN = \frac{1}{N'}\sum_{i=1}^{m}\sum_{j=1}^{n} h_{ij} \tag{9-19}$$

式中 i——斑块类型($i=1, 2, \cdots, m$)；

j——斑块数目($j=1, 2, \cdots, n$)；

h_{ij}——斑块 ij 与其最近邻体的距离(m)；

N'——景观中斑块总数。

一般来说，*ENN* 值越大，反映出同类型斑块间相隔距离越远，分布较离散；反之，说明同类型斑块间相距近，呈团聚分布。斑块间距离对干扰有影响，如距离近，相互间容易发生干扰；而距离远，相互干扰就少。但景观级别上的 *MNN* 指数在斑块类型较少时要慎用。

(2)景观要素空间关联指数

景观要素之间可能存在正关联、负关联或无显著关联，景观要素空间关联指数(spatial correlation index of landscape structural components)借助于群落生态研究中关联度的概念建立起来的(郭晋平，1999、2001)。

具体方法是通过 GIS 空间取样，将统一网格图层与景观图层叠加，获得复合图层，再由复合图层相应的拓扑数据库统计各景观要素在各样方中的二元数据，最后为每两类景观要素列出二元列联表，则两类景观要素之间的空间关联指数 R 可由下列公式计算：

$$R = \frac{ad - bc}{\sqrt{(a+b)(c+d)(a+c)(b+d)}} \tag{9-20}$$

式中 a——全部样方中仅包含第一景观要素的样方数；

b——全部样方中仅包含第二景观要素的样方数；

c——全部样方中同时包含两类景观要素的样方数；

d——全部样方中同时不包含两类景观要素的样方数。

R 取值介于 -1 到 $+1$ 之间，$R>0$ 为正关联，$R<0$ 为负关联，并可用下式对 R 值进行显著性检验：

$$\chi^2 = \frac{n(ad - bc)^2}{(a+b)(c+d)(a+c)(b+d)}$$

若 $|\chi^2| > \chi_a^2(1)$，说明景观要素之间的空间关联关系显著；若 $|\chi^2| < \chi_a^2(1)$，则说明景观要素之间空间关联关系不显著。

9.2.2.5 景观指数的检验

景观指数是反映景观结构组成和空间配置特征的简单定量指标。由于遥感与 GIS 技术的发展，使得景观格局的定量化分析更方便。现有的景观指数非常多，其中，大量景观指数相关性大。Riitters 等对 55 个景观指数的统计独立性进行分析，认为 55 个指数中的信息压缩为 6 个指数就能包容(K. H. Riitters，1995)；而且不同的指数对空间幅度和粒度有不同的敏感性，表现出显著的尺度效应(申卫军，2003；布仁仓，2003；常学礼，2003；L. Elena，2003)。因此，在选择合适的景观指数时，必须考虑置信度问题。景观格局定量分析结果的合理分析与解释十分重要，但其解释没有统一的规范，很多是基于经验和研究的对象而论。大部分景观指数所指示的格局特征往往是不全面的(李秀珍，2004)，特别是有些景观指数，因研究对象的不同有很大的差异。因此，对景观格局定量指标的合理选择和明确的定义非常重要。景观指数很多，但它们都具有一定的局限性，应当根据实际研究的需要和生态意义，进行合理的选择且明确其定义。当出现指数相互矛盾时，必须做进一步的分析或多尺度分析，减少分析的不确知性和模糊性(陈建军，2005)。

在景观格局分析和建模过程中要对其进行验证。验证既有利于研究的改进和深化，也有利于研究的准确性和可信度的提高。验证对于空间直观景观模型是非常重要的。验证的内容分为数据验证、概念验证、确证性验证和有效性验证4部分，方法包括主观评价、图形比较、偏差分析、回归分析、假设检验、多尺度拟合度分析和景观指数分析等(徐崇刚，2003)。

9.2.2.6 景观格局分析实例——广州市景观格局时空分异特征的研究

以广州市作为研究对象，利用1985年、1990年、1995年、2000年和2005年五期遥感影像，研究了广州市20年来景观空间格局的时空变化特征。分析结果表明：随着城市化的加速，广州市在1985—2005年景观空间格局复杂性总体上不断增加，但变化速率、强度和发展态势在全市范围和不同的行政区域内表现出一定的分异特征。1985—1995年期间广州市动工完成了诸多基础设施建设工程，是城市化发展最快、干扰强度最大的时期。12个行政区由于规划发展目的不同，表现出不同的时空变化特点。

受城市化过程影响和人类干扰主要发生在1990—2000年，并且自然景观类型破坏比较严重；花都区的重大城市化过程主要发生在1985—1995年，但整体受干扰程度和幅度相对小；增城和从化的景观组分变化主要发生在1990—2000年，而城区受城市化进程影响表现出的趋势和整个研究区最相似，表现出多次多时段干扰的迹象，受城市化干扰程度大、城市化时间长，开始时间早的特点。

景观格局分析指数繁多，为了能更有意义地比较广州市20年来城市快速发展对景观格局变化幅度和强度的影响，本研究实例选取多样性指数(diversity index)、形状指数(shape index)、分形维数(fractal dimension)、分离度(isolation)指数对不同行政区分别进行格局分析，研究广州市景观格局指数在不同空间和时间上的变化。

为了分析研究区景观空间格局的方向性特征，在广州市的1985年、1990年、1995年、2000年与2005年的景观类型图上分别以城区为中心设立西—东(W-E)、南—北(S-N)、西南—东北(SW-NE)和西北—东南(NW-SE)的辐射状样带共4条，并以4条辐射轴线分割成的8个扇形区域为扇面分区，进行景观格局梯度变化和方向性变化的分析，并选取分形维数和多样性指数进行景观结构在时间维和空间维上的变化分析(图9-1)。把行政区面积较小、相对集中的荔湾、越秀、东山、海珠、天河、白云、芳村、黄埔区统一化分为城区，加上花都、番禺、从化和增城共分为5个区域，在各区内分别再设置3条辐射状小样带(分别是西—东、西南—东北和西北—东南)，计算各样条的分形维数。

(1)广州市景观格局特征

从景观类型的整体变化趋势看，建设用地在研究区和不同的行政区的面积比例指数上都逐渐增加，且1990—1995年的变化速率最快。从景观结构指数上看，1985—2005年，研究区斑块数量、斑块密度、多样性指数和景观形状指数都逐步增加，而最大斑块指数逐

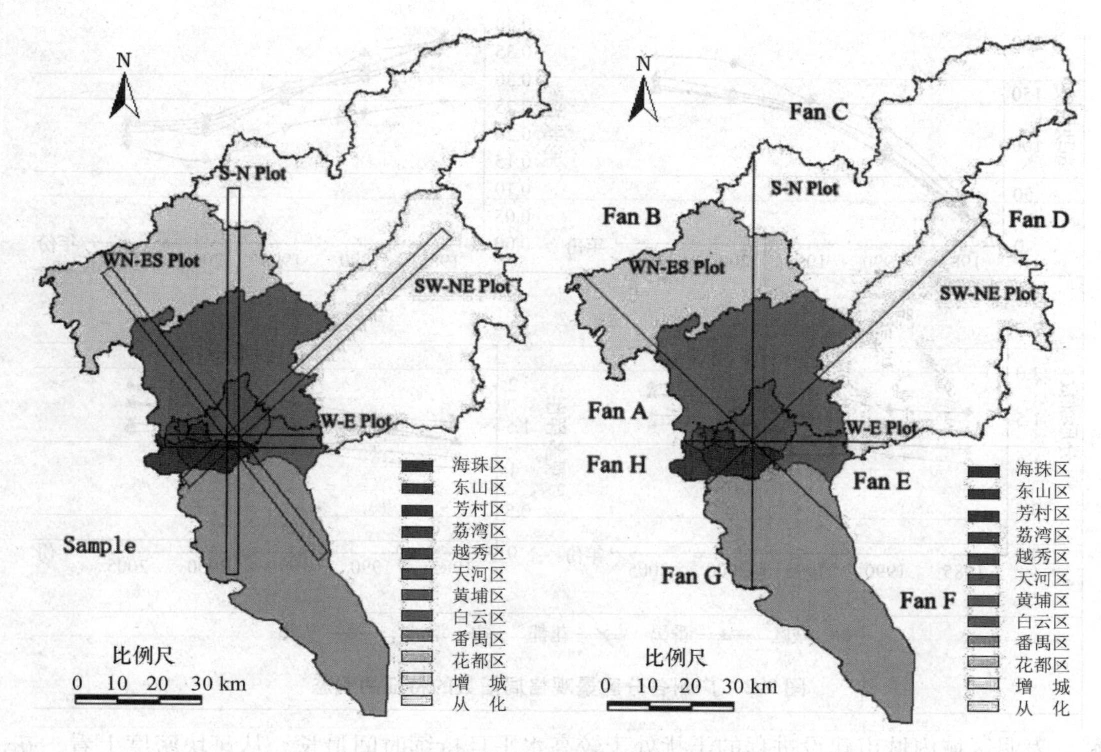

图9-1 广州市以及各行政区域扇形样面和辐射状样带的位置

步下降。这说明整个研究区和5个行政区域城市化进程的加速导致了景观破碎化程度增加，斑块数量增加，斑块趋向于离散分布，斑块面积趋向于小型化。

各个时间段内景观结构变化速率表现出一定的差异性(图9-2)。其中1985—1995年内的变化最强烈，这是由20世纪80年代末开始的城市建设所造成的。从景观类型斑块数量和斑块密度看，建筑用地、裸地和草地的斑块数量显著增加、斑块密度增大，而林地和灌丛则先增后减。林地减少是由城市化进程初期斑块破碎化、退化和消失引起的；随着城市化进程加剧，斑块破碎化所主导的城市化逐渐被斑块消失主导的城市化所取代。水体的减少是由于湖泊、水库受到潮汐、降水量等自然过程的影响。

从景观形状指数看，建设用地和草地随时间变化渐增；人工主导的景观类型(建设用地和裸地等)斑块越来越复杂和离散，使得景观形状指数逐渐增加；自然主导的景观类型(如林地、灌丛和草地)受人为干扰被分割和离散，导致1985—1995年景观形状指数升高，1995—2005年由于土地整理和自然条件的约束使该指数变小，2个阶段变化的驱动力相同，都是城市化过程中人为干扰的作用。建设用地的形状指数持续升高，表明城市化进程的加剧不断分割了原有自然景观格局。林地形状指数在1985—1995年期间升高，在1995—2005年期间逐渐降低，是由于1995年后广州市政府对部分林地进行了人工和自然恢复，也表明整体大范围上的城市化进程已经减缓。

由于地理位置、发展策略不同，广州市不同行政区景观格局时空变化特征也不同。从斑块数量和景观形状指数看，广州城区的斑块绝对数量、景观形状指数明显高于其他区

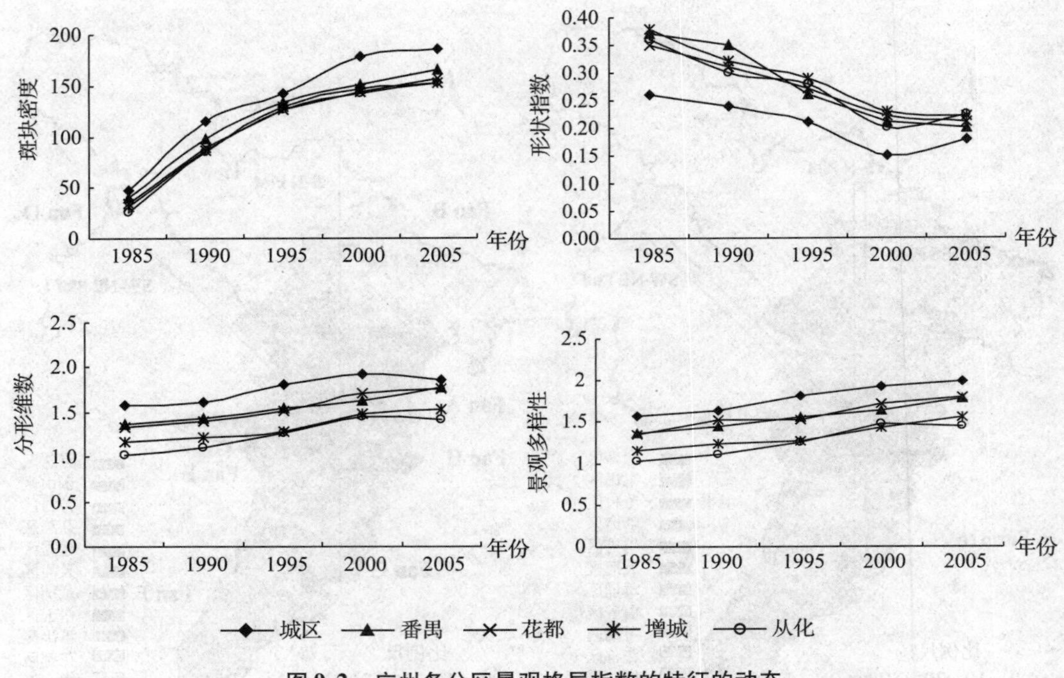

图9-2 广州各分区景观格局指数的特征的动态

域，表明区域内城市建设进程的干扰处于较高水平且持续时间最长。从斑块密度上看，花都区和番禺区表现出稳步上升的态势；从化和增城则在2000年期间过渡类型斑块逐步消退和转化，使得破碎化的小斑块合并成大斑块，因而斑块密度下降；但在2005年又有小幅升高，可能是由于城市改建和扩建在区域内出现所致。

从图9-3可见，广州市以及各个行政区景观要素斑块面积与周长双对数散点图的线性关系都很好，表明面积周长法适用于计算不同地形分区景观斑块的综合分形维数。研究区分形维数指数主要特征为：

①从1985—2005年广州景观动态变化的比较可看出，研究区具有景观多样性升高，景观优势度降低的基本规律。在总面积不变的情况下，斑块总数增加，景观明显趋于复杂。景观多样性随时间变化呈增加趋势，景观类型总斑块数增加，斑块密度指数增加，说明景观结构随时间变化更加丰富和复杂。

②林地面积总体呈现持续降低的趋势，但从化和增城两县在2000年后有一定程度的上升，间接反映出此阶段两区人类干扰趋于缓和。

③建设用地、林地和水体的分形维数逐渐增加，灌木和草丛则明显下降，特别在1995—2000年，说明灌草丛在1995年后边缘褶皱趋于简单化。这是由于灌草丛大都分布于地势较低的山体周围，城市建设初期这些区域首先受到破坏，导致分形维数增加；而城市化进程后期严重的人为干扰使得低地灌草丛斑块彻底消失，并直接转化为其他景观类型，从而导致分形维数降低。

④水体和建设用地虽在分形维数上变化趋势一致，但变化强度有差异。随着城市化的加剧，林地、水体和建设用地分形维数不断增加，且建设用地的变化强度大于林地和水

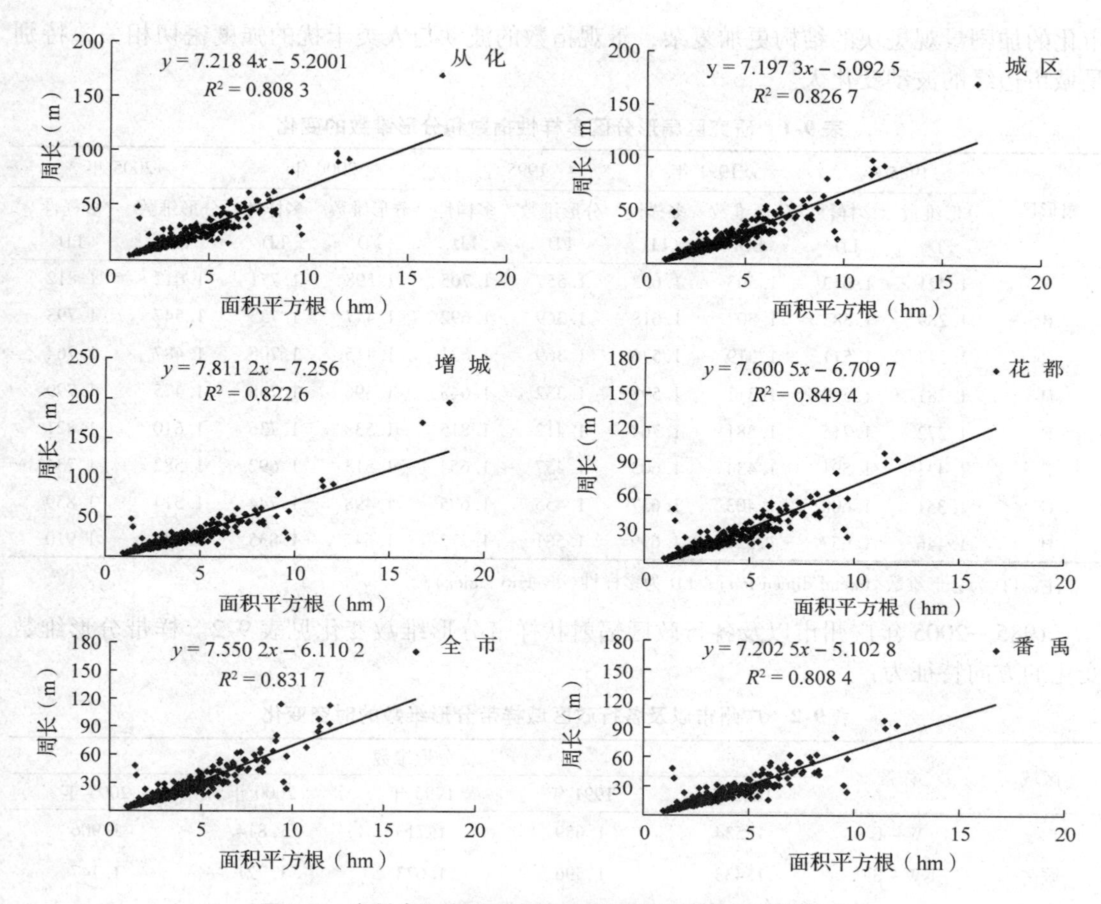

图9-3 广州全区和不同行政分区斑块面积与周长的散点

体。1985—2005年建设用地的分形维数为城区 > 番禺 > 花都 > 从化 > 增城。

⑤林地分形维数在整个研究区和不同行政区具有一定的差异，在整个研究区林地分形维数逐步增加，说明林地斑块边缘褶皱更加复杂化。从化和增城的山区林地分形维数在2000—2005年期间表现出略微降低的趋势，这是由于广州市近年来对部分疏林地进行了更新，加快了荒山绿化进程，林业部门进行了补植，并调整了针叶和阔叶林的比重。

(2)广州市景观格局指数变化特征

研究区景观格局指数沿扇形梯度的变化见表9-1。伴随着城市化进程的演进，各扇形景观多样性明显增加，增加幅度最大的扇形区域集中Fan A和Fan F－H 。平均每个扇形区域增加3.5个类型，2005年各个扇形区域的多样性指数明显大于1985年，其中扇形区域Fan F－H是城市景观的集中区，景观结构复杂，20年来多样性指数一直高于其他区域，因为其覆盖番禺和花都的城区，多处区域处于行政区界的城乡结合处，斑块结构复杂，这些均是造成多样性指数增加的原因，扇形区域Fan B－E覆盖林地和农田面积大，表明城镇与林地、农田斑块分割明显，城市化的蔓延度不高。

景观分形维数在1985—2005年表现出相似的变化趋势，城市中心区域和城市边缘扇形区域指数值比较高，各个扇形区域在2005年的分形维数均大大高于1985年，表明随城市化的加剧景观斑块的结构更加复杂，景观指数的波动与人类干扰的强度密切相关，特别是城市边缘的波动变化大。

表 9-1 研究区扇形分区多样性指数和分形维数的变化

扇形区	1985年		1991年		1995年		2000年		2005年	
	分形维数 FD	多样性 LD	分形维数 FD	多样性 LD	分形维数 FD	多样性 LD	分形维数 FD	多样性 LD	分形维数 FD	多样性 LD
A	1.421	1.612	1.503	1.653	1.557	1.705	1.598	1.771	1.612	1.812
B	1.289	1.585	1.307	1.618	1.369	1.692	1.447	1.735	1.547	1.793
C	1.277	1.511	1.319	1.576	1.369	1.621	1.415	1.705	1.487	1.764
D	1.281	1.579	1.311	1.598	1.332	1.643	1.396	1.768	1.475	1.799
E	1.272	1.715	1.381	1.764	1.412	1.815	1.538	1.736	1.610	1.821
F	1.431	1.591	1.434	1.603	1.457	1.654	1.513	1.692	1.582	1.734
G	1.351	1.608	1.403	1.637	1.455	1.695	1.498	1.744	1.514	1.859
H	1.446	1.657	1.521	1.699	1.581	1.772	1.647	1.835	1.686	1.910

注：FD 为分形维数(fractal dimension)；LD 为多样性(diversity index)。

1985—2005 年广州市以及各行政区辐射状样带分形维数变化见表 9-2。样带分形维数变化的方向特征为：

表 9-2 广州市以及各行政区域样带分形维数的时空变化

区域	样带	分形维数				
		1985年	1991年	1995年	2000年	2005年
城区	W-E	1.534	1.659	1.713	1.814	1.906
	NW-SE	1.433	1.596	1.673	1.721	1.747
	SW-NE	1.428	1.457	1.669	1.694	1.719
番禺	W-E	1.134	1.275	1.335	1.442	1.536
	NW-SE	1.273	1.477	1.531	1.676	1.682
	SW-NE	1.147	1.276	1.313	1.439	1.510
花都	W-E	1.251	1.356	1.389	1.424	1.447
	NW-SE	1.214	1.289	1.302	1.397	1.389
	SW-NE	1.225	1.237	1.298	1.381	1.410
从化	W-E	1.240	1.279	1.341	1.376	1.422
	NW-SE	1.283	1.211	1.293	1.323	1.391
	SW-NE	1.237	1.202	1.288	1.383	1.412
增城	W-E	1.296	1.212	1.377	1.401	1.492
	NW-SE	1.210	1.294	1.387	1.448	1.535
	SW-NE	1.201	1.219	1.337	1.392	1.425
全区	W-E	1.317	1.442	1.597	1.648	1.712
	NW-SE	1.278	1.357	1.469	1.546	1.647
	SW-NE	1.262	1.391	1.482	1.558	1.655

样带分形维数变化的方向特征为：

①1985—2005 年广州全区 W-E、NW-SE 和 SW-NE 方向上样带的分形维数变化率分别为24.3%、20.6%和20.3%，表明整个研究区 W－E 方向的景观类型时空变化频率最高。

②1985—2005 年花都区 W-E、NW-SE 和 SW-NE 方向上样带的分形维数变化率分别是15.7%、14.4%和15.1%，其中 W-E 方向是从西部的白坭河穿过区中心直至东部的白云机场，该方向 2005 年分形维数为1.447，是3个样带中历年值最大的，表明该方向上的景观类型时空变化程度剧烈，而 NW-SE 方向的分形维数在3条样带中最低，这和样带穿过大面积的农田、灌丛，斑块边缘规则有关。

③从分形维数看，番禺区 1985—2005 年景观类型时空变化最剧烈的方向是 NW-SE。1985—2005 年变化率为32.1%，2005 年分形维数为1.702，为3条样带中历年最高，其景观破碎化最严重。SW-NE 方向两端分别搭界农田保护区和林地边缘，分布有连片的同质景观区域，中间穿过区中心。通过地面实际调查发现，番禺区绿地无论从面积还是分布位置都比较分散，大部分成条带分布在道路两侧绿化带，建筑斑块数量增加迅速。

④1985—2005 年城区 W-E、NW-SE 和 SW-NE 方向样带的分形维数变化率分别为24.3%、21.9%和22.3%。W-E 方向穿过广州城区的主要街道，景观类型破碎化严重，市区道路、建筑、绿地斑块交错镶嵌，分形维数在1.534～1.906之间变化，变化范围是3个方向中最大的，表明该方向景观类型空间变化程度较大。而 SW-NE 和 NW-SE 方向的样带穿过了大片的林地，导致分形维数的变化没有 W-E 方向大。

⑤增城地区 1985—2005 年 W-E、NW-SE 和 SW-NE 方向上样带的分形维数变化率分别为15.2%、17.1%和18.6%。从分形维数空间变化可以看出高值都出现在城区地段，且离城区越近分形维数值越高。NW-SE 方向由于同时穿过了增城核心居民生活区及北部山区域，表现出分形维数值波动很大，研究时段内其分形维数在1.210～1.535之间波动也说明了这个问题。

⑥从化地区 1985—2005 年 W-E，NW-SE 和 SW-NE 方向上样带的分形维数变化率分别为14.6%、8.4%和14.1%，NW-SE 样带分形维数波动最小在1.283～1.391之间。从化地区的景观空间分布图中也可以看出，无论林地还是灌丛和农田，连片分布的现象在地区的北部和东南部都十分显著。

9.2.3 空间统计分析

在景观格局定量研究中，景观的组成和结构（即景观的空间异质性）、景观中斑块的性质和参数的空间相关性（即空间相互作用）、景观格局的趋向性（即空间规律性或梯度）、景观格局在不同尺度上的变化（即格局的等级结构）、景观格局与景观过程的相互关系等都常采用景观空间格局分析模型来研究（Turner and Gardner，1991）。

目前应用比较广泛的模型包括：空间自相关分析（spatial autocorrelation analysis）、变异矩和相关矩（correlogram）、聚块方差分析（blocked quadrat variance analysis）、空间局部插值法（spatial kriging）、趋势面分析（trend surface analysis）、地统计学（goestatistics）、波谱分析（spectral analysis）、小波分析（wavelet analysis）、分形几何学（fractal geometry）、亲和度分析（affinity analysis）和细胞自动机（cellular automata）等。它们在阐述景观空间异质性规律

性、生态系统之间的相互作用以及空间格局的等级结构等方面正在发挥着积极作用。

9.2.3.1　空间自相关分析

空间自相关分析用来检验空间变量的取值是否与相邻空间上该变量取值大小有关，也即用于检验自相关性是否存在。如果某空间变量在一点上的取值大，而同时在其相邻点上取值也大的话，则称为空间正相关；否则，则称为空间负相关。空间自相关分析的数据可以是类型变量(如颜色、种名和植被类型等)、序数变量(如干扰级别)、数量变量或二元变量等。变量在一定单元的取值可以是直接观测值，也可以是样本统计值。变量应满足正态分布，并由随机抽样获得。

空间自相关分析共分3个步骤。

第一，对所检验的空间单元进行配对和采样。空间单元的分布可以是规则的，也可以是不规则的。所有配对的空间单元对都可以用连线图表示出来。

第二，计算空间自相关系数，通常有2个指标。一种是Moran's I 系数：

$$I = \frac{n\sum_{i=1}^{n}\sum_{j=1}^{n}W_{ij}(X_i - \overline{X})(X_j - \overline{X})}{\left(\sum_{i=1}^{n}\sum_{j=1}^{n}W_{ij}\right)\sum_{i=1}^{n}(X_i - \overline{X})^2} \tag{9-21}$$

另一种是Geary的 C 系数：

$$C = \frac{(n-1)\sum_{i=1}^{n}\sum_{j=1}^{n}W_{ij}(X_i - X_j)^2}{2\left(\sum_{i=1}^{n}\sum_{j=1}^{n}W_{ij}\right)\sum_{i=1}^{n}\sum_{j=1}^{n}(X_i - X_j)^2} \tag{9-22}$$

式中　X_i，X_j——变量 X 在配对空间单元 i 和 j 上的取值；

$\overline{X}$——变量 X 的平均值；

W_{ij}——相邻权重；

n——空间单元总数。

上面的计算式中，所有双求和号(即 $\sum\sum$)要求约束条件 $i \neq j$。另外，相邻权重 W_{ij} 的确定方法有多种。最常用的是二元相邻权重，即当空间单元 i 和 j 相连接时 W_{ij} 为1，否则为0(实际计算中，可规定如果有 $i=j$，则定义 $W_{ij}=0$)。其他相邻权重为两空间单元的距离，或者两空间单元相连接边界长度。

从上面给出的公式可知，I 系数与统计学上的相关系数类似，它取值从 -1 到1；当 $I=0$ 时代表无关，I 取正值时为正相关，I 取负值时为负相关。C 系数与下面介绍的变异矩有一定类似之处，二者的计算式中都含有 $(X_i - X_j)^2$ 项。C 系数取值大于或等于0，但通常不超过3。$C<1$ 时，代表正相关，C 取值大于1时，则相关性越小。

第三，进行显著性检验。

还有专门用来研究类型变量(如二元变量)的空间自相关分析方法。此外，上面介绍的自相关系数只是用来研究一阶相邻自相关性。I 和 C 系数均可推广到 K 阶相邻自相关。

9.2.3.2　地统计学方法

地统计学(Geostatistics)是统计学的一个新分支。它首先在地学(采矿学、地质学)中发展和应用，其最初的目的在于解决矿脉估计和预测等实际问题。现在，地统计学的应用已被扩展到分析各种自然现象的空间格局，已被证明它是研究空间变异的有效方法(Li and Reynolds，1993；SA Levin，1992)。地统计学在生态学研究中主要应用于描述和解释空间相关性、建立预测模型、空间数据插值和估计、设计采样方法等。

变异函数和相关函数是地统计学的2种分析方法。

变异函数是研究和描述随机变量的空间变异性，其数学定义为：

$$g(h) = \frac{1}{2}E\left\{[Z(x) - Z(x+h)]^2\right\} \tag{9-23}$$

式中　$g(h)$——变异函数；

h——两样本间的分离距离；

$Z(x)$，$Z(x+h)$——随机变量 Z 在空间位置 x 和 $x+h$ 上的取值；

$E\{\ \}$——数学期望。

由于上式有1/2这个因子，$g(h)$ 常被称为半变异函数(semivariogram)。变异函数是分离距离的函数，是随机变量 Z 在分离距离 h 上各样本的变异的量度。变异函数的实际计算公式为：

$$g(h) = \frac{1}{2N(h)}\sum_{i=1}^{N(h)}[Z(x_i) - Z(x_{i+h})]^2 \tag{9-24}$$

式中　$N(h)$——分离距离为 h 时的样本对总数；

其他符号含义同前。

相关函数描述随机变量的空间相关性，其数学定义为：

$$r(h) = \frac{C(h)}{C(0)} \tag{9-25}$$

式中　$r(h)$——相关函数；

$C(h)$——自协方差，$C(0)$ 是通常所用的方差(即与距离无关)。

$C(h)$ 和 $C(0)$ 的数学定义为：

$$\begin{aligned} C(h) &= E\left\{[Z(x) - u][Z(x+h) - u]\right\} \\ C(0) &= E\left\{[Z(x) - u]^2\right\} \end{aligned} \tag{9-26}$$

式中　u——随机变量 Z 的数学期望；

其他符号含义同前。

用来计算相关函数的自协方差和方差的实际计算式为：

$$\begin{aligned} C(h) &= \frac{1}{N(h)}\sum_{i=1}^{N(h)}[Z(x_i)Z(x_{i+h})]^2 - \overline{Z}^2 \\ C(0) &= \frac{1}{N}\sum_{i=1}^{N}[Z(x_i)]^2 - \overline{Z}^2 \\ Z &= \frac{1}{N}\sum_{i=1}^{N}Z(x_i) \end{aligned} \tag{9-27}$$

式中　N——景观里随机变量 Z 的样本单元数；

$\overline{Z}$——样本平均数；

其他符号含义同前。

变异函数和相关函数是紧密相关的2个统计数。在理想状态下它们的相关关系可由下式来表达:

$$g(h) = C(0) - C(h) = C(0)[1 - r(h)] \tag{9-28}$$

注意到在给定样本条件下,$C(0)$是一个已知数,所以$g(h)$和$r(h)$呈线性相关。显然,可以用变异函数来间接描述随机变量的空间相关性。变异函数和相关函数的主要差异是:相关函数分析受一些限制性很强的假设所约束,而变异函数分析只要求一些松弛了的假设。首先,相关函数要求随机变量Z服从正态分布或对数正态分布,而变异函数则在Z不服从正态分布的情况下也能使用。另外,相关函数分析要求区域性随机变量Z满足一阶稳态(first order)和二阶稳态假定(second order stationarity assumptions),即Z在任意空间位置x上的数学期望不变(一阶稳态假定):

$$E[Z(x)] = u$$

此外,Z的方差是有限的,且其在任何分离距离h上的自协方差都与样本位置无关,而只与分离距离有关(二阶稳态假定):

$$C(h) = E\left\{[Z(x) - u][Z(x + h) - u]\right\}$$

二阶稳态假定在实际应用中常常是不满足的,这时相关函数不适用。相反,变异函数分析只需要满足二阶弱稳态假定(intrinsic hypothesis),即对于任何分离距离h,离差$[Z(x) - Z(x+h)]$具有有限方差,且与空间位置无关:

$$g(h) = \frac{1}{2}E\left\{[Z(x) - Z(x + h)]^2\right\}$$

应该指出,若二阶稳态存在,则二阶弱稳态也存在;反之则不然。

9.2.3.3 波谱分析

波谱分析是一种研究系列数据的周期性质的方法。先是用于时间系列(time series),但已被推广到空间系列(spatial series)。Carpenter和Chaney(1983)认为,波谱分析适用于小尺度空间格局规律性的研究。

波谱分析的实质是利用傅立叶级数展开,把一个波形分解成许多不同频率的正弦波之和。如果这些正弦波加起来等于原来的波形,则这个波形的傅立叶变换就被确定了下来。如果波谱仅由1个正弦波组成,它就可用下式来表达:

$$A_t = A\sin(\omega t + \theta) \tag{9-29}$$

式中 A_t——变量在空间位置t上的取值;

A——振幅(即正弦波最高点到横轴之间的距离);

θ——初位相;

ω——圆频率(习惯上简称频率)。

频率与周期有如下关系:

$$\omega = \frac{2\pi}{T}; \quad T = N$$

式中 T——该正弦波的基本周期;

N——数据的总长度。这种正弦波也称为基波。

任意一个系列(时间或空间)$X_t(t = 1, 2, \cdots, n)$都可以分解为一组正弦波。除基波外，其他正弦波称为谐波。谐波的周期分别是基本周期的 1/2，1/3，…，$1/P$(假定谐波个数为 $P=N/2$)。它们叠加在一起就得到一个估计序列：

$$X_t = A_0 + \sum_{k=1}^{P} A_k \sin(\omega_k t + \theta_k)$$
$$\omega_k = \frac{2\pi k}{T} \quad (k=1,\ 2,\ \cdots,\ P) \tag{9-30}$$

式中　A_0——周期变化的平均值；

A_k——各谐波的振幅(标志各个周期所起作用大小)；

ω_k——各谐波的频率；

θ_k——各谐波的相角。

对于任意一系列数据，资料长度 N 是已知的，等于观察值总数。因此，基波的周期长度 T 也已知，同时谐波个数为 $P=N/2$，各谐波的频率 ω_k 可由上面的公式求出。需要估计的参数有 A_0、A_k 和 θ_k。所有这些参数求出后，波谱分析的模型也就确定。

从广义上来说，波谱分析反映了数据系列的周期性。如果景观空间格局存在某种周期性(即有规律的波动)，则可以用波谱分析检验出来(Kenkel，1988)。

9.2.3.4　聚块方差分析

聚块方差分析法(blocked qudrat variance analysis)是在不同大小样方(quadrat)上的方差分析方法，它是一种简单和有效的生态学空间格局分析方法(Greig - Smith，1983)。这种分析方法要求景观上的样方在空间相互连接。随着聚块(block)所包含的基本样方数目从 1，2，4，8，…(指数级数)不断增加，聚块的方差值常常随之改变。通过确定这种不同大小聚块的方差值的变化，我们可以了解斑块的性质及其随尺度的变化。

聚块样方方差分析有许多大同小异的计算方法，其主要差异在于用来计算方差的聚块对的选择方法不同。下面我们介绍一种较常用的聚块样方方差分析法。假定在一样带(transect)上连续分布着 n 个样方，变量在每个样方上的取值为 X，我们让聚块逐渐(成指数)增大，给出在不同大小聚块上的方差计算方法。当聚块仅包含一个样方时，每一个聚块对的确定方法如图 9-4(a)所示。

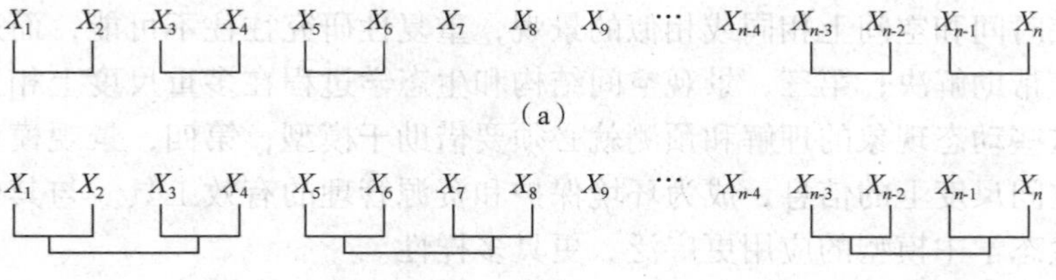

X_1　X_2　X_3　X_4　X_5　X_6　X_7　X_8　X_9　…　X_{n-4}　X_{n-3}　X_{n-2}　X_{n-1}　X_n

(a)

X_1　X_2　X_3　X_4　X_5　X_6　X_7　X_8　X_9　…　X_{n-4}　X_{n-3}　X_{n-2}　X_{n-1}　X_n

(b)

图 9-4　聚块方差分析示意(引自李哈滨和伍业钢，1992)

(a)聚块包含 1 个样方　(b)聚块包含 2 个样方

具体计算公式为：

$$MS(1) = \frac{2k}{n}\sum_{i=1}^{n-2k+1}\frac{(X_i - X_{i+1})^2}{2k} = \frac{1}{n}\sum_{i=1}^{n-1}(X_i - X_{i+1})^2 \tag{9-31}$$

式中　$MS(1)$——当聚块大小为 1 时的均方差值；

k——聚块所含样方数($k=1,\ 2,\ \cdots,\ n$)；

$2k$——聚块对总数。

注意，在实际计算式中 k 被消去。当聚块包含2个样方时，每一个聚块对的确定方法如图9-4(b)所示：

$$MS(2) = \frac{1}{n}\sum_{i=1}^{n-3}\left[(X_i + X_{i+1}) - (X_{i+2} + X_{i+3})\right]^2 \tag{9-32}$$

依此类推，直到聚块所含样方数为 $n/2$ 为止，这时均方差的计算式为：

$$MS\left(\frac{n}{2}\right) = \frac{1}{n}\sum_{i=1}^{1}\left[(X_i + X_{i+1} + \cdots + X_{i+n/2-1}) - (X_{i+1} + X_{i+2} + \cdots + X_{i+n/2})\right]^2 \tag{9-33}$$

注意，这里只有1个聚块对(因为集合是从1到 n)，所以 k 的最大可能取值为 $n/2$。

聚块样方方差分析的最终目的是确定聚块大小(或步长的长短)对方差的影响。其结果通常用一坐标图来表示，其纵坐标为均方差，横坐标为聚块所含样方数(或步长)，即均方差随聚块含样方数的变化曲线。如果均方差在某一聚块大小上出现峰值(peak)，则表明景观上斑块的空间分布具有规律性，且斑块平均大小应大致等于峰值出现时的聚块大小。如果同时出现几个峰值，则表明景观中可能存在几种不同尺度的斑块，或者大斑块内镶嵌小斑块。如果均方差取值为一常数(即不随聚块大小而变化)，则表明景观上斑块的大小是无规律的，而斑块的空间分布是随机的。显然，聚块样方方差分析适用于确定斑块出现的尺度大小以及斑块的等级结构。

9.3 景观模型

所谓模型，就是某种对现实系统或现象的抽象或简化，具体来说，模型是对真实系统或现象最重要的组成单元及其相互关系的表述。数学模型，尤其是计算机模拟模型，在景观生态学研究中占有十分重要的地位。景观模型的重要性和必要性体现在以下几个方面：第一，由于受时间、空间以及设备和资金限制，在大尺度上进行实验和观测研究往往有很多困难，而模型可以充分利用和推广所得的有限数据；第二，在实际景观研究中，由于很难找到两个在时间和空间上相同或相似的景观，重复性研究往往不可能，而这一问题可通过模型模拟来帮助解决；第三，景观空间结构和生态学过程在多重尺度上相互作用、不断变化，对于这些动态现象的理解和预测就必须要借助于模型；第四，景观模型可以综合不同的时间和空间尺度上的信息，成为环境保护和资源管理的有效工具。与其他生态学领域相比，景观生态学中模型的应用更广泛、更具多样性。

9.3.1 生态学模型概述

在生态学中一般所涉及的模型是指数学模型。为什么需要数学模型呢？简单地说，模型至少有以下几个重要作用：

①预测　根据已知信息，通过运算来探究系统的将来。

②增进理解　通过建模型、运转模型、分析模型结果以及验证模型等过程，对所研究的系统或现象有更深入、更全面的了解。

③诊断　发现现有知识中的漏洞或薄弱环节。

④综合　模型可以将不同学科、不同尺度和不同格局与过程的资料整合到一起，并转化“信息”为“知识”。

⑤支持管理与决策　经过验证的模型可用来模拟不同管理措施或自然干扰事件对生态系统或景观的结构、功能和动态的影响，因此，是管理和决策系统的有力工具。

9.3.1.1　生态学模型的种类

生态学模型的种类很多，可依据不同的标准进行区分。

①根据计算机在建模中的作用，可以分为解析模型与模拟模型。

②根据时间上和空间上的连续性，可以分为连续型模型与离散型模型。

③根据数学方法，可分为微分方程模型、差分方程模型和矩阵模型等。

④根据模型所涉及的生态学过程和机制的多少，可分为现象学模型、机制模型和过程模型。

⑤根据模型的内容，可分为干扰传播模型、复合种群模型、植被动态模型、土地利用变化模型以及生物地球化学循环模型等。

⑥根据模型所涉及的生态学组织层次，可分为生理生态模型、种群模型、群落模型、生态系统模型、景观模型以及全球模型等。

上述模型分类虽有助于理解生态学模型的多样性，但在实际中，模型往往是多种类型的组合。内容、方法以及组织层次诸方面的多样性和整合性在景观模型中表现得最为突出。

9.3.1.2　景观模型的类型及其特征

景观模型可以根据其处理空间异质性方式的不同而分为3大类(Baker，1989；Shugart，1998)。

①非空间景观模型　指那些完全不考虑所研究地区的空间异质性(或假定空间均质或随机性)的模型。

②准空间模型(或半空间模型)　通常考虑空间异质性的统计学特征，如Levin-Paine偏微分方程干扰模型。

③空间显式景观模型　指明确考虑所研究对象和过程的空间位置和它们在空间上的相互作用关系的数学模型。

由于空间显式景观模型包含空间异质性和非线性生态学关系，它们绝大多数属于计算机模拟模型。因为景观生态学的重点是研究空间格局和生态学过程的相互作用，空间景观模型自然是景观模型最典型的代表，也是区别于其他生态学模型最突出的特点。景观空间模型可以根据其处理空间信息的方式分为2类：栅格型景观模型(grid-based landscape model)和矢量型景观模型(vector-based landscape model)。目前，大多数景观模型属于栅格型景观模型。其研究对象和过程的空间位置由栅格细胞的位置来表示，而每个栅格细胞可以与该位置上的1个或多个生态学变量(如植被类型、生物量、种群密度、养分含量、土壤条件、气象条件等)联系在一起。这样，栅格型景观模型不但能反映各生态学变量的空间异质性，同时也便于考虑它们在空间上的相互作用，进而能够模拟景观在结构和功能方面的动态过程。矢量型景观模型是以点、线和多边形的组合来表达景观的结构组成的。二者各有利弊，在具体研究中选用哪种途径为好，取决于所研究问题的性质和目的，以及数据资料的特征。

9.3.2 生态学模型一般过程

9.3.2.1 生态学模型构建的一般步骤

一般来说，生态学建模可分为4个阶段。

(1)建立概念模型

这一阶段包括明确地定义所研究的问题、确定建模目的、确定系统边界以及建立因果关系图。

(2)建立定量模型(或概念模型的定量化)

这一阶段包括选用适当的数学方法、确定变量间的函数关系、估计参数值、编写计算机程序、确定模拟的时间步长以及运转模型并获得最初结果。

(3)模型检验

模型检验包括模型确认和模型验证。模型确认是指仔细检查数学公式和计算机程序以保证没有运算方面技术问题的过程。也就是说，模型确认的目的是保证概念模型的数量化是直接的和确切的，而且计算机程序中能够影响模型结果的错误已全部排除。模型验证是指确定模型在其既定的应用范围内运转结果与其相对应的现实系统行为的吻合程度，其衡量标准应该与预定的研究目的有密切关系。模型验证常常涉及对模型结构和变量间关系合理性的检验、模型输出结果与实际值的直接比较、模型的第三性分析以及模型的不确定性分析。这并非意味着一个模型必须要经过上述多种方法的检验，但多种方法为模型检验提供了必要的选择余地。

(4)模型的应用

这一阶段包括设计和执行模拟实验，分析、综合和解译模型结果，最后与生态学同行或应用领域的对象交流模型结果并征求改进意见。当然，模型交流的一个重要方面是发表论文和专著。

建模的4个阶段相互联系、相互促进又相互制约(图9-5)。建模往往是一个循环往复、不断修正的过程。无论是种群模型、生态系统模型还是景观模型，建模的一般原理和过程是相似的，但其具体内容是不同的，而且在数学方法和模拟途径方面也各有特点(Haefner, 1996; Grant *et al.*, 1997; Shugart, 1998)。

9.3.2.2 模型的普遍性、真实性和准确性

模型的普遍性、真实性和准确性是Levins(1966)提出的关于生态学模型的“三分”观点(trichotomy)，即模型的普遍性(generality)、真实性(realism)和准确性(precision)之间的相互制约关系。普遍性是指其能够代表的系统或现象的总数，真实性是指模型的结构(包括变量、参数、定量关系以及假设)与真实系统的相似程度，而准确性是指模型输出结果与真实系统观察值的吻合程度。Levins(1966)认为，虽然模型的这3个方面可以同时改进，但至多只能同时使其中的两个方面得到最大限度的提高。亦即，模型的普遍性、真实性和准确性之间存在着相互制约和相互交替的关系，生态学模型往往在这3个方面表现出不同的完善程度。一般而言，用于理论探讨的模型多注重其普遍性和真实性，而应用模型则往往强调其准确性和真实性。Levins的建模“三分观”对选择生态学建模策略以及模型评价诸

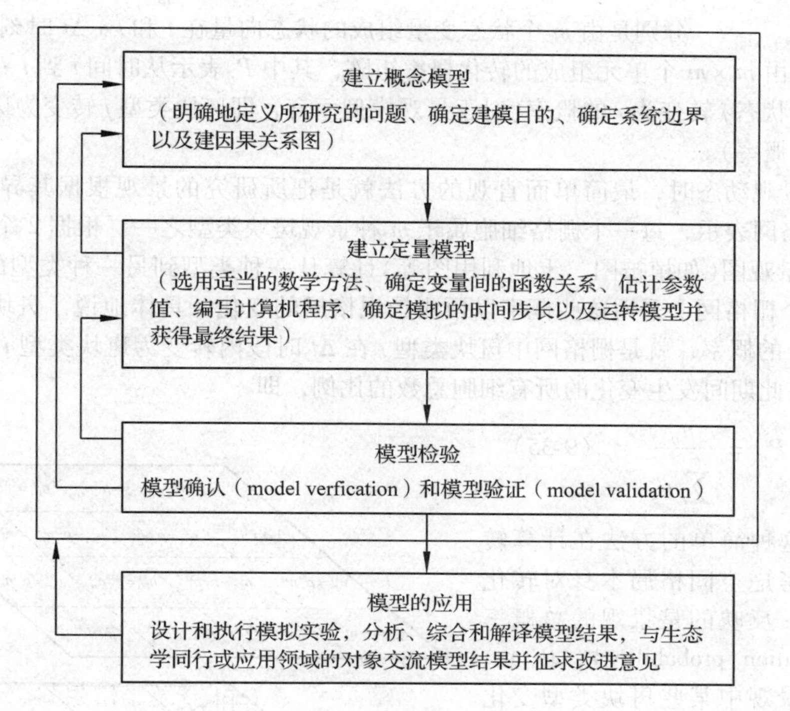

图9-5　生态学建模的4个阶段

方面均有指导意义。除此之外，还可以考虑模型的可操性和可理解性。一个模型不可能在这些方面都达到最佳状态，因此，建模要根据研究目的突出主要方面，同时尽量提高其他方面的完善程度。

9.3.3　几种重要的景观模型

景观模型有多种，我们在此仅介绍常见的景观空间模型：景观格局变化的空间概率模型（spatial transition probability）、空间马尔柯夫模型（spatial markovian model）、细胞自动模型（cellular automata model）、强调景观过程的景观机制模型（mechanistic landscape model）以及景观综合模型。

9.3.3.1　空间概率模型

空间概率模型是生态学中应用已久的马尔柯夫（Markovian）模型（尤其是植物群落演替模型）在空间上的扩展（Paster *et al*.，1992）。空间马尔柯夫模型也是景观生态学家用来模拟植被动态和土地利用格局变化的最早、最普遍的模型。传统的马尔柯夫概率模型可表示为：

$$N_{t+\Delta t} = PN_t$$

或

$$\begin{bmatrix} n_{1,t+\Delta t} \\ \vdots \\ n_{m,t+\Delta t} \end{bmatrix} = \begin{bmatrix} p_{11} & \cdots & p_{1m} \\ \vdots & \vdots & \vdots \\ p_{m1} & \cdots & p_{mm} \end{bmatrix} \begin{bmatrix} n_{1,t} \\ \vdots \\ n_{m,t} \end{bmatrix} \tag{9-34}$$

式中 N_t，$N_{t+\Delta t}$——分别是由 m 个状态变量组成的状态向量在 t 和 $t+\Delta t$ 时刻的值；

P——由 $m \times m$ 个单元组成的转化概率矩阵，其中 P_{ij} 表示从时间 t 到 $t+\Delta t$，系统从状态 j 转变为 i 的概率(对于景观模型而言，即斑块类型 j 转变为斑块模型 i 的概率)。

在模拟景观动态时，最简单而直观的方法就是把所研究的景观根据其异质性特点分类，并用栅格网表示，每一个栅格细胞属于 m 种景观斑块类型之一。根据2个不同时间(t 和 $t+\Delta t$)的景观图(如植被图、土地利用图等)计算从一种类型到另一种类型的转化概率。然后，在整个栅格网上采用这些概率以预测景观格局的变化。具体地说，斑块类型 j 转变为斑块类型 i 的概率，就是栅格网中斑块类型 j 在 Δt 时段内转变为斑块类型 i 的细胞数占斑块类型 j 在此期间发生变化的所有细胞总数的比例，即

$$P_{ij} = \frac{n_{ij}}{\sum_{i=1}^{m} n_{ij}} \qquad (9\text{-}35)$$

但是，这种简单的方法在计算转化概率时不考虑空间格局本身对转化概率的影响，反映的是景观的总概率(global transition probability)，因此，它们在预测景观中某些斑块类型变化的面积比例时可以相当准确，但其空间格局方面的误差通常很大。一种简单的改进办法就是把景观根据其空间特征区域化，然后再分别计算其转化概率。如果区域小到一个栅格细胞，那么上面的公式即可用于每个栅格细胞(图9-6)。这时的空间概率模型可用下式表示：

$$N_{t+\Delta t}^{rc} = P^{rc} N_t^{rc}$$

或

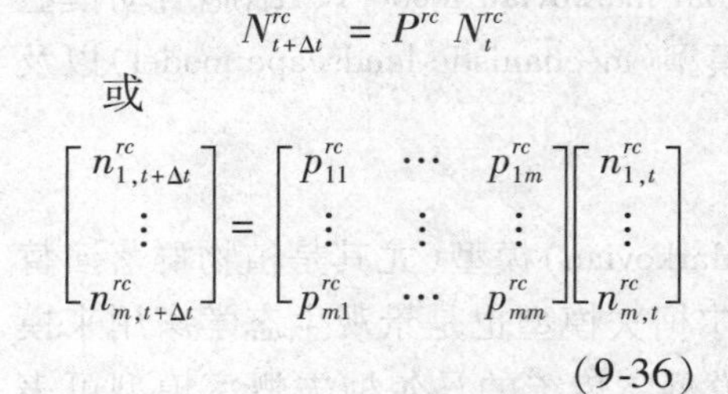

$$\begin{bmatrix} n_{1,t+\Delta t}^{rc} \\ \vdots \\ n_{m,t+\Delta t}^{rc} \end{bmatrix} = \begin{bmatrix} p_{11}^{rc} & \cdots & p_{1m}^{rc} \\ \vdots & \vdots & \vdots \\ p_{m1}^{rc} & \cdots & p_{mm}^{rc} \end{bmatrix} \begin{bmatrix} n_{1,t}^{rc} \\ \vdots \\ n_{m,t}^{rc} \end{bmatrix} \qquad (9\text{-}36)$$

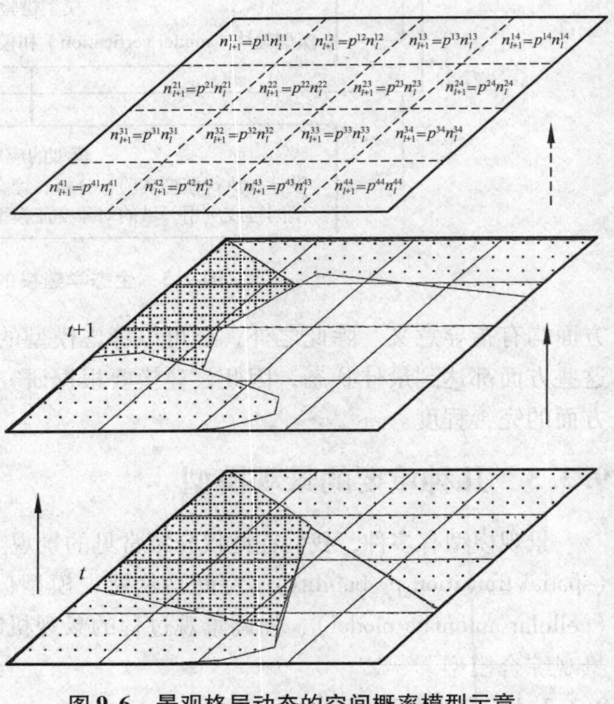

图9-6 景观格局动态的空间概率模型示意

(引自邬建国，2000)

图中是一个具有4×4个栅格细胞的假设景观

式中 $N_{t+\Delta t}$——$t+\Delta t$ 时刻 r 行 c 列栅格细胞位置上的状态向量；

N_t——t 时刻 r 行 c 列栅格细胞位置上的状态向量；

P^{rc}——反映该空间位置上异质性特点的转化概率矩阵。

马尔柯夫模型在实际中有着广泛的应用。例如，李晖等(2009)基于马尔柯夫模型对怒江流域中段植被动态变化进行了预测。怒江流域中段是指云南省福贡县区域范围(26°28′~27°32′N，98°04′~99°02′E)，位于滇西北横断山脉北段碧罗雪山和高黎贡山之间，全区总

面积 2 756. 44 km²，是世界自然遗产滇西北三江并流区域的重要组成部分。由于地处低纬度高原地带，气候受东亚季风、西南季风以及季风环流形势的影响，具有四季温差小、年际变化小、降水量充沛、降水分布不均、立体气候显著等特征，形成了由谷底到山巅跨越了从南亚热带到高山草原带 7 个植被带谱，景观类型非常丰富。通过采用 1994 年和 2004 年 LandsatTM 多光谱遥感影像、1∶50 000 福贡县地形图及行政区划图，并运用 ERDAS IMAGINE 8. 7 遥感分析软件进行遥感影像预处理、辐射纠正和几何纠正、图像配准，得到 1994 年和 2004 年植被景观格局(表 9-3)。利用 ARC/INFO 9. 0 输入 1994 年和 2004 年的植被景观矢量数据，计算出 10 年间各类型的转移概率矩阵(表 9-4)。以 1994 年、2004 年的各植被景观组成及各景观类型之间的转移概率为基准，10 年为 1 个步长，利用马尔柯夫模型对研究区 2014 年的景观组成进行预测(表 9-5)。由表 9-5 可以看出，2004—2014 年各景观类型的面积变化趋势与 1994—2004 年基本相似，灌草丛的面积继续增加，而季风常绿阔叶林、半湿润常绿阔叶林和中山湿性常绿阔叶林则持续地减少；针阔混交林出现了不规则的波动，1994—2004 年这一阶段是减少，到 2014 年其面积却稍有增加，灌草丛依然是植被景观的基质，对整个生态系统的作用和功能有着重要的控制作用。

表 9-3　1994—2004 年怒江流域中段景观类型和土地利用类型

植被和土地景观类型	1994 年		2004 年	
	面积(hm²)	百分比(%)	面积(hm²)	百分比(%)
灌草丛	706. 83	25. 65	816. 61	29. 62
农地	79. 65	2. 89	120. 16	4. 36
水域	17. 30	0. 63	15. 65	0. 57
滩涂	2. 69	0. 10	2. 95	0. 11
城镇	0. 67	0. 02	0. 97	0. 04
季风常绿阔叶林	5. 92	0. 21	0. 71	0. 03
半湿润常绿阔叶林	160. 77	5. 83	89. 96	3. 26
中山湿性常绿阔叶林	428. 58	15. 55	374. 40	13. 58
针阔混交林	429. 26	15. 57	410. 57	14. 89
温凉性针叶林	220. 83	8. 01	211. 80	7. 68
寒温性针叶林	523. 03	18. 97	537. 66	19. 51
竹林	92. 67	3. 36	102. 47	3. 72
暖温性针叶林	63. 70	2. 31	47. 26	1. 71
合计	2 756. 44	100	2 756. 44	100

表 9-4 1994—2004 年植被景观类型的转移概率矩阵

1994 年	2004 年												
	灌草丛	农地	水域	滩涂	城镇	季风常绿阔叶林	半湿润常绿阔叶林	中山湿性常绿阔叶林	针阔混交林	温凉性针叶林	寒温性针叶林	竹林	暖温性针叶林
灌草丛	0. 697 6	0. 068 5	0. 001 5	0. 000 3	0. 000 2	0	0. 027 4	0. 048 2	0. 021 4	0. 010 0	0. 126 5	0. 019 9	0. 006 5
农地	0. 363 3	0. 610 2	0. 006 9	0. 004 6	0. 001 7	0. 001 6	0. 006 2	0. 002 8	0. 000 4	0	0	0	0. 000 1
水域	0. 114 5	0. 062 4	0. 780 3	0. 032 3	0	0	0. 003 4	0	0	0	0. 000 6	0	0
滩涂	0. 096 6	0. 066 9	0. 122 6	0. 639 4	0. 003 7	0	0	0	0	0	0. 007 4	0	0
城镇	0	0	0	0	1	0	0	0	0	0	0	0	0
季风常绿阔叶林	0. 760 1	0. 119 9	0. 008 4	0. 003 4	0	0. 084 5	0	0	0	0	0	0	0
半湿润常绿阔叶林	0. 470 3	0. 092 9	0. 000 9	0	0	0	0. 434 3	0. 000 9	0	0	0	0	0. 000 1
中山湿性常绿阔叶林	0. 195 2	0. 010 9	0	0	0	0	0. 000 3	0. 792 9	0. 000 3	0	0	0	0. 000 3
针阔混交林	0. 078 1	0. 001 3	0	0	0	0	0	0. 000 2	0. 920 9	0. 000 3	0	0. 000 3	0
温凉性针叶林	0. 065 5	0	0	0	0	0	0	0	0. 000 4	0. 923 8	0. 000 3	0. 010 1	0
寒温性针叶林	0. 135 0	0	0	0	0	0	0	0	0	0. 000 5	0. 814 5	0. 053 5	0
竹林	0. 054 4	0	0	0	0	0	0	0	0. 001 1	0. 004 7	0. 309 9	0. 661 3	0
暖温性针叶林	0. 314 2	0. 017 1	0	0	0	0	0. 000 2	0. 000 8	0	0	0	0	0. 667 2

表9-5　2004年和2014年马尔柯夫模型预测结果比较

植被景观类型	2004年		2014年	
	面积(hm²)	百分比(%)	面积(hm²)	百分比(%)
灌草丛	816.61	29.62	895.49	32.49
季风常绿阔叶林	0.71	0.03	0.11	<0.01
半湿润常绿阔叶林	89.96	3.26	26.73	0.98
中山湿性常绿阔叶林	374.40	13.58	315.32	11.43
针阔混交林	410.57	14.89	416.93	15.13
温凉性针叶林	211.80	7.68	209.33	7.58
寒温性针叶林	537.66	19.51	564.79	20.50
竹林	102.47	3.72	113.37	4.10
暖温性针叶林	47.26	1.71	41.35	1.49

空间概率模型是景观生态学中应用最早和最广泛的模型之一。这些模型多用来描述或预测植被演替或植物群落的空间结构变化(Balzter *et al.*，1998)以及土地利用变化(Jenerette and Wu，2000)。然而，空间概率模型不涉及格局变化的机制，其可靠性完全取决于转化概率的准确程度。一阶马尔柯夫过程忽略历史的影响，并假设转化概率存在稳态；这对于大多数景观动态研究来说是不适用的。采用高阶马尔柯夫过程并考虑邻近空间影响会明显增加转化概率矩阵的准确性以及景观概率模型的合理性(Acevedo *et al.*，1995)。采用一些新的优化方法，如遗传算法(genetic algorithms)，也可显著增加景观概率模型的准确性(Jenerette and Wu，2000)。此外，利用GIS技术可以促进空间概率模型的建立和运算，并有利于提高模型精确度(Zhou and Liebhold，1995；Li and Reynolds，1997)。

9.3.3.2　细胞自动机模型

在模拟景观空间格局与过程相互作用的研究中，另一类被广泛应用的途径是细胞自动机模型(cellular automation model)。所谓细胞自动机模型，是指一类由许多相同单元组成的，根据一些简单的邻域规则(neighborhood rule)即能在系统水平上产生复杂结构和行为的离散型动态模型(Wolfram，1984)。细胞自动机模型是由数学家van Neumann在20世纪50年代基于自然自动机(如人的神经系统)和人工自动机(如自复制机)之上发展起来的。然而，这一领域的迅速发展和广泛应用始于70年代。在此期间，最有影响的工作包括Gardner(1971)的“生命游戏”(the Game of Life)和Wolfram(1983，1984)的一系列关于细胞自动机的数学理论及其在研究系统复杂性方面应用的论述。

细胞自动机模型可以是一维的、二维的或者三维的。二维细胞自动机模型通常采用正方形细胞组成的栅格网(有时也用由三角形或六边形组成的栅格网)。每个栅格网细胞代表一个不能伸缩的、均质的离散性单元，它在任何时刻只能处于某一种状态。细胞自动机模型中的细胞代表了模型的粒度，即空间分辨率，在若干方面类似于遥感图像中的像元或地理信息系统中栅格细胞。简单地说，所谓细胞自动机模型就是由许多这样简单细胞组成的栅格网，其中每个细胞可以具有有限种状态；邻近的细胞按照某些既定规则相互影响，导致局部空间格局的变化；而这些局部变化还可以繁衍、扩展，乃至产生景观水平的复杂空间结构。因此，这些模型在空间上、时间上以及状态上都是离散的。

典型的细胞自动机有以下几个特征：①栅格网中所有细胞可具有的状态总数是有限

的，而且是已知的；②每一栅格细胞的状态是由它与相邻细胞的局部作用而决定的，这些作用关系由一系列转化规则(translation rule)或邻域规则(neighborhood rule)来具体定义；③邻域规则可以是确定型的，也可以是随机型的；④这些局部性转化规则在整个栅格的任何位置上都是一致的；⑤细胞从一种状态转化为另一种状态在时间上是离散的(即非连续性变化)。

具体地讲，一维细胞自动机是由一系列点或线段组成的，每个位置上的取值为0或1(也可为0，1，…，$k-1$；其中k为取值总数)。每过一个时间间隔Δt，各位置上的值只与其相邻位置在$t-1$时刻的取值有关。如果把空间单元(或细胞)i的值记作a_i，以r表示相邻单元之间的距离(例如，$r=1$表示只把紧靠单元i两边的单元作为相邻者考虑)，那么，一维细胞自动机的数学表达式可写作：

$$a_i^{(t+1)} = \varphi[a_{i-r}^{(t)}, a_{i-r-1}^{(t)}, \cdots, a_i^{(t)}, \cdots, a_{i+r}^{(t)}] \tag{9-37}$$

式中 $a_i^{(t)}$——空间单元i在时间t时的值；

$a_i^{(t+1)}$——空间单元i在时间$t+1$时的值；

φ——与这些相邻单元有关的一组转化规则。

推而广之，最简单的二维细胞自动机是当$r=1$时，式(9-37)在二维空间栅格网上的扩展(图9-7)，即

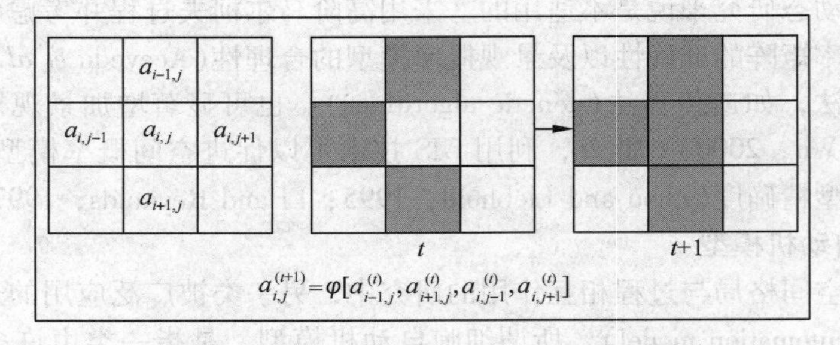

图9-7 细胞自动机模型示意(引自邬建国，2000)

$$a_{i,j}^{(t+1)} = \varphi[a_{i-1,j}^{(t)}, a_{i+1,j}^{(t)}, a_{i,j-1}^{(t)}, a_{i,j+1}^{(t)}] \tag{9-38}$$

式中 $a_{i,j}^{(t+1)}$——栅格细胞在$t+1$时刻的值；

φ——与相邻细胞有关的转化规则。

如何确定相邻细胞的距离(r)及其相邻方式依赖于具体研究现象的特征？图9-8显示了5种定义邻域的方式。在生态学模型中，以$r=1$时的van Neumann(四邻)和Moore(八邻)邻域定义最为普遍。

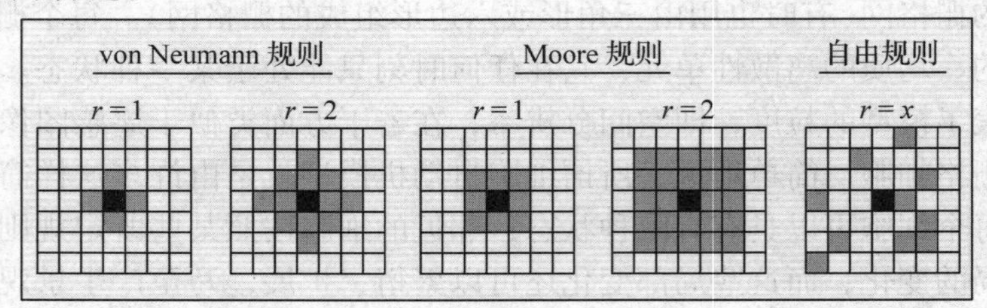

图9-8 细胞自动机模型中定义邻域的几种方式(引自邬建国，2000)

图中心的黑色细胞是考虑中的中心细胞，灰色细胞是其相邻细胞，白色代表景观中其余细胞

一般而言，细胞自动机模型可产生4类结果：①空间均质状态；②稳定态或周期性结构；③混沌行为(Chaos)；④蔓延性有限，但局部性结构复杂的格局。细胞自动机模型最适用于增长和抑制作用强烈的非线性物理学、化学和生物学系统。在这类模型中，生态学内容主要通过栅格细胞水平上的转化规则来体现。细胞自动机模型的最大优点之一就是可以把局部性小尺度上观测的数据结合到邻域转化规则之中，然后通过计算机模拟来研究在大尺度上系统的动态特征。从这一点来看，它与物理学中的相互作用粒子系统(interacting particle system)有很大相似性，而后者也已应用到有关空间格局和过程相互作用的研究中。

虽然最初的细胞自动机模型是确定型的，但近几年来已有一些生态学模型将随机过程(如马尔柯夫链)结合到邻域规则中，使这种途径在模拟许多景观生态学现象(如种子传播、干扰扩散、植被或土地利用变化等)时更合理一些(Wiegand *et al.*, 1995；Ruxton and Saravia，1998)。不难看出，细胞自动机模型中可以在不同程度上把一些重要生态学过程的信息融合到邻域规则中，从而使其成为研究空间格局和过程相互作用的一种有效途径。自20世纪90年代起，细胞自动机模型已广泛地应用于景观格局和空间生态学过程的研究中。

9.3.3.3 景观机制模型

景观机制模型(mechanistic landscape model)有时也称为景观过程模型(process - based landscape model)。顾名思义，它是从机制出发来模拟生态学过程的空间动态。景观的结构和功能是相互作用的，因此，要真正理解景观动态，就必须考虑空间格局和生态学过程之间的相互作用。近些年来，越来越多的景观动态模型在不同程度上包含生态学过程和机制。广义地讲，这些过程和机制包括动物个体行为、种群动态和控制、干扰扩散过程、生态系统物质循环以及能量流动等。需要指出的是，空间概率模型和细胞自动机模型可以通过扩展使其在一定程度上反映某些生态学机制。然而，空间概率模型和细胞自动机模型大都是用来模拟景观空间格局动态的，二者相结合再加上对邻域规则限制条件的放松(如栅格细胞的状态也可受到远距离细胞的作用，或者说受到大尺度上过程的影响)，可以提高这些方法在表现生态学过程或机制方面的能力(David and Wu，2000)。尽管如此，以上2种方法在模拟某些生态系统过程(如物质循环、能量流动)的空间动态时就显得不很适宜了(当然，空间概率模型和细胞自动机模型也可以与非空间机制模型直接耦连起来以模拟空间生态学过程)。许多景观机制模型是通过将非空间生态学过程模型(常常是点模型)空间化后发展起来的。本节介绍空间生态系统过程模型、空间斑块动态模型、空间直观景观模型和个体行为模型。

(1)空间生态系统过程模型

空间生态系统过程模型可以用下面的一般数学公式来表示(Huggett，1993)：

$$\frac{\partial S_i}{\partial t} = f_i(S,F) + \nabla \cdot (D_i \nabla S_i) \tag{9-39}$$

式中 S_i——某一生态学变量(如养分含量、种群密度、干扰面积)；

F——环境因素的影响(如温度、水分、光照、风)；

D_i——所研究过程的空间扩散或传播能力的系数；

∇——空间梯度(可以是一维、二维或三维的)。

下面以一个简单的例子来说明这类模型的基本原理。假设有一具有地形梯度的景观，由4×4个栅格细胞组成。模型的目的是描述土壤中氮含量在空间和时间上的变化。因此，模型的状态变量是每个栅格细胞中的氮含量(N_{11}, N_{12}, …, N_{44})，它们随时间的变化可用下式表示：

$$N_{ij}(t+1)=N_{ij}(t)+(F_{ij}^{in}-F_{ij}^{out})\Delta t \tag{9-40}$$

式中 $N_{ij}(t+1)$, $N_{ij}(t)$——细胞 ij 在 $t+1$ 和 t 时刻的含氮量；

F_{ij}^{in}, F_{ij}^{out}——细胞 ij 的氮转入率和输出率；

Δt——模型的时间步长。

上面的例子可以扩展到更大的空间尺度上，并考虑一系列物理和生态学过程。一种常见的方法是把景观按空间异质性(如生态系统类型)分成许多空间单元(或栅格细胞)，然后将结构上相同或相似的生态系统单元模型(unit model)“移植”到这些空间栅格细胞中，由于空间单元在土壤、地形以及生物等方面的特征反映了景观的空间异质性，再加上考虑单元间的能量、物质交换过程，这类空间生态系统模型能够比传统的非空间生态系统模型更为准确地模拟不同尺度上景观功能。这类模型的结构很适宜与GIS和遥感技术结合(邬建国，2000)。这也是目前研究景观格局与过程相互作用的一个重要模型途径(Goodchild *et al.*, 1993、1996)。

(2)空间斑块动态模型

空间斑块动态模型(或称空间显式斑块动态模型)是另一类景观机制模型。它不同于空间生态系统模型之处在于：空间斑块动态模型突出空间格局和生态学过程之间频繁的相互作用；将整个景观视为由大小、形状以及内容上不同的斑块组成的动态镶嵌体；明确地将斑块的形成、变化和消失过程作为模型的重要组成部分；将斑块镶嵌体空间格局动态与生态学过程在斑块以及景观水平上直接耦合到一起。空间斑块动态模型是斑块动态理论的一种确切的数学表达。与斑块动态理论一样，空间斑块动态模型最适宜于格局和过程作用频繁、斑块周转率快的生态学系统。

森林林隙动态模型是常见的一类斑块动态模型，这类模型目前已经有几百个之多。传统的林隙动态模型属于准空间模型，因为它只是在斑块尺度上是空间显式的，而从斑块到景观一般是通过蒙特卡罗(Mente Carlo)模拟来实现的。Smith和Urban(1988)通过将传统的林隙模型在空间栅格网上展开发展了空间显式的林隙动态模型(spatially explicit gap model，即ZELIG模型)。ZELIG考虑林隙间相互作用，似乎更有助于理解多尺度上森林空间格局和生态学过程相互作用关系(Urban *et al.*, 1991；Shugart，1998)。Coffin和Lauenroth(1989，1990)发展的空间草地“林隙”动态模型在许多方面与ZELIG模型相似。

空间斑块动态模型将局部性干扰与树木种群动态耦合起来，有效地考虑了格局和过程的相互作用以及随机事件。但由于这些模型采用栅格方法、把林隙作为规则划分的单个栅格细胞或多个细胞的聚合体，不宜于模拟斑块间叠合现象非常普遍而复杂的情形。还有一种空间斑块动态模型，即矢量型空间显式斑块动态模型(vector-based spatially explicit patch dynamics model)，如PatchMod模型(Wu and Levin，1997)。

PatchMod模型(图9-9)是根据在美国加利福尼亚州斯坦福特大学的Jasper Ridge生物

保护区内对蛇纹岩草地的研究而建立的。它包括2个子模型：一是具有年龄结构和大小结构的空间显式干扰斑块(地鼠土丘)统计学模型；二是包含2个物种的种群动态模型。前者模拟地鼠土丘的时空变化；后者通过跟踪景观中每一斑块上植物种群生长和繁殖过程，来模拟植被格局动态。根据干扰(斑块形成)速率和地鼠土丘时空分布的一些野外实测数据，空间斑块统计学模型可以准确地模拟每一空间位置上的干扰斑块的大小、年龄和土壤性质。

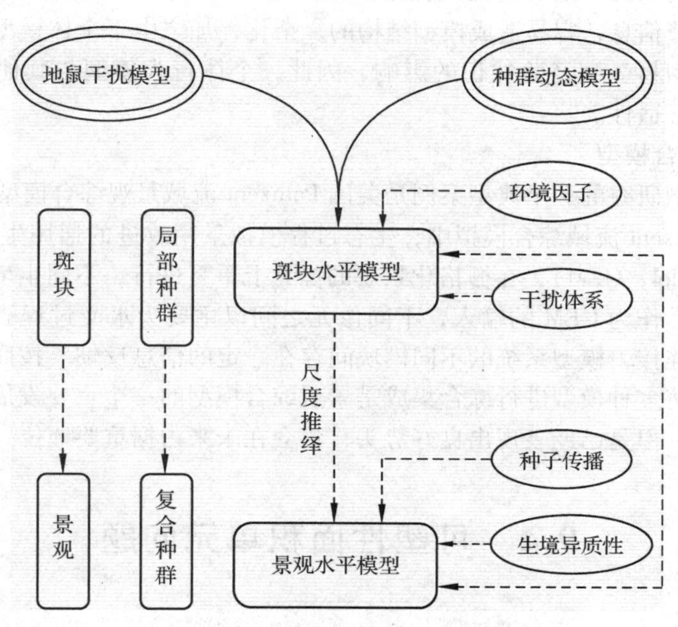

图9-9　PatchMod模型的结构示意(引自邬建国，2000)

(3)空间直观景观模型

直观景观模型是在20世纪80年代后期才发展起来的，是指在异质景观中模拟景观尺度上生态过程的空间直观模型。空间直观景观模型的发展是由原来强调的森林生态学和林隙模型，向空间直观化方向发展。

目前，比较有影响的空间直观模型有DISPAQTCH、CASCADE、FACET、FIRESUM、SORTIE、LANDIS等。其中LANDIS模型是用于模拟森林景观干扰、演替和管理的空间直观模型，它能模拟大尺度(1×10^4~$100\times10^4 hm^2$)上森林景观的变化，同时还综合了种子传播、火、风倒和采伐等各种景观过程，是目前较为理想的景观模拟模型(Mladenoff *et al.*，1999)。近年来，基于规则的景观模型日益受到人们的重视，该模型已试图与人工智能技术相结合，随着人工智能理论与方法在生态学中的应用，真正的基于规则的景观模型将会得到应用，这也是真正解决复杂的区域性资源与景观生态系统管理方面问题的有效途径之一。

(4)个体行为模型

景观个体行为模型作为基本单位的生物个体行为以及个体间和个体与景观空间的相互作用，模型中的景观结构动态和景观功能是通过个体的行为变化来体现。个体行为模型主要包括2个部分，即个体迁移模型和系列数字化影像。个体迁移模型是在种群相互作用、扩散、迁移、生境选择和捕食喜好资料的基础上模拟动植物个体的活动。系列数字化影像指建模过程中数字化景观影像通常被处理成由像元组成的格网形式，然后在适宜的尺度上测量景观特征，结合个体行为特征参数进行模型建设，并对模拟对象的动态特征进行分析。

个体行为模型基础数据需求量大是建模的难度所在，数据资料比较充分时，个体模型可以有效地模拟生活于异质性空间环境中，有着复杂生活史的小种群动态，若特定分辨率水平和特定个体的数据不定时，模型应用极为困难。此外，个体模型往往涉及许多个体、种群和系统的细节信息，容易造成模型结构的复杂化，加之由于个体模型将观测数据直接融入模型中，模型易受到经验知识的影响，因此，个体行为模型与其他景观动态模型相比，通常不具有普适性。

9.3.3.4 景观综合模型

景观综合模型研究的一个典型案例是美国 Patuxent 流域景观综合模型的构建(Voinov *et al.*, 2007)。Patuxent 流域综合模拟中，生态过程模拟采用改进的通用生态系统模型(general ecosystem model, GEM)，在栅格化景观的像元上重复进行，不同生境和土地利用类型被翻译成参数集，作为 GEM 的输入，不同像元之间以主要为水文过程驱动的不平方向物质流和信息流所连接，模型系统的不同模块间存在一定的信息反馈。按照一定的等级组织和模块化的方式将多种模型进行综合集成是景观综合模型的一个重要发展方向，这一方向的研究刚刚起步，但是已经表现出良好势头，将会在未来占据重要地位。

9.4 可塑性面积单元问题

在生态学研究中，许多信息(数据)都与面积相联系。在分析这些数据时，常常出现其结果随面积单元(栅格细胞或粒度)定义的不同而发生变化，即所谓的可塑性面积单元问题，可塑性面积单元问题(modifiable areal unit problem, MAUP)，包括两个方面：①尺度效应(scale effect)：当空间数据经聚合而改变其粒度或栅格细胞大小时，分析结果也随之变化的现象。②划区效应(zoning effect)：在同一粒度或聚合水平上由于不同聚合方式(即划区方案)而引起的分析结果的变化。其中尺度问题最具复杂性和多样性。就面积单元问题而言，空间分析研究的有效性决定于数据中的基本面积单元的性质和涵义。塑性面积单元问题是对面积数据进行空间统计分析时不可回避的问题，也是地理学和生态学研究中的一个重要问题(朱锦懋等，1999；邬建国等，2000；何志斌等，2004)。

近年来，可塑性面积单元问题的研究更加受到重视，随着景观生态学和等级理论的兴起，许多生态学研究注意到了尺度改变对格局和过程分析结果的影响，以及如何解决可塑性面积单元问题。

目前关于如何解决可塑性面积单元问题，大致有5种途径：基本实体途径(basic entity approach)、最优划区途径(optimal zoning approach)、敏感性分析途径(sensitivity analysis approach)、摒旧创新途径和强调所研究变量的变化速率(Jelinski & Wu, 1996)。但是每种途径都存在不足，如基本实体途径尽管能避免可塑性面积单元问题，但是在生态学或地理学研究中，并非总能说明什么是基本实体，例如，密度、通量、覆盖度等变量均是与面积有关的。如最优划区途径方法，主要寻找某一个区划方案，使得面积单元内部的差异最小，而面积单元之间的差异最大；或者寻找某一个方案，使得空间统计分析或模型的结果吻合度最好，但是最优度从概念和操作方面都有主观因素在内。解决可塑性面积单元问题必须摒弃传统的统计分析方法，而发展新的、对MAUP不敏感的分析方法。

本章小结

景观水平的研究需要一些方法来定量描述空间格局，比较不同景观，分辨具有特殊意义的景观结构差异，以及确定景观格局和功能过程的相互关系等(Turner and Gardner, 1991)。景观格局数量方法之所以重要，主要是因为：景观生态研究的是大时空尺度特征以及多变量和复杂过程，一般的数量化方法无法满足需要；景观生态学大尺度实验的困难，特别是跟踪调查需要的时间长、花费大。但是，由于计算机技术，地理信息系统(geographical information system)、遥感技术(remote sensing)和模型方法(modeling)的进步，使得景观生态研究可以通过景观格局指数与模型等数量方法来描述景观格局和过程。

景观格局数量研究方法：主要包括用于景观组分特征分析的景观空间格局指数、用于景观整体分析的景观格局分析模型以及用于模拟景观格局动态变化的景观模拟模型。这些景观格局数量方法为建立景观结构与功能过程的相互关系以及预测景观变化提供了有效手段。

综上所述，景观空间格局研究应着重于景观空间信息分析。实践证明景观生态研究水平与景观空间信息分析能力相关，景观生态学研究与综合信息分析技术紧密结合将从根本上改变传统分析论和方法论，大尺度和多尺度信息聚合和解聚，GIS和模拟模型的耦合都将大幅度地增加景观空间信息动态分析能力和生态学实用价值，解决大尺度上景观的空间异质性和复杂性问题。

生态学模型对研究对象具有预测、增进理解、诊断、综合、支持管理与决策等的作用。景观是指在几十千米至几百千米范围内，由不同类型生态系统所组成的、具有重复性格局的异质性地理单元。景观生态学的重点是研究空间格局和生态学过程的相互作用，空间景观模型自然是景观模型最典型的代表，也是区别于其他生态学模型最突出的特点。本章仅介绍了相对简单、常用的景观模型及研究方法，随着景观生态学研究内容及研究手段的不断发展，景观模型的应用将会越来越广泛，景观模型的研究将会越来越深入。

思考题

1. 简述景观格局分析的生态意义。
2. 景观要素特征分析包括哪些指数?
3. 景观异质性分析包括哪些指数?
4. 论述景观格局空间统计分析方法有哪些?
5. 生态学中的数学模型有哪些作用?
6. 生态学模型有哪些种类?

7. 景观模型的类型及其特征有哪些?
8. 简要说明构建生态学模型的步骤。

推荐阅读书目

景观生态学. 曾辉，陈利顶，丁圣彦. 高等教育出版社，2017.

景观生态学——格局、过程、尺度与等级(第2版). 邬建国. 高等教育出版社，2007.

景观格局空间分析技术及其应用. 郑新奇，付梅臣. 科学出版社，2010.

景观生态空间格局——规划与评价. 薛达元，郭泺，杜世宏. 中国环境科学出版社，2009.

景观生态学原理及应用. 傅伯杰，陈利项，马克明，等. 高等教育出版社，2001.

海南岛景观空间结构分析. 肖寒，欧阳志云，赵景柱，等. 生态学报，2001，21(1)：20-27.

城市化过程中余杭市森林景观空间格局的研究. 张涛，李惠敏，韦东，等. 复旦学报(自然科学版)，2002，41(1)：83-88.

关帝山森林景观异质性及其动态的研究. 郭晋平，阳含熙，薛俊杰，等. 应用生态学报，1999，10(2)：167-171.

宏观生态学研究的特点与方法. 肖笃宁. 应用生态学报，1994，5(1)：95-102.

遥感用于森林生物多样性监测的进展. 徐文婷，吴炳方. 生态学报，2005，25(5)：1199-1203.

GPS/GSM 技术在近海海洋环境监测中的应用研究. 兰圣迎，罗一丹. 海洋信息技术，2005，(1)：3-6.

森林地上生物量遥感估测研究进展. 娄雪婷，曾源，吴炳方. 国土资源遥感，2011，(1)：1-7.

Landscape Ecology in Theory and Practice：Pattern and Process . Monica Turner，Gardner R H and O'Neill R V. Springer-Verlage，USA，2001.

Landscape Pattern Analysis for Assessing EcosystemCondition . Glen D Johnson and Ganapati P Patil. Springer-Verlage，USA，2010.

FRAGSTATS：spatial pattern analysis program for quantifying landscape structure. McGarigal K，Marks B J. Oregon State University，Corvallis，OR，1993.

A review of models of landscape change. Baker W L. Landscape Ecology，1989，2：111-133.

Comparative evaluation of experimental approaches to the study of habitat fragmentation effects. McGarigal K，Cushman S A. Ecological Applications，2002，12：335-345.

Simulating feedbacks in land use and land cover change models. Verburg P H. Landscape Ecology，2006，21：1171-1183.

A spatially explicit hierarchical approach to modeling complex ecological systems：Theory and applications. Wu J G，David J L. Ecological Modelling，2002，153：7-26.

Scale and scaling: A cross-disciplinary perspective. Wu J. In: Wu J, Hobbs R, eds. Key Topics in Landscape Ecology. Cambridge University Press, 2007.

Perspectives and methods of scaling. Wu J, Li H. In: Wu J, Jones K B, Li H, Loucks O L, eds. Scaling and Uncertainty Analysis in Ecology: Methods and Applications. Springer, 2006.

Patuxet landscape model: 2. Model development-nutrients, plants, and detritus Voinov A, Costanza R, Fitz C, Maxwell T. Water Resources, 2007, 4: 268 – 276.

Patuxet landscape model: 3. Model calibration. Voinov A, Costanza R, Maxwell T, Vladich H. Water Resources, 2007, 34: 372 – 384.

Patuxet landscape model: 4. Model application. Voinov A, Costanza R, Maxwell T, Vladich H. Water Resources, 2007, 34: 501 – 510.

第10章 景观生态学的应用

【本章提要】

景观生态学作为景观地理学和宏观层次生态学相结合的边缘学科，不仅给生态学、地理学及环境科学研究提供了新思想、新理论，而且在研究方法和技术手段上提出了新的挑战，因此，有着十分广泛的应用领域。本章主要从生物多样性保护、农业景观生态建设、森林景观管理、湿地景观建设、城市景观建设、生态旅游建设、景观文化建设以及世界遗产保护等方面分别探讨景观生态学理论与方法在相关领域中的应用，并提供具体的研究案例，从而拓展和丰富了这门学科的学习，实现理论与实践的有机结合。

10.1 景观生态学与生物多样性保护

10.1.1 景观生态学与物种保护

10.1.1.1 自然保护区与生态功能保护区概述

(1)自然保护区

自然保护区是指对有代表性的自然生态系统、珍稀濒危野生物种的天然集中分布区、有特殊意义的自然遗迹等保护对象所在的陆地、陆地水体或者海域，依法划出一定面积予以特殊保护和管理的区域。

自然保护区不是任何地方都可以建的，必须要选择一些典型的有代表性的科学或实践意义的地段，并使保护区的建立和布局形成科学的体系。一般说来，下列区域可作为建立保护区的条件：

①不同自然地带和大的自然地理区域内，天然生态系统类型保存较好的地区，首先应考虑选为自然保护区。

②有些地区原始生态类型已遭到破坏，但其次生生态类型通过保护仍能恢复原来状态

的区域，也应选为保护区。

③国家一、二类保护动物或具特殊保护价值的其他珍稀濒危动物的主要栖息繁殖地区。

④国家一、二类保护植物或有特殊保护价值的其他珍稀濒危植物的原生地或集中成片分布的地区。

⑤有特殊保护意义的天然和文化景观、洞穴、自然风景、革命圣地、岛屿、湿地、水域等。

⑥在维护生态平衡方面具有特殊意义需要加以保护的区域。

⑦在利用与保护方面具有成功经验的典型地区。

当前，国际上尚没有自然保护区类型划分依据的统一标准。我国于1994年颁布实施的国家标准《自然保护区类型与级别划分原则》(GB/T 14529—1993)，将自然保护区分为3种类别9种类型，即：自然生态系统类别的森林、草原与草甸、荒漠、内陆湿地和水域、海洋和海岸5个生态系统类型；野生生物类别的野生动物、野生植物2个类型；自然遗迹类别的地质遗迹、古生物遗迹2个类型。这种以自然因素为主导，采用主要保护对象作为划分自然保护区类型依据的方法，经过20多年的实践，证明它适应我国地域广阔、地理环境复杂、生物多样性丰富的国情，充分体现其科学性、合理性和可操作性。

根据国家环境保护部统计，截至2010年年底，全国已建立各级各类自然保护区2 588处，总面积149×10^4 km^2，占陆地国土面积的14.9%。我国具有重要生态功能的区域、绝大多数国家重点保护珍稀濒危野生动植物和自然遗迹在自然保护区内得到了保护。著名的长白山、卧龙、鼎湖山、武夷山、梵净山、锡林郭勒、博格达峰、神农架、盐城、西双版纳、天目山、茂兰、九寨沟等21个自然保护区被列入联合国教科文组织“人与生物圈计划”生物圈保护区网络；扎龙、向海、鄱阳湖、东洞庭湖、东寨港、青海湖及香港米浦7个自然保护区被列入《国际重要湿地名录》；九寨沟、武夷山、张家界、庐山4个自然保护区被联合国教科文组织列为世界自然遗产或自然与文化遗产。

自然保护区在保护自然资源和生态环境以及珍稀濒危物种方面发挥了重要作用。已建立的自然保护区涵盖森林、草原与草甸、荒漠、内陆湿地与水域、海岸与海洋各种自然生态系统，使我国有代表性的自然资源和典型的生态环境得到较好的保护。自然保护区的建立，使一大批物种资源得到了较好的保护，特别是《国家重点保护野生动物名录》中的257个野生动物种和类群以及《中国珍稀濒危保护植物名录》中的354个植物种中的绝大多数在自然保护区得到了保护。已建立的以自然遗迹为主要保护对象的自然保护区46个，总面积113×10^4 hm^2，使一大批具有重要科学价值的自然遗迹得到了保护。

(2)生态功能保护区

生态功能保护区是指在涵养水源、保持水土、调蓄洪水、防风固沙、维系生物多样性等方面具有重要作用的重要生态功能区内，有选择地划定一定面积予以重点保护和限制开发建设的区域。建立生态功能保护区，保护区域重要生态功能，对于防止和减轻自然灾害，协调流域及区域生态保护与经济社会发展，保障国家和地方生态安全具有重要意义。

国家级生态功能保护区，是指跨省域和在保持流域、区域生态平衡，防止和减轻自然灾害，确保国家生态安全方面具有重要作用的江河源头区、重要水源涵养区、水土保持的重点预防保护区和重点监督区、江河洪水调蓄区、防风固沙区、重要渔业水域以及其他具有重要生态功能的区域，依照规定程序划定一定面积予以重点保护、建设和管理的区域，由省级人民政府提出申请，报国务院批准。

从2001年开始，我国先后建立18个国家级生态功能保护区，它们分别是：阴山北麓科尔沁沙地国家级生态功能保护区、三江平原国家级生态功能保护区、南水北调东线水源区国家级生态功能保护区、沿淮调蓄洪区国家级生态功能保护区、鄱阳湖国家级生态功能保护区、东江源国家级生态功能保护区、淮河源国家级生态功能保护区、鄂西北山区国家级生态功能保护区、洞庭湖国家级生态功能保护区、海南中部山区国家级生态功能保护区、若尔盖-玛曲国家级生态功能保护区、滇西北国家级生态功能保护区、雅鲁藏布江源头国家级生态功能保护区、秦岭山地国家级生态功能保护区、黑河流域国家级生态功能保护区、长江源国家级生态功能保护区、黄河源国家级生态功能保护区、塔里木河国家级生态功能保护区。

10.1.1.2 物种保护的景观生态学原理

物种保护的景观生态学原理主要涉及岛屿生物地理学理论、最小存活种群原理、复合种群理论、景观连接度和渗透理论、景观异质性与景观多样性等，有关岛屿生物地理学理论、复合种群理论、景观连接度和渗透理论、景观异质性与景观多样性的内容见第2章的相关章节，这里主要介绍最小存活种群原理。

种群生物学家把注意力集中在最小种群(minimum population sizes)和最小密度(minimum density)上。实际上，一个特定的自然系统的保护最后总是归结到系统中某些关键的物种上，因此，这2个理论最后逐渐结合，提出了最小存活种群(minimum viable population，MVP)的概念。所谓最小存活种群，是指保证种群在一个特定的时间内能健康地生存所需的最小有效数量。这是一个种群数量的阈值，低于这个阈值，种群会逐渐趋向灭绝。根据最小存活种群原理，自然保护区的面积不能低于一个阈值，低于这个阈值，种群内近交系数逐代上升，种群的适合度下降，最终导致被保护的对象逐渐趋向灭绝。

10.1.2 生物多样性保护的景观生态安全格局

10.1.2.1 景观安全格局的概念

景观生态学研究证明，“景观中存在某种潜在的生态安全格局(security pattern，SP)，它们由景观中的某些关键性的局部、位置和空间联系所构成”。生态安全格局对维护和控制某种过程来说具有主动、空间联系和高效的优势，对生物多样性保护和景观的改变有重要意义。在自然保护区中，斑块的形状、大小，廊道的走向，斑块和廊道的组合格局，对许多生物有重要影响，人为改变景观格局对各种种群的发展十分不利，某些关键物种的消失可能会使整个生态系统发生退化。

根据俞孔坚等(1998年)的研究成果，以生物保护为例，一个典型的安全格局包含以下几个景观组分：

①源(source) 现存的乡土物种栖息地，它们是物种扩散和维持的源点。

②缓冲区(buffer zone) 环绕源的周边地区，是物种扩散的低阻力区。

③源间连接(inter-source linkage) 相邻两源之间最易联系的低阻力通道。

④辐射道(radiating routes) 由源向外围景观辐射的低阻力通道。

⑤战略点(strategic point) 对沟通相邻源之间联系有关键意义的“跳板”(stepping

stone)。

10.1.2.2 景观生态安全格局识别步骤

(1)源的确定

在大多数情况下，景观生态规划的保护对象是多个物种和群体，而且它们应具有广泛的代表性，能充分反映保护地的多种生境特点。在区系成分调查的基础上，可以确定作为主要保护对象的物种和相应的栖息地(源)。

(2)建立阻力面

物种对景观的利用被看作对空间的竞争性控制和覆盖过程。而这种控制和覆盖必须通过克服阻力来实现。所以，阻力面反映了物种空间运动的趋势。有多种模型可能用于阻力面(趋势面)的建立。现在以最小累积阻力模型 *MCR*(minimum cumulative resistance)来建立阻力面。该模型考虑 3 个方面的因素，即源、距离和景观界面特征。基本公式如下：

$$MCR = f\min\sum_{j=n}^{i=m}(D_{ij} \times R_i) \qquad (10\text{-}1)$$

式(10-1)是根据 Knaapen 等人(1992)的模型和地理信息系统中常用的费用距离(cost distance)修改而来。其中 f 是一个未知的正函数，反映空间中任一点的最小阻力与其到所有源的距离和景观基面特征的正相关关系。D_{ij} 是物种从源 j 到空间某一点所穿越的某景观的基面 i 空间距离，R_i 是景观 i 对某物种运动的阻力。尽管函数 f 通常是未知的，但($D_{ij} \times R_i$)之累积值可以被认为是物种从源到空间某一点的某一路径的相对易达性的衡量。其中从所有源到该点阻力的最小值被用来衡量该点的易达性。因此，阻力面反映了物种运动的潜在可能性及趋势。

(3)根据阻力面来判别安全格局

阻力面是反映物种运动的时空连续体，类似地形表面。阻力面可以用等阻力线表示为一种矢量图(图 10-1)。用理论地理学家 Warntz 的术语，这一阻力表面在源处下陷(dip)，在最不易达到的地区阻方面呈峰(peak)突起，而两陷之间有低阻力的谷线(course)相连，两峰之间有高阻力的脊线(ridge)相连。每一谷线和脊线上都各有一鞍部(在这里不妨把 pass 和 pale 两者都称为鞍部)，它们是谷线或脊线上的极值(最大或最小)。根据阻力面进行空间分析，可以判别缓冲区、源间连接、辐射道和战略点。

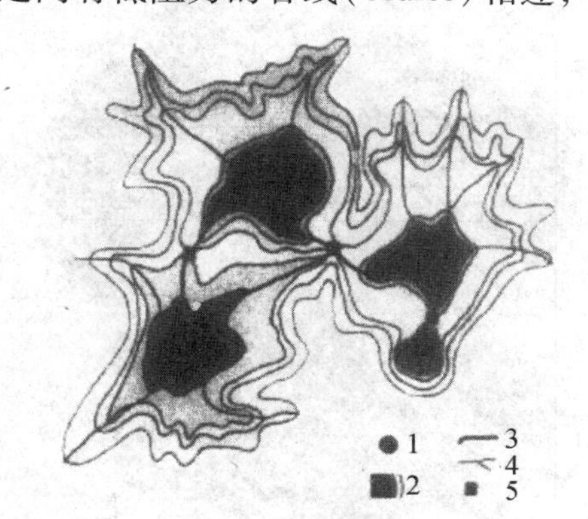

图 10-1 阻力面与生态安全格局假设模型

(引自俞孔坚，1999)

1. 源 2. 阻力面和等阻线 3. 源间通道 4. 辐射道 5. 战略点

自然保护的主要对象不同，生物保护的景观安全格局也不同。具体到某一自然保护区，只有在充分调查保护区各种重要的自然条件、社会经济条件，研究保护对象的生理生态习性、保护对象所在的生物群落中关键性的结构及特点的前提下，结合景观生态学基本原理，才能有针对性地构建生物保护的景观安全格局。

10.1.3 案例分析——广东丹霞山风景名胜区生物保护规划

上述景观生态安全格局方法被用于广东丹霞山国家风景名胜区的生物保护规划中。广东丹霞山国家风景名胜区总面积 292km^2，位于 113°36′25″~ 113°47′53″E，24°51′48″~25°04′12″N，地处南亚热带和中亚热带的过渡性地区，生物多样性很高，是广东省面积最大、景色最美的、以丹霞地貌景观为主的风景区和自然遗产地。1988 年以来，丹霞山分别被评为国家级风景名胜区、国家级自然保护区、国家地质公园、国家 AAAA 级旅游区、世界地质公园。案例的生物保护安全格局的构建通过 ARC/INFO 地理信息系统(GIS)来完成，具体步骤如下：

(1)源的确定

案例研究中选用 3 类有代表性的物种作为保护对象，包括中型哺乳类、雉类和两栖类。通过以它们作为假想目标，目的是为了保护生境的多样和潜在的景观生态基础设施。限于篇幅，教材只介绍林中雉类的保护安全格局的判别方法。作为林中雉类的源是风景区内现有的 7 个残遗自然斑块，属保存完好的准南亚热带季雨林斑块(图 10-2)。

(2)阻力面的建立

阻力面是运用最小累积阻力模型来建立的。首先是对景观根据其对保护对象空间运动的阻力进行等级的划分。景观对物种的相对阻力是参照有关文献来确定的(如 Forman and Godron，1986；Selman and Doar，1991)。在本案例中，有理由认为植被类型与残遗栖息地斑块的植被特征越接近，其对物种运动的阻力就越小。为此，根据植被受人为活动干扰的强度划分为 6 个等级，即从受干扰强度最大的农田，到草地、灌丛、针叶林、混交林和人为干扰强度最小的季雨林残遗斑块。在上述阻力分级评价基础上，再将生态源与距离的因素考虑进去，运用 *MCR* 计算方法，便得到一个反映物种运动时空动态和趋势的阻力表面(图 10-3)。

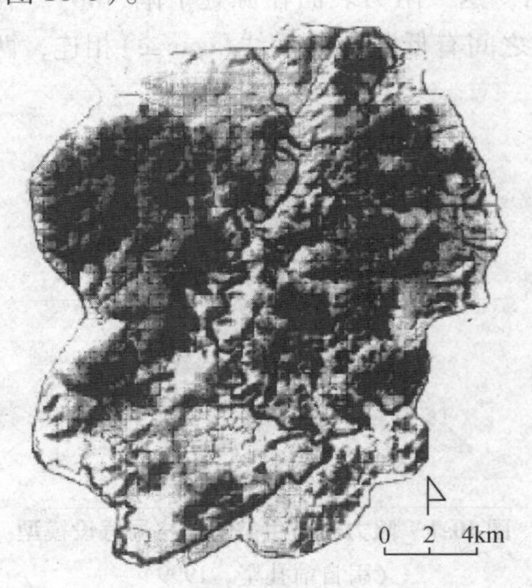

图 10-2 丹霞山全景及残遗自然斑块

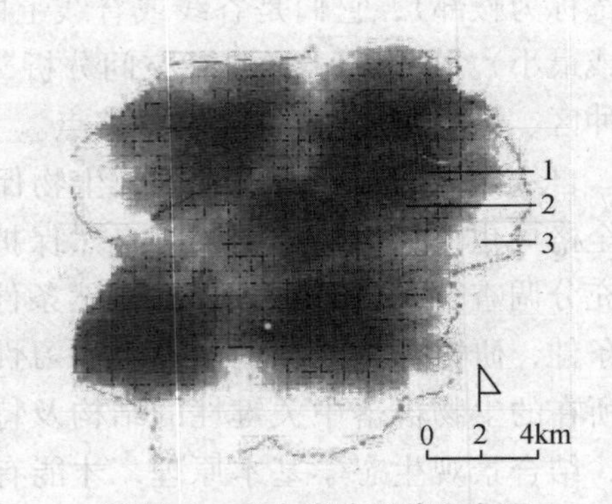

图 10-3 林内雉鸡运动阻力面

1. 残遗自然斑块 2. 低阻力区 3. 高阻力区

(3)根据阻力面的空间特征判别生态安全格局

①源间连接 每源都和其他任一源都有1条或多条低累积阻力谷线，其中有一条是最小阻力谷线。多一条连接就可以为某一源的保护多一份保险，安全层次就可提高。如果使每一源与其任何相邻的源都有一连接通道，则可得到如图10-4所示的高度安全的源间联系。如果降低安全标准，则可选择如图10-5所示的源间连接。这种情况下，每一连接至少被同时用于3个源之间的联系。

②辐射道 辐射道是阻力表面上自源向外发射的低阻力谷地，形同枝状河流水系。这是生物以原有栖息地为基地，向外围景观扩散的有效途径。高度安全的保护格局应具有这种景观组分(图10-3)。

③战略点 景观战略点有多种，这里只介绍1种，即鞍部战略点，它们是相邻源等阻线的相切点，起源间“跳板”的作用(图10-4、图10-5)。

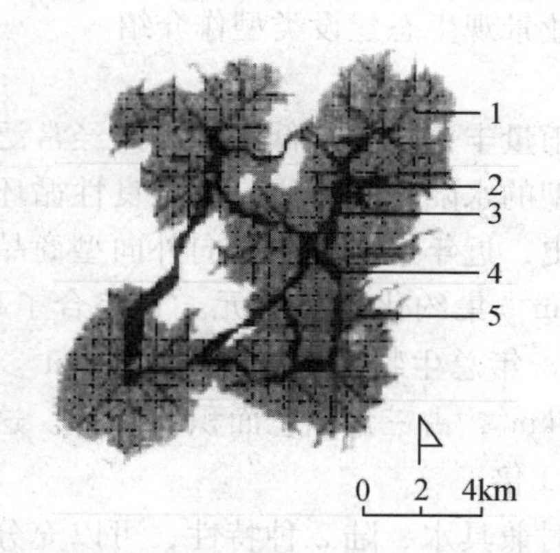

图10-4 高度安全水平的雉类保护安全格局

1. 缓冲区 2. 残遗自然斑块 3. 战略点 4. 源间连接 5. 辐射道

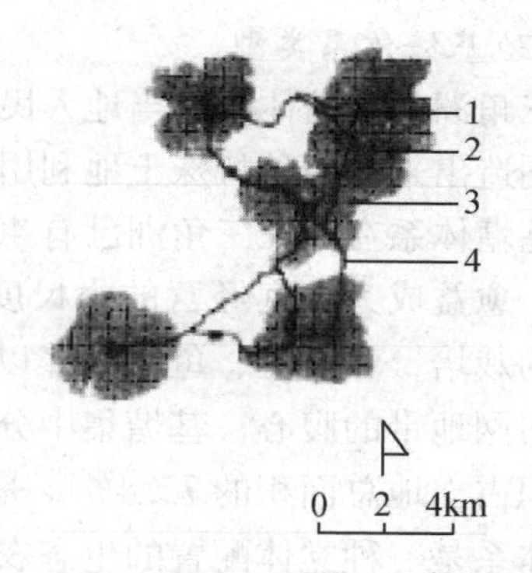

图10-5 中等安全水平的雉类保护安全格局

1. 战略点 2. 残遗自然斑块 3. 缓冲区 4. 源间连接

将上述各种安全水平上的战略性景观局部和位置及空间联系组合在一起，就构成了2种不同安全水平上的景观生态安全格局：高度安全的生物保护格局(图10-4)和中等安全水平的生物保护格局(图10-5)。这些以单一物种或某一群体物种保护为目标的景观生态安全格局再经叠加，可以得到以保护多个类型生物群体为目的的生态安全格局。

(4)讨论

本案例将水平生态过程作为一种对景观的控制过程来对待。通过对关键性景观局部、位置和空间联系的控制以及栖息地的布置，构成某种战略性格局，有可能形成超越于实际存在的景观元素以外的强有力的生态势力圈(ecological influence sphere)，从而使某种生态过程的健康与安全得以有效的维护。SP方法旨在判别、维护和强化景观生态基础设施。判别SP是为了指导景观改变，而不仅是对现存景观的描述。理论地理学的表面模型对判别保护区生态安全格局有启发意义。

10.2 景观生态学与农业景观生态建设

10.2.1 农业景观的类型与特征

农业景观的发展经历了3个阶段：首先，是传统农业景观；其次，是传统农业向现代农业的过渡景观；最后，是集约化的现代农业景观。现代农业的发展使大面积的集约化农田出现成为可能，农业的专门化和机械化使当地的景观变得十分单调，生产量上升的代价是景观多样性的下降、当地生物物种的减少和土壤侵蚀的增加。

中国是世界农业发祥地之一。据现有考古发掘证实，中国农业已有长达八九千年的悠久历史。我国农村长期的生产实践中创造出许多成功的景观生态建设模式，比如珠江三角洲的基塘系统，黄土高原的小流域综合治理，北方风沙半干旱区的林、草、田镶嵌格局和平原农田区的防护林网络等。以下选择几种典型农业景观生态建设类型作介绍。

(1)湿地基塘体系类型

珠江三角洲的基塘体系是当地人民利用该地区雨量丰富、地形低洼、河流经常泛滥的自然条件创造出来的一种特殊土地利用形式，是典型的水陆相互作用、生态良性循环的农业景观。基塘体系在珠江三角洲已有400多年的历史，近年来在农业转向外向型商品经济的推动下，愈益成为家庭经营的小尺度(0.2~0.5hm^2)集约化养殖单元。它综合了蔬菜、甘蔗、桑的栽培，养蚕业、鱼类混养以及畜牧生产，年总生物生产力20~40t/hm^2。在珠江三角洲河网地带的腹心，基塘集中分布区为1 120km^2，占三角洲总面积的1/10。这里的基和塘面积占土地总面积的72.4%，是耕地面积的3倍。

基塘体系是一种立体配置的生态农业系统，同时兼具水、陆2种特性，可以充分利用光能，形成多环食物链和多层次种养业，经济效益与生态效益都很高。鱼塘的年产量现已达7~10t/hm^2，陆基的各种作物产量依照作物的不同而在10~80t/hm^{2}之间，平均为37t/hm^2。区内大小鱼塘星罗棋布，紧密相连，基塘相间，连绵百里，水体广阔，景观独特(图10-6)。

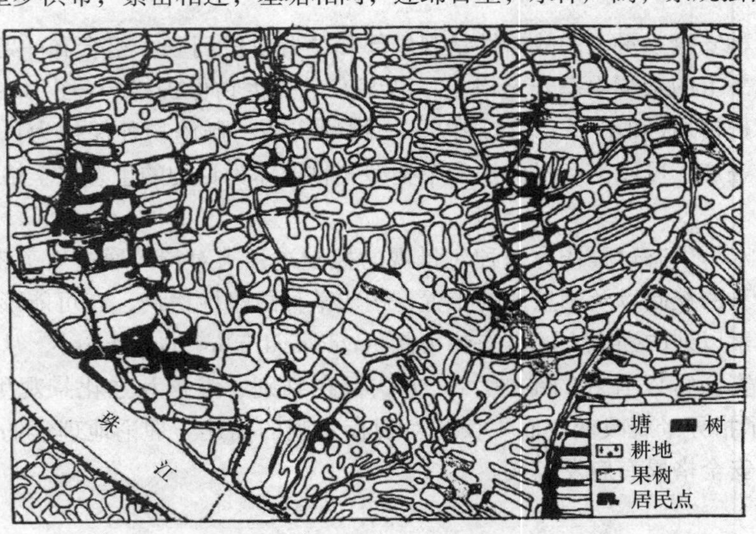

图10-6 珠江三角洲的基塘景观(引自肖笃宁，2003)

(2)沙地田、草、林体系类型

在我国的东北平原的西部存在着大片固定沙地，这里属于温带半湿润地区，年降水量400~500mm。沙地中沙平地多，土壤水分条件比较好。自然植被为黄榆—山杏群落，与平地上的草原植被一起构成森林草原景观。由于沙地的过度开垦和不合理土地利用，农林争地、农牧争地的矛盾愈演愈烈，沙地上的旱田产量很低，籽粒加茎秆一年也不过1.5~3t/hm²。对这种沙地退化生态系统进行重建，关键是要改变景观格局，建立林带、林网以控制沙化，同时在已经沙化的土地上种植豆科牧草沙打旺，形成一个使干扰不断减弱的负反馈环。按照这种田、草、林体系进行的规划，包括以下几种形式：①在平顶沙地上建立网格状复合生态系统，主林带间距200m，副林带间距300m；林带内侧种植宽50m的沙打旺草带，草带内可形成固定耕地。林草田的比例以2:1:5为宜；②在外缘有沙地围绕，中间为蝶形洼地的地段，可建立环状的林草田格局；③在多丘状沙地上建立林网与草斑相结合的镶嵌结构，为固沙需要，林带网格大小以200m×200m为宜。目前，在沙丘上种植的人工杨树林干物质产量为8~12t/hm²，沙打旺为10t/hm²。沙打旺经过粉碎加工是良好的畜牧饲料，因而这种复合体系有利于农业和畜牧业的共同发展(图10-7)。

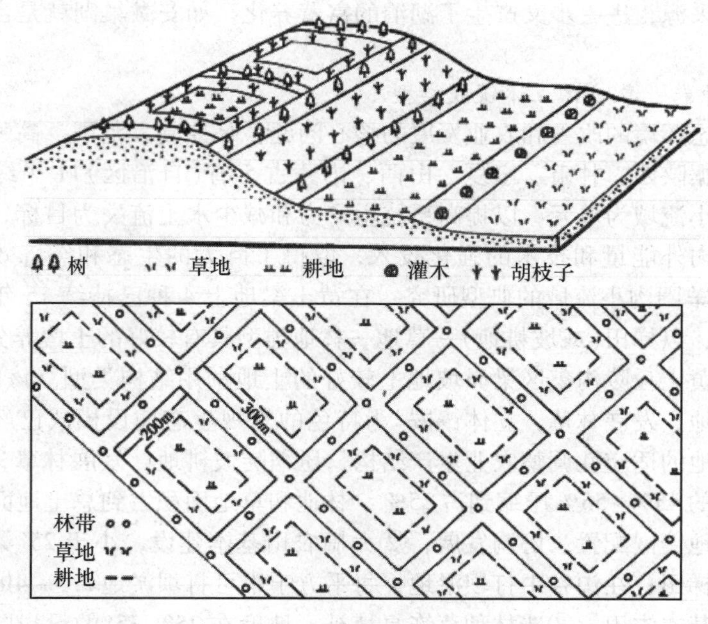

图10-7　沙地田—草—林景观设计模式(引自肖笃宁，2003)

(3)平原区农田防护林网络体系类型

农田防护林网络体系是景观生态学原理在农业景观生态建设中的重要应用，取得巨大成效。防护林网可视为农田景观中的廊道网络系统，从景观尺度上评价林网的空间布局，主要由其数量、分布均匀程度与空间构型来表征，可用林带与被防护农田斑块的面积比(林网带斑比)、林网的优势度、连接度和环度等指标建立数量界限标准。如何以最小的造林面积达到最大的防护效果乃是平原农田防护林区景观生态建设所要解决的问题。林网布局的理想状态是在最小重合度下，以较少的占地面积，使被防护的农田斑块全部处于林带的有效防护距离之内，即林带使景观基质处于抗风干扰的正边缘效应之内。防护林区的水量平衡是森林覆盖率的限制因子，半湿润平原区以18%~24%为宜，半干旱平原区14%~20%，干旱区的绿洲可为10%~16%。林带配置在半湿润区多采用宽带和大网格，干旱区宜采用窄带和小网格。

(4)南方丘陵区多水塘系统类型

在我国南方丘陵区以水稻田为基质的农田景观中广泛分布着用于蓄水的各种坑塘，其面积从1 000m^2到10 000m^2不等，小者称为坑，大者称为塘，位于山麓、田间及村旁，往往成为陆地与较大内陆水体过渡带的组成部分。这种农业景观中水塘的典型比例大约为1hm^2陆地一口塘，这是当地农民为适应亚热带季风气候雨量不均不稳的特点，依据丘陵地形和水田耕作需要所建成的田间工程系统，已有上千年历史，成为宝贵的农业文化遗产。这种分散布局的小水塘群有着拦蓄地表径流和泥沙以及过滤氮、磷营养物的重要生态作用，成为我国南方农村景观生态建设的又一典范。

南方丘陵水田区是我国的高产农业区之一，为保持高产，化肥使用量也达到2.1t/hm^2。如此大量的化肥施用和村庄的人、畜、家禽粪便随坡面径流而进入水体，构成了农业景观面源污染的主要来源，进一步又产生了湖泊的富营养化，如安徽巢湖就是富营养化十分严重的湖泊。

(5)黄土高原农、草、林立体镶嵌类型

黄土高原生态环境的改善和农业发展的核心问题，是控制大范围、高强度、占全球首位的水土流失。据陕西、甘肃、宁夏、山西、内蒙古5省(自治区)11个综合治理试验示范区的经验，以小流域为单元，以提高系统生产力和减少水土流失为目标，通过土地利用结构优化，系统内外能量和技术的强化投入，取得了巨大的生态和经济效益。傅伯杰等(1999)对延安市羊圈沟小流域的典型研究，在黄土梁地上4种已持续15年左右的代表性土地利用结构中，以梯田(或坡耕地)—草地—林地类型具有较好的土壤养分保持能力和水土保持效果，是黄土丘陵沟壑区梁峁坡地上较好的土地利用结构类型。该区内一种以“坡修梯田，沟筑坝地，发展林草，立体镶嵌”为特色的景观生态建设模式已经形成，其主要内容是：①按土地的适应性调整农业生产结构，压缩陡坡耕地，发展林草，使耕地面积从当前占土地面积的45%~55%压缩到占25%，林地和草地面积占到总土地面积的60%，使农、林、牧业用地镶嵌配置、协调发展；②大搞农田基本建设，小于25°梁峁坡地能修梯田的都修成水平梯田；在沟谷中打坝淤地，每平方千米可打坝淤地2.5~4hm^2，发展灌溉，建设旱涝保收的基本农田；③造林种草恢复植被，坡度在25°~35°的梁峁陡坡地可种植多年生豆科牧草，以发展畜牧业；沟沿线以下的沟坡地可栽植灌木固坡保土，因地制宜发展林果业。当地群众把这种调整景观空间格局，实行综合治理的生态建设模式生动地形容为“草带帽，林下沟，坡修梯田，坝地水浇”。

(6)东北黑土侵蚀区县域景观生态建设类型

黑龙江省拜泉县是我国黑土侵蚀与综合治理的典型代表。经历了20世纪垦荒初期环境优美、土地肥沃，20世纪70年代后期水土流失严重、生态恶化，80年代以来大规模生态治理，环境明显改观的典型发展过程，是人类征服自然—自然报复人类—人类与自然和谐共处等人与环境关系演进的一个小小缩影。该县以县域为景观规划和生态建设的空间尺度，统一规划、同时推进，以景观单元空间结构调整和重新构建为基本手段，以平原区的农田林网建设和丘陵区的小流域综合治理为主要内容，实现改善生态系统功能、提高景观系统稳定性和生产力的总体目标，规模大，历时长，效果明显，具有景观生态建设的特点(魏建兵，2006)。

上述农业景观生态建设的类型，从景观生态建设的角度来看，都体现出 2 个共同的特点：

第一，它们都采取了增加景观异质性的办法创建新的景观格局。它们或是改变了原有的景观基质，或是营造生物廊道与水利廊道，或是改变斑块的形状、大小与镶嵌方式，形成新的景观格局。

第二，这些类型都注意在系统中引进新的负反馈环，以增加系统的稳定性。它们都改变了原有的单一农业经营方式，实行多种经营、综合发展，或农林牧结合，或农林果结合，或农业种植与水产养殖结合，实行积极的生态平衡，寓保护于发展，大大提高了景观总体生产力，实现了经济效益与生态效益同步增长。

10.2.2 农业景观生态建设的理论基础与内容

10.2.2.1 农业景观生态建设的理论基础

农业景观生态建设的目标是：保障生态安全，控制和改善生态脆弱区景观生态系统的稳定性；提高景观内各生态系统总体生产力，如土地生物体生产潜力，提高能量与物资投入的效率；保护和促进包括生物多样性在内的景观多样性的综合价值(经济、生态与美学价值)；建造适合于人类生存的可持续利用景观模式。为达到农业景观生态建设目标，其建设的理论基础或基本原则主要有(肖笃宁，1999)：

(1)景观结构与功能的交互影响与促进

景观结构或空间格局是景观中生态流的主要决定因素，结构和功能、格局与过程之间的联系与反馈是景观生态学的基本命题，也是景观生态建设的出发点。

(2)人类调控与生物共生相协调

生物控制共生理论使得人类可以通过共生来控制人类-环境系统，实现与自然的合作，共同创造新的未来。该理论的核心是通过偏差抵消的负反馈环和偏差增强的正反馈环相互耦合，使生态系统的自稳定和自组织得以实现。在交错的调节循环中，负反馈耦合胜过正反馈耦合。因此，农业生态建设中的一个重要任务就是在分析清楚景观生态系统演化的因果反馈关系的基础上，增加新的反馈键，使整个反馈环向着有利于稳定的方向发展。

(3)社会—经济—自然复合生态系统的生态整合

在景观和区域尺度上，自然、经济、社会 3 个不同性质的系统常常结合成为纵横交错、互相制约的复合生态系统。对于 3 个亚系统组分间的结构—功能关系和动态趋势，从空间配置的角度进行多目标、多属性的决策分析，按照自然系统是否合理，经济系统是否有利，社会系统是否有效的目标集来设计最优的土地利用格局和资源生产方式，规划国土优化利用的满意景观。

(4)保护和增加景观多样性和异质性

景观多样性反映了景观的复杂程度，它对于物质迁移、能量交换、生产力水平、物种分布、扩散和觅食都有重要影响。对景观多样性的保护是对生物多样性保护的拓展，包括了对景观中自然要素和文化价值保护2个侧面。通过景观生态建设进行自然景观的改造和文化景观的构建。一个重要的原则是通过工程措施或生物措施以增加景观尺度上的空间异质性，有利于提高系统的抗干扰能力和恢复能力，增加系统的稳定性。

(5)局部控制、整体调节，因地制宜、近远结合

景观生态系统是有物质和能量联系的多重等级组织，对低等级的局部干扰会影响整体；反之，控制局部也可使整体得到调节。虽然目前人类对长时间、大范围的自然控制还无能为力，但对于小范围内的局部控制是行之有效的。农业景观生态建设应抓住对景观内的生态流有控制意义的关键部位或战略性组分，通过对这些关键部位上景观斑块的引入或改变，以最少用地和最佳格局来维护景观生态过程的健康与安全。

10.2.2.2 农业景观生态建设的内容

(1)景观空间结构的调整

通过对原有景观要素的优化组合或引入新的成分，调整或构建新的景观格局，以增加景观异质性和稳定性，从而创造出优于原有景观生态系统的经济和生态效益，形成新的高效、和谐的人工自然景观。根据不同生境，选择适宜的又有较高经济价值的生物品种，提高第一生产力。

(2)控制人类活动的方式与强度，补偿和恢复景观的生态功能

通过对土地利用方式的改变，对耕垦、采伐、放牧强度的调节，将有效地影响到生态系统功能的发挥或恢复。

(3)按生态学规律进行可更新自然资源的开发与生产活动

农业生产是一种典型的人类对于可更新自然资源(光、热、水、土、生物)的深度利用，从单纯追求农产品的数量到强调质量(绿色食品)，从无限制地使用化肥、农药、机械等人工技能，转变到今日生态农业(有机农业、补偿农业)技术的日益广泛运用和发展，最有力地反映出农田景观上生态建设的步伐。

(4)依据仿自然原理，建设与自然系统和谐协调的新型人工景观

无人工干扰下特定地域地带性生态景观的复杂性和稳定性是一般人工系统无法比拟的，如何合理继承这种原生景观，维持并修复景观整体生态功能，是农业景观生态建设的重要问题。在实践中应以环境持续性为基础，依据仿自然原理，建设与自然系统和谐协调的新型人工景观，有利于维持系统内稳态，强化农业景观生态功能。

10.2.3 案例分析——基于景观生态学的巢湖六叉河流域农业景观优化研究

以安徽巢湖北岸的六叉河小流域为例(Yin，1993)，说明多水塘系统的结构和功能(表10-1、表10-2)。该流域是由相互连接的塘和沟组成的多水塘系统(图10-8)，在流域7.32km^{2}范围内共有150个水塘，面积36km^2，占全流域面积的4.9%。水塘斑块平均面积2 400m^2，正常水深1.5m(旱季干枯见底，雨季水深2~2.5m)，总体积71×10^{4}m^3，可以储存整个流域97mm的降水量。流域内有水田284hm^2，需要57×10^{4}m^{3}的灌溉水，即占坑

塘蓄水的 80%。流域内有 16 个村庄，人口 3 000 人，平均每个村庄有水塘 9.4 个，4~5 户农家有一口塘。

表 10-1 安徽巢湖六叉河小流域的地表径流 N、P 负荷量

输出污染物	负荷量(kg/hm²)					流域合计(kg)
	村庄	旱地	水田	林地	平均	
N	15.92	2.49	1.96	1.12	3.01	440
P	5.43	0.26	0.14	0.21	0.59	2 200

表 10-2 安徽巢湖六叉河小流域的景观构成

景观要素	水田	旱地	林地	村庄	水塘	合计
面积(hm²)	284	229	131	52	36	732
比例(%)	38.8	31.3	17.9	7.1	4.9	100

据尹澄清等的研究，由于景观的异质性，存在着单位面积污染负荷的非均匀性。面源污染主要伴随暴雨后的地表径流产生，具有突发性。流失的磷 98% 通过地表径流，约 440 kg；流失的氮 80% 通过地表径流，约 2 200 kg。由于有着多水塘系统的存在，上述流失磷、氮量的 95% 以上被保留在坑塘之中。在相同年份，六叉河小流域比没有多水塘系统的其他区域面源磷、氮输出大为减少。多水塘系统能够显著地降低径流速度，具有储存暴雨径流，减少水、悬浮物和磷元素输出的强大功能，其中，灌溉是磷循环和去除的有效途径。采用多水塘系统使宝贵的养分资源循环利用，能减少湖泊的磷氮负荷，是控制面源污染的可持续方法。由此可见，坑塘、水沟等流域内能储存水的景观斑块和廊道对于当地农业的可持续发展和流域水质保护具有重要意义，尤其适合于亚热带和热带的多雨地区。

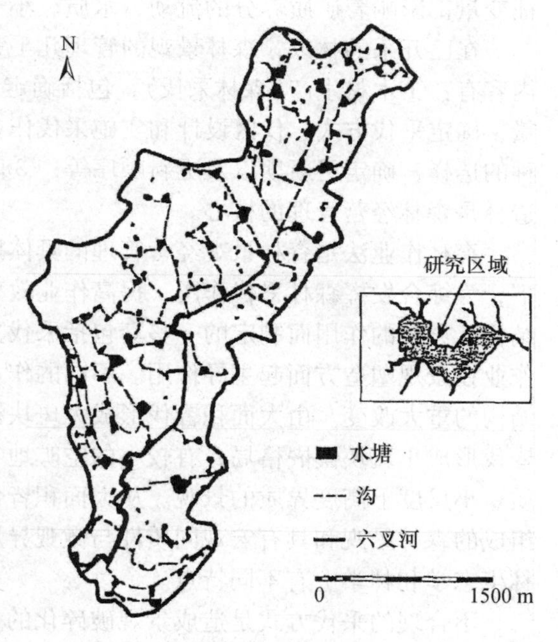

图 10-8 巢湖六叉河小流域中的多水塘系统
(引自尹澄清，2001)

10.3 景观生态学与森林景观管理

10.3.1 森林景观管理历史

森林景观是以森林生态系统为主体，与其他相互联系的生态系统共同构成的具有一定结构、功能及动态变化规律，在空间上以一定形式重复出现的一类景观。它包括各种类型的天然林、人工林、灌木林、疏林、草地、湿地、河流、农田、道路、居民点、矿区等景观要素类型。森林景观为人类提供大量重要资源的同时，也提供涵养水源、改善气候等方面的服务，所以森林景观的管理一直受到生态学、森林经营学等各方面学者的重视。近年来，在森林资源的开发与管理方面，景观生态学原理和方法的应用更为深入。

森林景观的总体结构特征是具有景观异质性，包括景观要素的异质性和景观空间的异质性。在森林景观中，有不同的立地条件、森林起源、干扰斑块、经营方式和生长发育阶段决定着森林类型、林分年龄和斑块大小的林分斑块是森林景观的主要结构成分。因此，森林景观的林分类型结构、年龄结构和粒级结构是森林景观的重要结构特征，这些结构特征变量都影响着矿质养分的流动、水质、小气候和天然林的更新。

在已开采的林区，森林景观的管理几乎完全由经营活动来实现。森林经营管理的主要内容有：①木材生产(森林采伐)，包括确定主伐年龄或轮伐期，计算和确定合理的年采伐量，确定采伐方式、伐区设计和实施采伐作业；②更新造林，包括森林更新方式、更新树种的选择，确定更新期以及更新顺序等；③间伐抚育；④林分改造。其中木材生产和更新造林是森林经营管理的核心。

森林作业法是森林景观经营管理的具体操作途径。森林作业法是在一定的采伐量前提下，为综合发挥森林采伐作用，提高作业效率，保障更新，调节森林群落结构和森林景观结构3方面的作用而制定的一整套包括采伐方式以及空间配置在内的作业技术体系。采伐作业在景观塑造方面起主导作用。不同的作业法将导致更新后的林分结构和森林景观宏观结构的重大改变。由大面积皆伐形成大斑块镶嵌格局，有较大的空旷地和较少边缘；小块皆伐形成小斑块镶嵌格局，有较小的空旷地和较多边缘；单株择伐形成较大尺度上相对匀质、小尺度上高度异质的景观。从大面积皆伐到单株择伐，相应形成由不同林龄的大斑块组成的森林景观和具有宏观同质性与微观异质性的异龄森林景观。这些不同结构特征在森林生态学和林学上有不同特点。

不合理的采伐方式是造成景观破碎化的重要原因。许多林学家和生态学家为协调人们对森林的经济要求和自然保护要求之间的矛盾，提出了多种森林景观经营利用模型，如“核心区—缓冲区—缓冲区”多用途模式、“景观群岛模型”“空间途径”。

在森林景观规划、建设和管理中，河岸带植被的作用受到更多的重视。由于河岸带植被的生产力和物种多样性高，对进入河流的物质和物种等具有明显的过滤作用，对于维持河流的良好水文状态、温度状态以及作为水生生物所需要的能量来源都具有重要意义。在森林景观管理中，特别是流域上游森林景观规划、建设与管理中，要充分考虑河岸带的生态作用，沿河流保留一定宽度的缓冲林带，不进行采伐，或者采用特殊的或者适当的采伐方式和采伐强度进行采伐。

10.3.2　森林管理的景观生态学原理与原则

(1)基于结构功能原理的森林资源可持续经营

景观结构是生态客体在景观中异质性分布的结果，景观结构一旦形成，其类型、大小、形状、数目和外貌特征等对生命客体的运动特征将产生直接或间接的影响，从而影响景观的功能。森林景观具有结构复杂性、功能多样性的特征，其结构与功能的相互关系涉及景观格局的变化对景观物质循环和能量流动格局的改变，以及由此带来的生态效应。森林资源经营必须考虑到森林景观的结构特征，研究景观元素之间的连通性，实现森林资源的可持续经营。

在森林资源经营过程中，可以依据景观生态学结构功能原理，注意保护森林基质，尤其在市场经济条件下，应利用特色斑块发展商品林，但需注意特色斑块要与大的森林生态基质相互协调。同时，利用公路、河流、防护林营造绿色廊道，把廊道建设成既是绿色的廊道，也是信息、物流的廊道。

(2)基于系统整体性原理的森林资源可持续经营

景观是由景观要素有机联系组成的复杂系统，从系统的整体性出发研究景观的结构、功能和变化，将分析与综合、归纳与演绎互相补充，可以深化研究内容，使结论更具逻辑性和精确性。

森林资源可持续经营的基本经营单位是森林生态系统，这个系统是开放的复杂巨系统，由若干个相互作用的要素(生产者、消费者、分解者与环境等)组成，同时表现出系统的整体功能与效益大于任何组成部分的特点。20 世纪 90 年代中期，人们开始了森林生态系统经营的研究，它是森林资源经营的一条生态途径。承认人类是生态系统的有机组成部分，是实现可持续发展的主导力量，以社会需要为基础，在景观水平和较长时间内维持森林的全部价值和功能，综合考虑生态、经济和社会效益，确保森林生态系统的完整性。

(3)基于等级尺度原理的森林资源可持续经营

在景观生态学中，空间尺度是指所研究生态系统的面积大小或最小信息单元的空间分辨率水平，而时间尺度是其动态变化的时间间隔。等级理论最根本的作用在于简化复杂系统，以便于对其结构、功能和行为的理解和预测。尺度概念与等级理论密不可分。

森林是等级结构系统。森林资源经营应以景观生态学的等级尺度原理为基础，进行多层次的经营。生态系统整体功能的发挥需要系统中各等级层次相应结构的有机协调与适应。从森林生态系统层次性的角度，对森林经营系统的多层次结构进行分析，能够从空间尺度上增强对经营理论的理解与实施。森林生态系统经营可采取 3 个逐渐增大的可行尺度：林分—景观(流域)—自然地理区域。小尺度上可突出森林直接利用的价值，大尺度景观或者区域上应强调整体功能的发挥。

(4)基于干扰原理的森林资源可持续经营

干扰是自然界无时无处不在的一种自然现象，直接影响生态系统的演变过程，并成为自然生态系统演替过程中的一个重要环节，其突出作用是导致景观要素的改变和景观结构的重建。干扰的规模、强度、频率、分布以及干扰之间的相互作用是影响景观格局和生态过程的重要方面。

干扰可以分为自然干扰和人为干扰，出现在森林景观生态系统的各个层次上。由于森林资源的可持续经营是以人类为主导的实践活动，所以，人类活动是对森林资源的人为干扰，这就要求人类在经营森林资源过程中，按照森林本身的自然生长规律进行。近年来，针对人工纯林存在的弊端，人类发展了混交林，充分体现了利用自然力，遵循森林生长规律的思想。但是，对于森林资源的可持续经营，更应关注人为干扰的规模和强度。树种、林种的差异会导致森林整体结构对干扰敏感程度的不同，需要不同的干扰规模来保证森林景观的稳定和森林最大效益的发挥。如何达到适度的干扰和调控，是森林资源可持续经营中应该考虑的。

(5)基于异质性和稳定性原理的森林资源可持续经营

异质性是景观的一个基本属性，是形成不同景观结构和功能的基础。不同大小和内容的斑块、廊道、基质、网络共同构成了异质景观。各种自然、人为干扰以及植物内源演替决定了森林景观本原是一种异质景观。

森林景观是由多种类型的森林生态系统与其他生态系统共同构成的景观。连续大面积的森林可以分为不同树种和不同年龄的林分，而每个林分也可称为一个生态系统。对于一个景观来说，异质多样性既影响稳定性，也是保证景观稳定的源泉；均质性一般可促进干扰的蔓延，不利于景观的稳定。西欧国家的近自然森林经营体现了景观异质性原理，表现为以培育近自然的森林为目标，考察现有的森林，尽可能少地干扰森林，只对其进行一些必要的缓和调控，在同一个森林经营单元内，以不同树种及其不同发育阶段为依托，在时间、空间上相互交错，井然有序，形成整体。既可节省人力、财力，降低经营成本，又能保证森林面积的恒定和永续利用，提高生物多样性和生态系统的稳定性，最终有利于森林的可持续发展。

景观稳定性是一种有规律地围绕中心波动的过程，反映了一个景观抵抗和适应干扰的能力，异质性森林更具有稳定性。森林资源经营必须建立生长稳定、生态功能显著、抵抗力强的森林生态系统。如病虫害严重威胁森林生态系统的稳定和效益的发挥，尤其在人工林迅速发展的情况下，如何有效控制病虫害，成为森林资源可持续经营中应该考虑的问题。森林资源经营还可以通过调整林分结构(包括局部和整体调整)，实现森林资源的稳定。此外，森林景观稳定性与森林景观生产力也密切相关，调整植被密度和增加植物生物量有助于森林景观的稳定。

(6)基于多重价值原理的森林资源可持续经营

景观作为一个由不同土地单元镶嵌组成的、具有明显视觉特征的地理实体，兼具经济、生态、美学和文化等多重价值，这种多重价值判断是景观规划和管理的基础。

森林资源的价值是指森林资源对自然界及人类社会的一切功效、作用与影响，其价值一直都是客观存在的，表现为支持人类的持续生存，支持其他生命的持续生存，从而实现森林资源本身的发展和演化。

为了合理利用有限的森林资源，提高公众的森林意识，应当采用多种方法和手段，评价森林资源的价值，便于森林功能与市场和公众决策过程相结合，使森林资源的经济效益和生态、社会效益受到同等重视。在森林资源评价中要重视对其文化、精神、历史和宗教等方面的独特价值的评价，使森林资源得到可持续利用。

10.3.3　案例分析——漓江流域森林景观资源保护与可持续经营研究

漓江流域位于广西壮族自治区东北部，属珠江水系的桂江支流上游，发源于兴安县猫儿山东南侧，流经兴安、灵川、临桂、桂林、阳朔等县市，是一个景观资源丰富、景观特色明显、景观价值突出的社会自然经济系统。漓江流域景观资源的可持续利用尚未引起人们足够的重视，事实上，长期以来人们一直在利用该流域的景观资源发展社会生产，同时却又在消耗和损害，以致破坏景观资源。

漓江流域森林覆盖率达60%，森林植被是整个流域生态系统的主体，流域景观以森林景观为主。张合平(2002)运用景观生态学的原理和方法，根据漓江森林景观的异质性对整个流域进行景观分区和森林景观分类，研究了不同景观区和景观类型的合理保护、利用和经营森林景观资源的方法和措施，为指导流域土地的科学规划和管理提供借鉴和参考。

10.3.3.1　自然地理概况

漓江流域地理位置为109°45′~110°40′E、24°18′~25°41′N，东西平均宽度约34km，南北长度约115km，全长214km，总面积6 050km^2。流域内总的地势是由北向南倾斜，北部为碎屑岩中低山地貌和丘陵地貌，平均海拔900~1 100m；中南部为盆地、平原碳酸盐岩溶地貌或河谷地貌，海拔100~600m，其中有大量的峰丛、峰林、孤峰景观。属中亚热带湿润季风气候区，全年光照充足，四季分明，平均气温17.8~19.1℃，年降水量1 814~1 941mm，年蒸发量1 377~1 857mm，无春旱，雨热基本同期。山丘地以红壤、黄壤为主，自然状态下厚度多在50cm以上；耕作土壤中，水田以松软肥沃的淹育型水稻为主，石灰性水稻土次之。常绿阔叶林为本区的地带性植被，主要位于流域源头和山地，其他有天然的马尾松、人工的湿地松、杉木等，以及油桐、油茶、银杏、橘、橙等经济果木林。漓江多年平均径流量为40.3×10^{8}m^3，年内各月径流分布与流域降水量年内分配相似。

10.3.3.2　森林景观分布与类型

景观分类是从事生态和自然保护事业及实现区域可持续发展的有效手段。景观生态分类指标或分类单位选取因研究目的而异，可按地形、水、土等生态因子，也可按人为干扰程度划分。人类的经济活动和开发保护活动，主要是在景观层次上进行的，人为干扰不仅能改变景观类型，还能创造景观类型和维护景观的稳定性。

(1)流域森林景观的整体结构

漓江流域的主要旅游景观是岩溶峰林的山水风光，集“山青、水秀、洞奇、石美”于一体，整个流域景观以森林为依托和基质，山青、水秀则直接体现森林景观要素的作用和影响。没有流域上游的水源林景观和漓江两岸的青山，则江水失色、秀水不存；而秀水绕青山、花坪原始森林景观、猫儿山高山森林景观则本身是极具价值的旅游景观。广而言之，森林景观应是森林地域的景观，包括森林中的各种生物和无机环境。从功能上来说，森林景观是保护漓江流域环境的屏障，而整个流域森林景观结构在地貌、气候和人为活动影响下，形成南北差异明显的景观。参照Forman关于景观结构类型划分的观点，从北到南可分为以下几个景观区。

①中山天然林景观区　以分散的斑块景观类型为主，天然森林植被在该区中是优势的基质，山顶的矮林或草甸、小片的农田、迹地等几种类型的斑块分散其中。该区位于流域源头，保护占优势的自然景观是保持整个流域生态系统稳定的关键，水源涵养为其重要功能。

②低山丘陵森林景观区　以交错状景观结构为主，景观中以森林和农田占优势，这2种景观要素呈交错状彼此相邻。人工林和农田2种人工景观是占优势的景观要素，土地利用方式和耕作方式对这2种景观要素的消长起着重要作用。

③漓江沿岸风景林景观区　主要为条带状或网状景观结构，漓江两岸河溪边岸植被带及两侧的防护林、经济林是主要的景观要素，具有重要的风景价值和生态作用。

④谷地平原森林景观区　属"湘桂走廊"谷地的平坦地区，土层深厚，土质肥沃，是本流域发展农业的适宜区，所以占优势的景观要素是农田，主要呈棋盘状的景观结构类型，森林多为人工林呈斑块状或断裂的走廊形式嵌入其中，或分布于平原峰林、城镇等。

(2)森林景观的类型

景观生态分类是土地分类的深化，本案例对该流域森林景观按植被类型，结合风景价值和人类活动的影响，分为阔叶林、针叶林、矮林、针阔混交林、经济果木林、城市森林6个景观类型。

10.3.3.3　森林景观资源的适度开发与生态保护

(1)森林景观资源利用

流域景观资源目前尚无公认一致的概念，对其开发利用至今也未能引起人们的重视。它可以认为是流域内能够为人们提供游憩、观赏，并具有一定环境、人文和经济价值的生态系统组合、地形组合或特定区域。总之，景观资源可定义为景观水平的生态资源，不仅对景观形成和保持景观稳定能起到重要作用，而且具有多种重要的功能。森林景观资源是流域自然景观资源的重要组成部分，是具有开发利用价值的森林景观。

漓江流域各景观区的森林景观资源可采取不同的开发利用途径。主要按照不同景观区森林景观的类型和特点、森林覆盖率、土地利用指数、水土流失控制程度等，结合风景美学价值，通过流域总体规划和景观设计方法，确定森林景观资源持续利用目标、方案和项目。

因地制宜利用森林景观，开发丰富的游憩项目，中山天然林景观区主要是保护性开发，发展科考旅游、生态观光；低山丘陵森林景观区可开展休闲、度假，建立疗养、康乐项目；沿岸风景林景观区则发展观光、游乐项目；谷地平原景观区以花草观赏、水果采摘和品尝、康体休闲等为主。也可利用森林资源开发当地的特色产品和纪念用品，如山地无污染野果、野菜、保健中药材、营养食物和饮品、果品、食用菌和各种工艺品种。通过旅游开发对不同的森林景观可开展各种不同的森林游憩活动。如城市森林景观构成半自然或园林式环境，有利于人们静心休憩、漫步游览、观赏怡情；针阔混交林景观可供野营、休闲、健身、观赏等；阔叶林景观可开辟游览观光、科普、登山探险、度假等形式的游憩活动；针叶林景观的林海松涛也具有良好游憩观赏效果；果木经济林具有观赏、采摘和品尝等游憩价值。

(2)流域开发的景观影响

我国山水风景旅游资源开发潜力很大，以山水风景观赏为主要目的的旅游仍是当前和今后旅游活动的基本形式，但旅游资源的开发对流域生态系统带来了不利影响，对景观资源的不合理或过度的开发利用更是造成生态环境的急剧变化。漓江流域的开发，可从2 200年前秦代开凿灵渠算起，流域景观资源的开发则始于南朝时期对独秀峰的开发。以后各个朝代直至新中国成立，该流域景观开发活动有诸多景点的开拓，道路的修筑，花草的栽种，水利工程的兴修，以及各种接待服务设施的建设等。这些开发建设活动一方面大大增加了流域的开放程度，加快了地方经济的发展，同时对流域景观资源带来负面影响，如在漓江位于流域源头的猫儿山自然保护区，在开发过程中导致森林景观的破坏和水土流失的加剧。各景区公路建设破坏山体植被，也带来了水土流失和滑坡。

漓江沿岸森林景观被破坏。楼、堂、馆、所和其他破坏景观、污染环境和妨碍观光游览的设施导致自然景观被城市化、商业化的人工景观所取代。如漓江边的国旅小学、兴坪饭店、工厂、草坪酒楼、中日友好亭建筑设施等都带来不良的景观影响。兴坪码头大量建筑、冠岩景区的滑道、遇龙河附近的寺庙等人工斑块或廊道的引入，降低了景观的自然性，更是破坏了协调的整体景观环境。平原森林景观区中，构成漓江山水的一些象形山体景观资源如美女峰、螺丝山、九马画山、黄布滩和仙女群峰等，可作为中远景旅游资源，但当作近景资源开发将面临景观资源破坏的风险，因这些景观处在喀斯特地貌异常发育的地区，生态系统脆弱，抗干扰能力弱，如因开发导致森林植被景观破坏，会带来严重侵蚀和水土流失，加上石灰岩的溶蚀残余物成土速率慢，造成土层瘠薄，景观恢复将极为困难。

旅游活动，特别是超载旅游负荷加大了对旅游景观的压力和损耗，旅游开发增加的物流、人流和能流对流域景观带来的冲击和压力越来越大。旅游者大量进入，踩踏导致土地板结，使植物群落组成发生变化；还增加了对树木花草伤害的可能性，以及对森林景观造成病虫危害。各景观区和景观类型的生态容量是旅游开发的重要科学依据，一旦游客规模、游览方式和游客的行为超过了这一生态阈值，生态系统受到破坏，森林景观资源退化甚至衰竭。总之，漓江流域开发包括旅游资源利用已造成局部地区的森林景观退化，从而影响到该地旅游生态环境，削弱旅游吸引力，制约流域旅游经济的可持续发展。

(3)森林景观资源开发的生态保护策略

由于森林景观是漓江流域山水风景资源的基础和主要组成部分，以及森林景观对流域生态环境的保障作用，对森林景观的开发利用需要审慎和适度，并要采取切实可行和严格有效的生态保护策略。

第一，根据不同景观区的生态功能特点和脆弱性，研究采用不同的开发和保护模式。漓江流域一般都直接或间接地利用了森林景观资源，在各个景观区可发展具有该流域特色的生态旅游模式，以实现旅游景观资源的可持续利用。城市森林景观要保持和提高异质性，绿地斑块分布均衡，廊道城内城外连通，并利用各类建筑物来垂直绿化，建造各个具有特色或标志性特征的城市绿地景观，以此为依托增加一批公园、小花园和小游园。在流域上游中山天然林景观区，现有的天然林或水源林保护区要严格按保护区规划，谨慎而适度开发生态旅游，因该流域保护区与其他地方的自然保护区不同，突出地表现在这些保护区是流域山水风光的屏障，对保护区旅游景观资源的利用牵一发而动全身，影响至整个流域的旅游发展，在花坪、猫儿山自然保护区的生态观光和科考旅游也应加强管理，控制规模和路线。道路修建和房屋建造时，应尽可能减少对林地的占用。严格控制中山景观区服务设施的建设。野炊、吸烟、采折花木枝叶等行为要严加限制。任何形式的旅游开发，都应重视景观影响评价和景观资源退化的风险评估，并采用高新技术成果开展景观恢复、景观资源监测和信息管理工作。

第二，旅游景观开发与资源补偿相结合，避免对景观资源“只取不予”“只用不护”的掠夺性开发。在旅游规划和开发时，突出强调森林景观的保护，做到“谁开发、谁保护”、“谁损害、谁补偿”。江河源头和两岸、旅游通道、道路两侧为森林景观重点恢复区域。对25°以上的坡耕地要严格退耕还林还草；对坡度25°以下水土流失严重的坡耕地实施坡改梯工程建设或恢复林草植被。

第三，科学地进行旅游分区。从资源类型组合关系、资源地域分布结构及有利于区域经济协调与发展的角度考虑，桂林旅游区宜包括桂林市所辖的12个县1个区。但从旅游景观资源的有效保护和科学管理来考虑，应按流域或集水区的范围来划分各个旅游区或小区，因为旅游开发是纳入土地利用计划的，土地利用计划的基本单元是整个流域层次，由景观生态学关于景观功能的阐述可知，流域上游的旅游开发活动对森林植被景观的破坏都将影响下游地区，流域森林景观结构的变化也会影响整个流域的功能。为了确保对流域景观资源的良好管理，按流域对旅游地进行分区管理是有科学依据的，应将旅游景观开发纳入流域规划工作任务中，如桂林旅游区主要河流有湘江、资江、漓江、浔江和洛清江，分属5个流域，从更大尺度来看，这五大流域水系又分属湘江流域和珠江流域。

第四，需要科学地开展流域景观规划设计。按照Wilson的观点，景观规划设计不仅要考虑经济效益和美学价值，同时应考虑生物种类的保护，对漓江流域来说，除严格保护水源林和天然林外，在丘岗、平原森林景观区，可通过调整和布置由各类森林、林带、绿地、水体、农田、道路等要素的空间格局，使流域生物多样性得以保持和增加；通过退耕还林，在森林斑块或廊道之间，增加片林或经济果木林，保持森林景观的连续性。

随着我国经济的持续发展和人们生活水平的不断提高，自然景观在游憩观光中的需求正日益增加，这将极大地促进流域景观资源的开发利用，但与此同时景观资源面临的环境压力和冲击越来越大。对漓江流域来说，由于旅游业是主导产业，流域生态保护的重要性是不容置疑的，但生态保护应提高到景观层次，重视和探索对流域森林景观资源保护、恢复和可持续利用。通过对漓江流域森林景观可持续利用的探讨，希望提高人们对流域景观资源的开发、利用、保护的关注和重视，并进一步完善流域景观分区、森林景观保护和恢复、景观综合开发和科学管理的途径。

10.4 景观生态学与湿地景观建设

10.4.1 湿地景观特征与管理

湿地(wetlands)是地球上独特的生态系统和重要的自然景观，在全世界广泛分布。目前广泛接受的是Ramsar国际公约(《关于特别是作为水禽栖息地的国际重要湿地公约》)对湿地的定义："湿地是指，不问其天然或人工、长久或暂时的沼泽、湿原、泥炭地或水域地带，带有或静止水或流动水，或为淡水，半咸水体者，包括低潮水深不超过 6 m 的水域"。按照这个定义，湿地应包括河流、湖泊、沼泽、浅海、潮间带、河漫滩等天然类型，也包括水库，水田等人工类型。湿地是自然界最丰富生物多样性的生态景观和人类最重要的生存环境之一。在抵御洪水、调节径流、改善气候、控制污染、美化环境和维护区域生态平衡等方面具有其他生态系统所不能替代的作用，被誉为"地球之肾""生命的摇篮""文明的发源地"和"物种的基因库"。因而在世界自然保护大纲中，湿地与森林、海洋一起并列为全球 3 大生态系统。湿地是重要的自然资源，也是野生动植物，尤其是鸟类的重要栖息地。湿地还具有能源、动力、生态环境教育和自然保护教育等社会功能。由于湿地兼有水生、陆生生态系统的特点，这种特殊的水文条件决定了湿地生态系统易受自然及人为活动的干扰，生态极易受破坏，且受损湿地难以得到恢复。

湿地生态系统不仅具有丰富的资源，还有巨大的环境调节功能和生态效益，各种类型的湿地生态系统在保护生物多样性、维持淡水资源平衡、均化洪水、调节区域小气候、降解污染物和为人类提供生产、生活资源方面发挥了重要功能，主要表现在以下几个方面：

(1)保护生物多样性，丰富物种资源，提供多样生境

湿地的独特生境使其具有丰富的陆生与水生动植物资源，湿地是世界上生物多样性最丰富的地区之一，蕴藏极其丰富的生物资源。依赖湿地生存、繁衍的野生动植物极为丰富，其中有许多是珍稀特有的物种，是生物多样性丰富的重要地区和濒危鸟类、迁徙候鸟以及其他野生动物的栖息繁殖地。

(2)调蓄径流洪水，防止自然灾害，涵养水源

水文在湿地发展、结构、功能和价值等方面发挥重要作用。许多研究证明，湿地具有突出的滞洪功能。湿地以低地条件和特殊的介质结构而有巨大的持水能力。连片的湿地对地表径流具有重要的调节功能，特别是通过维持河流的基流而维系河道生态，并对地下含水层的补给起到重要的调节作用，使水资源在一定尺度上具有可持续性。

(3)降解污染，改善水质

湿地水空间不仅对水资源量起到调节作用，还能通过水—土壤—生物复合系统的作用滤过截留污染物质、净化水质，起到消解污染物，减轻水体的富营养化和被污染状况的作用。

(4)温室气体平衡和调节区域小气候

湿地由于其特殊的生态特性，在植物生长、促淤造陆等生态过程中积累了大量的无机碳和有机碳，此外，湿地环境中微生物活动弱，土壤吸收和释放二氧化碳十分缓慢，形成了富含有机质的湿地土壤和泥炭层，起到了固定碳的作用。

(5)湿地其他方面的功能

湿地可以为人们提供各种食物、药物和工业原料等经济效益，提供旅游、科研和文化教育等社会效益。湿地还拥有在许多方面满足人们生活需要的重要自然资源，是人们进行旅游、科研的良好场所。

10.4.2　湿地景观管理的理论与方法

湿地生态系统具有其脆弱性的一面，随着社会和经济的发展，全球约 80% 的湿地资源

丧失、退化或破碎化，严重影响了湿地区域生态、经济和社会的可持续发展。这就要求人类要合理地利用湿地生态系统，并能维持生态系统的自然特征，即不破坏湿地生态系统的自然属性是合理利用湿地功能的前提。随着人们对湿地价值认识的提高，有关大流域尺度上的湿地修复和重建成为国际湿地科学研究的热点和重点之一。

对于湿地景观的管理，有以下几点基本原则：①要立法予以保护，加强教育宣传工作。②湿地保护应当遵循全面保护、科学利用、持续发展原则，减缓和控制湿地退化，建立和健全湿地检测系统。并根据生态功能和保护价值，建立生态保护区、自然保护区及生态公园。③要解决好泥沙淤积造成湿地退化，解决好湿地与耕地的矛盾，在保护的前提下，利用好湿地。④保护与管理湿地是跨部门、多学科、综合性的系统工程，因此资金投入应该多渠道、多元化、多层次等措施。

当前湿地景观面临巨大的破坏压力，主要威胁来自湿地面积缩小，调蓄功能减弱；过度利用与闲置并存；水污染。然而解决湿地生态环境的一条重要途径就是湿地景观生态规划。在湿地景观生态规划中要重视湿地的创建，科学制定退田还潮政策、法规，在空间布局上明确划分湿地保护区、修复区、创建区和可转化区，针对不同的功能分区采取相应的生态工程措施。借鉴国内外湿地保护和管理的方法，可将湿地景观生态规划途径分为3种：

(1)将人工湿地引入城市景观设计

西方很早就已将人工湿地引入景观设计，利用湿地生态系统中的物理、化学和生物的三重协同作用，通过过滤、吸附、沉淀、离子交换、植物吸收和微生物降解来实现对污水的高效净化。

(2)建设湿地公园

根据国内外目前湿地保护和管理的趋势，兼有物种及其栖息地保护、生态旅游和环境教育功能的湿地景观区域都可以称为湿地公园。湿地公园的保护规划设计主要从环境生态、视觉景观、人文活动3个层面展开。

①环境生态　主要是从水体保护规划、岸线保护设计、陆地保护3个方面进行，目的在于形成一个净洁、健康的湖泊水体。

②视觉景观　为了在视觉感官上保护湖泊自然景观的纯净与周边城市建设的协调，视觉景观生态规划主要考虑建筑高度的控制、风格形式、色彩、体量以及细节处理形式的统一与限定条件，还有景观时间变化控制等，通过相应的控制与限定，最终达到规划所构想的创造一个“水面、绿地、建筑”交融的城市湖景观环境。

③人文活动　人文活动保护主要包括湖泊历史人文遗产的保护、人类景观活动的保存延伸两个方面。

(3)建设湿地自然保护区

对于大面积的自然湿地，建立自然保护区是湿地景观保护与管理的主要途径。

随着工农业的迅猛发展，人口的大量增加和城市化进程的不断加快，湿地正面临着区域生态环境恶化、自然景观消失、生物多样性减少、气候条件变化、生态系统结构和功能丧失等多种湿地生态退化症状。湿地丧失和退化的主要原因有物理、生物和化学3方面。湿地退化主要表现在：①筑堤、分流等切断或改变了湿地水分循环过程；②建坝淹没湿地，改变了原来湿地生态系统水环境；③过度采伐和放牧，湿地植物资源被破坏；④过度开发湿地水生生物资源和狩猎，湿地鱼类和鸟类等生物资源遭破坏；⑤湿地被当做污染物排放地，尤其是污水的排放；⑥全球变化对湿地结构与功能有潜在的影响。

湿地恢复是指通过生态技术或生态工程对退化或消失的湿地进行修复或重建，再现干扰前的结构和功能，以及相关的物理、化学和生物学特性，使其发挥应有的作用，它包括提高地下水位来养护沼泽，改善水禽栖息地；增加湖泊的深度和广度以扩大湖容，增加鱼的产量，增强调蓄功能；迁移湖泊、河流中的富营养沉积物以及有毒物质以净化水质；恢复泛滥平原的结构和功能以利于蓄纳洪水，提供野生生物栖息地以及户外娱乐区，同时也有助于水质恢复。目前的湿地恢复实践主要集中在沼泽、湖泊、河流及河缘湿地的恢复上。湿地恢复是一项艰巨的生态工程，需要全面了解受扰前湿地的环境状况、特征生物以及生态系统功能和发育特征，以更好地完成湿地的恢复和重建过程。

湿地恢复理论主要有自我设计和设计理论、演替理论、入侵理论、河流理论、洪水脉冲理论、边缘效应理论和中度干扰理论等。

湿地恢复的方法：湿地恢复的目标、策略不同，拟采用的关键技术也不同。根据目前国内外对各类湿地恢复项目研究的进展来看，可概括出以下几项技术：废水处理技术，包括物理处理技术、化学处理技术、氧化塘技术；点源、非点源控制技术；土地处理（包括湿地处理）技术；光化学处理技术；沉积物抽取技术；先锋物种引入技术；土壤种子库引入技术；生物技术，包括生物操纵（biomanipulation）、生物控制和生物收获等技术；种群动态调控与行为控制技术；物种保护技术等。这些技术有的已经建立了一套比较完整的理论体系，有的正在发展。在许多湿地恢复的实践中，其中一些技术常常是互相整合应用的，并可取得显著效果。从各种湿地恢复的方法中可归纳如下的方法：尽可能采用工程与生物措施相结合的方法恢复；恢复湿地与河流的连接为湿地供水；恢复洪水的干扰；利用水文过程加快恢复（利用水周期、深度、年或季节变化、持留时间等改善水质）；停止从湿地抽水；控制污染物的流入；修饰湿地的地形或景观；改良湿地土壤（调整有机质含量及营养含量等）；根据不同湿地选择最佳位置重建湿地的生物群落；减少人类干扰提高湿地的自我维持能力；建立缓冲带以保护自然的和恢复的湿地；发展湿地恢复的工程和生物方法；建立不同区域和类型湿地的数据库；开展各种湿地结构、功能和动态的研究；建立湿地稳定性和持续性的评价体系。

湿地生态恢复的具体措施，不同的湿地类型，其生态恢复的措施也有所不同。

①海岸带湿地生态修复　主要是海岸带盐沼湿地和红树林湿地的生态修复与重建。对盐沼湿地而言，由于农业开发和城镇扩建使湿地大量受损和丧失，要发挥湿地在流域系统中原有的调蓄洪水、滞纳沉积物和净化水质等功能，必须重新调整和配置湿地的形态、规模和位置，因为并非所有的湿地都有同样的价值。对于红树林湿地而言，红树林沼泽发育在南方河口湾和滨海区边缘，在高潮和风暴期是滨海的保护者，在稳定滨海线以及防止海水入侵方面起着重要作用。它为发展渔业提供了丰富的营养物源，也是许多物种的栖息地。

②河滨湿地生态修复　就河滨湿地来讲，面对不断的陆地化过程及其污染，修复的目标应主要集中在对洪水危害的减少以及对水质的净化上，通过疏浚河道，河漫滩湿地再自然化，增加水流的持续性，防止侵蚀或沉积物进入等来控制陆地化，通过切断污染源以及加强非点源污染净化使河流湿地水质得以修复。

③湖泊湿地生态修复　湖泊是相对的静水水体，尽管其面积不难修复到先前水平，但其水质修复要困难得多，其自净作用要比河流弱得多，仅仅切断污染源是远远不够的，因为水体尤其是底泥中的毒物很难自行消除，不但要进行点源、非点源污染控制，还需要进行污水深度处理及生态调控。

④森林湿地生态修复　森林湿地的生态修复和重建与草泽湿地不同是因为森林的重建要几十年而不是几年。大多数森林湿地的生态修复是在水文和土壤保持原样的地区进行的，主要是营建合适的植被。

10.4.3　案例分析——天津滨海新区湿地退化现状及其恢复模式研究

10.4.3.1　天津滨海新区湿地概况

由于滨海新区特殊的地理位置和地貌特征，区域内形成大量的湿地，根据遥感数据和实地调查数据，2008 年滨海新区共拥有湿地 206 600 hm^2，占滨海新区总面积的 59.8%(总面积为 3 455.5 km^2)。在参考国际《湿地公约》和国内学者相关研究的基础上，根据湿地的定义和自然属性，依据地貌、水文、土壤、气候等指标，将滨海新区湿地分为河流、湖泊、沼泽、近海和海岸 5 种类型(孟伟庆等，2010)。

10.4.3.2　滨海新区湿地退化现状及其原因

(1)自然湿地大量丧失

1979 年，滨海新区的人工湿地面积为 44 919.27 hm^2，占湿地总面积的 21.71%，到 2008 年，人工湿地面积增加到 76 089.60 hm^2，在湿地总面积变化不大的情况下，人工湿地增加近一倍，在自然湿地类型中，湖泊湿地减少最多，河流湿地和近海及海岸湿地略有减少。近海及海岸湿地减少的主要原因是由于天津港的扩建以及滨海新区进行大规模的围海造地。除了面积的减少，在湿地生态水量上，也大幅度减少，根据 2006 年统计调查数据，2006 年滨海新区水库设计库容 $6.911\times10^8\ m^3$，实际蓄水量仅为 $1.065\ \times10^8\ m^3$，将入境水量、境内入河水量、排海水量及湖库占有水量做出平衡，可推测出滨海新区现有湿地占有水量为 $3.1\times10^8\ m^3$，其中水库蓄存水量为 $1.065\times10^8\ m^3$，河道、养殖水量及自然湿地蓄存量为 $2.041\,1\times10^8\ m^3$。根据水量平衡原理：$W_{渗漏}+W_{蒸发}=I-O-W_{引调水}+W_{降水}$($I$、$O$ 分别为同一时段上游水文站输入径流量和下游水文站输出径流量)，按蒸发渗漏量 1 m 计，湿地生态年缺水约 $2.08\ \times10^8\ m^3$。由于生态用水缺乏，导致河道长期处于污染状态，湿地干枯和缺乏置换水量，水生态系统受损，生态功能降低。

(2)湿地被蚕食

人类对湿地资源不合理的开发利用是天然湿地环境变迁的主要因素。滨海新区湿地景观变化的显著特征是湿地的人工化、破碎化，湿地类型空间变化过程表现为天然湿地向人工湿地转换，人工湿地向城镇和工业用地转换。

(3)湿地水质污染严重

水质污染对天津湿地的水环境质量构成严重威胁。工业废水排放绝对量增加，水功能区污染严重，造成滨海新区许多湿地变成了不能发挥湿地功能的“退化湿地”。随着天津市工业企业向滨海新区的转移，滨海新区工业废水排放量呈上升趋势。淡水资源短缺，地下水超采严重，超采率达 39.4 %；上游来水量少，水资源严重不足，导致马场减河全年干涸断流，马棚口、北排水河、青静黄排水河入海断面无水，水环境容量降低。滨海新区区域内 11 条主要河流以劣Ⅴ类水质为主。2005 年马厂减河干涸，除蓟运河为Ⅴ类水质外，其余 9 条河流均为劣Ⅴ类水质；2006 年蓟运河水质由Ⅴ类下降到劣Ⅴ类，其余河流仍维持在劣Ⅴ类，水质状况无任何改善。2001—2005 年，滨海新区景观水体的总体水质状况有一定改善。2004 年开始出现Ⅳ类水质断面，2005 年Ⅳ类水质断面比例由 2004 年的 28.5 % 增加到 50.0 %。

(4)湿地结构改变导致生态功能丧失

出于防汛的需要，天津市大部分河流采取了顺直河道、加大河宽、疏挖河床、修建护岸工程等措施，提高防洪的安全度。但在达到防洪的同时，也使得自然河流变成了人工水渠，导致河流区域内水生植物消失、深潭及浅滩消失或规模缩小、河宽增加导致水深减少、断面形状单一化导致流速单一化、河床材料大多采用混凝土或浆砌石护岸，滞流区减少、滩地的平整和自然裸地减少等。与此同时，河床坡降的改变使泥沙的输送量、输送形态都发生变化，从而影响到上下游的栖息地，生物生存条件被破坏。这种情况也发生在滨海新区内大多数的湖泊水库湿地。漫滩与河(湖)岸带是河流(湖泊)的主要结构，但由于人类开发、河流湖泊改造等，这两类有机结构已被严重破坏，取而代之的是笔直的河道(湖泊护岸)、零星的人工植被。河(湖) 岸带改变和漫滩消失而造成水质恶化和生物多样性减少等问题，已经证明了漫滩、河(湖)岸带恢复的重要性。河流截弯取直、衬砌河道等措施，虽然提高了防洪安全度，但结果使得河流多重有机结构(如湿地、深潭及浅滩等)规模缩小或消失，河流自身的防洪功能得不到发挥。总体上，滨海新区目前完整意义上的自然湿地已经很少，或多或少都有人类干扰的痕迹，受用途所限，这些湿地生态功能严重受损，水生生物多样性下降，种群减少，生物生产力降低。尤其近年来水质污染和水量减少，许多河流用闸封死，水体不再流动，成为了名副其实的臭水沟。可以说，拥有大面积湿地的滨海新区已经成为“功能丧失”的湿地缺乏区。

10.4.3.3　滨海新区湿地恢复模式——基于生境改造的林草地 + 湿地恢复模式

提出该种模式主要有以下考虑：①目前滨海新区的绿化采取的基本上是人工换土的方式，从异地取土 0.8 ~ 1.2 m 搬运到绿化区域后进行绿化植物的栽植。栽植成本很高，同时管理维护成本高，属于奢侈的不可持续绿化模式。②注重美观的人工绿化引入了很多外来植物，乡土植物保护力度不够，造成本地植物生物多样性下降。大量的本地野生草本植物被视作景观不美观而破坏掉。③湿地水质污染严重，导致水生植物和动物数量大量减少，短时间内改善湿地水质需要很大投入。

采用林草地 + 湿地恢复模式具有显著的生态和社会经济效益，表现在：①投入低，管理维护成本低，几乎不用人工维护，只要做到尽可能少的人类干扰即可，能够节省大量的经费。②保护乡土植物和生物多样性。这种恢复模式完全依靠本地乡土植物在人工引导下的自然演替，不采用外来植物，能够很好地保护乡土植物和生物多样性，在城市快速发展的同时，保留一定的城市“绿宝石”。③良好的景观效果。由于滨海新区植被以草本为主，因此景观视觉比较差。在该模式中，湿地水面、漫滩草本群落和木本植物群落同时出现在一个景观中，将会大大提升景观视觉效果。④为湿地动物提供良好生境。滨海新区是东亚至澳大利亚候鸟迁徙的驿站，但由于城市建设和人类干扰，很多鸟群已经不再光临这里了。对于湖泊型湿地，采用该模式在周围可以形成一圈森林圈层，宽度越宽，廊道效益越大，对于中间的湿地生境来说形成了一个保护圈，如果控制好人类进入，这里将会成为鸟类和其他湿地生物良好的生境。这些区域将会成为滨海新区生物多样性最高和最自然的区域。⑤湿地与林草地生态系统的相互促进协同演替。林草地生态系统的自然演替需要较长时间，开始需要人工辅助，之后，湿地在干旱时为林草地系统提供水源，林草地为湿地生境提供庇护，并逐渐净化改善湿地水质，2个系统的协同演替最终会实现良好的生态效益。

该模式的技术操作要点：①选择优先恢复区。选择合适的恢复区是该模式实施的基础，将湖泊型或者较自然的河漫滩区域作为优先恢复区，同时这些区域应较少地受到人类的干扰。②具有一定的地形条件。由于滨海新区地势平坦、地下水位高且土壤盐碱化严重，因此恢复区应该具有一定的高程，以满足木本植物的生长要求，可在前期适当采取一定工程措施，将湿地区域部分的土壤挖出，将四周垫高，使得中心区更低，可以形成水深更深的湖泊，同时四周满足木本植物的生长要求。③人工辅助措施。由于木本植物的生长相对较慢，要达到其自然演替需要很多年。开始时可以采取人工辅助进行乔木种植，使木本植被群落在较快的时间内达到演替顶级状态。④后期管理。后期管理最重要的是减少人类的干扰和对湿地区域的占用。

10.5 景观生态学与城市景观生态建设

10.5.1 城市景观建设的发展历史

景观生态规划与建设思想源于19世纪初，那时人们对资源的开发近似掠夺性，如砍伐、焚烧森林和填湖造地用于发展农业，建立了农业景观。到了20世纪，出现了石油农业(化肥、农药和机械化)和工业城市景观，人类生活在远离自然、能源化和污染的环境中。Howard(1902)在其《明天的田园城市》(*Garden Cities of Tomorrow*)一书中描述了明天的理想城市景观应该是由人工构建物(文化景观)和自然景观(包围城市的绿化带与农业景观、城市内部的绿地和开阔地)组成，这个城市具有自然美、富于社会机遇、接近田园公园、有明亮的住宅和花园、无污染等。1933年，国际现代建筑会议(CLAM)通过著名的《雅典宪章》，提出城市规划的目的是保障居住、工作、交通、游憩四大活动的正常进行。我国著名科学家钱学森也提出建设“山水城市”的构想，即建造一个宜于居住、利于人的一切活动、有益于健康成长的、生态平衡与环境优美的城市。可见人们已逐渐认识到人与自然应最大限度的协调统一。城市的自然化已成为城市的发展趋势，城市景观生态规划也愈显重要。

景观规划的开拓者F. L. Olmsted于1863年提出风景园林(landscape architecture)的概念，将生态思想与景观设计相结合。目前景观规划的内容进一步扩展，包括了景观设计、小区规划、土地发展规划、城市设计、区域景观规划、生态规划设计等内容。城市空间结构一般可分为建筑地段与开敞空间(open space)，它们分别由不同类型的大、小斑块与廊道所组成。在开敞空间中，河流和绿道(greenway)是两类最重要的生态廊道，由公共绿地、生产绿地、专用绿地、生态绿地等各类绿地所组成的绿色空间体系是城市景观生态研究关注的焦点。随着城市化的发展，城市空间结构也在不断地扩散和演变，它与城市土地利用和人口的空间扩展紧密相连。从环境容量和可持续发展角度进行的城市远景规划十分重视城市的布局形态，规定城市发展中的“不许建设用地”，即生态保留地、保护环境敏感区。自从 F. L. Olmsted 提出城市景观规划以来，将生态原则与景观设计相结合，使自然与城市生活相融合，“创造性地利用景观，使城市环境变得自然而适于居住”一直是 I. McHarg、C. A. Smyser、M. Hough 等设计师追求的目标。1990 年 7 月 31 日，钱学森在写给吴良镛院士的信中提出建设山水城市的设想，他认为要提高城市的综合效益，就必须重视城市环境质量、城市景观的多样性以及多层次选择的可能性。钱学森在城市规划与建设上的这些思想与景观生态学原理不谋而合。如果将人居环境广义地理解为与人类生存活动密切相关的地表空间，那么它将是景观生态学应用的又一广阔领域。

1999 年世界建筑师大会上，中国科学院院士、中国工程院院士吴良镛教授等在《北京宪章》中描绘道：我们的时代是“大发展”与“大破坏”的时代，我们不但摒弃了祖先们用生命换来的、彰显和谐人地关系的遗产——大地上那充满诗意的文化景观，也没有吸取西方国家城市发展的教训——用科学的理论和方法来梳理人与土地的关系；大地自然系统，这个有生命的“女神”在城市化过程中遭到彻底或不彻底的摧残。当前，“建设生态城市”越来越成为热门的话题，我国城市规划和建设行业也面临着严峻的挑战：如何化解快速城市化导致的人地关系危机以及由此引发的社会问题，实现构建社会主义和谐社会的目标。

城市景观规划就是根据景观生态学原理和方法，合理地规划景观空间结构，使斑块、廊道、基质等景观要素的数量以及空间分布合理，使信息流、物质流和能量流畅通，使景观不仅符合生态学原理，而且具有一定的美学价值，还能适合人类居住。城市景观规划总目标是改善城市景观结构、完善城市景观功能、提高城市环境质量、促进城市景观的持续发展。具体可以概括为如下目标：

①生态稳定性　维持城市景观的生态平衡，景观的结构功能保持一致性和连贯性，有一定的恢复能力，对自然灾害有一定的趋避性。

②通达性　有效地确保城市生活、游憩的方便，各斑块间有廊道沟通，交通条件易于到达。

③舒适性　城市景观规划就是要从自然生态和社会心理 2 个方面去创造一种能融技术与自然于一体的理想环境，创造一个环境清洁、空间开放、舒适宜人的居住环境。

④美观性　通过景观规划使景观结构适量有序而富于变化，符合大众的审美要求并富含文化特征，为人们带来身心愉悦的享受。

10.5.2　城市绿地景观建设与城市廊道景观建设

10.5.2.1　城市绿地景观建设

城市绿地是城市景观的重要组成部分，对城市绿地景观格局进行分析评价，进而做出景观生态规划，可以为营造合理的城市绿地空间分布格局，创造优美的城市生活提供科学依据。

近年来，上海市运用遥感和地理信息系统技术，将景观生态学的理论和方法运用到城市绿化建设中，取得了积极的效益（高峻，2000）。在对 1994 年上海市中心 260.72 km^2 面积的城区绿化斑块的统计分析过程中，将绿化斑块按面积大小分成4种类型，500 m^2以下为小型斑块，500~3 000 m^2为中型斑块，3 000~10 000 m^2为大中型斑块，10 000 m^2以上为大型斑块。研究表明(表10-3)，上海城市绿化景观是以大量的小型斑块为主，主要分布在城市的居住区及其道路两侧，反映出上海城市用地紧张的特点。中型斑块和小型斑块合起来占上海城市绿化面积的55.7%，占绿化斑块数量的99.3%；大型斑块其数量只占斑块总数的0.2%，但面积却占近1/3，它们主要分布在市属、区属公园及学校和宾馆等，属公共绿地和单位附属绿地。相反，属于街区花园和一般单位附属绿地的大中型斑块，无论是数量还是面积都有所不足。针对以上问题，市绿化管理部门从1997年起要求每个街道都要建设一块面积在500 m^2以上的绿地，共建成140多块。从1998年起实施每个街道建一块面积在3 000 m^2以上绿地的计划，至1999年年底建成59块，基本达到了市民走出家门500 m内就有一块3 000 m^2以上的绿地的目标。上海城市绿化斑块主要分布在中心城区的西南部和东北部，而中心地带严重不足，局部地区还存在绿化景观的盲区，这也成为上海市中心热岛效应居高不下的原因之一。为此，上海近年来在城市外围地区建设环城绿带的同时，强调在城市中心超高地价的地区拆除房屋腾出空地发展绿化，比如建设延安中路绿地面积达23 hm^2。

表10-3 1994年上海城市绿化景观斑块统计

斑块类型	面积(hm^2)	面积占地(%)	斑块数量	数量占地(%)
小型斑块	1 098.00	29.8	178 453	94.5
中型斑块	953.78	25.9	9 092	4.8
大中型斑块	478.65	13.0	955	0.5
大型斑块	1 150.58	31.3	277	0.2

注：引自高峻，2000。

10.5.2.2 城市绿地系统规划

城市绿地系统规划是城市景观生态规划的典型代表。城市绿地系统规划的空间尺度主要包括市域绿地系统规划、建城区绿地系统规划和核心区绿地系统规划3个层面。城市绿地系统规划的空间尺度与城市—区域空间尺度组成完整的一体化的城市生态保障体系。

(1)市域绿地系统规划

市域绿地系统规划是以城市行政区为规划范围。城市从来就不是孤立存在的，城市规划不能就城区论城区，城市绿地系统规划也不能就绿地论绿地，只有在城乡一体的基础上，城市绿地系统才能形成完整的构架。改善城市生态环境——这一城市绿地的基本功能的发挥仅仅依靠市区范围内的绿地是非常有限的，市区外围的自然山水等大环境具有不可忽视的巨大作用。在《城市绿地分类标准》中提出位于城市建设用地之外的“其他绿地”的概念。市区外围绿地对于改善城市环境、形成合理的城市结构形态、满足城市居民现代生活的需求、促进城市的可持续发展等多种功能已为人们所认识。因此，在城市绿地系统规划中提出对市区外围绿地的规划控制，以保证和引导城市各类绿地的良性持续发展是必要的。从构建科学、合理、完整的城市绿地系统的角度看，建立广义的城市绿地的概念是十分必要的。在城市建设用地之外、城市规划区范围之内这个空间层次中，涉及的用地类型、归属部门、各种规划很多，因此绿地分类研究需要面临和协调的问题也很多，比建设用地范围内的绿地分类更复杂，诸如林地、耕地、自然保护区、森林公园、风景名胜区、湿地等，既有各自的归属部门，又有不同的规划体系。城市绿地系统规划作为城市总体规划的专项规划，以城市总体规划为依据来讨论城市规划区范围内的绿地分类问题是有法可依的。《城市绿地分类标准》提出了位于城市建设用地之外的"其他绿地"，但没有细分。如果从规划范围上与城市总体规划相对应，城市总体规划用地范围的非城市建设用地，其中，水域、耕地、园地、林地、牧草地等种类均可以纳入广义的城市绿地。

规划内容和深度与规划的定位是直接关联的，也是由规划的主要任务决定的。《城市绿地系统规划编制纲要》(以下简称《纲要》)编制说明中指出："城市绿地系统规划的主要任务，是在深入调查研究的基础上，根据城市总体规划中的城市性质、发展目标、用地布局等规定，科学制定各类城市绿地的发展指标，合理安排城市各类园林绿地建设和市域大环境绿化的空间布局，达到保护和改善城市生态环境、优化城市人居环境、促进城市可持续发展的目的"。因此，对于市域大环境绿化来说，城市绿地系统规划的任务是解决空间布局问题。进而可以认为：城市绿地系统规划在面对城市大环境绿化时，其编制工作的重点内容是探讨和确定绿地布局结构，而且就目前基础研究的程度、工作条件的具备和已经编制完成的成果来说，这些内容和工作深度是编制单位能够胜任的。但由此带来的问题是：这样的规划内容和工作深度形成的规划成果是不是真正完整意义上的"市域绿地系统规划"？具体地说，有以下几点：①城市绿地系统规划的编制必须应对城市大环境绿化建设的需要，提高规划水平。②目前尚不具备在城市绿地系统规划中编制完成真正意义上《市域绿地系统规划》的某些基本条件。③城市绿地系统规划作为城市总体规划的专业规划，应与总体规划建立较强的对应关系，在规划范围、规划内容、规划深度等技术层面上更多地利用和借鉴"城市规划编制办法"，达到专业上的深化。④将《纲要》提出的《市域绿地系统规划》作为专项研究课题，从区域规划的层面上，从城市生态环境保护与改善、土地利用、多方协调等多角度，探讨规划定位、规划名称、规划范围、规划内容等基本问题，使之具有实质性意义。

(2)建城区绿地系统规划

传统意义上的城市绿地规划就是建成区绿地系统规划。依据国家城市绿地分类标准，将建成区绿地系统划分为公园绿地(综合公园、社区公园、专类公园、带状公园、街旁绿地)、生产绿地(为城市绿化提供苗木的苗圃、花圃、草圃等)、防护绿地(城市中具有卫生、隔离和安全防护功能的绿地，包括卫生隔离带、道路防护绿地、城市高压走廊绿带、防风林、城市组团隔离带等)、附属绿地(居住绿地、公共设施绿地、工业绿地、仓储绿地、对外交通绿地、道路绿地、市政设施绿地、特殊绿地)和其他绿地。从绿地分类来看，存在重建城区绿地而忽视市域或更大范围区域生态体系的弊端，将建城区作为孤立的城市绿地系统进行规划。

建城区绿地系统专项规划的主要内容是：根据城市总体规划，确定城市绿地系统规划的指导思想和原则；确定城市绿地系统规划的目标和主要指标；确定城市绿地系统的用地布局；确定各类绿地的位置、范围、性质及主要功能；划定需要保护、保留和建设的城郊绿地；确定分期建设步骤和近期实施项目，提出实施建议。由此可见，传统的绿地系统规划得益于将总体规划确定的绿地规划目标、空间布局、近期建设计划予以进一步的落实。绿地植物配置中存在重美观要求而轻生态要求现象。城市绿地是城市形象设计和景观规划的重要载体。城市绿地系统规划存在的弊病是未充分从整体上考虑塑造城市形象的要求。

(3)核心区绿地系统规划

城市中心区是与一般城市建城区具有较大差异的城市区域，具有以下特点：①人口密度大。不仅居住人口多，而且流动人口密集。②土地昂贵，土地多开发为商业、金融等用地。③用地斑块小而破碎，整体性不突出。④城市景观竖向发展较充分，获取更多的土地利用价值。⑤中心城区多具有较悠久的历史，承载城市发展的文化脉络。

对比中心城区的特点可以看出，由于中心城区与一般建城区在功能上的差异，决定了中心城区绿地系统不同于普通建城区的绿地系统。从城市绿地系统的空间分布来看，由城市中心向外围绿地呈现逐渐增加的特点，但从城市对绿地的需求来看，这种趋势则相反，城市中心需要更多的绿地，以平衡中心城区高度人工化的景观空间。因此，中心城区绿地系统具有以下特点：①中心城区绿地需要满足人群集聚和多样化的功能。中心城区不仅满足城市居民和流动人口的需要，而且要满足外来旅游者对绿地空间的需求，多样化的需求群体决定了中心绿地功能的多样化特征。②土地权属决定的小而分散的土地单元决定中心城区绿地大多具有面积小而分散的特征。土地使用权的分散决定了统一土地利用方式的困难性，也决定了大型绿地斑块建设的困难性。但在中心城区应尽可能通过土地置换扩大集中绿地斑块的面积，应增强绿地的服务功能和生态效能。③中心城区不仅要求绿地系统具有美观性，同时要求绿地系统应具有更高的生态效能。中心城区高效能的绿地系统不仅要求植物物种和种群的生态高效性，同时要求绿地系统应具有比较复杂和多维的生态结构，在生态配置上具有良好的物种和合理的结构以及构成健康的生态系统。④绿地系统呈现多维空间的发展。狭小的土地、高层的空间决定了中心城区立体多维的绿地建设相对于平面的绿地建设更经济，也决定了立体多维绿化更容易进行推广和实施。

10.5.2.3 城市廊道景观建设

(1)城市廊道建设意义

廊道是城市建设的重要内容，在城市范围内部寻求合理的道路配置和结构，减少过境公路对城市的干扰，有助于建设一个良好的城市景观格局。对道路廊道的规划设计既要保持城市中各种景观之间的物质流动和传输的畅通，又要最大限度地降低对自然环境的破坏。道路廊道的形态特点(宽度、曲线度、坡度等)应综合考虑道路的功能、经济条件、地形地貌和生态特征，网络连接度和环通度则要根据具体的城市定位性质和发展特点加以规划。水体廊道和植被廊道是城市廊道的重要组成部分，对二者的规划不仅有助于改善城市的生态环境质量，完善城市生态功能，增加城市景观多样性，同时也可以有效地消除道路廊道所带来的种种环境影响，将城市内部的自然、半自然或人工植被斑块连接起来，有利于各斑块中物种进行迁移。此外，由于水体廊道和植被廊道形状曲折、穿越多种景观斑块，富有美学观赏价值，成为近年来城市住宅建设开发中所要争取和保护的景观。

(2)城市景观廊道建设

不同的城市结构形态可以产生不同的环境效应，在同心圆、带状、方格状、环射状与星状等城市形态中，以星状城市景观对消除大气污染的效果最好(王嘉漉，1992)。由于城市中心梯度场和廊道效应梯度场的存在，在单纯经济利益的驱动下，城市空间扩展通常存在着“摊大饼”的现象，这将严重破坏城市合理的景观结构与生态平衡。城市廊道效应是指建成区扩展沿交通干线呈触角式增长，其强度随廊道等级高低而变化。城市景观由初级同心圆结构经过带状、十字状、星状、多边形等演化阶段达到高级同心圆结构，形成了成熟期大城市所特有的同心圆状扇形扩展的环射型蛛网结构。自然廊道的存在有利于吸收、排放、降低和缓解城市污染，减少中心区人口密度和交通流量。因此，将自然廊道体系纳入城市发展规划，形成自然廊道与人工廊道相间分布的星状分散集团式景观格局，可以有效地阻止建成区摊大饼式发展所造成的生态恶化(刘立立，1996)。这种景观格局意味着在充分发挥人工廊道经济效益的同时，根据廊道最大综合效益理论，使部分水面、农田向大型公园、游乐场、度假村以及现代化蔬菜生产保护地等高效益用地等级转化，迫使位于廊道附近的分散集团向远处扩散。

10.5.3 案例分析——北京等城市绿地规划与绿地廊道规划研究

10.5.3.1 城市绿地廊道建设案例——北京市城市廊道建设

北京市总体规划在城市中心地区与边缘集团之间，以及各边缘集团之间设立了绿化隔离地区240km^2，据1996年底调查，在城乡结合部各类建设用地已达120 km^2，耕地不足80 km^2，绿色空间越来越少。根据规划部门的建议，市政府陆续批准了16个乡(村)作为绿化隔离地区的绿化试点单位，采取一整套的政策和办法，调整土地使用功能和布局，规划绿地率达66.4%，比现状增加近4倍；建筑用地减少44%，容积率提高了1.09，平均达到1.46，从而节约了大量土地(北京城市规划设计院，1999)。

根据对北京市城市景观1949—1995年间8个方位廊道的扩展量、扩展速度及变化趋势的研究(宗跃光，1999)，可以看到1949年北京中心市区的空间形态基本是封闭型向心结构，仅在东北和西北方向上略有扩展；1965年已具有明显的方向指向性，特别是西部扩展明显；1995年东部和西部的廊道扩展尤为明显。宗跃光(1999)在Braee Pond等提出的城市土地转移模型的基础上提出了城市廊道预测模型为：

$$DL_i = DIA_i + Nl_i \cdot n \tag{10-2}$$

式中 DL_i——预测年限的廊道长度；

DIA_i——基期(1995年)城市廊道长度；

Nl_i——年均廊道扩展系数；

n——预测年限；

i——8个方位的人工廊道($i=1, 2, 3, \cdots, 8$)。

由此预测了2000年、2010年和2030年3个时期北京中心市区廊道的空间扩展长度(表10-4)。未来的北京城市形态将向星状分散集团式景观方向发展，即建成区沿主要交通干道如海星触角式向外发展，在这些轴线上通过绿地的分割作用产生一系列间断管分散集团、飞地、子城或卫星城，在各个星状长轴之间插入市中心的楔状绿地。在分散集团规划的基础上，可沿京通、京津、京石、京昌、机场路等主要交通干线形成8~10条星状扩展廊道，利用公路、高速公路和未来地铁、轻轨铁路等集约化、立体化交通网和公共交通工具引导人流快速、便捷地集散，充分发挥人工廊道的经济效益。在2条人工廊道之间建立和维持以植被带与河流为主的自然廊道区，全力保留和恢复北京西北部地区的京密引水渠和永定河引水渠为主的自然廊道区，西南部地区与永定河之间的自然廊道区，东南部地区凉水河流域自然廊道区，东部地区通惠河流域自然廊道区，东北部地区与温榆河之间的自然廊道区，同时尽可能保持二环、三环的绿带，扩大四环绿带。将紫竹院、玉渊潭、莲花池、陶然亭、龙潭湖、农展馆、亚运村和圆明园等自然廊道预点作为限制短轴扩展的绿色屏障。

表10-4　北京中心市区不同方位廊道的空间扩散预测　　km

廊道方位	2000年	2010年	2030年
S	15.1	17.3	21.7
SW	17.3	19.9	25.1
W	24.0	24.0	24.0
NW	18.2	20.6	25.4
N	12.8	14.4	17.6
NE	13.8	15.4	18.6
E	21.8	25.4	32.6
SE	12.9	14.8	18.65

10.5.3.2　城市绿地建设案例——上海市与江苏省宿迁市绿地廊道系统景观生态建设

(1)上海市绿地廊道系统景观生态建设

上海市近年来大力加强城市绿色廊道的建设。外环线环城绿带全长98.42 km，宽500 m，绿地规划面积6 134 hm^2，由100 m宽的林带和400 m宽的绿带组成。100 m的林带以片林为主，400 m的绿带将建成各种主题公园，实施农业结构转换。环城绿带建成后将成为上海市区的绿色城墙。截至1999年年底，已完成从沪嘉高速公路到浦东迎宾大道长46 km、宽100 m的林带一期工程380 hm^2。此外，根据上海夏季盛行东南风、冬季盛行西北风的特点，以及绿色廊道建设的城乡一体化的原则，设计了近南北方向的绿色廊道9条，近东西方向的绿色廊道8条(严玲璋，1999)。每条绿色廊道由断续相连的绿化斑块相接，宽度在50 m左右，其绿化覆盖率不低于50%。绿色廊道间的距离为2~3 km。

(2)江苏省宿迁市城市绿地景观建设

宿迁市位于江苏省北部，南距淮安市100 km，西邻徐州市117 km，东接连云港市120 km。宿迁市下辖宿豫、沭阳、泗阳、泗洪4县和宿城区，共有111个乡镇(其中建制镇79个)，17个场圃，总面积8 555 km^2。宿迁市属暖温带季风性气候，四季分明，光照充足，雨水充沛，无霜期较长，年平均气温14.2℃，年平均降水量910 mm，气候条件较为优越。宿迁市地处鲁南丘陵与苏北平原过渡带，地形复杂，地势自西北向东南缓缓倾斜，北部为缓丘，缓丘前缘为洪积—冲积扇形地面，其余地区为平原。地貌类型分为丘陵、岗地与平原3类，地势西北高、东南低。宿迁市大地构造部分隶属于华北断块区的东南缘，流经宿迁市城区的主要地表水系有京杭大运河、古黄河、顺堤河、民便河，另有骆马湖位于宿迁市西北。

建市以来，宿迁市按照城市发展的要求，依据城市总体规划和绿地系统规划，推进城市道路建设，完善城市道路交通体系，构筑城市的基本骨架，对新建道路进行全面配套建设，对老城区主要道路实施了拓宽改造。道路工程建设坚持道路绿化按标准进行同步建设，城市道路已全部绿化，在设计上注重常绿与落叶、花灌木及色叶树种的合理搭配，做到了三季有花、四季有绿，美化了市容街景，形成了城市绿色风貌。城市绿地特点为：新城区道路绿地建设质量高，绿化效果好，绿地率高；树种选择及种植形式尚不能与所在道路的性质结合起来，比较零乱；树种单一，景观不够丰富，缺乏季相、色相变化；部分道路绿化风格、形式不统一；道路绿化形式接近，特色不明显。

宿迁市城市绿地建设采取的措施有：①协调好城市道路建设与绿化建设的关系，使道路的绿地率与《城市道路绿化规划与设计规范》要求尽可能相协调；②利用植物材料来软化硬质环境，引入新的绿化理念，扩大绿地范围，注重发挥植物群落最佳生态效益，道路绿化除突出绿化、美化作用外，还应加强其生态及防护作用，营造绿色生态网络；③注重整体效应，从大处着眼，在统一中求变化，主次分明，重点突出，各具特色而又相互和谐，同时注重远近结合，考虑可操作性和经济可行性；④传统与现代相结合，以人为本，创造环境氛围，以高起点、高标准、高品位的绿地形成城市森林风景线；⑤一般绿化与重点处理相结合，以乡土树种为主，同时兼顾引种适应性、观赏性强的树种，注意形成地带特色。

10.6 景观生态学与生态旅游建设

10.6.1 生态旅游的起源与发展

随着旅游业的发展和繁荣、全球旅游产业规模的不断扩大，旅游对社会、经济、文化和环境的影响日益增强，旅游业的可持续发展也日益显示出其重要性。如何协调好旅游业发展与生态环境的关系，实现旅游资源持续利用和旅游业可持续发展，已成为当今旅游界所关注的一个焦点问题。

在20世纪末人类面临生存环境危机的背景下，针对大众旅游活动对资源、文化和环境的负面影响，以可持续旅游的实现形式和保护自然生态环境为基础，强调维护人与地球和谐统一，生态旅游的概念一经提出，就迅速引起学术界的极大关注并理所当然成为当代旅游的热点。

10.6.1.1 生态旅游的起源

生态旅游的思想起源于20世纪60年代，其雏形是“生态性旅游”(ecological tourism)，是1965年赫特泽(Hetzer)在反思当时文化、教育和旅游的基础上提出的旅游发展思路。而正式把生态旅游(ecotourism)作为一个独立的术语是由世界自然保护联盟(IUCN)生态旅游特别顾问谢贝洛斯·拉斯喀瑞(Ceballos Lascuráin)于1983年提出的。他认为：“生态旅游就是前往相对没有被干扰或污染的自然区域，专门为了学习、赞美、欣赏这些地方的景色和野生动植物与存在的文化表现(现在和过去)的旅游。”他强调生态旅游的区域是自然区域。但是，直到1992年“联合国世界环境和发展大会”，在世界范围内提出并推广可持续发展的概念和原则之后，将生态旅游定义为："为了解当地环境的文化与自然历史知识有目的地到自然区域所做的旅游，这种旅游活动的开展在尽量不改变生态系统完整的同时，创造经济发展机会，让自然资源的保护在财政上使当地居民受益"，生态旅游才作为旅游业实现可持续发展的主要形式在世界范围内被广泛地研究和实践。

生态旅游的产生有其深刻的社会、经济及文化背景，是一个时代"生态觉醒"的产物。它与高度的城市化导致的城市生态环境的严重破坏，有识之士积极倡导保护环境的绿色浪潮，人类环境意识的觉醒和传统大众旅游业的生态化密切相关。

(1)生态环境恶化

随着科学技术的进步和生产的发展，城市化发展水平日益加快。据统计，1983年全球城市人口占总人口比例的44%，其中发达国家城市人口占总人口的70%，发展中国家约占29%。然而，随着世界人口城市化进程加快，2007年世界上已有33亿人生活在城市中，超过了全球人口总数的50%。据估计，2030年城市人口很可能增至49亿，在全球80亿人口中有近60%会成为城市居民，到2050年世界城市人口将增至64亿，占总人口的74%(联合国经济社会事务部人口司，2008)。

由于城市人口的不断集中，工业、农业、交通业的现代化，给城市环境带来了巨大的压力。城市生态环境污染加剧，已使城市人的生活环境质量急剧恶化。表现在5个方面。

①空气不洁　随着城市化进程的不断加快，一方面是消耗氧气的人口数量增加，另一方面是人类生产生活中，如工厂的化学氧化反应，生活、生产和交通快速氧化反应的燃烧和污染物进入空气中进一步的氧化反应等耗氧成分增多，使城市大气中氧气远远低于自然环境的含量，取而代之的是由于大气的污染所造成的不洁空气。据世界银行估计，中国有6×10^8人生活在SO_2超标的环境中，10×10^8人生活在总悬浮颗粒物超标环境中。全世界每年死于癌症的人约300×10^4人，而研究证明，80%的癌症病人是环境因素引起的，其中90%是化学因素，5%是物理因素(如电离辐射)。

②水质不净　城市和城郊是生活用水、工业用水最集中最多的地方，也是地表水和地下水污染最严重的区域。据研究，发达国家城市居民每人每天平均用水300~500 L(包括工业用水)，发展中国家100~300 L。中国是一个淡水资源并不丰富的国家，淡水资源的人均拥有量仅是美国的1/4、俄罗斯的1/7。据世界卫生组织2008年6月发表的一份报告说，目前全世界每天有超过4 000人死于由不洁水源传播的各种疾病。寻求新的洁净水源不易，而污染了的水又于人类健康不利，人工净化污染水体需巨额资金。因此，为城市居民提供足够的洁净水成了不少城市的一大难题。

③食品不"绿"　当前，城市居民的食物存在2个问题：一是由于环境的污染和生物对污染物的富集，食物含有一定量对人体有害的污染物；二是为了增加生物产量而广泛使用化肥、杀虫剂、激素等化学制品，这些物质残留富集在食物中，使城市人间接地摄入人们不需要的激素。这2个问题有1个共同之处，就是现代城市人的食物与大自然提供的天然食品存在很大的差距，对人体的健康存在潜在的威胁。在此情况下，人们渴望自然食品，即"绿色食品"，故现在全球风靡"绿色食品"。

④噪声污染　噪声是一种致人死命的慢性毒素，像毒雾一样弥漫在人们周围，尤其在城市与工业区里，噪声已被认为是一大公害。美国噪声污染每隔10年约增加1倍。日本

历年来的全国公害诉讼案中，噪声一直居首位。我国城市噪声也呈增长趋势，北京起诉的噪声污染占各类污染总数的41%，上海则占50%。

⑤垃圾围城　城市垃圾污染主要是城市固体废弃物造成的污染，这些废弃物对环境的影响是长久而深远的。据统计，橘子皮在自然界中停留的时间为2年，烟头和羊毛织物1~5年，尼龙织物30~40年，皮革50年，易拉罐80~100年，塑料100~200年，玻璃则长达1 000年。而随着物质和精神生活水平的提高，城市的人均日产垃圾量也在不断增加，这巨量的垃圾运到郊外堆积，就出现了垃圾围城的困境。因此，为了解除城市恶劣环境的困扰及各种不利环境因子对身心健康的危害，人们渴望"回归自然，返璞归真"，到郊外良好的生态环境中去保健疗养、度假休憩、娱乐休闲，享受大自然的恩赐。

(2)环境意识觉醒

自1930年，比利时马斯河谷烟雾环境公害事件，至今的生态危机成为全球性的严峻现实。生活在问题环境中的人类，随时都在忍受着缓慢的、肉眼看不见的毒害作用，人类的持续生存正接受着极大的挑战，一些有识之士逐渐认识到这一点，开始关注环境问题，并对解决这一问题开展理论上的探索和行动上的绿色运动。

生态旅游植根于20世纪六七十年代第一次世界环境运动的大背景中，并在七八十年代初具雏形。1962年，美国学者R·卡逊(Rachel Carson)出版了《寂静的春天》一书，该书被认为"改变了世界历史进程"，它的出版"对环境运动起到了非常大的推动作用，从而使生态学成为人人皆知的词汇"，书中描写了一个没有鸟鸣的寂静春天，分析了环境污染对生态系统的影响，它唤起了人们保护环境的意识。1972年3月，罗马俱乐部发表了由D·米都斯主持的研究报告《增长的极限》，该报告通过研究世界人口增长、工业增长、环境污染、粮食生产和资源消耗之间的动态关系，认为人类不应该以现在的方式继续发展下去，必须停止经济和技术的增长，才能使全球系统走向一个零度增长的均衡社会，人类才能持续生存下去。同年6月，联合国在瑞典首都斯德哥尔摩召开了由114个国家参加的第一次"人类与环境会议"，把人们对生态环境问题的认识大大地向前推进了一步，大会提出了人类面临的多方面的环境污染和广泛的生态破坏，并揭示了它们之间的关系，在此基础上提出了防治环境污染的技术方向和社会改革措施。会议通过了著名的《人类环境宣言》，提出了"只有一个地球"的口号，要求人类采取大规模的行动保护环境，保护地球，使地球不仅成为现在人类生活的场所，而且也适应将来子孙后代的居住。1986年，布伦兰特(Brundtland)的报告《我们共同的未来》，再次唤起了人们对环境和发展之间关系的关注，并强调了可持续发展的观念。1992年，联合国环境与发展大会(UNCED)签署的《里约宣言》中，各国政府对保护环境做出了承诺，尔后，包括中国在内的许多国家都制定了本国的《21世纪议程》。1995年，世界观光理事会、世界旅游组织和地球委员会联合制定的《关于世界旅游业的21世纪议程》则代表世界旅游业对保护人类赖以生存的环境做出了庄严的承诺。所有这一切都唤起了人们对于环境问题的重视，在这样的世界环境运动背景下，人们开始重新审视旅游业，保护与开发的观念开始萌芽。

随着人类对环境问题的思考，20世纪六七十年代，保护自然已发展成为一种行动，即绿色运动。这种运动已经发展出许多组织，如法国的生态党、英国的地球之友、意大利的环境联盟和生态党、比利时的生态价值党和生态绿党、新西兰的价值党、加拿大的生态党、日本的绿党、欧洲的绿色组织和生态联盟、绿色和平组织。这些绿色组织形成了一股强大的政治力量，由这些绿色组织领导的绿色运动，尽管各自有不同的组成部分和各自的特殊目的，但有一点是一致的，即生态思想，用生态思想将各种不同的思想联系在一起，汇成波涛汹涌的“绿色思潮”。绿色思潮使公众逐渐地认识到地球环境问题不仅是一个科研问题，还是一个与每个人的生存相关的大问题，从而对自己所吃、所喝、所穿、所呼吸的空气的质量产生怀疑。为了生存，人们将消费转向无污染的自然，形成一股绿色消费潮，吃的崇尚“绿色食品”，一些过去认为是粗粮、杂粮、山毛野菜的食物变为时尚，受污染环境生长的、技术成分较多的人工速生食物则遭冷落；喝的喜欢深山中的无污染的“矿泉水”或经净化处理的“纯净水”；穿的追求质地自然的棉、毛、麻；而对于难以用交通工具运输来的清洁空气和大自然的宁静，人们则愿意利用闲暇时间到大自然中去享受，这就是以自然为旅游对象的绿色旅游，即生态旅游。

(3)传统旅游生态化

旅游业一度被认为是“无烟工业”“朝阳产业”而受到世界各国政府的高度重视，在世界各地一直保持着快速发展的势态，现在已进入空前繁荣的阶段。但是，由于传统旅游业的发展是遵循产业革命的管理思想和方法，对旅游对象采用的是“掠夺式”的开发利用，继农业和工业之后，旅游业成为第三次向自然界大举推进的人类产业。然而在传统旅游发展的过程，为获取短期利益，低估旅游资源的潜在价值，进行旅游资源和土地的低价和无偿转让，同时旅游开发商过度开发甚至掠夺性开发旅游资源，粗放管理旅游地和旅游景点，导致旅游业赖以生存的珍贵的旅游资源遭到破坏和消失。因此，旅游业必须从“资源掠夺型”发展模式向“可持续型”发展模式转变。生态旅游作为一种实现旅游可持续发展的理想模式，尤其是在“生态化”之后，发展丰富了旅游的内涵，更拓展了旅游的外延，不仅有利于解决当前的旅游环境破坏问题，而且有利于提高公众的生态意识，并产生了良好的社会、经济、生态效益，有效地解决了旅游开发获取最大经济利益与保护生态环境的矛盾，使旅游环境和资源得以持续利用。

10.6.1.2 生态旅游的发展

生态旅游最初是在欧洲和北美洲国家首先发展起来的，从20世纪70年代到现在，生态旅游的发展大致经历了以下3个阶段：

(1)萌芽阶段

20世纪六七十年代初，随着环境运动的发展，人们开始审视旅游对环境和社会的各种影响，开始探讨如何正确利用自然并实现旅游、保护和可持续发展之间的平衡。生态旅游应运而生，但还只是一个没有验证的概念，人们对于它的认识还仅仅局限于对自然环境的友好利用。

(2)发展阶段

20世纪80年代，在发达国家，旅游开始追求一种回归自然自我参与式旅游，渴望体验与大自然融为一体的高雅享受，户外活动已经成为各个假期的首选。有远见的旅游经营商们逐渐意识到生态旅游的潜在利润，纷纷推出生态旅游线路，前往偏远的自然旅游地旅游度假。与此同时，欠发达国家也开始意识到，生态旅游一方面可以赚取外汇，另一方面比伐木和农业等其他资源利用方式对资源本身的破坏性小，能够将保护与开发相结合。于是，生态旅游作为一种经营创新得到了发展。到了 20 世纪 80 年代末期，很多欠发达国家都将生态旅游确定为实现保护和发展目标的手段。

(3)趋于成熟阶段

20 世纪 90 年代以后，随着生态旅游在一些国家落地生根，当地社会也开始认识到这给他们的长期生存带来了机会，发现它能在不带来负面影响的前提下给他们带来了财富。随着越来越多的组织、政府部门、研究人员、企业、当地居民、非政府组织等介入生态旅游的实践与探索，它的概念不断清晰完善，各种原则和框架也不断建立，在对诸多成功或者失败的案例进行分析的基础上，人们对它的认识也越来越深入。为了在世界各地积极推广生态旅游，联合国把 2002 年确定为“国际生态旅游年”，生态旅游在国际旅游业中占据的地位和担负的历史使命由此可见一斑。为此世界各地召开了各种研讨、培训活动，在正确认识生态旅游，探寻其合理发展模式方面做出了更加深入的探索。

可见，生态旅游经过近 30 多年的发展，已经由萌芽阶段走向逐步成熟阶段，但仍留有不少有争议的内容，如生态旅游的概念、开发原则以及界定标准等，因此，还有很大的发展空间。

10.6.2　生态旅游区的景观格局分析

生态旅游区景观格局的基本面貌是点、线、面的分布状态，旅游景点或景区以空间斑块的形式镶嵌于具有不同地理背景的称为旅游区的基质上，旅游路线则是用以连接景点或景区之间，以及对外交通的廊道，廊道之间常常相互交叉形成网络。旅游区中斑块特征有类型、大小、形状与分布状况等，常影响景点景区布局与旅游活动项目的选择；廊道特征有连通性、弯曲度与宽度等，影响景点间的可达性，游路的合理组织安排及自然资源的有效保护等；基质的特征有大小、孔隙率、边界形状等，它是策划旅游区整体形象和划分各种功能区的基础，对基质的研究有助于认清旅游区的环境背景，有助于对景点斑块的选择和布局，也有利于确定保护旅游区的生态系统特色。区域旅游景观系统功能的实现来自景观元素之间的景观流。因此，可以将旅游活动进一步解释为通过特定地点(景点或景区)和特定路径(游路)的生态流，即通过游客所带来的信息流、客流、物流、货币流和价值流(肖笃宁等，2000)。各种生态流由于季节性而产生变化。

景观空间格局的指标体系可以运用到对旅游区的景观格局现状分析之中。常用的景观格局分析指数，如斑块类型面积、斑块数量、斑块密度、廊道长度等不仅有特定的生态意义，同时在旅游开发上也有明确的内涵(表 10-5)。例如，斑块类型面积(CA)与景观的开阔性、稳定性相关，如一望无际的水面、林海等。当某类景观类型具有旅游资源的资质时，面积越大，吸引力也越大，旅游开发的价值越高；丰富度反映了景观组分及空间异质性，丰富度(PR)越大，景观越具有多样性，其旅游开发的潜力也越大；连接度(R)反映了旅游区交通网络各节点之间的相互连接程度。游路的畅通、连接和长短可运用连接度来评价。连接度高，表示游路通达，有利于旅游；连接度低，景点之间通达性差，需要加强廊道的建设。景观引力(I_{ij})表示景点 i 和 j 之间的相互吸引力。在生态旅游区中，旅游景点可视为节点，它们间的吸引力与连接它们的廊道一起影响着旅游者的流动。2 个景点之间吸引力越大，游人游览完一景点以后，克服两景点间的阻力，出游另一景点的可能性越

表 10-5 景观格局指数与景观旅游特性的一般关系

景观格局指数	多样性	自然性	特有性	稳定性	功效性	通达性	安静性	和谐性	开阔性	观赏性
CA	−	−	−	+	+	−	−	−	−	−
PLAND	−	−	+	−	−	−	−	−	−	−
LPI	+	−	+	−	−	+	−	−	−	−
NP	+	−	−	+	−	−	−	−	−	−
MPFD	+	+	−	−	+	−	−	+	−	+
PD	+	−	−	+	−	+	+	−	−	+
FN	−	+	−	+	−	−	+	−	−	+
FS	−	+	−	+	−	+	+	−	−	+
TA	−	−	−	+	+	−	−	−	+	−
PR	+	−	+	+	−	−	−	+	−	+
SHEI	+	+	−	−	−	−	−	+	−	+
RD	+	+	−	−	−	−	−	−	−	−
TC	−	−	−	+	+	+	+	−	+	−
CD	−	−	−	−	−	+	+	−	+	−
RD	−	−	−	−	−	+	−	−	−	−
I_{ij}	−	−	−	−	−	+	−	−	−	−

注：引自钟林生，2000。“+”表示直接相关；“−”表示间接相关或不相关。CA：斑块类型面积；PLAND：斑块所占景观面积比例；LPI：最大斑块所占景观面积的比例；NP：斑块数量；MPFD：平均斑块分形维数；PD：斑块密度；FN：景观斑块数破碎化指数；FS：景观斑块形状破碎化指数；TA：景观面积；PR：丰富度；SHEI：香农均度指数；RD：相对丰富度；TC：廊道总长度；CD：廊道密度值(廊道总长度除以景观总面积)；RD：连接度；I_{ij}：景观引力。

大。因此，有必要采取有效措施提高2个景点的吸引力，减少廊道的阻力，从而提高整个景观的观赏价值，以增加游客在旅游区的逗留时间。

生态旅游区通过开发建设后，是否能达到预期目标，主要应考虑以下特性：①多样性，指景观要素在结构与功能方面的多样性，反映了景观的复杂程度所造成的美感。②自然性，即自然开发美化的程度与对自然破坏的劣变程度，主张保持其自然特色。③特有性，确定土地镶嵌体的生态优化系列是否具有美学、生态和人类旨趣的相对重要性。④稳定性，景观系统结构、功能的一致性、连贯性及恢复能力，对自然灾害的趋避性。⑤功效性，作为一个特定系统所能完成的能量、物质、信息和价值转换功能。⑥通达性，斑块间有廊道沟通、连接，交通条件易于到达。⑦安静性，保持景观的静谧和幽美。⑧和谐性，人工景观与自然景观之间及整个景观总体上的和谐统一性。⑨开阔性，单位空间的人工建筑密度和游客密度是否让人感到愉悦，开放空间处理恰当。⑩观赏性，景观美学质量的度量，含文化特征、景观视域、人类对景观的感知、绿被覆盖、视野穿透性。这些景观特性是景观功能的体现，作为反映景观结构的景观格局指数和体现景观功能的景观特性也存在着一定的关系，使人们可以通过景观格局的分析来了解和掌握旅游区的景观功能特征。

10.6.3　案例分析——长白山自然保护区旅游影响与生态旅游发展潜力分析

10.6.3.1　长白山自然保护区自然地理特征

长白山位于吉林省东南部，是欧亚大陆东部的最高山系，因主峰多白色浮石和积雪而得名，以其丰饶独特的自然资源和悠久厚重的人文积淀驰名天下，1980 年，被联合国确定为“人与生物圈”自然保留地；1986 年，被国务院批准为国家级自然保护区。长白山及其天池、林海也被誉为中国十大名山之一、中国最美的五大湖泊之一、中国最美的十大森林之一。长白山拥有“神山、圣水、奇林、仙果”的美誉。此外，作为中国东北的天然屏障，东北亚生态气候调节平衡的主区域、全球稀有的地质环境监测地、物种基因储存库，其宝贵资源具有极高的科研、保护和开发价值，发展前景和潜力非常巨大。

长白山属于典型的火山，最近的一次喷发发生在 1702 年。主要的地貌类型可分为火山锥、倾斜熔岩高原和熔岩台地，由于侵蚀地貌发育，形成了一系列的河谷和阶地，如锦江峡谷和鸭绿江峡谷等。土壤主要为暗棕色森林土、棕色针叶林土、沼泽土、草甸土和高山苔原土壤等。由于长白山垂直温差达 10℃左右，因而形成了 5 个不同的植被带，即蒙古栎（*Quercus mongolica*）林带、红松（*Pinus koraiensis*）林带、云冷杉（*Picea jeozoensis-Abies nephrolepis*）林带、岳桦（*Betula ermanii*）林带和高山苔原（*Atpine tundra*）带。

长白山拥有独特的地貌资源和丰富的生物资源，为保护区生态旅游的发展奠定了物质基础，长白山的旅游业兴起于 20 世纪 70 年代，自 1985 年被批准为二类开放地区后，2007 年又被国家旅游局评为国家 5A 级景区，目前已经成为东北地区重要的旅游胜地。

10.6.3.2　长白山自然保护区的旅游活动现状分析

长白山旅游分北、西、南三条路线，贯穿十四大景区多个景点。其中天池主景区在北、西、南三面观赏的景观各具特色，形成三大景区。北坡景区包括天池主景区、高山苔原带景区、温泉瀑布景区、岳桦幽谷景区、小天池景区、地下森林景区和圆池景区等；西坡景区包括西坡天池主景区、高山花园景区、梯云温泉景区、锦江峡谷景区和锦江瀑布景区等；南坡景区主要包括南坡天池主景区、长白石林景区、鸭绿江风光景区。根据国家标准《旅游资源分类、调查与评价》（GB/T 18972—2003）对长白山旅游区内主要单体旅游资源进行评价，长白山自然保护区主要旅游资源评价结果（表 10-6）。从评价结果可以看出，长白山自然保护区主要旅游资源的品位非常高，表 10-6 中所列主要旅游资源都属于“优良级旅游资源”（三级、四级和五级），而且“特品级旅游资源”（五级）所占比例较大。

表 10-6　长白山自然保护区主要旅游资源评价结果

景区名称	专家评分值	位置	旅游资源等级
高山花园	90	北、西坡	五星
火山锥和 16 峰	77	北、西、南坡	四星
聚龙温泉	80	北坡	四星
天池	93	北、西、南坡	五星

续表

景区名称	专家评分值	位置	旅游资源等级
原始森林垂直带谱	85	北坡最典型	四星
长白山瀑布	86	北坡	四星
圆池	78	北坡	四星
小天池(岳桦幽谷)	79	北坡	四星
地下森林	79	北坡	四星
锦江峡谷	92	西坡	五星
锦江瀑布	80	西坡	四星

注：引自彭晓东，2007。

长白山生态旅游特点主要有：①自然景观多，如长白山天池、瀑布、高山花园、地下森林等。②民俗风情浓郁，长白山是满族的发祥地，长白山之神、女真祭台、天女浴躬处等均有记载。朝鲜族在区内分布很广，为发展民俗风情旅游提供了条件。③人文古迹多，有奶头山遗址、宝马古城、长白山八卦庙等。长白山自然博物馆、长白山旅游咨询服务中心、东北虎林园、民俗风情园、生态植物园等，是人们观赏民俗、体会长白山文化的好地方。④长白山冰雪优势突出，雪质为亚洲一流，并有独特的自然景观。在这里有玩雪、滑雪、赏雪等项目，如坐马爬犁、乘雪橇摩托车、打冰嘎、滑冰、观瀑布、看日出、赏雪松、冬季洗露天温泉浴等。

独特的地理位置和丰富的自然资源，使长白山的旅游业独具优势，再加上吉林省政府近年来高度重视长白山旅游开发，对长白山北坡、西坡和南坡的资源进行了整合，实现对长白山资源的统一规划、统一保护、统一开发、统一管理，使长白山旅游人数和收入有着明显的提高(表10-7)。

表 10-7 长白山近年来旅游人数及收入情况

年度	旅游人数(万人)	同比增长(%)	景区收入(亿元)	同比增长(%)	旅游总收入(亿元)	同比增长(%)
2005年	56.4	16.2	0.35	19.2	1.18	22.0
2006年	69.7	24.0	1.30	268.0	4.20	257.0
2007年	89.6	28.6	1.95	50.0	6.80	62.0
2008年	90.4	1.0	1.99	2.0	12.60	85.0
2009年	107.5	20.0	2.50	20.0	16.20	28.7
2010年	90.3		2.10		20.30	25.3

注：引自李树学，2011。

10.6.3.3 旅游活动对环境的影响分析

近些年长白山旅游业的发展，特别是旅游资源开发模式的不当，导致了一些生态环境问题，主要表现在以下几个方面：

①垃圾污染　固体垃圾造成了自然环境以及视觉上的污染。根据1989年的调查，在各主要景点每平方米固体垃圾物密度平均为0.31(张彦成等，1989)。目前情况已有好转，

但仍然是管理者所必须面对的一个严峻的问题。

②土壤侵蚀　土壤侵蚀和堆积是可以通过人类活动而加剧的自然过程。由于长白山土质疏松，因而很易于被侵蚀。兴建公路、旅游路线及其他服务设施，以及游人的踏踩使得天池周围、通往小天池的路上以及苔原带的植被破坏和土壤侵蚀已达到了十分严重的程度。

③水质污染　水质污染源基本包括区内人粪尿和饭店与温泉浴池排出的污水。由于缺少处理垃圾和污水的设施，水质污染的状况还在持续。20 世纪 80 年代，二道白河上游还难以发现苔藓类植物，90 年代已随处可见，这种现象主要是由于垃圾对水质的污染造成的。

④噪声污染　噪声源主要是交通工具和游人。机动车辆不但可以产生噪声污染，而且也可以通过尾气造成空气污染。根据对树木重金属含量的研究(黄会一等，1994)，空气污染近年来正逐渐加剧，这与进入保护区车辆增多有着直接的关系。噪声又可以影响动物的行为，目前，北坡前几年很容易发现的鹿科动物和鸟类已难见到。

⑤植被和生物多样性受到影响　上文所述的各种环境影响不但能改变物种生境，而且由于植被遭到践踏，某些群落受到人为的干扰，影响了自然演替的正常进行，植被类型变化较大(图 10-9)。

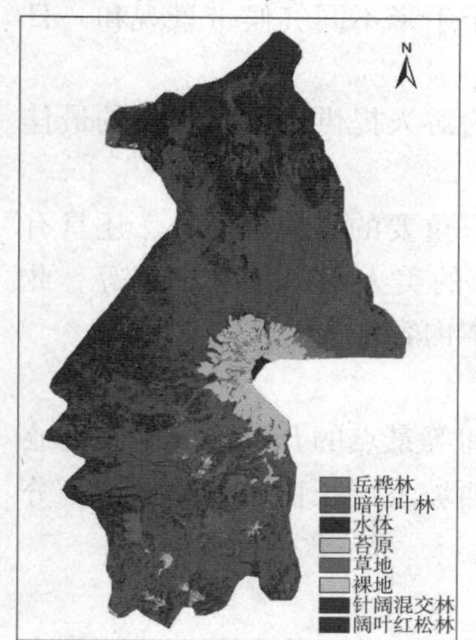

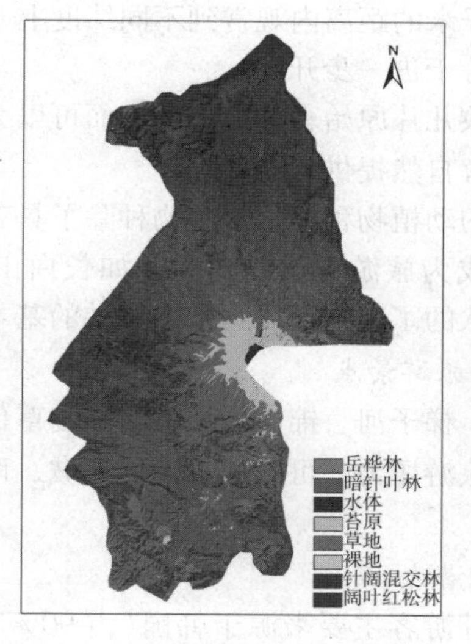

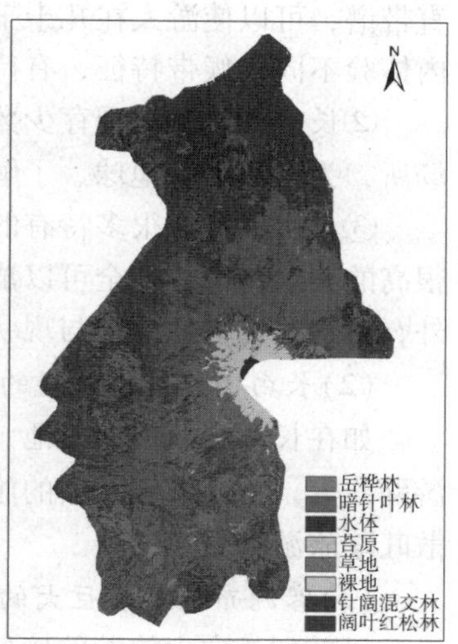

图 10-9　长白山不同时期遥感影像

以近 3 次的影像数据分级结果看(表 10-8)，各景观类型的面积有一定的变化，其中水域(天池等)面积的变化可能与季节变化有关。高山苔原面积有明显的增加又减少的趋势，而岳华林面积则在近 10 年来面积减少了近 10 倍，并主要被草地所取代，裸地的面积则有成倍的增长，其原因还有待于进一步分析，显然景观植被的保护势在必行。另外由于花果种子等被采摘，影响繁殖，种群数量不断减少；由于缺乏科学规划，修建旅游公路时未留动物通道，把完整的保护区人为地分成了 2 块，破坏了动物的生存环境；一些物种的生存也遭到威胁，如温泉瓶尔小草(*Ophioglossum thermale*)、对开蕨(*Phyllitis japonica*)、草苁蓉(*Boschniaikia rossica*)等。同时，人类活动又为那些适应于人居环境的物种提供了新的生境，从而使其种群增加。在苔原带，一些新的物种已经开始侵入，如蒲公英和一些禾本科植物等。

表10-8 近年来长白山保护区各类景观类型面积变化 km²

景观类型	1999年	2004年	2008年
高山苔原	19.690 2	42.775 2	26.968 5
岳桦林	106.616 7	11.752 2	22.357 8
云冷杉林	1 037.531	1 010.831	738.697 5
针阔混交林	626.067	533.643 3	626.264 1
落叶阔叶林	33.330 6	68.409 9	262.441 8
水体	6.082 2	3.771	3.538 8
草地	139.210 2	277.739 1	259.178 4
裸地	15.444	35.049 6	43.652 7

10.6.3.4 长白山生态旅游发展的潜力

(1)旅游资源的科学价值开发

①长白山作为一种典型的火山地貌景观，分布着东北地区独具特色、最完整的植被垂直带谱，可以使游人在几十千米的距离内观赏到不同纬度上千千米不同气候带景观和一日内体验不同气候带特征，有待于进一步开发。

②长白山是我国现存少数几片原始森林之一，从而可以为游人提供回归大自然的最佳场所，为人们了解地球、了解自然提供了条件。

③长白山具有很多特有的动植物种类，这些物种除了具有重要的科研价值外，还具有很高的美学特征，完全可以成为旅游观赏的对象，如长白山的美人松、瓶尔小草等。此外，对这些物种的由来与现状的了解也可以是生态旅游的基本内容之一。

(2)长白山许多待开发的旅游景点

如在长白山西坡、王池、梯子河、锦江大峡谷、高山草甸等景点的开辟形成了新的旅游路线等，从而减轻北坡的旅游压力。可以通过发展北坡、西坡发展长白山冬季旅游，分散旺季旅游人数。

(3)客源市场具有巨大的潜力

目前到长白山旅游的境外游客主要来源于韩国(占90%以上)，欧美和东南亚等国家尚有巨大的旅游市场可以挖掘，而且由于生态旅游的开展，旅游的形式和内容都将产生巨大的改变，从而进一步提高旅游的层次。

(4)规范管理，规范运作

强管理是长白山旅游资源发挥潜力的有效途径。根据保护区旅游总体规划，长白山自然保护区旅游容量为6 000人/d(北坡)，目前虽然除个别情况外尚远远没有达到饱和，但已出现了自然旅游资源遭受损害的倾向，随着旅游业的发展，旅游人数的增长，这种危害就会愈演愈烈，因而加强资源开发、保护是保证旅游可持续发展的重要方面，同时严格执行区内旅游区外住的规划原则，搬迁旅游区内的居住设施，对服务中心的污染物按有关标准和规定进行严格处理，达标排放。

(5)更新旅游发展思维

大力提倡生态旅游，使旅游与科教、自然保护等有机结合。

10.7　景观生态学与景观文化建设

10.7.1　景观文化性及文化景观的基本特征

10.7.1.1　景观文化性

景观从表象上看，是物质实体与空间，但与人们的精神世界是连在一起、密不可分的。景观反映了人们利用自然、改造自然的态度差异，更反映了人们价值观念、思维方式等的不同。特别是人工景观属于物化了的精神，始终附着在知识、观念与艺术之上，是一定社会的政治和经济在观念形态上的反映；是人类精神对自然的加工，是人类社会组织制度，人们的价值观念、思维方式的载体。景观的文化性不仅包括它的物质功用的方面，还包括它的精神功用的方面，精神功用的方面非常之多，诸如宗教。欧洲许多城市都有教堂，教堂作为宗教的物质载体，传达出的一种精神却是这个地方人们心灵上的支撑，所以，教堂往往成为城市最为亮丽的一道景观。著名的科隆大教堂，就像一座高耸入云的山，教堂墙体的精细装饰已经让人叹为观止，而教堂内的布置，特别是巨大的彩色玻璃上所制作的宗教人物画将人引向一个神圣、庄严、华丽的梦幻世界。教堂的基本格式虽然是一样的，但几乎每一座教堂形式上都有创造。一般来说，教堂都以高峻取胜，但是也有例外，威尼斯的圣马可教堂以巨大体量让人们为之倾倒，这座富丽堂皇堪与法国罗浮宫相媲美的教堂因为临近大海，某些景观似更胜一筹。城市中许多文化设施，其物质载体是可以看成建筑的，作为建筑它融进整座城市的硬质景观，但是它的精神层面却是在打造这座城市最为重要的文化灵魂。除了宗教外，承载一座城市历史文化和艺术珍品的博物馆、艺术馆，还有传承人类文化知识的各类学校在体现城市的文化品位上都有着极为重要的作用。法国巴黎的罗浮宫，这座昔日的皇宫今日的艺术馆，以其陈列、保管着人类最有价值的艺术珍品而享誉世界，巴黎的辉煌在很大程度上得益于这座建筑。人工景观虽然都是人建的，但它的形成却有客观的不为个人所左右的历史。一座城市成为什么样的城市，受到它的地理、功能、历史人文、生活习俗、宗教等多方面的影响。在漫长的成长历史过程中，景观形成了自己的文化特色与文化个性。

10.7.1.2　文化景观的基本特征

文化景观(cultural landscape)是人文地理学研究的核心。早在19世纪末至20世纪初，就有德国学者提出“景观”是地理学研究的对象。没有经过人类活动发生重大变化的景观为原始景观，又称自然景观，如行云飞瀑、高山流水等。原始景观在人类活动作用下发生了重大变化(尤其是功能变化)后，就成了文化景观，如园林建筑、书画题记等。文化景观是人们为了满足某种需要，利用自然物质加以创造，并附加在自然景观上的人类活动形态。例如，农田、道路、学校、纪念碑等，都是人类利用自然提供的物质，在原始地表之上创造出来的。

文化景观可分为2类：物质文化景观和精神文化景观(或非物质文化景观)。物质文化景观比较容易理解，非物质文化景观是指人们主要通过视觉以外的其他感官感受到人类创造物，如音乐、地名等。

文化景观的特性表现在以下3个方面。

①文化景观的空间性　它是确定文化要素中何为文化景观的关键尺度，文化景观是附着在自然物质之上的人类活动形态，而任何自然物质都必须占据一定的空间，不论其形态大小，文化景观所处的空间位置都应具有稳定性或固定性。

②文化景观的功能性　它是指文化景观在人类社会中的文化功能性，它可确定某一自然景观是否在人类的作用下已经成了文化要素。如城市雕塑具有美学享受功能意义，烽火台具有军事信息传递功能，寺庙具有宗教信仰功能等。

③文化景观的时代性　它是3个基本特性中具有应用意义的，每个文化景观都是特定的时代的产物，它必然带有创造和生产它的那个时代的特点，即人们通过一个地区不同时期的文化景观，了解该地区不同时期的文化特点，以及社会文化的变化轨迹。如烽火台、古长城等留存至今，已经完全或部分丧失了当初的功能，它们更多地体现着当时的文化特征。如今，它们的功能是旅游观赏的现象。

文化景观是人地相互作用的产物，通过对它的观察和研究，可以了解人类活动与自然环境的相互关系，探究历史时期自然环境的原貌，认识人类为了生存和发展而对自然环境施加的影响及其作用程度，主要表现为以下2点：

①文化景观是自然环境的指示物　指示自然环境，类似于植物可以指示环境，但是，由于文化景观的产生是多种因素影响和作用的结果，既有必然性，也有偶然性，不是任何文化景观都能直接反映自然环境的状况，因此，文化景观对自然的指示作用也是有限的。如由《中国虫神庙与明代北方蝗灾频率分布图》，可以了解蝗灾频发区的主要范围，推知当时的地理环境状况；但并不是有蝗灾的地方，自然环境状况就完全一样。

②文化景观是文化系统的折射物　文化景观在形式上有较为简单的，也有较为复杂的，它们都可以不同程度地反映它们所属的文化体系的特征。如马头琴是一种比较简单的文化器物，当把它放大做成雕塑或陈列在艺术博物馆时，也就成了一种文化景观，它既反映了音乐的特征，也反映了蒙古族人民在大草原上放牧而创造的表达豪放、粗犷开朗性格的精神文化特点。

总之，文化景观是地表上文化的一种印记，是附加在自然景观上的人类活动的形态，一种文化景观能显示出一个地区的人地关系特征。

10.7.2　景观文化建设的内容与基本原则

景观文化建设，是指通过对原有景观文化的传承和研究，进一步深度剖析，挖掘内涵，提炼新的景观文化，树立景观的核心文化。景观文化的建设过程，是开发与保护并重的过程，也是继承与创新并重的过程。

景观文化建设一要与发展产业文化相结合。合理开发景观资源，依托景观独特的地理位置以及丰富的历史文化、山水等资源，以山水田园风光吸引大量的游客，在取得可观经济效益的同时，也把景观自身的独特魅力向世人作了一个尽情展示。二要与传承民族文化相结合。在山水资源丰富的地区，独特的地形地貌景观孕育多样性的，具有“原始、古朴、生态、自然”等特点的传统文化。真实地展现景观的这些民族地方特色，是景观文化建设的核心任务。

文化是一个空间的精神内涵所在，仅仅有形式和功能是不够的，内涵才是一个作品的灵魂，有内涵的作品能使其所在的开放景观成为吸引人的好去处，寓教于娱乐是人们历来所追求的一个目标。中国的文化源远流长、悠久灿烂，任何带有人文主题的开放景观总是耐人寻味、使人流连忘返的，是沉思冥想的好场所。

挖掘和提炼具有地方特色的风情、风俗，并恰到好处地表现在景观意象中，对于体现景观的地方文化标志特征，增加区域内居民的文化凝聚力和提高景观的旅游价值都具有重要的作用。

景观文化建设的重要原则就是在建设的过程中要保持重要景观的真实性和完整性。真实性包括景观的形式与设计、材料与实质、利用与作用、传统技术与管理、位置与环境、言语和其他非物质遗产、精神与感受，以及其他内在和外在的因素。完整性是保护景观边界，确保景观地价值的完整展示。一处文化景观代表着一个地区的人与自然互动的结果，是特定的自然环境、人文精神共同作用的结果，它不仅强调了它所保护的文化遗产单体，更强调了它赖以存在的周边环境，即景观的真实性和完整性。

10.7.3　案例分析——云南哈尼梯田景观文化建设研究

梯田耕作是人类适应山地环境而形成的一种农业生产类型，中国是世界上梯田分布最广泛的国家之一；中国南方云南红河哈尼梯田尤为著名。哈尼梯田文化景观是哈尼文化区内的典型景观，是哈尼文化的代表，也是人地和谐共处的具有持续发展特性的文化景观，对降雨条件较好的亚热带山地的农业开发和山地环境保护具有重要的借鉴意义。本案例以元阳县城南沙南部的麻栗寨行政村为研究对象，剖析了哈尼梯田的景观结构、空间格局和生态功能，提出梯田文化景观的保护思路。

(1)哈尼梯田文化景观结构与功能

哈尼梯田文化景观是在人为调控下对自然生态系统有意识地干预、调节而形成的文化景观，它由森林景观、哈尼聚落景观和梯田景观组成(图 10-10)。森林景观由森林生物群落(植物和动物)和生态环境(土壤环境和气候环境)所组成，其格局受自然因素和哈尼族的资源利用方式约束。哈尼聚落景观是以哈尼族为核心的人文系统。它由哈尼族、哈尼聚落格局与哈尼族的梯田稻作、技术等组成，是哈尼梯田文化景观中的异质镶嵌体和控制中心；梯田景观是一个人为控制下的不完整的人工生态系统。它的生产者是农作物——水稻以及生长于梯田埂边的各种野生草本植物以及鱼、螺蛳、黄鳝、泥鳅等水生动物；分解者是各种土壤微生物、细菌等。另外，它还包括水稻土、空气、梯田动物、微生物等自然环境组分并与气候因素有密切联系。从土地利用格局看，哈尼梯田文化景观的各子系统是沿等高线分布的。即，在垂直高度上，分布在最高处的是森林景观，中间是哈尼聚落景观，海拔最低的是梯田景观(图 10-11)。这种林—寨—田在空间上的垂直分布模式，形成了系统内独特的能量和物质流动(以水、土、肥和微生物的流动为主，从系统的顶部森林生态子系统开始，经过村寨文化子系统，被加强后，流入梯田生态子系统，并在梯田子系统中被层层重复利用后，流入河流)，这也是红河南岸的哈尼族最典型的土地利用格局。

- 哈尼梯田文化景观
  - 森林景观
    - 森林生态系统空间格局与哈尼族生物资源利用格局
    - 气候因素：光、热、水、气、灾害等
    - 生物因素：植物、动物
    - 土地因素：地貌、地形、土壤
  - 哈尼聚落景观
    - 哈尼族人口、年龄构成、受教育程度、劳动力比例
    - 村落分布格局、饮食结构、服饰等
    - 梯田稻作技术、管理、宗教、节日、心理等
    - 牛、马、猪、鸡等
  - 梯田景观
    - 梯田景观空间格局与灌溉系统
    - 初级生产者：水稻及各种野生植物
    - 次级生产者：鱼、螺蛳、黄鳝、泥鳅等
    - 分解者：土壤微生物、细菌等
    - 自然环境组分：水稻土、气候等

图 10-10 哈尼梯田文化景观的组成与结构示意

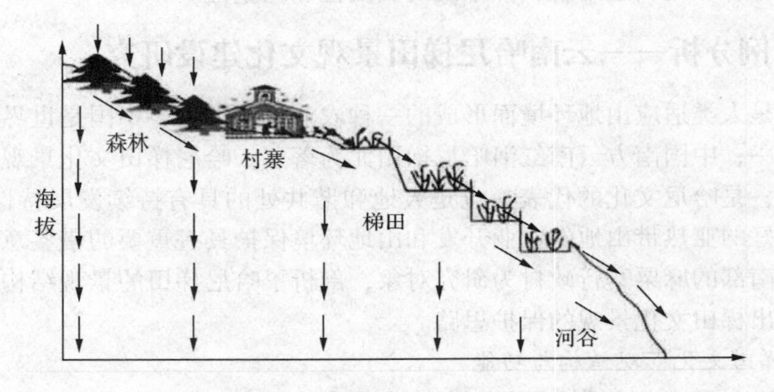

图 10-11 哈尼梯田景观的空间结构

(2)哈尼梯田文化景观保护

哈尼梯田文化景观是哈尼族适应自然、改造自然和创造自然而形成的文化遗产，在红河南岸地区极为典型，也非常壮观，具有极高的美学和保护价值。哈尼族对梯田、水沟和森林的长期保持和维护，是保证文化—环境良性发展的基础，是哈尼族优秀的文化遗产，值得保护和发扬。21 世纪初，随着交通和医疗状况的改善、人口的增加以及市场经济的发展，许多哈尼人改变了其赖以生存的文化传统，毁林开荒、过度猎杀和采集野生动植物，使哈尼梯田文化景观面临山体滑坡、泥石流等的威胁，影响了哈尼梯田文化景观的持续存在。同时，由于历史上的封闭和自然环境的多样，使哈尼族形成了 20 余个支系，如哈尼、叶车、阿卡、哈欧、碧约、卡多、白宏、糯比等，各支系均发展了独特的服饰和丰富多彩的民族风情，使哈尼文化多样性成为云南民族文化多样性的重要组成之一。但哈尼族没有统一的语言，更没有自己的文字，文化的传承仅靠为数很少的“摩批”和“贝玛”的口头传唱。在现代信息和传媒的冲击下，很多哈尼人已经不会说哈尼话，民族文化危在旦夕。因此，保护哈尼梯田文化景观，抢救民族文化，实现文化与环境的持续发展，必须保护哈尼梯田文化景观。

针对哈尼梯田文化景观及哈尼文化的特征和现状，可采取以下保护措施：第一，申请世界自然文化遗产，提高哈尼梯田文化景观的知名度，获取国际资助，以确保哈尼梯田文化生态系统的持续发展，使之为人类的持续发展做出应有的贡献(2010 年 6 月申请成为联合国粮农组织“全球重要农业文化遗产”试点之一)；第二，以哈尼梯田农业景观和丰富多彩的哈尼族风情，以及丰富的天然旅游资源(溶洞、动植物)为基础，发展集生态、经济和社会效益于一体的生态旅游；第三，开展林—寨—田结构及比例的研究，确定一定面积的梯田所需的水源涵养林面积及其位置，并依此规划梯田文化景观的用地构成和比例；第四，加强梯田渠系的建设，确保多雨季节水源的调配和分流，并根据梯田稳定性程度(坡度)，对高坡度梯田采取适当的工程措施予以保护；第五，建立一支研究哈尼文化的科研队伍，挖掘哈尼文化的价值，探求切实可行的方式和方法，发扬哈尼文化的优秀部分，摒弃不良传统，使与现代社会的发展同步。

10.8 景观生态学与世界遗产保护

10.8.1 世界遗产公约与世界遗产名录

世界遗产是指具有突出的普遍价值(outstanding universal value)的文化与自然遗产，是大自然和人类留下的最珍贵的遗产，需要作为整个人类遗产的一部分加以保护。它是人类历史、文化与文明的结晶，代表着最有价值的人文景观和自然景观，是人类共同的宝贵财富。世界遗产可分为世界文化遗产、世界自然遗产、混合遗产和文化景观遗产。此外，为了保护不是以物质形态存在的人类遗产，联合国教科文组织还公布了“人类口头与非物质遗产”。为了进一步加强世界遗产保护与管理的力度，取得各个国家政府的重视与支持，1972 年 11 月，联合国教科文组织通过了一项《保护世界文化和自然遗产公约》(即《世界遗产公约》)，对世界文化和自然遗产的定义作了明确的规定，并随之确定了实施公约的一系列指导方针。这些共同遗产的保护不仅与个别国家有关，而且与全体人类相关。《世界遗产公约》是联合国教科文组织在全球范围内制定和实施的一项具有深远影响的国际准则性文件，主要任务就是确定和保护世界范围内的自然和文化遗产，并将那些具有突出意义和普遍价值的文物古迹和自然景观列入《世界遗产名录》(*World Heritage List*)，旨在于促进世界各国人民之间的合作与相互支持，为保护人类共同的遗产做出积极的贡献。为了落实《世界遗产公约》的各项规定，在 1976 年 11 月联合国教科文组织成立了“世界遗产委员会(UNESCO World Heritage Committee)”。委员会是政府间组织，由 21 个成员国组成，负责《公约》的实施。委员会每年在不同的国家举行一次世界遗产大会，主要决定哪些遗产可以录入《世界遗产名录》，对已列入名录的世界遗产的保护工作进行监督指导。当《世界遗产名录》上的某项遗产受到了严重的特殊的威胁(军事冲突及战争、地震及各种自然灾害、污染、盗猎、未受限制的旅游发展、城市化及人类工程等)，委员会应该考虑将该遗产列入《濒危世界遗产名录》(*List of the World Heritage in Danger*)。当具有突出的普遍价值且已经列入《世界遗产名录》的遗产受到破坏，委员会应该考虑将该遗产从《世界遗产名录》上删除。《濒危世界遗产清单》的确立既对各缔约国政府和公众的警示、督促和约束，更是对濒危遗产的保护和重视，以此唤起社会各界对遗产予以援助。

世界遗产在我国常常与国家公园、自然保护区，风景名胜区、地质公园等区域有存在交叉或重叠，其也成为著名的旅游地，不仅可以带动地区的旅游、经济、社会和环境效益的发展，更是科研和教育的基地，是探究人类智慧文明轨迹和自然奥秘的知识源泉。截至2018年第42届世界遗产大会结束，中国已拥有世界遗产53项，其中世界文化遗产36项、世界自然遗产13项、文化和自然双重遗产4项，排名位居世界第二位，仅次于意大利(54项)。

10.8.2 世界遗产保护中的景观生态学理论与原理

10.8.2.1 景观结构功能原理与遗产地保护

景观是由斑块、廊道、基质组成的生态系统镶嵌体。从世遗产地角度看，基质可指大片连续的自然景观或以自然景观为主的地域，如森林、草地等。斑块可以指镶嵌于基质中的湖泊、游客的各种消费场所。而廊道主要表现为旅游功能区之间的林带、交通线及其两侧带状的树木、河流等自然要素。可分为斑内廊、区内廊和区间廊。斑块和基质的确定受尺度的限制。为使景观功能最大程度达到优化，景观结构的合理设计起着关键作用。在遗产地管理和规划中，可以对其结构进行生态化设计。具体地说，斑块要与环境融为一体，真正做到人工建筑斑块与天然斑块相协调，人文景观与天然景观共生。旅游基础设施要充分实现生态化，切忌以城市化、商业化的浓重气息破坏景观的原有文化内涵和特色。对于廊道，斑内廊的设计要注意合理组合，互相交叉形成网络，强化其在输送功能之外的旅游功能，以便延长游客的观赏时间。区内廊道的设计要避开生态脆弱带，尽量选择生态恢复功能较强的区域，充分利用自然现存的通道，但连接各景区的廊道长短要适宜。区间廊道的设计应尽力使道路所通过的客流量与区内环境相一致。道路施工应尽量利用接近自然的无污染的材质如卵石、沙子、竹木而排斥使用水泥、矿渣等对环境存在影响的材质。关于廊道，“遗产廊道”(heritage corridors)是一种较新的保护方法。它多为中尺度，对遗产的保护采用区域而非局部点的概念，内部可以包括多种不同的遗产，是一种综合保护措施，自然、经济、历史文化三者并举。遗产廊道的保护规划注重整体性，保护其边界内所有的自然和文化资源，并提高娱乐和经济发展的机会。从空间上进行分析，遗产廊道主要有4个主要的构成要素：绿色廊道、游步道、遗产、解说系统。遗产廊道的概念及做法在美国正处于逐渐深化的阶段，中国目前还缺乏对遗产廊道概念严格完整的认识，也缺乏相应的遗产保护的法规和体制。但应该看到，我国许多地区具有成为独具特色的遗产廊道的实力。例如，北京的长河，由玉泉河至什刹海的一段水系，途经颐和园、紫竹院公园、国家图书馆、万寿寺、北海公园等北京市著名的旅游观光景点，是北京水系治理的历史见证，同时记载着历朝皇宫贵族的生活印迹，其内的建筑和园林极具代表性。但目前长河沿途的景区相互之间连通性和可及性差，缺乏全局性保护规划和系统性研究管理。长河沿线作为北京文化遗迹集中地段完全有能力成为一条中国的水系遗产廊道。中国如能创立一条遗产廊道，文化景观将会表现出更大的多样性和典型性，同时也会带动相应城市和乡村旅游业的繁荣和经济的发展。

基质的作用在于以基质为背景，进行景观空间格局分析，构建异质性的旅游景观格局，从而对遗产地进行景观功能分区、资源区划，并分地段进行主题设计，策划旅游产品形象，以体现多样性决定稳定性的生态原理和主题与环境相互作用的原理。以基质为背景的空间格局是生态系统或系统属性空间变异程度的具体体现，包括空间异质性、空间相关性和空间规律性等内容。生态学意义上最优的景观格局是"集中与分散相结合"格局，在世界遗产地的保护中有很强的应用价值。例如，在一个主要由自然植被区和建筑区组成的景观中，以大型自然植被或建筑区作本底，这有利于景观总体结构的稳定性。保留一些小的自然植被和廊道，设计一些人类活动的斑块，在景点之间设计自然廊道。总之，提高景观的空间异质性，十分有利于保持整个景观的多样性、连通性、稳定性，并能极大地提高景区的科研及美学价值。

风景区规划应根据景观生态整体性和空间异质性进行景观功能分区。有大分区和小分区两种分法，大分区指在风景区内外，解决区内外的不同功能，区内以精神文化和科教功能为主，区外以经济功能为主。C. A. Gunn 于 1988 年提出了国家公园旅游分区模式(Charles and Robert，1993)，该分区法对我国世界遗产地分区有很强的指导意义。可分为：①生态保育区，仅对科学工作者开放，面积较大，生态科学价值高。②特殊景区，对游人开放，美学、科学价值高，可建步游道、解释系统、观景点。③文化遗产保存区，可部分对游人开放。④服务社区，须在大风景区建设，又称游憩区。⑤一般控制区，限制影响和破坏景观的产业，发展与景观协调的产业(谢凝高，2003)。对旅游景观进行功能分区，目的是通过对游客的分流，避免旅游活动对保护对象造成破坏，从而使旅游资源得以合理配置和优化利用，同时解决了错位开发的问题。

10.8.2.2 景观格局理论与遗产地保护

景观格局决定着物种、资源和环境的分布。景观格局和干扰的关系研究是保护区理论的焦点之一，干扰受格局的影响。在世界遗产保护中，应分别研究不同尺度下的景观格局，近而从整体上把握整个自然遗产地的生态过程和功能。即充分应用生态整体性和空间异质性这一景观生态学的理论核心，构建有利于提高物种多样性和生态系统稳定性的自然景观格局和有利于提高自然遗产地美感度和视觉效果的建筑区以吸引游客。人类对遗产地的干扰最频繁，景观生态学认为中等强度的干扰最有利于增加景观的异质性和提高系统的稳定性。

自然保护区旅游开发所带来的生态问题的解决除了采用设计合理的旅游管理容量、进行旅游功能分区、对旅游者和开发经营者进行生态管理等措施外，还要设计合理的旅游景观生态安全格局。景观中存在某种潜在的生态安全格局(security pattern，SP)，由景观中的关键性的局部、位置和空间联系所构成，SP 对维护和控制某种过程来说，具有主动、空间联系和高效优势，对生物多样性保护和景观改变有重要意义。特别是在自然生态系统中，斑块的形状、大小，廊道的走向，斑块和廊道的组合格局，对许多生物有重要影响，人为改变景观格局对各种种群发展十分不利，某些关键种的消失可能会使整个生态系统发生退化。SP 符合生态系统规律和生态特征，有利于系统的稳定，并且生态容量大。在对景区的景观进行具体设计时，构建相应的生态安全格局，开发以水脉(水系统)、绿脉(植被系统)、文化(文化特征)为先导的空间布局，使"视觉上美观完善、功能上良性循环"

(舒伯阳等，2001)。根据边缘效应原理，遗产地旅游开发要减少人工景观和非绿色用地的空间，对旅游区的空间范围进行适当扩展，并在生态保护的范围外增加一条过渡带。并且遗产地的外围应有保护地带，其范围大小，视地理环境条件而定，如上游上风不准建污染的工业企业，周围要防止破坏植被和对地形的开发，以免造成环境污染和视觉污染。

10.8.2.3 等级尺度理论与遗产地保护

世界遗产景观是各种景观组分(如生态系统、历史文化建筑等)的空间镶嵌体，具有等级性。某一等级的组分既受其高一级水平上整体的环境约束，又受下一级水平上组分的生物约束(伍业钢和李哈滨，1992)。等级理论是景观总体构架的基础。尺度(标志着对所研究对象细节了解的水平，包括时间尺度、空间尺度及时空耦合尺度。尺度包含于任何景观的生态过程中，不同等级层次的生态系统有不同的时空尺度。保护区的景观格局、景观异质性、生态过程、约束体系及其他景观特征都因尺度而变化。

按照等级尺度理论，遗产地可以视为更大时空尺度系统中的一个组分，并且它由更小的时空尺度系统组成。因此，在对遗产地的保护和管理中，不仅要加强区内景观的研究，而且应注重研究保护区与周围其他生态系统和影响因素(尤其是人为影响因素)的关系。例如，保护区可以采取“景内游，景外住”“山上游、山下住”的管理和建设措施。还可以通过廊道(如河流、林带)将遗产地同其他生态系统(如生态农业区、公园)相连，加强生态系统之间物流、能流、信息流的传播，并且可以缓解客流高峰。再如，在景观设计时，考虑生态交错带的相似性可提高保护区的有效性和连续性(邱杨等，1997)。在遗产保护和管理中，还应注意它随时间而发生的变化。如原始森林的生物演替、不同风景区的功能随时代发展而发生的变化等。自然生态系统在不同的演替阶段需采取不同的保护措施。风景区高品位的生态旅游、科研、科教功能随着时代的发展而发展，并且人类相应地对此要求也越来越高，这也对管理规划者提出了更高的要求。

10.8.2.4 异质性原理与遗产地保护

一般认为，生物多样性是指一定范围内多种多样的生物或有机体(动物、植物、微生物)有规律地结合在一起的总称，包括遗传多样性、物种多样性、生态系统多样性、景观多样性4个层次。后两个层次的保护对遗产地生物多样性保护更为重要，并且还应将生境多样性的保护纳入其中，因为生境多样性是生态系统多样性形成的基本条件，是塑造生物多样性的模板，高品位的生态旅游对生境的要求也越来越高。景观的整体构架“斑块—廊道—基质”决定了生态系统的功能、过程的空间异质特征，最终影响了生物多样性。斑块的大小、边界特征、形状、异质性镶嵌均与生物多样性密切相关。廊道在很大程度上影响着斑块间的连通性，从而影响斑块间生态流的交换。而基质至少在三个方面对生物多样性起关键作用：一为某些物质提供小尺度的生境；二作为背景，控制、影响着与生境斑块之间的物质、能量交换，强化或缓冲生境斑块的“岛屿化”效应；三控制整个景观的连接度。一般认为景观多样性可导致稳定性。从风景区保护和旅游开发的角度讲，多样性的存在对保护生物多样性，确保景观生态系统的稳定，缓冲旅游活动对环境的干扰，提高观赏性方面有极其重要的作用(沙润等，1997)。

根据景观生态学相关理论和世界遗产保护宗旨，进行保护的尺度应足够大，使得在足够大的基质上，可以包括与自然环境相关的全部或大多要素以及动植物群落变化和时代演变中的大多景点。这样可以提高斑块的多样性。例如，一个原生林地应包括一定数量的海平面以上的植被、地形、土壤类型的变化、斑块系统和自然再生的斑块。对于文化遗产，不仅要包括自身组分和结构的完整部分，而且保护的范围也应扩展到与其他地理位置、生态环境相互关联的尺度上。再者，在规划管理中，要通过整个景区连接度的提高增加其连通性。老挝古都琅勃拉邦城的遗产保护值得我们借鉴(贝波再，2004)。

将景观生态学思想应用于世界遗产保护，对于遗产地的可持续发展和提高旅游者的生态旅游品位都有重要的意义。当然，景观生态学的应用是一复杂的系统，它涉及自然和社会的许多领域，同时也受到了许多因素的影响和制约。而世界遗产的保护与开发是一对矛盾统一体。因此，如何有效地应用于世界遗产保护以及其成效如何值得深入探索。

10.8.3 案例分析——世界双遗产地武夷山风景名胜区景观演变与情景模拟研究

武夷山遗产地处中国福建省的西北部，江西省东部，位于福建与江西的交界处，总面积999.75km^2，是我国继泰山、黄山、峨眉山—乐山大佛之后第4个被列入世界双重遗产名录的名山。遗产地包括东部自然与文化景观保护区(即武夷山风景名胜区)、中部九曲溪生态保护区、西部生物多样性保护区以及城村闽越王城遗址保护区等4个亚区。其中，武夷山风景名胜区(约70 km^2)是武夷山双遗产地中受自然和人类等生态过程作用最为强烈和频繁的区域，是该遗产地生态系统保护的关键区域。武夷山风景名胜区内地质地貌属红色砂砾岩分布区，地层构造为中生代白垩纪、是第三纪系沉积的“赤石群碎屑岩”地层；风景区属低山丘陵地域，海拔100~717 m，中亚热带湿润季风气候，年平均气温17.9℃，1月平均气温8.3℃，7月平均气温26.7 ℃，降水充沛多雾，年均降水量2 000 mm以上，年均相对湿度78%，有雾日超过60d。风景区内主要溪流有崇阳溪、黄柏溪和九曲溪，属闽江水系，水质达到国家优良标准。自然景观以秀、拔、奇、伟为特色，自古即被誉为“人间仙境”。在景区中巧布着“三三秀水”和“六六奇峰”，还有99险岩、60怪石、72奇洞、18幽洞，这些山水花木、云雨岚雾、飞鸟鸣虫相互结合，构成景区一幅绝妙的自然风光图画。武夷山风景名胜区内人口主要从事农业型经济，兼营旅游。随着当地人口增长和旅游人数的增加，风景区人地矛盾问题突显，人为干扰也对景区生态环境造成了一定程度影响，关于景区发展和保护问题备受关注。

因此，运用景观生态学等理论探讨世界遗产地武夷山风景名胜区的保护迫在眉睫(何东进等，2018)。

(1)景观格局及其动态变化

根据景观生态分类原则和方法，结合武夷山风景名胜区的特色及景观资源特点，建立景区生态分类体系，将景区景观划分为：植被与非植被2类景观大类；自然植被、人工植被与非植被3类景观亚类；杉木林、马尾松林、阔叶林、竹林、灌草层、经济林、茶园、农田、河流、建设用地、裸地11类景观类型。考虑茶园在景区景观的特殊性和重要性，基于景观的文化性和多重价值原理，把原属于经济林中的茶园单独提出作为单独一类景观类型的方法，以突出茶园在景区发展变化过程中的作用。进一步运用“3S”和空间分析技术分析了1986、1997、2009年风景区发展的3个关键时期的景观演变特征，研究表明：

1986—2009年间，风景区景观总体变化特征表现为茶园、建设用地持续增加，且不断向林地、农田侵占(分别增加938 hm^2；514 hm^2；而农田减少567 hm^2)；基质景观要素马尾松林从61.8%降至56.8%，约减少352 hm^2。1986年、1997年、2009年风景廊道(包括游览步道与行车公路)总长度分别为94.218 km、156.715 km、197.574 km。1986—2009年间风景区公路建设率从0.31增至0.60，廊道密度从1.34 km/km^2增至2.81 km/km^2；曲度从1.19增至1.56；风景廊道网络结构趋于复杂，山北景区尤为明显。1986—1997年廊道增加以公路为主(增加了64.659 km)；1997—2009年公路增加程度放缓，步道明显增加(增加了18.687 km)。自然环境的制约作用、经济利益驱动下的生产行为模式转变、人口和旅游发展带来的开发建设、政策法规和管理的导向作用是武夷山风景名胜区景观格局演变的主要驱动因素。

(2)生态系统管理情景模拟

在风景区景观演变规律基础上，充分考虑耕地红线保护、森林资源保护、茶园“退、控、改”治理的现实需求，从土地利用格局与生态服务价值双维度，运用景观模型模拟了3种治理模式的治理效果(情景1：历史发展；情景2：无选择性的茶园治理模式；情景3：有选择性的茶园治理模式，即优先治理一般茶园，保护名特优茶园)(图10-12)。结果表明：情景1下，2020年茶园进一步蔓延且占用黄柏溪周边农田，九曲溪下游以南的马尾松森林也退化为茶园。情景2下，山北景区的茶园明显减少，山北、溪南景区中部较多茶园恢复为森林，建设用地，农田基本维持在2009年的历史水平。情景3下，景区马尾松基质景观中镶嵌分布的名特优茶园得以保存，山北景区东北部较多人工茶园恢复为马尾松林，溪东服务区内茶园面积较情景2更少，景观异质性高于情景2。各情景下，研究区生态系统服务价值为298 509 386元/年(情景1)，311 955 926元/年(情景2)和312 007 251元/年(情景3)；情景3的景观治理方式比情景2每年多增加51 326元的价值。最终，初步确定差异化处理名特优茶园与一般茶园的有选择性的茶园治理模式(情景3)无论在增加景观异质性及提升景区生态系统服务功能方面效果最优(You *et al.*，2017)。

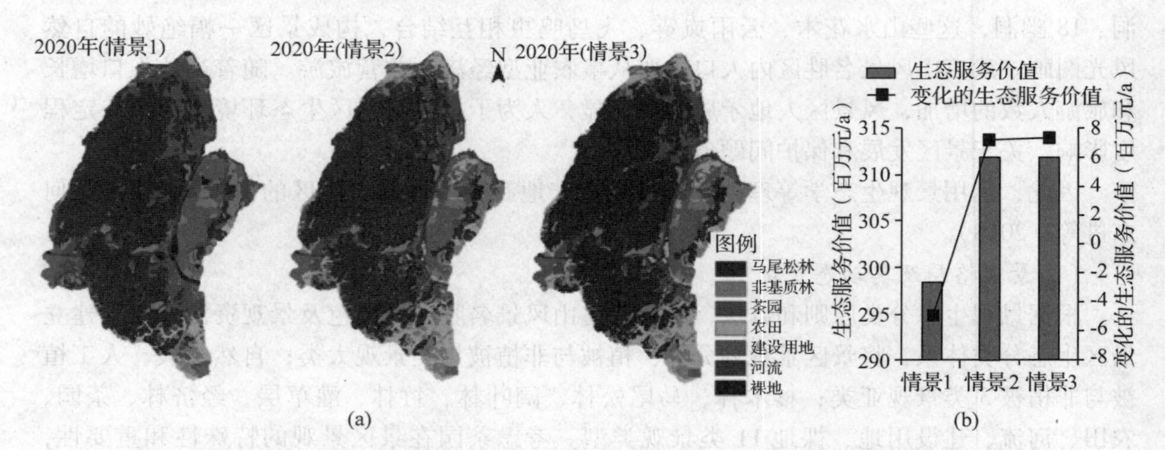

图10-12　不同治理情景1、情景2和情景3下景观格局变化(a)及其生态服务价值(b)

(引自You *et al.*，2017)

本章小结

景观生态学与其他生态学科相比，它更强调空间异质性、等级结构以及尺度的重要性，强调景观生态理论和研究成果在景观可持续管理中的应用。因此，景观生态学是认识和解决当今人类面临的资源、环境、生物多样性保护等重大理论和实践问题的有效途径，在资源开发利用、城市发展规划、土地利用规划和环境保护等方面都具有广阔的应用前景。

但由于受到篇幅的限制，本章主要从自然保护区建设、农业景观生态建设、森林景观可持续管理、湿地景观建设、城市景观建设、生态旅游建设、景观文化建设以及世界遗产保护等八个方面讨论景观生态学的实践应用环节，通过具体的案例分析加强对景观生态学理论、方法与应用的感性认识，从而为更好地理解和学习好《景观生态学》这门课程。

思考题

1. 什么是生物保护的景观安全格局?
2. 论述自然保护区规划的基本原理。
3. 农业景观有哪些类型？它们都有怎样的特征?
4. 农业景观生态建设的理论基础是什么？举例说明如何利用农业景观生态建设基本理论进行农业景观的优化。
5. 湿地具有哪些服务功能？与其他景观相比它具有哪些特殊性?
6. 基于景观生态学的森林资源管理有哪些基本原则?
7. 请阐述城市绿地景观建设与城市廊道景观建设的联系与区别。
8. 举例说明景观生态学在生态旅游建设与发展中的作用与地位。
9. 文化景观具有哪些特征？试分析加强文化景观建设的重要性。
10. 举例说明景观生态学理论(或原理)在世界遗产保护中的应用。

推荐阅读书目

世界双遗产地武夷山风景名胜区保护生态学．何东进，游巍斌，洪伟．中国林业出版社．2018.

自然保护区学．马建章．东北林业大学出版社，1992.

流域管理学．王礼先．中国林业出版社，1999.

景观生态学．曾辉，陈利顶，丁圣彦．高等教育出版社，2017.

景观生态学—格局、过程、尺度与等级(第2版)．邬建国．高等教育出版社，2007.

景观生态学(第2版)．肖笃宁，高秀珍，高峻等．科学出版社，2010.

景观生态学．郭晋平，周志翔．中国林业出版社，2007.

生物保护的景观生态安全格局．俞孔坚．生态学报，1999，19(1)：8－15.

基于MAXENT模型的秦岭山系黑熊潜在生境评价. 齐增湘，徐卫华，熊兴耀等. 生物多样性，2011，19(3)：343－352.

天然阔叶林景观质量评价及其垂直结构优化技术. 欧阳勋志，廖为明，彭世揆. 应用生态学报，2007，18(6)：1388－1392.

哈尼梯田文化景观及其保护研究. 角媛梅，程国栋，肖笃宁. 地理研究，2002，21(6)：733－741.

黄土丘陵区小流域土地利用变化对生态环境的影响—以延安市羊圈沟流域为例. 傅伯杰，陈利顶，马克明. 地理学报，1999，54(3)：241－246.

景观生态学与生物多样性保护. 李晓文. 生态学报，1999，19(3)：399－407.

东北黑土区小流域农业景观结构与土壤侵蚀的关系. 魏建兵，肖笃宁，李秀珍，等. 生态学报，2006，26(8)：2608－2615.

景观分类与评价的生态原则. 肖笃宁，钟林生. 应用生态学报，1998，9(2)：217－221.

生物多样性保护的景观规划途径. 俞孔坚，李迪华，段铁武. 生物多样性，1998，6(3)：205－212.

A multi－pond system as a protective zone for the management of lakes in China. Yin C Q. Hydrobilogia，1993，251：321－329.

参考文献

《中国森林生态服务功能评估》项目组，2010．中国森林生态服务功能评估[M]．北京：中国林业出版社．

边馥苓，1996．地理信息系统原理和方法[M]．北京：测绘出版社．

布仁仓，李秀珍，胡远满，等，2003．尺度分析对景观格局指标的影响[J]．应用生态学报，14(12)：2181 – 2186．

曹宇，肖笃宁，赵羿，等，2001 近十年来中国景观生态学文献分析[J]．应用生态学报，12(3)：474 – 477．

常学礼，鲁春霞，高玉葆，2003．科尔沁沙地农牧交错区景观持续性研究[J]．自然资源学报，18(1)：67 – 74．

常学礼，邬建国，1998．科尔沁沙地景观格局特征分析[J]．生态学报，18(3)：225 – 232．

常学礼，张安定，杨华，等，2003．科尔沁沙地景观研究中的尺度效应[J]．生态学报，23(4)：635 – 641．

常禹，布仁仓，2001．地理信息系统与基于个体的空间直观景观模型[J]．生态学杂志，20(2)：61 – 65．

陈昌笃，崔海亭，于子成，1991．景观生态学的由来和发展//肖笃宁．景观生态学理论、方法及应用[M]．北京：中国林业出版社．

陈昌笃，1990．景观生态学的理论发展和实际作用//马世骏．中国生态学发展战略研究[M]．北京：中国经济出版社．

陈晨，2010．现代城郊型森林公园规划探讨——以安徽庐州森林公园总体规划设计为例[J]．安徽农学通报，16(8)：127 – 129．

陈传明，2011．自然保护区景观生态开发研究[J]．中国人口资源与环境，21(1)：155 – 157．

陈浮，陈刚，2001．城市边缘区土地利用变化及人文驱动力机制研究[J]．自然资源学报．16(3)：204 – 210．

陈高，代力民，范竹华，等，2002．森林生态系统健康及其评估监测[J]．应用生态学报，13(5)：605 – 610．

陈利顶，刘洋，吕一禾，等，2008．景观生态学中的格局分析：现状、困境与未来[M]．生态学报，28(11)：5521 – 5531．

陈述彭，鲁学军，周成虎，1999．地理信息系统导论[M]．北京：科学出版社．

陈文波，肖笃宁，李秀珍，2002．景观空间分析的特征和主要内容[J]．生态学报，22(7)：1135 – 1142．

陈文君，1997．山水风景旅游资源开发利用研究[J]．干旱区地理，20(3)：50 – 55．

陈鑫峰，王雁，2000．国内外森林景观的定量评价和经营技术研究现状[J]．世界林业研究，13(5)：31 – 38．

陈仲新，谢海生，1994．毛乌素沙地景观生态类型与灌丛生物多样性初步研究[J]．生态学报，14(4)：345 – 354．

陈仲新，张新时，1996．毛乌素沙化草地景观生态分类与排序的研究[J]．植物生态学报，20(5)：423 – 427．

程乾，吴秀菊，2006．杭州西溪国家湿地公园 1993 年以来景观演变及其驱动力分析[J]．应用生态学报，17(9)：1677 – 1682．

程维明，2002．景观生态分类与制图浅议[J]．地理信息科学(2)：61 – 65．

冯翠芹，赵军，2007．GIS 在现代景观生态研究中的应用[J]．安徽农业科学，35(19)：591 – 595．

冯仲科，余新晓，2001. 3S技术及其应用[M]. 北京：中国林业出版社.

付在毅，许学工，2001. 区域生态风险评价[J]. 地球科学进展，16(2)：267－271.

傅伯杰，陈利顶，马克明，等，2002. 景观生态学原理及应用[M]. 北京：科学出版社.

傅伯杰，陈利顶，马克明，1999. 黄土丘陵区小流域土地利用变化对生态环境的影响——以延安市羊圈沟流域为例[J]. 地理学报，54(3)：241－246.

傅伯杰，吕一河，陈利顶，等，2008. 国际景观生态学研究新进展[J]. 生态学报，28(2)：798－804.

龚健雅，2011. 地理信息系统基础[M]. 北京：科学出版社.

桂强，2007. 景观美学的自律与他律[J]. 艺术百家(2)：115－118.

郭达志，盛业华，杜培军，等，2002. 地理信息系统原理与应用[M]. 徐州：中国矿业大学出版社.

郭晋平，阳含熙，张芸香，1999. 关帝山林区景观要素空间分布及其动态研究[J]. 生态学报，19(4)：468－473.

郭晋平，周志翔，2006. 景观生态学[M]. 北京：中国林业出版社.

郭晋平，2001. 森林景观生态研究[M]. 北京：北京大学出版社.

韩荡，2003. 城市景观生态分类——以深圳市为例[J]. 城市环境与城市生态，16(2)：50－52.

韩广轩，栗云召，于君宝，等，2011. 黄河改道以来黄河三角洲演变过程及其驱动机制[J]. 应用生态学报. 22(2)：467－472.

何东进，洪伟，胡海清，等，2004. 武夷山风景名胜区景观空间格局研究[J]. 林业科学，40(1)：174－179.

何东进，洪伟，胡海清，2003. 景观生态学的基本理论及中国景观生态学的研究进展[J]. 江西农业大学学报，25(2)：276－282.

何东进，游巍斌，巫丽芸，等，2012. 近10年景观生态学模型研究进展[J]. 西南林业大学学报，32(1)：96－104.

何志斌，赵文智，常学礼，2004. 荒漠绿洲过渡带植被空间异质性的可塑性面积单元问题[J]. 植物生态学报，28(5)：616－622.

贺红士，常禹，胡远满，等，2010. 森林可燃物及其管理的研究进展与展望[J]. 植物生态学报，36(6)：741－752.

贺红士，肖笃宁，1990. 景观生态学——一种结合整体思想的发展[J]. 应用生态学报，51(5)：454－461.

赫成元，吴绍洪，李双成，2008. 基于的区域界线划分方法[J]. 地理科学进展，27(5)：121－127.

侯继华，马克平，2002. 植物群落物种共存机制的研究进展[J]. 植物生态学报，26(增刊)：1－8.

胡良军，邵明安，2004. 基于GIS的黄土高原水分生态环境区域空间格局研究[J]. 应用生态学报，15(11)：2132－2136.

胡远满，徐崇刚，常禹，等，2004. 空间直观景观模型LANDIS在大兴安岭呼中林区的应用. 生态学报，24(9)：1846－1856.

华一新，赵军喜，张毅，2012. 地理信息系统原理[M]. 北京：科学出版社.

黄家城，1997. 桂林旅游业：发展与变革[M]. 桂林：漓江出版社，57－87.

黄家生，李新一，李建龙，等，2009. 亚太发展中国家三大城市景观格局梯度动态与城乡融合区特征[J]. 生态学杂志，28(6)：1134－1142.

黄志霖，田耀武，肖文发，2008. AGNPS模型机理与预测偏差影响因素[J]. 生态学杂志，27(10)：1806－1813.

贾宝全，慈龙骏，任一萍，2001. 绿洲景观动态变化分析[J]. 生态学报，21(11)：1947－1951.

贾宝全，慈龙骏，2003. 绿洲景观生态研究[M]. 北京：科学出版社.

贾宝全，2000．景观生态规划：概念、内容、原则与模型[J]．干旱区研究，6(3)：70－77．
江源，2001．测定温度的转化糖方法及其在景观生态学研究中的应用[J]．生态学报，21(1)：28－33．
角媛梅，肖笃宁，郭明，2003．景观与景观生态学的综合研究[J]．地理与地理信息科学，19(1)：91－95．
角媛梅，肖笃宁，2004．绿洲景观空间邻接特征与生态安全分析[J]．应用生态学报，15(1)：31－35．
金广超，郑文秀，2006．浅谈地理信息系统技术在伐区作业调查设计中的应用[J]．林业勘查设计(1)：83－89．
景贵和，1986．土地生态评价与土地生态设计[J]．地理学报，41(1)：1－7．
冷文芳，肖笃宁，李月辉，等，2004．通过《Landscape Ecology》杂志看国际景观生态学研究动向[J]．生态学杂志，23(5)：140－144．
黎夏，刘小平，李少英，2009．智能式 GIS 与空间优化[M]．北京：科学出版社．
李斌，1999．我国 GIS 软件工业面临的机遇和挑战[M]．武汉：武汉测绘科技大学出版社．
李德仁，1995．当前国际 GIS 的研究和应用现状[M]．北京：测绘出版社．
李锋，2002．两个典型荒漠化地区景观多样性变化的比较[J]．生态学报，22(9)：1507－1511．
李哈滨，FRANKLIN J F，1988．景观生态学——生态学领域里的新概念构架[J]．生态学进展，6(3)：149－155．
李晖，白杨，杨树华，等，2009．基于马尔柯夫模型的怒江流域中段植被动态变化预测[J]．生态学杂志，28(2)：371－376．
李明泽，周洪泽，祝宁，2009．哈尔滨东部城乡土地梯度带的划分及景观结构[J]．生态学报．29(11)：6266－6274．
李宁云，袁华，田昆，等，2011．滇西北纳帕海湿地景观格局变化及其对土壤碳库的影响[J]．生态学报，31(24)：7388－7396．
李书娟，曾辉，2002．遥感技术在景观生态学研究中的应用[J]．遥感学报，6(3)：233－237．
李团胜，石玉琼，2009．景观生态学[M]．北京：化学工业出版社．
李团胜，肖笃宁，1999．沈阳市城市景观分区研究[J]．地理科学，19(3)：232－236．
李小玉，肖笃宁，何兴元，等，2006．中国内陆河流域绿洲发育度的综合评价[J]．地理学报，61(8)：855－864．
李晓文，肖笃宁，胡远满，2001a．辽河三角洲滨海湿地景观规划各预案对批示物种生境适宜性的影响[J]．生态学报，21(4)：550－560．
李晓文，肖笃宁，胡远满，2001b．辽河三角洲滨海湿地景观规划各预案对批示物种生态承载力的影响[J]．生态学报，21(5)：709－715．
李晓文，肖笃宁，胡远满，2001c．辽河三角洲滨海湿地景观规划预案设计及其实施的确定[J]．生态学报，21(3)：353－363．
李晓文，1999．景观生态学与生物多样性保护[J]．生态学报，19(3)：399－407．
李秀珍，布仁仓，常禹，等，2004．景观格局指标对不同景观格局的反应[J]．生态学报，24(1)：123－134．
李杨帆，2003．江苏灌河口湿地景观生态规划：可持续发展的方案[J]．地理科学，10(5)：635－640．
李月臣，2008．中国北方土地利用覆盖变化问题研究[M]．重庆：重庆大学出版社．
李贞，刘静艳，张宝春，等，1997．广州市城郊景观的生态演化分析[J]．应用生态学报，8(6)：633－638．
李贞，王丽荣，2000．广州城市绿地系统景观异质性分析[J]．应用生态学报，11(1)：127－130．
李振鹏，刘黎明，张虹波，等，2004．景观生态分类的研究现状及其发展趋势[J]．生态学杂志，23

(4)：150－156.
刘灿然，陈灵芝，1999. 北京地区植被景观中斑块形状的分布特征[J]. 植物学报，41(2)：199－205.
刘灿然，陈灵芝，2000. 北京地区植被景观中斑块形状的分形分析[J]. 植物生态学报，24(2)：129－134.
刘灿然，陈灵芝，2000. 北京地区植被景观中斑块形状的指数分析[J]. 生态学报，20(4)：559－567.
刘红玉，李兆富，2006. 流域湿地景观空间梯度格局及其影响因素分析[J]. 生态学报，26(1)：213－220.
刘红玉，吕宪国，张世奎，等，2005. 三江平原流域湿地景观破碎化过程研究[J]. 应用生态学报，16(2)：289－295.
刘红玉，张世奎，吕宪国，2002. 20世纪80年代以来找力河流域湿地景观变化过程研究[J]. 自然资源学报，17(6)：698－705.
刘康，2011. 生态规划—理论、方法与应用[M]. 北京：化学工业出版社.
刘茂松，张明娟，2004. 景观生态学——原理与方法[M]. 北京：化学工业出版社.
刘先银，徐化成，郑均宝，等，1994. 河北省山海关林场景观格局与动态的研究//徐化成，郑均宝. 封山育林研究[M]. 北京：中国林业出版社.
卢玲，李新，程国栋，等，2001. 黑河流域景观结构分析[J]. 生态学报，21(8)：1217－1224，1393.
陆守一，2000. 地理信息系统[M]. 北京：高等教育出版社.
陆兆苏，1995. 森林美学初探[J]. 华东森林经理，9(3)：24－28.
吕惠民，2009. 自然景观赏析[M]. 杭州：浙江大学出版社.
马建章，1992. 自然保护区学[M]. 哈尔滨：东北林业大学出版社.
马克明，傅伯杰，周化锋，1999. 北京东灵山地区森林的物种多样性与景观格局多样性研究[J]. 生态学报，19(1)：1－7.
马克明，傅伯杰，2000. 北京东灵山地区景观格局及破碎化评价[J]. 植物生态学报，24(3)：320－326.
马克明，傅伯杰，2000. 北京东灵山区景观类型空间邻接与分布规律[J]. 生态学报，20(5)：748－752.
马克耶夫，1965. 自然地带与景观[M]. 李世玢，陈传康，张林源，译. 北京：科学出版社.
马荣华，贾建华，胡孟春，等，2001. 基于RS和GIS方法的海南植被变化分析[J]. 北京林业大学学报，23(1)：7－10.
孟伟庆，李洪远，王秀明，等，2010. 天津滨海新区湿地退化现状及其恢复模式研究[J]. 水土保持研究，17(3)：144－147.
牛文元，1990. 岛屿生物地理原理及生态保护//马世骏. 现代生态学透视[M]. 北京：科学出版社，101－108.
欧阳霞辉，2010. ArcGIS地理信息系统大全[M]. 北京：科学出版社.
欧阳勋志，廖为明，彭世揆，2004. 论森林风景资源质量评价与管理[J]. 江西农业大学学报(自然科学版)，26(2)：169－173.
欧阳勋志，廖为明，彭世揆，2007. 天然阔叶林景观质量评价及其垂直结构优化技术[J]. 应用生态学报，18(6)：1388－1392.
欧阳志云，王如松，赵景柱，1999. 生态系统服务功能及其生态经济价值评估方法[J]. 应用生态学报，10(5)：635－640.
邱扬，张金屯，1997. 自然保护区学研究与景观生态学基本理论[J]. 农村生态环境，13(1)：46－49，52.
全泉，田光进，沙默泉，2011. 基于多智能体与元胞自动机的上海城市扩展动态模拟[J]. 生态学报，31(10)：2875－2887.

邵国凡，赵士洞，SHUGART H H，1996. 森林动态模型[M]. 北京：中国林业出版社.
邵国凡，赵士洞，赵光，等，1991. 应用地理信息系统模拟森林景观动态的研究[J]. 应用生态学报，2(2)：103－107.
申卫军，邬建国，林永标，等，2003. 空间幅度变化对景观格局分析的影响[J]. 生态学报，23(11)：2219 － 2231.
盛晟，刘茂松，徐驰，等，2008. CLUE－S模型在南京市土地利用变化研究中的应用[J]. 生态学杂志，27(2)：235－239.
宋冬梅，肖笃宁，张志城，等，2004. 石羊河下游民勤绿洲生态安全时空变化分析[J]. 中国沙漠，24(3)：81－88.
孙丹峰，2003. IKPNOS影像景观格局特征尺度的小波与半方差分析[J]. 生态学报，23(3)：405－413.
汤国安，赵牡丹，杨昕，等，2010. 地理信息系统[M]. 北京：科学出版社.
唐晓燕，孟宪宇，葛宏立，等，2003. 基于栅格结构的林火蔓延模拟研究及其实现[J]. 北京林业大学学报，25(1)：53－57.
陶济，1985. 景观美学的研究对象及主要内容[J]. 天津社会科学(4)：45－50.
田光进，张增祥，张国平，等，2002. 基于遥感与GIS的海口市景观格局动态演化[J]. 生态学报，22(7)：20－27.
汪洋，王刚，杜瑛琪，等，2011. 农林复合生态系统防护林斑块边缘效应对节肢动物的影响[J]. 生态学报，31(20)：6186－6193.
王兵，任晓旭，胡文，2011. 中国森林生态系统服务功能及其价值评估[J]. 林业科学，47(2)：145－153.
王长俊，2002. 景观美学[M]. 南京：南京师范大学出版社.
王凤珍，周志翔，郑忠明，2011. 城郊过渡带湖泊湿地生态服务功能价值评估——以武汉市严东湖为例[J]. 生态学报，31(7)：1946－1954.
王根绪，程国栋，2000. 干旱荒漠绿洲景观空间格局及其受水资源条件的影响分析[J]. 生态学报，20(3)：363－368.
王礼先，1999. 流域管理学[M]. 北京：中国林业出版社.
王兮之，BRUELHEIDE H，RUNGE M，等，2002. 基于遥感数据的塔南策勒荒漠——绿洲景观格局分析[J]. 生态学报，22(9)：1491－1499.
王宪礼，胡远满，布仁仓，1996. 辽河三角洲湿地的景观变化分析[J]. 地理科学，16(3)：260－265.
王宪礼，肖笃宁，布仁仓，等，1997. 辽河三角洲湿地的景观格局分析[J]. 生态学报，17(3)：317－323.
王献溥，1996. 关于景观的保护问题[J]. 农村生态环境，11(2)：53－55.
王晓春，孙龙，周晓峰，等，2003. 黑龙江省森林景观的格局变化[J]. 应用与环境生物学报，9(2)：111－116.
王仰麟，1990. 土地生态设计的初步研究[J]. 自然资源，(6)：48－51.
王仰麟，1996. 景观生态分类的理论与方法[J]. 应用生态学报，7(增)：121－126.
王玉朝，赵成义，2003. 景观生态学中的干扰问题小议[J]. 干旱区资源与环境，17(2)：11－12.
魏斌，张霞，吴热风，1996. 生态学中的干扰理论与应用实例[J]. 生态学杂志，15(6)：50－54.
魏建兵，肖笃宁，李秀珍，等，2006. 东北黑土区小流域农业景观结构与土壤侵蚀的关系[J]. 生态学报，26(8)：2608－2615.
邬建国，李百炼，伍业钢，1992. 斑块性和斑块动态—概念与机制[J]. 生态学杂志，11(4)：41－45.
邬建国，申卫军，2000. 复杂适应系统(GAS)理论及其在生态学上的应用//邬建国，韩兴国. 现代生态学讲座(Ⅱ)：从基础科学到环境问题[M]. 北京：科学出版社.
邬建国，2004. 景观生态学中的十大研究论题[J]. 生态学报，24(9)：2074－2076.
邬建国，2007. 景观生态学——格局、过程、尺度与等级[M]. 2 版. 北京：高等教育出版社.
邬伦，刘瑜，2005. 地理信息系统——原理、方法与应用[M]. 北京：科学出版社.
巫丽芸，黄义雄，2005. 东山岛景观生态风险评价[J]. 台湾海峡，24(1)：35－42.
吴波，慈龙骏，2001. 毛乌素沙地景观格局变化研究[J]. 生态学报，21(2)：191－196.
吴桂平，曾永年，邹滨，等，2008. AutoLogistic 方法在土地利用格局模拟中的应用——以张家界市永定区为例[J]. 地理学报，63(2)：156－164.
吴家骅，2000. 景观形态学—景观美学比较研究[M]. 北京：中国建筑工业出版社.
项华均，安树青，王中生，等，2004. 热带森林植物多样性及其维持机制[J]. 生物多样性，12(2)：290－300.
肖德荣，田昆，袁华，等，2007. 滇西北高原典型退化湿地纳帕海植物群落景观多样性[J]. 生态学杂志，26(8)：1171－1176.
肖笃宁，高秀珍，高峻，等，2010. 景观生态学[M]. 2 版. 北京：科学出版社.
肖笃宁，李小玉，宋冬梅，等，2006. 民勤绿洲地下水开采时空动态模拟[J]. 中国科学 D 辑：地球科学，36(6)：567－578.
肖笃宁，李秀珍，2003. 景观生态学的学科前沿与发展战略[J]. 生态学报，23(8)：1615－1621.
肖笃宁，钟林生，1998. 景观分类与评价的生态原则[J]. 应用生态学报，9(2)：217－221.
肖笃宁，1990. 沈阳西郊格局变化的研究[J]. 应用生态学报，1(1)：75－84.
肖笃宁，1991. 景观生态学的理论、方法及应用[M]. 北京：中国林业出版社.
肖笃宁，1992. 从世界景观生态学大会看景观生态学研究的进展[J]. 资源生态环境网络研究动态(4)：35－36.
肖笃宁，1999. 持续农业与农村生态建设[J]. 世界科技研究与发展(2)：46－48.
肖笃宁，1999. 论现代景观科学的形成与发展[J]. 地理科学，19(4)：379－384.
肖燕宇，1995. 遥感地理信息系统及林业应用[J]. 林业资源管理(2)：18－25.
谢江波，刘彤，魏鹏，等，2007. 小波分析方法在心叶驼绒藜空间格局尺度推绎研究中的应用[J]. 生态学报，27(7)：2704－2714.
谢志霄，肖笃宁，1996. 城郊景观动态模型研究[J]. 应用生态学报，7(1)：77－82.
熊文愈，薛建辉，1991. 江苏省里下河滩地开发利用模式的综合评价[J]. 南京林业大学学报：自然科学版，15(3)：1－5.
徐崇刚，胡远满，常禹，等，2004. 空间直观景观模型 LANDIS 的运行机制及其应用 I. 运行机制[J]. 应用生态学报，15(5)：837－844.
徐崇刚，胡远满，常禹，等，2004. 空间直观景观模型在呼中林区土壤侵蚀预测研究中的初步应用[J]. 应用生态学报，15(10)：1821－1827.
徐崇刚，胡远满，姜艳，等，2003. 空间直观景观模型的验证方法[J]. 生态学杂志，22(6)：127－131.
徐化成，班勇，1996. 大兴安岭北部兴安落叶松种子在土壤中的分布及其种子库的持续性[J]. 植物生态学报，20(1)：25－34.
徐化成，1994. 大兴安岭北部林区原始林景观结构的研究//盛伟彤，徐孝庆. 森林环境持续发展学术讨论会论文集[M]. 北京：中国林业出版社，117－122.
徐化成，1996. 景观生态学[M]. 北京：中国林业出版社.
徐建华，方创琳，岳文泽，2003. 基于 RS 和 GIS 的区域景观镶嵌结构研究[J]. 生态学报，23(2)：

365－375.

徐延达，傅伯杰，吕一河，2010．基于模型的景观格局与生态过程研究[J]．生态学报，30(1)：212－220.

许慧，王家骥，1993．景观生态学的理论与应用[M]．北京：中国环境科学出版社.

许嘉巍，刘惠清，1990．吉林省中西部沙地景观生态类型与景观生态区的划分//东北师范大学地理系自然资源研究室．吉林省中西部沙化土地景观生态建设[M]．长春：东北师范大学出版社．57－65.

杨培峰，2005．城乡空间生态规划理论与方法研究[M]．北京：科学出版社.

杨学军，姜志林，2001．溧阳地区森林景观的生物多样性评价[J]．生态学报，21(4)：671－675.

杨媛媛，曹源烈，欧阳勋志，等，2010．信丰国家森林健康示范区生态公益林健康经营评价[J]．江西农业大学学报，32(4)：783－790，807.

杨媛媛，曹源烈，欧阳勋志，等，2010．信丰国家森林健康示范区生态公益林健康经营评价[J]．江西农业大学学报，32(4)：783－790，807.

游巍斌，何东进，黄德华，等，2011．武夷山风景名胜区景观格局演变与驱动机制研究[J]．山地学报，29(6)：677－687.

游巍斌，何东进，巫丽芸，等，2011．武夷山风景名胜区风景廊道时空分异特征及其生态影响[J]．应用与环境生物学报，17(6)：782－790.

游巍斌，何东进，巫丽芸，等，2011．武夷山风景名胜区景观生态安全度时空分异规律[J]．生态学报，31(21)：6317－6327.

余新晓，2006．景观生态学[M]．北京：高等教育出版社.

俞孔坚，李迪华，段铁武，1998．生物多样性保护的景观规划途径[J]．生物多样性，6(3)：205－212.

俞孔坚，1987．论景观概念及其研究的发展[J]．北京林业大学学报，9(4)：433－484.

俞孔坚，1999．生物保护的景观生态安全格局[J]．生态学报，19(1)：8－15.

宇振荣，2008．景观生态学[M]．北京：化学工业出版社.

臧润国，刘静艳，董大方，1999．林隙动态与森林生物多样性[M]．北京：中国林业出版社.

臧润国，1998．林隙更新动态研究进展[J]．生态学杂志，17(2)：50－58.

曾辉，高支凌，夏洁，2003．基于修正的转移概率方法进行城市景观动态研究——以南昌市区为例[J]．生态学报，23(11)：2201－2209.

曾辉，郭庆华，喻红，1999．东莞市风岗镇景观人工改造活动的空间分析[J]．生态学报，19(3)：298－303.

曾辉，邵楠，郭庆华，1999．珠江三角洲东部常平地区景观异质性研究[J]．地理学报，54(3)：255－262.

张大勇，2000．理论生态学研究[M]．北京：高等教育出版社.

张金屯，PICKETT S T A，1999．城市化对森林植被、土壤和景观的影响[J]．生态学报，19(5)：654－658.

张利权，甄彧，2005．上海市景观格局的人工神经网络(ANN)模型[J]．生态学报，25(5)：958－964.

张娜，2006．生态学中的尺度问题：内涵与分析方法[J]．生态学报，26(7)：2340－2355.

张娜，2007．生态学中的尺度问题——尺度上推[J]．生态学报，27(10)：4252－4266.

张涛，李惠敏，韦东，等，2002．城市化过程中余杭市森林景观空间格局的研究[J]．复旦学报(自然科学版)，41(1)：83－88.

张友静，许捍卫，佘远见，2009．地理信息科学导论[M]．北京：国防工业出版社.

张志强，王盛萍，孙阁，等，2005．黄土高原吕二沟流域侵蚀产沙对土地利用变化的响应[J]．应用生态学报，16(9)：1607－1612.

张治国，2007．生态学空间分析原理与技术[M]．北京：科学出版社．

赵光，邵国凡，郝占庆，等，2001．长白山森林景观破碎的遥感探测[J]．生态学报，21(9)：1393－1402．

赵敬东，何东进，洪伟，等，2010．森林资源可持续经营的景观生态学原理[J]．亚热带农业研究，6(1)：56－61．

赵羿，李月辉，2001．实用景观生态学[M]．北京：科学出版社．

赵紫华，贺达汉，杭佳，等，2011．设施农业景观下破碎化麦田麦蚜及寄生蜂种群的最小适生面积[J]．应用生态学报，22(1)：206－214．

郑成才，黄亮，吴建林，等，2010．GPS在森林调查及面积勘测上的应用[J]．武夷科学，26(1)：69－75．

郑淑颖，胡月玲，2000．广州城市绿地斑块的破碎化分析[J]．中山大学学报：自然科学版，39(2)：109－113．

郑耀星，储德平，2004．区域旅游规划、开发与管理[M]．北京：高等教育出版社．

支继辉，田国行，赵亚敏，等，2011．郑州市西北象限边缘区绿地景观异质性梯度分析[J]．河南农业大学学报，45(6)：706－711．

周廷刚，郭达志，2003．基于GIS的城市绿地景观空间结构研究[J]．生态学报，23(5)：901－907．

朱战强，刘黎明，张军连，2010．退耕还林对宁南黄土丘陵区景观格局的影响——以中庄村典型小流域为例[J]．生态学报，30(1)：146－154．

祝遵凌，刘亚亮，2010．林农复合种植模式在城市绿地中的应用[J]．中国城市林业，8(1)：4－6．

AAVIKSOO K，1995．Simulating vegetation dynamics and land use in a mire landscape using a Markov model [J]．Landscape and urban Planning，31：129－142．

ABDULLAH S A，NAKAGOSHI N，2006．Changes in landscape spatial pattern in the highly developing state of Selangor，peninsular Malaysia[J]．Landscape and Urban Planning，77(3)：263－275．

ACEVEDO M F，URBAN D L，ABLAN M，1995．Transition and gap models of forest dynamics[J]．Ecological Applications，5(4)：1040－1055．

ALAN R，KATHY A Z，2010．A range-wide model of landscape connectivity and conservation for the jaguar，Panthera onca [J]．Biological Conservation，143(4)：939－945．

ALLEN T F H，STARR T B，1982．Hierarchy：Perspectives for Ecological Complexity[M]．Chicago：University of Chicago Press．

AVISE J M，1994．The real message from biosphere[J]．Conservation Biology，8：327－329．

BAKER W L，1989．A review of models of landscape change[J]．Landscape Ecology，2：111－133．

BALZTER H，BRAUN P W，KOHLER W，1998．Cellular automata models for vegetation dynamics[J]．Ecological Modeling，107：113－125．

BENGTSSON J，FAGERSTROM T，RYDIN H，1994．Competition and coexistence in plant communities[J]．Trends in Ecology and Evolution，9：246－250．

BUHYOFF G J，LEUSCHNER W A，1978．Estimation psychological disutility from damaged forest stands[J]．For．Sci．，24：424－432．

BURROUGH P A，GAAN P F M，MACMILLAN R A，2000．High-resolution landform classification using fuzzy k-means[J]．Fuzzy Set．Syst．，113：37－52．

BURROUGH P，MCDONNELL R A，1998．Principles of Geographical Information Systems[M]．Oxford：Oxford University Press．

BüRGI M，STRAUB A，GIMMI U，*et al.*，2010．The recent landscape history of Limpach valley，Switzerland：considering three empirical hypotheses on driving forces of landscape change [J]．Landscape Ecology，25(2)：

287 – 297.

CANHAM C D, COLE J, LAUENROTH W K, *et al.* , 2003. Models in Ecosystem Science[M]. Princeton: Princeton University Press.

CARPENTER S R, CHANEY J E, 1983. Scale of spatial pattern: Four methods compared[J]. Vegetatio, Colgan, 53: 153 – 160.

CARRANZA M L, ACOSTA A T R, STANISCI A, *et al.* , 2009. Ecosystem classification for EU habit distribution assessment in sandy coastal environments: An application in central Italy[J]. Environment Monitoring and Assessment, 140: 99 – 107.

CIRET C, HENDERSON-SELLERS A, 1998. Sensitivity of ecosystem models to the spatial resolution of the NCAR community climate model CCM2 [J]. Climate Dynamics, 14: 409 – 429.

CLARKE K C, HOPPEN S, CAYDOS L, 1997. A self-modifying cellular automaton model of historical urbanization in the San Francisco Bay area[J]. Environment and Planning B: Planning and Design, 24: 247 – 261.

COFFIN D P, LAUENROTH W K, 1990. A gap dynamics simulation model of succession in a semiarid grassland [J]. Ecological Modelling, 49: 229 – 266.

COSTANZA R, NORTON B G, HASKELL B D, 1992. Ecosystem Health: New Goals for Environment Management[M]. Washington: Island Press.

COSTANZA R, 1994. The value of the wold's ecosystem services and natural capital [J]. Nature, 387: 253 – 260.

COWLING R M, EGOH B, KNIGHT A T, *et al.* , 2008. An operational model for mainstreaming ecosystem services for implementation[J]. PNAS, 105(28): 9483 – 9488.

CRIMM V, 1999. Ten years of individual – based modeling in ecology: What have we learned and what could we learn in the future [J]. Ecological Modeling, 115: 129 – 148.

DANIEL T C, BOSTER R S, 1976. Measuring landscape esthetics: The scenic beauty estimation method[M]. USDA For. Serv. Res. Pap RM – 167, 66p. Rocky Mtn Forest and Range Exp Stn, Fort Collins, Colo.

DEANGELIS D L, GROSS L J, 1992. Individual Based Models and Approaches in Ecology: Populations, Communities and Ecosystems[M]. London: Chapman & Hall.

FARINA A, 1998. Principles and Methods in Landscape Ecology[M]. London: Chapman & Hall.

FIEDLER A K, LANDIS D A, WRATTEN S D, 2008. Maximizzing ecosystem services from conservation biological control: The role of habitat management[J]. Biological Control, 45(2): 254 – 271.

FORD A, 1999. Modeling the Environment: An Introduction to System Dynamics Models of Environmental Systems[M]. Washington, D C: 18land Press.

FORMAN R T T, GODRON M JONH, 1986. Landscape Ecology[M]. New York: John Wiley and Sons.

FORMAN R T T, 1997. Land mosaics: the ecology of landscapes and regions[M]. London: Cambridge University Press.

FRANKLIN J F, FORMAN R T T, 1987. Creating landscape patterns by forest cutting: ecological consequences and principles[J]. Landscape Ecol, 1: 5 – 18.

GIMBLETT H R, 2002. Integrating Geographic Information Systems and Agent – Based Modeling Techniques for Simulating Social and Ecological Processes[M]. Oxford: Oxford University Press.

GOODCHILD M F, PARKS B O, STEYAERT L T, *et al.* , 1993. Environmental Modeling with GIS[M]. New York: Oxford University Press.

GREIG-SMITH P, 1983. Quantitative Plant Ecology[M]. Oxford, UK: Blackwell.

GRIMM V, REVILLA E, BERGER U, *et al.* , 2005. Pattern-Oriented Modeling of Agent – Based Complex Systems: Lessons from Ecology[J]. Science, 310: 987 – 991.

HAGGETT, CHORLEY R J, 1969. New work Analysis in Geography. London: Edward Arnold.

HALL C A S, DAY J W, 1977. Ecosystem Modeling in Theory and Practice: An Introducing with Case Histories [M]. New York: John Wiley and Sons.

HE H S, MLADENOFF D J, 1999a. The effects of seed dispersal on the simulation of long – term forest landscape change[J]. Ecosystems, 2: 308 – 319.

HE H S, MLADENOFF D J, 1999b. Spatially explicit and stochastic simulation of forest landscape fire disturbance and succession[J]. Ecology, 80: 81 – 99.

HE H S, 2008. Forest landscape models: Definitions, characterization, and classification[J]. Forest Ecology and Management. 254: 284 – 294.

HE H S, MLADENOFF D J, Crow T R, 1999. Linking an ecosystem model and a landscape model to study forest species response to climate warming [J]. Ecological Modeling, 114: 213 – 233.

HOBBS R J, MOONEY H A, 1985. Community and population dynamics of serpentine grassland annuals in relation to gopher disturbance[J]. Oecologia, 67: 342 – 351.

HOBBS R J, MOONEY H A, 1995. Spatial and temporal variability in California annual grassland: Results from a long – term study[J]. Journal of Vegetation Science, 6: 43 – 56.

HOLT R D, PACALA S W, SMITH T W, *et al.*, 1995a. Linking contemporary vegetation models with spatially explicit animal population models[J]. Ecological Applications, 5(1): 20 – 27.

HUBBELL S P, 2001. The Unified Neutral Theory of Biodiversity and Biogeography[M]. Princeton: Princeton University Press.

HUGGETT R J, 1993. Modeling the Human Impact on Nature: Systems Analysis of Environmental Problems [M]. Oxford: Oxford University Press.

HUSTON M, DEANGELIS D, POST W, 1988. New computer models unify ecological theory[J]. Bio – Science, 38: 682 – 691.

JELINSKI D E, WU J, 1996. The modifiable areal Unit problem and implication for landscape ecology [J]. Landscape Ecology, 11: 129 – 140.

JENERETTE G D, WU J, 2001. Analysis and simulation of land use change in the central Arizona – Phoenix region[J]. Landscape Ecology, 16: 611 – 626.

KARR J R, 1999. Defining and measuring river health[J]. Freshwater Biology, 41: 1 – 14.

KENKEL N C, 1988. Pattern of self-thinning in jack pine: testing the random mortality hypothesis[J]. Ecology, 69: 1017 – 1024.

LAZRAK E G, MARI J, BENOIT M, 2010, Landscape regularity modeling for environmental challenges in agriculture [J]. Landscape Ecology, 25(2): 169 – 183.

LEVIN S A, POWELL T M, STEELE J H, 1993. Patch Dynamics[M]. Berlin: Springer – Verlag.

LEVIN S A, 1992. The problem of pattern and scale in ecology[J]. Ecology, 73: 1943 – 1967.

LEVINS R, 1966. The strategy of model building in population biology [J]. American Scientist, 54: 421 – 431.

LI C, CORNS I G W, Yang R C, 1999. Fire frequency and size distribution under conditions: A new hypothesis[J]. Landscape Ecology, 14: 533 – 542.

LI H, REYNOLDS J F, 1993. A new contagion index to quantify spatial pattern[J]. Landscape Ecology, 8: 155 – 162.

LI H, REYNOLDS J F, 1994. A simulation experiment to quantify spatial heterogeneity in categorical maps[J]. Ecology, 75(8): 2446 – 2455.

LUCAS R C, 1985. Visitor characteristics, attitudes, and use patterns in the Bob Marshall wilderness Complex 1970 – 1982[M]. USDA, For. Ser. Res. Paper INT – 345, Ogden, UT.

MATTHEWS R B, GILBERT N G, ROACH A, *et al.*, 2007. Agent – based land – use models: a review of applications[J]. Landscape Ecology, 22(10): 1447 – 1459.

MCGARIGAL K, MARKS B J, 1993. FRAGSTATS: spatial pattern analysis program for quantifying landscape structure[C]. Oregon State University, Corvallis, OR.

MCWETHY D B, ANDREW J, Hansen A J, *et al.*, 2010. Bird response to disturbance varies with forest productivity in the northwestern United States [J]. Landscape Ecology, 25(4): 533 – 549.

MLADENOFF D J and HE H S, 1999. Design and behavior of LANDIS, an object – oriented model of forest landscape disturbance and succession. //Mladenoff D J and Baker W L, eds. Spatial Modeling of Forest Landscape Change: Approaches and Applications[M]. Cambridge: Cambridge University Press, 125 – 162.

NAVEH Z, LIBERMAN A S, 1983. Landscape Ecology: Theory and Application [M]. NewYork: Springer-Verlag.

ORZACK S H, SOBER E, 1993. A critical assessment of Levins' s The strategy of model building in population biology[J]. Quarterly Review of Biology, 68: 533 – 546.

O'NEILL R V, KRUMMEL J R, GARDNER R V, *et al.*, 1998. Indices of landscape pattern[J]. Landscape Ecology, 1(3): 153 – 162.

PAN Y, MELILLO J M, MCGUIRE A D, *et al.*, 1998. Modeled response of terrestrial ecosystem to elevated atmospheric CO_2: A comparison of simulation studies among biogeochemistry models [J]. Oecologia, 114: 389 – 404.

PARTEL M, ZOBEL M, ZOBEL K, *et al.*, 1996. The species pool and its relation to species richness: evidence from Estonian plant communities[J]. Oikos, 75: 111 – 117.

PASTOR J, BONDE J, JOHNSTON C A, *et al.*, 1992. Markovian analysis of the spatially dependent dynamics of beaver ponds[J]. Lectures on Mathematics in the Life Sciences, 23: 5 – 27.

PETERSON C J, SQUIERS E R, 1995. An unexpected change in spatial pattern across 10 years in an aspen – white – pine forest[J]. Journal of Ecology, 83: 847 – 855.

PETERSON D L, PARKER V T, 1998. Ecological Scale: Theory and Applications[M]. New York: Columbia University Press.

PHIPP M. 1984. Structure and development in agricultural landscape [J]. Ekologia (CSSR), 2 (2): 222 – 229.

RIITTERS K H, O'NEILL R V, HUNSAKER C T, *et al.*, 1995. A factor analysis of landscape pattern and structure metrics[J]. Landscape Ecology, 10(1): 23 – 39.

RIPPLE W J, BRADSHAW G A, SPIES T A, 1991. Measuring forest landscape patterns in the Cascade Range of Oregon, USA[J]. Biological Conservation, 57: 73 – 88.

RISSER P G, KARR J R, FORMAN R T T, 1984. Landscape ecology: directions and approaches//Special Publication U. Illinois Natural History Survey[M], Champaign, Illinois.

ROMME W H, 1982. Fire and landscape diversity in subalpine forests of Yellowstone Park[J]. Ecological Monograph, 52: 199 – 221.

RUNKLE J R, 1982. Patterns of disturbance in some old – growth mesic forests of eastern North America[J]. Ecology, 63: 1533 – 1546.

RUXTON G D, SARAVIA L A, 1998. The need for biological realism in the updating of cellular automata models[J]. Ecological Modeling, 107: 105 – 112.

RYKIEL JR E J, 1996. Testing ecological models: The meaning of validation[J]. Ecological Modeling, 90: 229 - 244.

SHUGART H H, 1998. Terrestrial Ecosystems in Changing Environments[M]. Cambridge: Cambridge University Press.

STEELE J H, 1978. Spatial Pattern In Plankton Communities[M]. New York: Plenum.

STYERS D M, CHAPPELKA A H, MARZEN L J, *et al.*, 2010. Developing a land - cover classification to select indicators of forest ecosystem health in a rapidly urbanizing landscape[J]. Landscape and Urban Planning, 94(3 - 4): 158 - 165.

TAYLOR D R, AARESSEN L W, LOEHLE C, 1990. On the relationship between r/K selection and environmental carrying capacity: a new habitat templet for plant life history strategies[J]. Oikos, 58: 239 - 250.

TURNER M G, GARDNER R H, 1991. Quantitative Methods in Landscape Ecology[M]. New York: Springer-Verlage, USA.

TURNER M G, ROMME W H, GARDNER R H, *et al.*, 1993. A revised concept of landscape equilibrium: Disturbance and stability on scaled landscapes[J]. Landscape Ecology, 8: 213 - 227.

URBAN D L, BONAN G B, SMITH T M, *et al.*, 1991. Spatial applications of gap models[J]. Forest Ecology and Management, 42: 95 - 110.

VAN GARDINGEN P R, FOODY G M, CURRAN P J, *et al.*, 1997. Scaling - Up: From Cell to Landscape [M]. Cambridge: Cambridge University Press.

VERBURG P H, 2006. Simulating feedbacks in land use and land cover change mode1[J]. Landscape Ecology, 21: 1171 - 1183.

VOINOV A, COSTANZA R, FITZ C, *et al.*, 2007. Patuxet landscape model: 1. Hydrological model development[J]. Water Resources, 34: 181 - 189.

WIENS J A, MILNE B T, 1989. Scaling of "landscape" in landscape ecology, or, landscapevecology from a beetle's perspective[J]. Landscape Ecology, 3: 87 - 96.

WIENS J A, 1999. Toward a unified landscape ecology//Wiens J A & Moss M R, 1999. Issues in landscape ecology. International Association for Landscape Ecology Fifth World Congress, Snowmass Village, Colorado, USA.

WOLFRAM S, 1983. Statistical mechanics of cellular automata [J]. Reviews of Modern Physics, 55: 601 - 644.

WU J, JELINSKI D E, LUCK M, *et al.*, 2000. Multi - scale analysis of landscape heterogeneity: Scale variance and pattern metrics[J]. Geographic Information Sciences, 6: 6 - 19.

WU J, LEVIN S A, 1994. A spatial patch dynamics modeling approach to pattern and process in an annual grassland[J]. Ecological Monographs, 64(4): 447 - 464.

WU J, LEVIN S A, 1997. A patch - based spatial modeling approach: Conceptual framework and simulation scheme[J]. Ecological Modeling, 101: 325 - 346.

WU J, LOUCKS O L, 1995. From balance of nature to hierarchical patch dynamics: aparadigm shift in ecology [J]. Q Rev Biol, 70(4): 493 - 496.

WULF M, SOMMER M, SCHMIDT R, 2010. Forest cover changes in the Prignitz region (NE Germany) between 1790 and 1960 in relation to soils and other driving forces[J]. Landscape Ecology, 25(2): 299 - 323.

YIN C Q, 1993. A multi - pond system as a protective zone for the management of lakes in China[J]. Hydrobiologia, 251: 321 - 329.

ZHOU W Q, SCHWARZ K, CADENASSO M L, 2010. Mapping urban landscape heterogeneity: agreement between visual interpretation and digital classification approaches [J]. Landscape Ecology, 25(1): 53 - 67.

ZIMMERMAN J K, COMITA L S, THOMPSON J, *et al.*, 2010. Patch dynamics and community metastability of a subtropical forest: compound effects of natural disturbance and human land use [J]. Landscape Ecology, 25(7): 1099 - 1111.

ZONNEVELD L S, 1996. Land Ecology[M]. Amsterdam: SPB Academic Publishing.

附录：景观生态学术语

A

a population of populations　一个种群的种群
abandoned land　废弃土地
abstracted(conceptual)space　抽象(概念)空间
abundance　丰富度
adaptive system　适应性系统
adjancency analysis　邻接分析
aerial photograph　航片
affinity analysis　亲和度分析
aggregate-with-outliers patterns　集中与分散相结合
albedo　反射率
alpha index　α指数
alpine zone　高山区
amoeboid patch　变形斑块
analytical model　解析模型
animal dispersal　动物扩散
anisotropy model　各向异性模型
anti-chaotic　反混沌
anti-spoofing(AS)　反电子欺骗
area effect　面积效应
arrangement　空间配置
ascending classification　上行分类法
auto-succession　自演替
average patch area　斑块平均面积
azonal vegetation　非带状植被

B

balance of nature　自然平衡
bare area(or land)　不毛区，裸地
bare fallow　绝对休闲地，无草休闲地
barren　荒原
barrier　隔离带、屏障
base level of erosion　侵蚀基准面
belt transect　样带
beta index　β指数
biapocrisis　环境反应
bio-carst　生物喀斯特
bio-climatie zone　生物气候带
bio-coenosis　生物群落
bio-cybemelics　生物控制论
biodiversity　生物多样性
biodiversity- science　生物多样性科学
biogeocbemical cycle　生物地球化学循环
biogeocoenology　生物地理群落学
biogeocoenose　生物地理群落
biological structure　生物结构
biomass　生物量
biome　生物群系
biosphere　生物圈
biotope　生物小区，小生境
biotopographic unit　生物地理单元
birth rate　出生率
black-box model　黑箱模型
block　聚块
block kriging　小区局部插值法
blocked quadrat variance analysis　聚块样方方差分析
boundary density　边界密度
boundary function　边界功能
boundary length　边界长度
boundary permeabillty　边缘渗透
boundary roughness　边界粗糙度

box-counting dimension　计盒维数
braided stream　网状河道
breakwater　防洪堤
bridge lines　桥线
broad(coarse) scale　大尺度
buffer　缓冲区
buffer analysis　缓冲区分析

C

carbon cycle　碳循环
carrying capacity　承载力、环境容量
cartography　图形学
catastrophe　灾变
catastrophe theory　灾变论
cellular automata　细胞自动机
cellular automata model　细胞自动机模型
channel for spread　扩散渠道
chaos　混沌
characteristic scale　特征尺度
checkerboard landscape　棋盘状景观
chorological dimension (horizontal heterogenity) 生物分布量度(水平异质性)
circuitry index　连通度指数
circuity　连通性
circularity　近圆率
climatology　气候学
cluster　簇
coarse grain　粗粒
coarse grain landscape　粗粒景观
colonization　定居
community　群落
community succession　群落演替
compartment model　分室模型
complex adaptive system(CAS)　复杂适应系统
complexity theory　复杂性理论
composite population　复合种群
conceptual model　概念模型
conduit　通道
configuration　空间构型
configuration of landscape elements　景观要素构型
connectedness　景观连通性
connectivity　景观连接度
conservation biology　保护生物学
constancy　恒定性
constraint　制约
contagion　蔓延度、聚集度、蔓延度落数
continent scale　大陆尺度
contrast　对比度
core habitat　核心生境
core scale　核心尺度
core-satellite metapopulation　核心—卫星复合种群
correlogram　变异矩和相关矩
corridor　廊道
corridor model　廊道模型
coupling　信息关联，耦合
critical density　临界密度
critical probability　临界概率
critical threshold　临界点、临界顶点值
cultivation　耕种
cultural landscape　文化景观
curvi-linearity　曲合度
curvilinearity of boundary　边界的曲折度
cybernetics　控制论

D

data　数据
death rate　死亡率
degradation　退化
delta　三角洲

deme 同类群
dendritic landscape 枝状景观
density 密度
density-dependent theory 密度依赖学说
descending classification 下行分类法
desertifieation 荒漠化
design with nature 自然设计
deterministic automata 确定性自动机
deterministic model 确定型模型
differential GPS 差分 GPS
differentiated land use(DLU) 土地利用分异
diffusion 扩散
discrete hierarchical level 离散性等级层次
discrete model 离散型模型
disorganized complexity 无组织复杂性
dissection of landscape 景观分割
dissipative theory 耗散结构理论
distance effect 距离效应
distance index 距离指数
disturbance 干扰
disturbance patch 干扰斑块
disturbance regime 干扰状况
diversity index 多样性指数
dominance 优势度
dominance index 优势度指数
dot 点
dot-grid pattern 点—栅格格局
dot-pattern 点格局

E

earth resource technology satellite(ERTS) 地球资源卫星
ecological process 生态学过程
ecological disturbance 生态干扰
ecological paradigm 生态学范式
ecological security patterns in landscape 景观生态安全格局
eco-region 生态地区
ecosystem 生态系统
eco-systemology 生态系统生态学
ecotone 群落交错区、生态交错带
ecotope 生态立地
edge 边界、缘
edge effect 边缘效应或边际效应
edge species 边缘种、边缘物种
eight-neighbor rule 八邻规则
elasticity 恢复性
electronic tachometer total station 全站型电子速测仪
elongation 延伸率
enclosed patch 闭合斑块
energy 能量
entropy 熵
environmental degradation 环境退化
environmental gradient 环境梯度
environmental heterogeneity 环境异质性
environmental impact assessment 环境影响评价
environmental resource patch 环境资源斑块
ephemeral patches 暂时性斑块
equilibrium paradigm 平衡范式
equilibrium theory 均衡理论
erosion 侵蚀
erosion modulus 侵蚀模数
error propagation 误差扩散
evaporation 蒸腾作用
evapotranspiration 蒸散作用
evenness index 均匀度指数
exotic species 外来种
experimental model system(EMS) 实验模型景观
exponential growth curve 指数增长曲线
exponential model 指数模型
extent 范围、幅度
extinction 消亡，灭绝
extrapolation 外推法

F

fauna　动物区系
feedback　反馈
feedback coupling　反馈关系
feeder lines　支线
filter　过滤器
fine grain　细粒
fine grain landscape　细粒景观
fine scale　小尺度
finite region　有限单元
fire analysis model　火分析模型
flora　植物区系
fluctuation　波动
focal scale　核心尺度
forest gap　林冠空隙或林窗
forest inventory　森林调查
forest type　林型
forestry　林学
forest-steppe　森林草原交会区
form　外形
fossil biocoenosis　化石生物群落
Fourier analysis　傅里叶分析
four-neighborrule　四邻规则
fractal　分形
fractal dimension　分形维数
fractal geometry　分形几何
fractal theory　分形理论
fragmentation　破碎化
frigid belt(frigid zone)　寒带
function channel　功能通道作用
functional connectivity　功能连接度
functional difference　功能差异
functional scale　功能尺度
fuzzy clustering　模糊聚类

G

Gaia hypothesis　大地女神假说
gamma index　γ 指数
gap mold　林窗模型
gateway　网关(人口)
greenhouse effect　温室效应
gene flow　基因流
general ecological model(GEM)　普适性生态模型
general law　普遍规律
general system theory　一般系统论
generalist species　适种
genetic algorithm　遗传算法
genotype　遗传型
geobotanical zone　植物地理带
geobotanics　地植物学
geographic information　地理信息
geographic information system(GIS)　地理信息系统
geography　地理学
geoguaphic space　地理空间
geology　地质学
geomorphology(landform)　地形学
geosphere　地圈
geospherical dimension　地圈维数
geostatics　地统计学
global change　全球变化
global climate change　全球气候变化
global ecology　全球生态学
global environmental monitoring system(GEMS)
全球环境监测系统
global positioning system(GPS)　全球定位系统
global scale　全球尺度
global transition probability　景观迁移总概率
geostatistics　地统计学
goodness of fit　拟合度
grain　粒度

grassland ecology　草地生态学
gravity model　重力模型
grazing capacity　捕食容量
grazing food chain　捕食食物链
grid　栅格
grid-based landscape model　栅格型景观模型
grid-cell-based percolation theory　栅格渗透理论
groundwater　地表水

H

habitat　生境，栖息地
habitat connectivity　生境的连续性
habitat diversity　生境多样性
habitat fragmentation　生境破碎化
habitat island　生境岛屿
habitat isolation　生境隔离
habitat patch　生境斑块
habitat quantity　生境质量
halophytic vegetation　盐生植被
hedgerow　灌木篱墙
herbivore　草食动物
hereditary factor　遗传因子
heterogeneity　异质性
heterogeneous population　异质种群
hierarchical organization of nature　自然界的等级组织
hierarchical system　等级层次系统
hierarchy　等级/等级结构
hierarchy theory　等级理论
high coverage landscape　高盖度景观
holism　整体论
home range　生物体领地
homeostasis　动态稳定、自我调控机制
homogeneity　同质性
homomorphic equivalence relation (homomorphy)　同态
human activities　人类活动
human-introduced patch　人为引入斑块
hydrology　水文学
hydrosphere　水圈

I

International Association of Landscape Ecology(IALE)　国际景观生态学会
Identity　判别
immigration rate　迁入率
indispensable patterns　必要的格局
individual　个体
inertia　惯性
influence fields　影响范围
information　信息
information theory　信息论
interdigitated pattern　交错格局
inter-disciplinary science　交叉学科
interior heterogeneity　内部异质性
interior ratio　内缘比率
interior species　内部种
interior-habitat　森林内部生境
intermediate type　中间型
intersect　相交
intersection　交点或交叉
intersection node　交叉结点
intrinsic scale　本征尺度
introduced patches　人为引进斑块
inventive system　人类系统
invisible place　不可见地点
invisible present　不可见的存在
irregular　不规则的
irrelevancies　不相干性
island biogeography　岛屿生物地理学

island biogeography theory　岛屿生物地理学理论
isolation　隔离、隔离度

L

laboratory landscape ecology　实验景观生态学
lacunarity analysis　孔隙度分析
lag　迟滞
land　土地
land attribute map　土地特征图
land cover map　土地覆被图
land survey　土地调查
land system　土地系统
land unit　土地单元
landsat thematic mapper　TM影像
landsat use planning　土地利用规划
landscape　景观
landscape architecture　景观设计
landscape boundary　景观边界
landscape cell　景观单元
landscape connectedness　景观连通性
landscape connectivity　景观连接度
landscape contagion index　景观聚集度指数
landscape diversity　景观多样性
landscape diversity index　景观多样性指数
landscape element　景观要素
landscape evenness index　景观均匀度指数
landscape fragmentation index　景观破碎化指数
landscape grain　景观粒径
landscape heterogeneity index　景观异质性指数
landscape index　景观指数
landscape information　景观信息
landscape mosaic　景观镶嵌体
landscape pattern　景观格局
landscape physiognomy　景观外貌
landscape physiology　景观外貌学
landscape process　景观过程
landscape resistance　景观阻抗
landscape richness index　景观丰富度指数
landscape scale　景观尺度
landscape similarity index　景观相似性指数
landscape structure　景观结构
landscape unit　景观单元
landscape-transition model　景观转换模型
landscape complexity　景观复杂性
landuse map　土地利用图
large-number system　大数系统
largest patch index　最大斑块指数
largest patchiness scale　最大斑块化尺度
latitudinal zonality　纬度地带性
lattice gas models　晶格结构气体模型
limiting factor　限制因素
linear model　线性模型
linkage density　连线密度
linkages　连线
local population　局部种群
locational pattern　定位格局
locomotion　运动
longitudinal zonality　经度地带性
loose horizontal coupling　松散水平耦连
loose vertical coupling　松散垂直耦连
low coverage landscape　低盖度景观

M

macrochore　大尺度
macro-heterogeneity　宏观异质性
macroscale　大尺度
mainland and island　大陆和岛屿型
mainland-island metapopulation　大陆—岛屿型复合种群

managed ecosystem　经营的生态系统
managed landscape　管理景观
manmade landscape　人工景观
Markovian model　马尔可夫模型
mass flow　物质流
matrix　基质
meadow　草甸
mechanistic (process-based) model　机制(过程)模型
medium viable popdatio(MVP)　最小可存活种群
megascale　巨尺度
mesoscale　中尺度
metapopulation　异质种群
metapopulation dynamics　异质种群动态
meta-stable state　亚稳态
microcosrm approach　微观模式途径
micro-heterogeneity　微观异质性
microlandscape　小尺度景观(或微景观)
microscale　小尺度
microwave sensor　微波传感器
middle-number system　中数系统
mixed type　混合型
modal site　中心点
model validation　模型验证
model verification　模型确认
moderate site　中间点
mosaic diveristy　镶嵌多样性
mosaic sequence　镶嵌体序列
moscaic　镶嵌体
movement pattern　迁徙过程
multispectral scanners(MSS)　多波段扫描仪
multi-disciplinary map　多专题图
multi-equilibrium paradigm　多平衡范式
multi-habitat species　多生境物种
multispecies metapopulation　多物种复合种群
multi-temporal image　多时段影像

N

natural disturbance　自然干扰
natural landscape　自然景观
nature park and reserves　自然公园和保护区
nature reserve　自然保护区
near-decomposability　近可分解性
nearest neighbor index　最小相邻指数
nearest neighbor probabilities　最邻近可能性
nearest-neighbor index　最小距离指数
nearinfrared radiation　近红外辐射
negative feedback　负反馈
negative feedback mechanism　负反馈机制
nested　巢式(或包含型)
net　网
network　网络
network pattern　网状格局
neutral model　中性模型
niche　生态位
nitrogen cycle　氮循环
node-network-models-corridors　节点—网络—模块—廊道模式
nodes　结点
noise　噪声
non-equilibrium　完全隔绝型群落(非平衡型)
non-equilibrium habitat-tracking metapopulation　非平衡态跟踪生境复合种群
non-equilibrium metapopulation　非平衡态复合种群
non-equilibrium paradigm　非平衡范式
non-equilibrium declining metapopulation　非平衡态下降复合种群
non-nested　非巢式(或非包含型)
non-randomness　不随机性
non-spatial model　非空间模型
normalized difference vegetation index(NDVI)　NDVI 植被(测度)指数
nugget variance　块金方差
number of patches　斑块数
number of patches of unit perimeter　单位周长的斑块数

O

oasis 绿洲
open-field 开敞农田
organism-sensed 生物感知
organistic scale 组织尺度
organized complexity 组织复杂性
organized simplicity 组织简单性
outlier 外点
ozone layer 臭氧层

P

paleoecology 古生态学
patch 斑块
patch density 斑块密度
patch dynamic theory 斑块动态理论
patch dynamics 斑块动态
patch hierarchy 斑块等级系统
patch interior species 斑块内部种
patch perimeter 斑块周长
patch scale 斑块尺度
patch sensitivity 斑块敏感性
patch shape index 斑块形状指数
patch-corridor-matrix 斑块—廊道—基质模式
patchiness 斑块化
patchiness index 镶嵌度指数
patch-occupancy model 斑块占有率模型
patchy population 斑块型种群
pattern 空间格局
pattern indices 格局指数
pattern-process hypothesis 格局—过程假说
pedology 土壤学
peninsula 半岛
perception landscape 感知的景观
percolation threshold 渗透阈值
perimeter density 边界密度
permeability 通透性
persistence 持续力、生存
persistency 持久性
perspectived landscape 景观透视
pest control 害虫防治
phenomenological model 现象模型
phenoplasticity 表型可塑性
photo-texture 图像纹理
physical geography 自然地理学
physical(geographic) space 地理空间
pixel 像素
plot scale 小区尺度
point model 点模型
politropism 各向异性
polyaimaxtheory 多元顶极学说
population 种群
population dynamic model 种群动态模型
porosity 孔隙度
porous matrix 多孔基质
positive feedback 正反馈
possible landscape designing 可能景观设计
postindusuial civilization 后工业文明
prairie 大草原
predator 捕食者
prey 猎物
primary production 初级产品
process-based model 过程模型
proximity index 连接度指数
pseudoreplication 假重复
punctual kriging 点局部插值法

Q

quadrat 样方

quasi-spatial model 空间半显式模型、准空间模型

R

rainforest 热带雨林
rangeland 牧区
raster cell 栅格像元
rate of extinction 灭绝率
ratio variable 比例变量
ravine 沟谷
reaction-diffusion model 反应—扩散模型
recolonization 重新定居
rectilinear landscape 直线型景观
reductionism 反简化论
redundancy 冗余度
reforestation 再造林
regenerated patch 再生斑块
region 区域
region scale 景观尺度、区域尺度
regional planning 区域规划
regionalized variable theory 区域化随机变量理论
regression 回归
relative richness 相对丰度
remnant patch 残留斑块
remote sensing image processing 遥感图像处理
rescue effect 援救效应
resilience 恢复力、弹性
resistance 抗变力或阻力
resolution 分辨率
restoration ecology 恢复生态学
reversible system， 可逆系统
richness 丰富度指数

S

satellite image 卫星影像
satellite population 卫星型种群
scale 尺度
scale effect 尺度效应
scale variance analysis 尺度方差分析
scale-dependence 尺度依赖性
scaling 尺度外推
scaling down 尺度下推
scaling up 尺度扩大、尺度上推
scattered patch pattern 分散斑块格局
science of complexity 复杂性科学
secondary production 次级产量
secular succession 世代演替
sedimentary process 沉积过程
selective availability 选择可用性
self-affinity 自放射性
self-organization 自组织
self-organizing 自组织
self-reinforcing 自组织
self-similarity 自相似性
semi-arid region 半干旱区
semi-natural landscape 半自然景观
semi-permeable membranes 半透膜
semi-spatial model 半空间模型
semivariance analysis 半方差分析
semivariogram 半变异矩
sensitivity model 灵敏度模型
set 集
Shannon-Weaver diversity index
Shannon-Weaver 多样性指数

shape　形状
shape index　形状指标
shifting mosaic steady state　流动镶嵌稳态
sill value　基台值
Simpson diversity index　Simpson 多样性指数
simulation model　模拟模型
single species metapopulation　单物种复合种群
sink　汇
sink patch　汇斑块
sink population　汇种群
site　立地
site type　立地类型
size　大小
smallest patchiness scale　最小斑块化尺度
small-number system　小数系统
soil erosion　土壤侵蚀
solidification models　凝固模型
source　源
source patch　源斑块
source population　源种群
source-sink　源—汇
source-sink dynamic　源—汇动态
space ecology　空间生态学
space effect　空间作用
spatial autocorrelation analysis　空间自相关分析
spatial element　空间要素
spatial explicit model　空间直观模型、空间显式模型
spatial gradient　空间梯度
spatial heterogeneity　空间异质性
spatial implicit model　空间隐式模型
spatial kriging　空间局部插值
spatial model　空间模型
spatial parameter　空间参数
spatial patchiness　空间斑块性
spatial query language　空间查询语言
spatial resolution　空间分辨率
spatial scale　空间尺度
spatial series　空间系列
spatial statistical method　空间统计方法
spatial stress　空间胁迫
spatially explicit model　空间显式模型
spatiotemporal variability　时空变化
species composition　物种构成
species diversity　物种多样性
species turnover rate　物种周转率
spectral analysis　波谱分析
spherical model　球体模型
spot disturbance patches　点干扰斑块
stability　稳定性
standard positioning service(SPS)　标准定位服务
statistical distribution of patch area　斑块面积的统计分布
statistical pattern　统计格局
stepping stone　暂息地、中继站、歇脚地
stepstone　歇脚地、垫脚石、生态跳岛
stochastic model　随机模型
stratified stability　分层稳定性
stream(or river)corridor　河流廊道
structural connectivity　结构连接度
structured population model　结构化种群模型
subalpine zone　亚高山带
subarctic climate　副极地气候
subclimax　亚顶极
subpopulation (local population or deme)　亚种群(局部种群或同类种群)
substrate　结构基质、下垫面
substration　相减
succession　演替
sustainable biosphere　可持续发展的生物圈
sustainable use　可持续利用
symbiosis　共生
systematic theory　系统论

T

take short-cuts 走捷径
target effect 目标效应
taxonomy 分类学
temporal parameter 时间参数
temporal scale 时间尺度
tension zone 生态应力带
terrain 领域
the modifiable area unit problem 可塑性面积单元问题
the string of lights 光纤维
time series 时间系列
topographic barrier 地形阻碍
topographical unit 地形单元
topological dimension (vertical heterogeneity) 立地尺度(垂直异质性)
topology 拓扑学
total human ecological system 总体人类生态系统
tradeoff 权衡
trans-disciplinary science 横断学科
transect 横贯条形样区
transfaunation 动物区系转移
transhumance 季节性迁移放牧
transition zone 过渡带
tree line 高山树线
trend surface analysis 趋势面分析
tropical zone 热带区
trunk lines 干线
tundra 苔原，冻原
type diversity 类型多样性

U

umbrella function of landscape ecology 面景观生态学的巨伞功能
union 合并
universal kriging 通用局部插值法
urban landscape 城市景观
urban planning 城市规划
urbanization 城市化

V

variability 变异性
vector 矢量
vector-based landscape model 矢量型景观模型
vegetation landscape 植被景观
vegetation science 植被科学
vertical afforestation 垂直绿化
vertical climatic zone 垂直气候带
vertical distribution 垂直分布
vertical habitat selection 垂直生境选择
verticality 垂直性
virgin woodland 原始林地
vivosphere 生物圈
volcanic desert 火山荒漠
vulnerability 脆弱性
vulnerable ecotone 生态脆弱带

W

watershed 水域，流域，集水区
wavelet analysis 小波分析
wetland 湿地
width 宽度
windthrow 风倒

Z

zonal climate 地带性气候
zonal soil 地带性土壤
zonal vegetation 地带性植被
zonality 地带性
zonation pattern 带状格局
zonation-complex 带状复合体
zone 带，区
zoning effect 划区效应